第二版

# 兽医牙科基础

## Veterinary Dentistry for the General Practitioner

著 [英] Cecilia Gorrel

译 张欣珂 主审 金艺鹏 刘 朗

U0831898

长江出版传媒
湖北科学技术出版社
ELSEVIER

著作权合同登记号：图字 17-2018-272 号

图书在版编目（CIP）数据

兽医牙科基础：第二版 /（英）塞西莉亚·霍乐（Cecilia Gorrel）著；张欣珂译 .— 武汉：湖北科学技术出版社，2018.12

ISBN 978-7-5706-0353-4

Ⅰ.①兽… Ⅱ.①塞… ②张… Ⅲ.①兽医学－牙科学－基本知识 Ⅳ.①S85

中国版本图书馆 CIP 数据核字（2018）第 130987 号

兽医牙科基础 （第二版）
Shouyi Yake Jichu · di-er ban

策　　划：李大林　李少莉　　　　责任校对：傅　玲
责任编辑：林　潇　张波军　　　　封面设计：喻　杨　北农阳光

出版发行：湖北科学技术出版社　　　　电话：027-87679468
地　　址：武汉市雄楚大街 268 号　　　　邮编：430070
（湖北出版文化城 B 座 13-14 层）
网　　址：www.hbstp.com.cn

印　　刷：固安县京平诚乾印刷有限公司　　　　邮编：065599

787 × 1 092　　1/16　　15 印张　　298 千字
2018 年 12 月第 1 版　　　　2018 年 12 月第 1 次印刷
定价：180.00 元

ELSEVIER
Elsevier (Singapore) Pte Ltd.
3 Killiney Road
#08-01 Winsland House I
Singapore 239519
Tel: (65) 6349-0200
Fax: (65) 6733-1817

Veterinary Dentistry for the General Practitioner, 2/E

First edition 2004
ISBN-13: 9780702049439

This translation of Veterinary Dentistry for the General Practitioner, 2/E, by Cecilia Gorrel was undertaken by Hubei Science&Technology Press and is published by arrangement with Elsevier (Singapore) Pte Ltd.

Veterinary Dentistry for the General Practitioner, 2/E by Cecilia Gorrel 由湖北科学技术出版社进行翻译，并根据湖北科学技术出版社与爱思维尔（新加坡）私人有限公司的协议约定出版。

兽医牙科基础（第二版）（张欣珂译）

ISBN: 978-7-5706-0353-4



## 注 意

本译本由 Elsevier (Singapore) Pte Ltd. 和湖北科学技术出版社完成。相关从业及研究人员必须凭借其自身经验和知识对文中描述的信息数据、方法策略、搭配组合、实验操作进行评估和使用。由于医学科学发展迅速，临床诊断和给药剂量尤其需要经过独立验证。在法律允许的最大范围内，爱思唯尔、译文的原文作者、原文编辑及原文内容提供者均不对译文或因产品责任、疏忽或其他操作造成的人身及/或财产伤害及/或损失承担责任，亦不对由于使用文中提到的方法、产品、说明或思想而导致的人身及/或财产伤害及/或损失承担责任。

# 译委会

主　译：张欣珂

副主译：戴鹏秀　麻武仁

参　译：徐浩杰　张　霞　阮晨梅

　　　　赵　雯　田翎妤佳　韩永荣

主　审：金艺鹏　刘　朗

# 前　言

我已经完成《兽医牙科基础（第二版）》的编写，目的与第一版相同，即向从事小动物临床的全科兽医提供熟练进行牙科治疗所需的所有信息。这本书包含了全面、详细的操作知识，例如预防、诊断和治疗常见的犬猫口腔疾病；还介绍了非常见口腔疾病诊断和治疗的相关信息。通常非常见的犬猫口腔疾病由专家进行最终治疗，但全科兽医也需要诊断问题所在并对所涉及组织的病理生理学有基本的了解。此外，本书也介绍了兔形目动物和啮齿目动物的牙科问题。

口腔疾病是小动物临床的常见疾病。许多原因会引起动物不适，有些甚至会引起剧烈的疼痛。由于宠物不能对这些由口腔疾病引起的不适感和 / 或疼痛感进行表达和描述，所以我们只能在动物患病的晚期进行病理学的检测；此外，有强有力的证据表明，严重的口腔感染可能会导致动物的全身性疾病。因此，预防和治疗口腔疾病是为了动物的健康和动物福利，而不是为了使宠物达到我们的审美标准。

扩充后的第二版主要针对全科兽医进行编写，因此涵盖并详细描述了常见的牙病。对于学习兽医的学生来说，无论是刚开始接触牙科还是想成为牙科专家，这本书都会对其有所帮助。

Cecilia Gorrel

Pilley 2013 年

# 致 谢

这本书是在 Graeme Blackwood 的帮助下才定稿并完成修订的。感谢您的精神支持，和您对这本书做出的建设性批评和实际帮助。

感谢 Leen Verhaert 和 Susanne Andersson，他们分别与我共同编写了第 14 章和第 1 章。我还要感谢 Alexandra Kentsdottir 在插图上对我的帮助。

我和 Leen Verhaert 要感谢根特大学兽医学院形态学系的 Lauwers 教授和 Moens 教授，感谢你们允许我们在系博物馆内拍摄头骨照片。

# 目 录

第 1 章　设备和仪器…… 1
第 2 章　麻醉和镇痛…… 15
第 3 章　抗生素和消毒剂…… 30
第 4 章　牙齿和牙周组织的解剖结构…… 36
第 5 章　咬合和咬合不正…… 41
第 6 章　口腔检查和记录…… 53
第 7 章　牙科 X 线技术…… 63
第 8 章　常见口腔疾病…… 76
第 9 章　牙周病…… 90
第 10 章　预防口腔医学…… 114
第 11 章　吸收性病变…… 122
第 12 章　急症…… 134
第 13 章　拔牙术…… 165
第 14 章　兔形目动物和啮齿目动物牙科疾病…… 185
附　录…… 209
术　语…… 211
索　引…… 221

# 第 1 章

# 设备和仪器

## 简介

技术不佳的术者会把锅甩给手术器械！这个说法有一定的道理，然而没有适当的设备和仪器，无论操作人员是否熟练，都无法进行良好的牙科和口腔外科手术。

本章将讨论重要的常见问题，其中某些问题常常被我们忽略，也会介绍一般临床上所用设备和仪器的要求。兔和啮齿动物牙科的附加要求详见第 14 章。牙科影像技术是一名牙科医生必须掌握的，所需的设备和技术将在第 7 章中介绍。人医领域中，不使用牙科影像技术的牙医是失职的；同样，这也适用于兽医牙科。

## 一般注意事项

牙科诊疗对术者和患病动物来说都存在健康隐患。例如发生间接感染（通过手、指甲、皮肤、衣服、器械）或像在刮治术等诊疗程序中因接触到细菌性气溶胶而产生危险；感染还可以通过打喷嚏、咳嗽以及使用水冷却剂和压缩空气进行传播，危害健康。因此，牙科手术应该在经过精心设计和维护的独立房间内进行，从而尽量减少这些危害。室内必须有充足和明亮的光线，并且通风良好。牙科灯的投资是必不可少的。一个好的牙科灯虽然昂贵，但绝对物有所值。

人体工程学的相关设计对牙科手术室的布局至关重要。所有设备和仪器都应该在术者方便操作的范围内。术者的姿势也很重要，理想情况下应保持坐姿（图 1.1）。

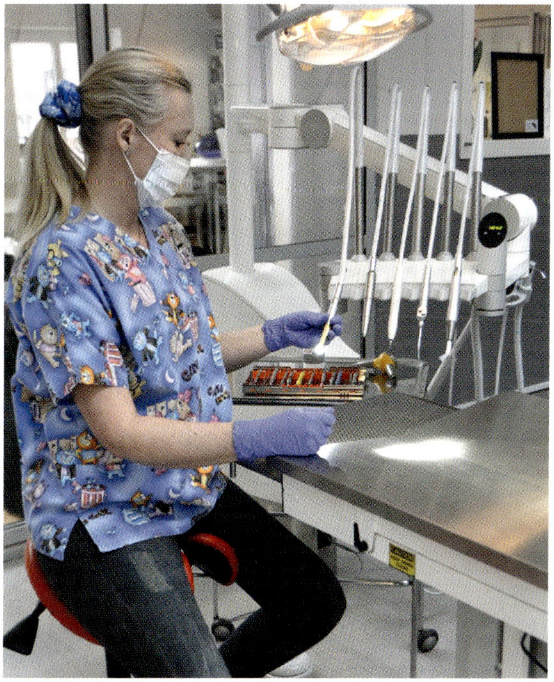

图 1.1　人体工程学方面的考虑因素

术者方便拿取所有设备和器械。

术者和助理防护至关重要。他们应穿着指定的操作服。此外，为了避免他们受到细菌性悬浮颗粒和其他牙齿残渣的影响，面罩和合适的眼部防护装置[眼镜或面（部保护）罩]必不可少。如果术者在没有手套的肮脏环境中工作（未戴手套暴露在污染的环境中操作），可能会有皮肤伤口感染的风险。口腔为有菌环境，建议使用手术手套；也应该经常进行手部消毒。

患病动物的重要注意事项如下：

- 手术过程中，患病动物必须全身麻醉并做气管插管，不但可以防止其吸入雾化细菌（和其他碎片），也可以避免动物因回吸冲洗液和冷却液而窒息。第2章将介绍口腔和牙科手术中患病动物的麻醉和镇痛方法。
- 治疗期间，患病动物尽量填充咽部填塞物（图1.2）。切记在拔出气管插管前将其取出！
- 动物应放置在能够排水的台面上，以防止潮湿和低温。可以使用洗浴台或将动物头部置于可以经常更换的一次性“尿垫”上。大多数动物使用加热垫有很好的效果。

**图1.2　咽部填塞物**

咽部填塞物用以保证呼吸道更高的安全性。常用的材料为海绵、手术拭子、纱布绷带。填塞物在手术过程中会被液体浸透，降低其保护性，应根据需要及时更换。务必在拔管前取出所有咽部填塞物。

重要的设备和仪器使用注意事项如下：

- 口腔/牙科诊疗时需要的清洁度不同，程度从视觉清洁到无菌不等。
- 部分设备和仪器需要保持“清洁”，即仪器部件、灯具、浴盆桌等，需要使用通用消毒剂擦拭干净。
- 根据欧洲标准（EN）/国际标准化组织（ISO）15883号文件的规定，任何用于口腔内但不穿透口腔黏膜的器械，例如检查设备、毛刷、刮刀、刮匙等都需要达到一定的清洁度。有以下三种选择：第一种是先清洗，然后进行加热或化学处理，最好使用消毒器，能够进行自动清洁和消毒；第二种是将器械放入超声波清洗池或普通洗碗机中，然后在高压灭菌器中灭菌；第三种是使用化学物质进行清洁和消毒。最后一种方法通常限于不适于热消毒的设备/器械，如带塑料手柄的器械。
- 根据欧洲标准（EN）556号文件的规定，穿透口腔黏膜或牙髓系统的器械必须是无菌的。即需要包装器械并进行灭菌，在欧洲标准（EN）/国际标准化组织（ISO）14937号文件有相关的详细规定。
- 不同清洁度的器械（根据诊疗要求分为清洁、非常清洁、无菌）应该适用于每个患病动物。理想情况是，预先包装好内含各种操作所需器械的工具包，以便进行各项操作，例如普通检查、牙周治疗、拔牙等。
- 电力设备在使用期间需要定期（每日、每周）维护并经供应商定期保养。制定日常维护清单，并和供应商共同确认保养和维修的需求。

## 用于口腔和牙科检查的设备和器械

市场上有各种各样的牙科设备和器械。建议首先确定所需设备和器械的要求标准，然后投资在这些设备和器械的标准要比原定标准高一些。术者的牙科和口腔外科手术做得越好，对设备的要求就越苛刻。由于不同术者对设备和器械有不同需求，所以在决定投资前多试用几个不同的选择，最后再准备升级。

第 6 章介绍了如何做好口腔检查和记录的细节。接下来将概述设备和器械的要求。操作指南存在一定的个人偏好，是否合适因人而异。

### 牙周探针

牙周探针是一种细的、圆形或扁平的、钝头器械（图 1.3）。由于其尖端钝圆，可以插入齿龈沟而不会造成创伤（图 1.4）。牙周探针用于：

- 测量牙周袋深度。
- 确定牙龈炎程度。
- 评估牙根分叉。
- 评估牙齿松动的程度。

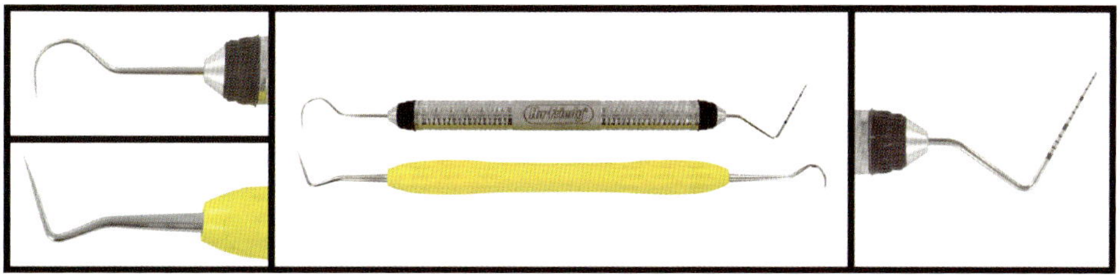

图 1.3　探针和探测器

牙周探针是一种细圆形或扁平钝头带刻度的器械，而牙科探针是尖头器械。中间图展示了器械的两端，上面的是一个牙周探针和牙科探针的组合，下面的（黄色手柄）是一个弯头和直头组合的牙科探针；左面的是弯头牙科探针（左上图）和直头牙科探针（左下图）的细节图。右图是牙周探针的细节图。

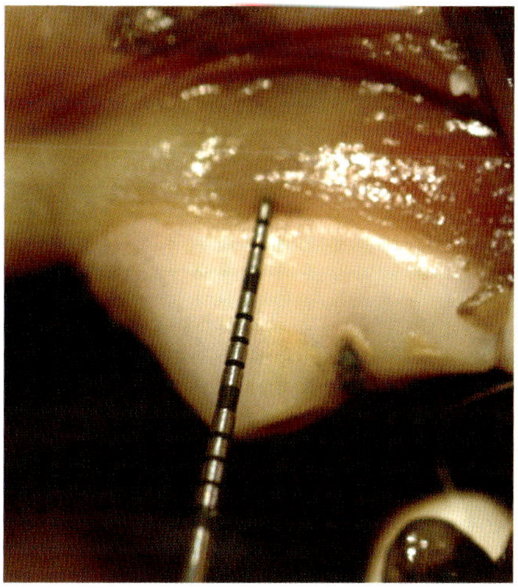

图 1.4　牙周探针

牙周探针是一种钝头有刻度的器械，可插入齿龈沟而不会造成创伤。

我们的首选是细圆的而不是扁平的探针，因为圆形探针更容易进入齿龈沟而不会造成创伤，特别是对于一些无法使用扁平探针的猫。

### 牙科探诊器

牙科探诊器或探针（图 1.3）是一种尖头器械，用于：

- 确定是否有龋齿。
- 探寻其他类型牙釉质和牙本质的缺陷，例如：齿折、牙吸收。

牙科探针也可用于齿龈下牙齿表面的探诊，以及龈下牙结石的探诊。

牙科探针可以是直的也可以是弯曲的，可以是单头也可以是双头的，通常与牙周探针组合，即一端是牙科探针，另一端是牙周探针。

### 牙镜

牙镜是一种很重要但一般很少使用的工具。它可以方便术者在保持体位不变的同时观察到腭侧 / 舌侧面，还可以起到将光线反射到目标区域和保护软组织的作用。镜像下的方向可能会发生混乱，因此使用牙镜需要练习，然而在学习使用牙镜上花费的时间是值得的。为防止镜面出现冷凝现象，可在使用前将其置于口腔黏膜上擦干。购买牙镜需要几种不同的尺寸。医院应该配备用于猫和小型犬的小（小型尺寸）牙镜以及用于大型犬的大牙镜。

### 牙科记录表

第 6 章介绍了牙科记录表及其记录方法。牙科诊断和治疗需要完整的牙科记录，牙科记录同时也是医学法规所要求的。

## 用于牙周治疗的设备和仪器

第 9 章中将详述牙周病治疗方法。

### 洁牙术

洁牙术指的是从牙齿的龈上和龈下表面去除牙齿沉积物（牙菌斑，但主要是牙结石）的过程。洁牙术可以使用机械和手动器械等配合进行。使用机器（气动刮治）比手动器械更省时；而且对于术者来说，使用手动器械比机器更累。但是，气动洁牙器不能代替手动洁牙器。如果仅使用气动洁牙器，在治疗后使用压缩空气检查，待组织回缩、牙结石干燥后会发现残留的沉积物。机械洁牙器有时仅会在牙结石表面轻轻掠过，而不能去除牙结石。手动洁牙器的利刃能够更好地将牙结石从牙齿表面分离。在使用气动洁牙器之前，应使用手动器械去除较大的齿龈上下的牙结石。

#### 手动洁牙器

刮治器和刮匙（图 1.5）用于去除牙齿表面的牙齿沉积物。每个都由一个手柄、一个功能柄和一个工作端（尖端）组成。需要经常打磨才能保持刀刃的锐利。器械打磨将在本章后半部分介绍。

器械（刮治器和刮匙）手柄有各种形状和样式。选择手动器械时需要考虑手柄的重量、直径和表面纹理。我们建议使用圆形空心手柄的洁牙器，因为它们的重量较轻，能够增强触感并减轻手部疲劳感。较大直径的手柄更适合人体工程学舒适度。术者在使用光滑手柄的洁牙器时必须牢牢抓住手柄以保持对工作端的控制，从而更容易导致手部疲劳。织纹手柄（菱形纹理、钻石纹理或波浪纹理）可方便术者更舒适地使用，它们还能将感官的反馈最大化。

从工作端延伸到手柄的部分称为功能柄。功能柄可以是成角度的，也可以是弯曲的或直的。它们的长度（短、中、长）和灵活性也有所不同。直柄器械通常用于能接触到的前牙。后牙需要成角度的功能柄以便更好地使工作端接触牙齿表面。功能柄较短的器械可用于前牙，而中长尺寸的功能柄则用来探诊后牙并进入牙周袋。带有刚性柄的器械用于去除厚重的牙结石。功能柄较灵活的器械（例如 Gracey 刮治器）可用于清除较薄的轻度牙结石，也能为患

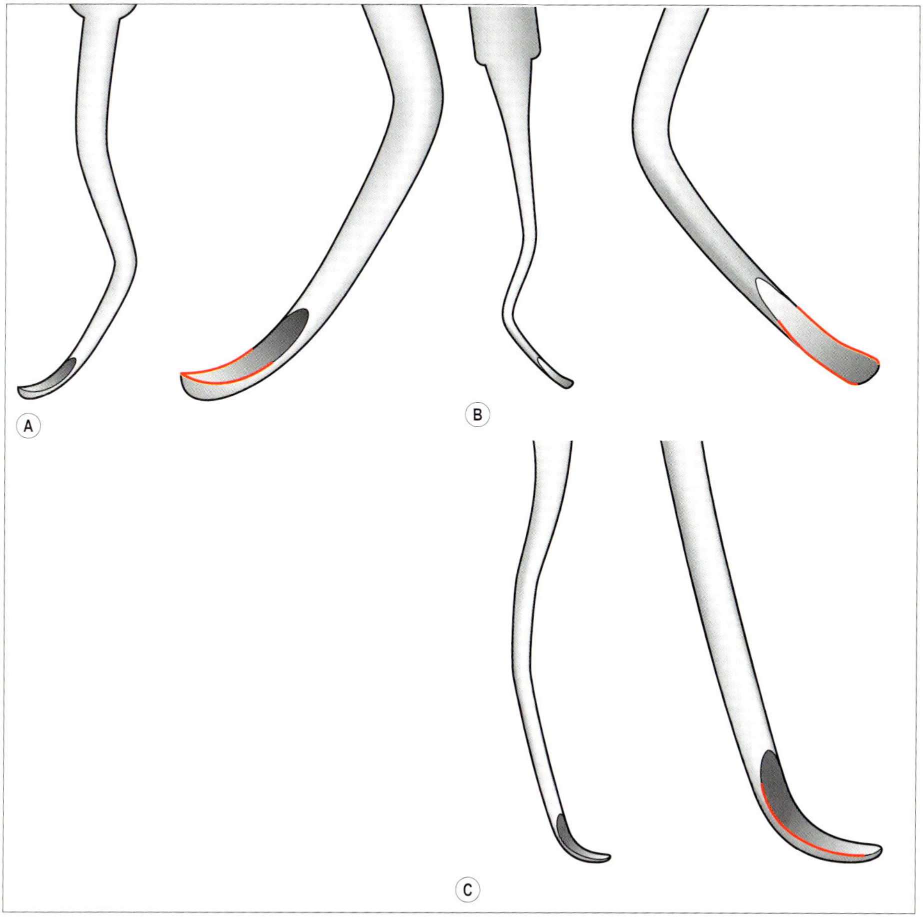


**图 1.5　镰刀形刮治器，通用型和 Gracey 刮匙**

（A）镰刀形刮治器：由于尖端锋利，插入龈下会刺伤牙龈；该器械只能用于去除牙龈上方的牙结石。请注意两个切割边缘（红色标注）。

（B）通用型刮匙。该器械具有两个切割边缘（红色标注），但由于其尖端钝圆，可用于去除龈下牙结石而恢复牙根表面的光滑；它也可以用来去除龈上牙结石。

（C）Gracey 刮匙。这种刮匙一般用于特定区域，只有一个切割面（红色标注）。

病动物提供更好的触感（反馈）。末端柄是功能柄的一小部分，它是刀柄的工作端和第一个弯曲之间延伸的部位。当你在确认工作端并需要对其打磨时，务必定位好器械的末端柄。

工作端是用于执行器械所具备功能的一部分。工作端可由不锈钢或碳化钢制成，被削尖的部分被称为刀刃。硬质合金刀刃可以保持较长的使用寿命，但如果操作不当也容易被损坏。刀刃由以下部件组成：

- 正面。
- 侧面。
- 背面。
- 刀口。

刀口是切面和侧面相交形成的切割线。尖头的刀刃称为刮治器，圆头的称为刮匙。图 1.6 展示了刮治器和刮匙之间的区别。

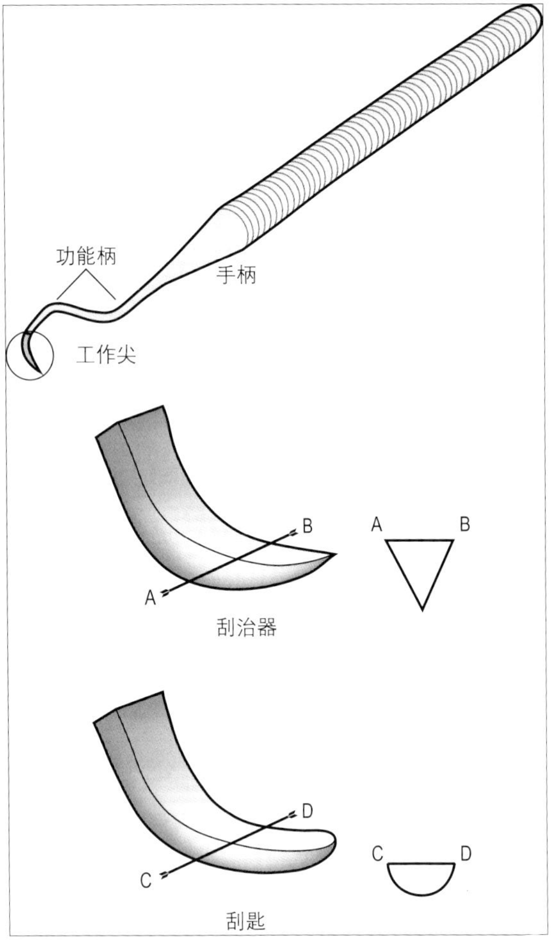


**图 1.6　刮治器和刮匙设计**
每个刮治器都由手柄、功能柄和工作尖构成。刮治器的工作尖比刮匙更加粗壮。刮匙体积较小，背部和尖端钝圆，适用于牙龈袋。刮治器和刮匙都需要定期打磨以保持其切割刃的锐利。

刮治器用于清除龈上牙结石。如上文所述，刮治器有一个锋利、锐利的尖端，因此只能在龈上使用；如果在龈下使用刮治器，锐利的尖端会伤及牙龈边缘。刮治器的使用通常应该从牙龈到牙冠顶端（咬合面）的方向。

刮治器有多种形状。最常见的是镰刀形刮治器，它可以是弯的也可以是直的。直的镰刀形刮治器也被称为 Jacquette 刮治器。镰刀形刮治器具有以下特点：

- 刀刃的表面垂直于柄端。
- 刀刃有两个切割刃。
- 刀刃的表面有锐利的尖端。
- 刀刃的横截面呈三角形。

刮匙用于清除龈下牙结石和根面平整术，也可以用于龈上。一般分两种类型的刮匙，即通用刮匙，例如，Columbia 刮匙和特定区域刮匙，如 Gracey 刮匙。刮匙的工作端比刮治器更为细长，其背面和尖端被打磨圆滑以便减少牙龈损伤。刀刃沿终端柄向尾部方向弯曲。

牙周治疗时需要选择一种刮匙。我们偏向于使用 Gracey7/8 和 Columbia13/14，而不是单独使用独立的刮治器，因为刮匙可以用于龈上和龈下，而刮治器只能用于龈上。

### 机械洁牙器

机械或气动洁牙器可快速、轻松地去除牙结石；但是若使用不当，很有可能导致医源性损伤。机械洁牙器有两种类型，即声波型和超声波型。兽医牙科中最常用的是超声波洁牙器。如前所述，最好在使用机械洁牙器之前手动去除（刮治器和刮匙）所有龈上牙结石。

声波洁牙器由压缩空气驱动，因此需要使用有压缩空气驱动的牙科工作台进行手术。尖端以声波振动为动力，能够有效去除牙结石。声波洁牙器通常不如超声波洁牙器有效。可以根据洁牙器工作尖设计，来区别器械用于龈上还是龈下。推荐使用有尖细工作尖的刀头，时常称其为牙周刀头、镰状刀头或通用刀头。

超声波洁牙机最常用于兽医临床。尖端通过超声频率振荡，由微电机驱动，所以操作时不需要压缩空气驱动。手持件中的磁感伸缩机或压电机使尖端产生振动。尖端的超声振荡引起冷却剂的空化，这有助于破坏牙齿表面上的牙结石。超声波洁牙器的设计通常用在龈上，但特殊设计的工作尖也可用于龈下。推荐龈上使用细尖的工作尖；而龈下刮治时使用专门设计的工作尖。使用这些工作尖时必须用合适的频率并有足够的水来降温。因为工作尖会因磨损而降低诊疗效率，所以需要定期更换。

### 牙结石钳

牙结石钳的设计是为了帮助去除牙齿表面的重度牙结石。使用时必须非常谨慎并且要按规定的方式使用，因为错误的操作会导致牙齿断裂。牙结石钳不能用于拔牙。

### 抛光

抛光能够去除牙菌斑，恢复牙齿表面的光滑，减少菌斑残留。清洁后的牙齿必须抛光。常有人建议用牙刷和抛光膏手动“抛光”牙齿，但此方法效率低下，所以不推荐。可以使用装有抛光膏的低速反角手机抛光杯、抛光刷或者空气抛光（喷砂）的方式来进行高效抛光。

#### 装有抛光膏的低转速反角手机的抛光杯 / 抛光刷

抛光杯 / 抛光刷的转速可以调节。为了最大限度地减少热量的产生，抛光杯或抛光刷的转速不应高于 5 000 rpm。每个患病动物都应该使用新的一次性抛光杯或抛光刷。

#### 空气抛光（喷砂）

此技术基于喷砂原理，用于抛光牙齿的龈上部分。所使用的颗粒（如碳酸氢钠）可以抛光牙齿表面而不会损害牙釉质。在空气抛光过程中保护软组织（牙龈和口腔黏膜）非常重要。较简单的方法是用一块纱布覆盖软组织而起到保护作用。

#### 抛光膏

抛光膏有大管装的和一次性独立包装的。第二种比较便宜，还可以防止污染和病原体的医源性传播。

## 拔牙的设备和器械

拔牙技术详见第 13 章。

### 手动器械

#### 拔牙刀、牙挺和拔牙器

拔牙需要各种尺寸的拔牙刀、牙挺和拔牙器。首选如图 1.7 所示。

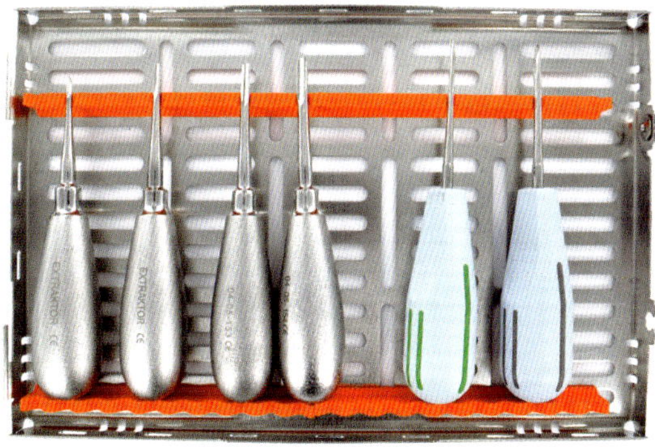

**图 1.7　拔牙刀和拔牙器**
图中展示的是笔者最喜爱的拔牙工具。左边是拔牙器，右边是两个拔牙刀。拔牙时大多使用四种不同型号的拔牙器（1.5、3、4 和 5）。

这些器械用来切割/分离将牙齿固定在牙槽骨内的牙周韧带。需要准备多种尺寸的拔牙器才能适合不同尺寸的牙根。拔牙刀有一个非常薄的工作端，用于切割牙周韧带，而不能用于需要杠杆力的操作，不然工作端会发生断裂。牙挺有一个比拔牙刀更粗厚的工作端，利用顶端压力与杠杆作用相结合可以切断牙周韧带。Accesia“拔牙器”是一种新开发的器械（Accesia AB，瑞典），其设计专门用于犬和猫的拔牙（图 1.8）。它结合了拔牙刀和牙挺的优点，工作端的塑性可以更好地适应牙根表面的形状，既可用顶端切割，又能水平插入牙根之间施加杠杆力；此外，其侧面具有锋利的切割边缘，方便围绕牙根周边滑动。拔牙可以借助拔牙刀配合一把牙挺来完成，或者只用不同型号的拔牙器完成。

**图 1.8　拔牙器**

这款新开发的器械综合了拔牙刀和牙挺的优点。它的设计符合牙根的形状，既可用顶端切割又能水平插入牙根之间施加杠杆力。它也有横向切割刀刃，与拔牙刀和牙挺不同，可以围绕牙根的周边滑动。

### 骨膜剥离器

不同尺寸的骨膜剥离器在开放式（手术式）拔牙术中用于掀开黏膜瓣来暴露齿槽骨（图 1.9），但即使使用封闭式（非手术式）拔牙术，牙龈也要缝合在拔牙窝上。在这种情况下，骨膜剥离器对于分离牙龈非常重要，能让我们在没有张力的前提下闭合拔牙窝。

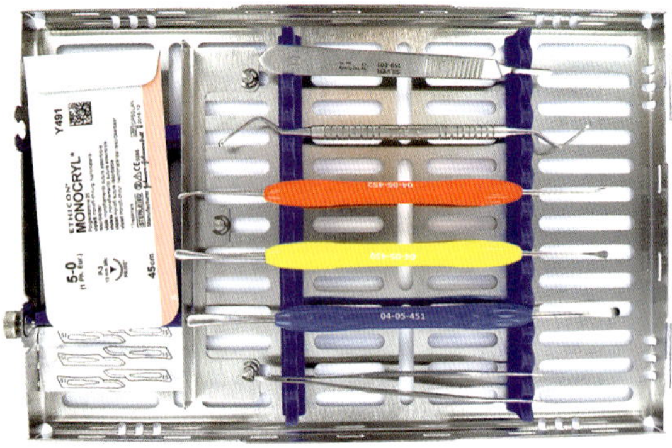

**图 1.9　拔牙器械**

图片展示的是笔者首选的骨膜剥离器。图中的 15 号刀片（始终装于刀柄上使用）是第一选择。

### 拔牙钳

虽然拔牙钳可以通过在牙齿上施加旋转力来撕裂牙齿韧带，但力量过大很容易将牙冠折断。有句话说得有道理：使用拔牙钳只需要你动动手指，若单用手指的力量还拔不出牙，就说明牙周韧带分离得不够充分。简言之，拔牙钳不是必需的，但如果要用，就要选择一个适合所拔牙齿牙根解剖的型号。

## 电动工具

牙科手术和口腔外科手术需要电动工具。定期维护对于避免设备故障至关重要。

## 微电机

微电机可用于抛光牙齿和切割。切割牙齿时，微电机应设定在最高转速（不同微电机的最高转速不一样，范围为20～40 000 rpm）。微电机单元通常无冷却水，需要外部水源来防止热损伤（例如需要助手不断向组织施加冷却剂）。

## 气动工作站

气动工作站基本都包括一个自带水冷却系统的高速手机，一个低速手机（带或不带水冷却系统）和一个组合式空气 / 水喷枪；大多数设备还装有一个内置的超声波洁牙器（图 1.10）。尽管高速手机对于多颗牙齿切割拔除术不是必需的，但使用它会使整个过程更容易，并且能更准确地提供冷凝水；所以强烈建议医院投资光纤高速手机。低速手机上安装反角机头用来进行抛光。于牙科综合治疗中使用的不同手机如图 1.11 所示。三用喷枪可以喷射水流、水雾或者仅是空气，可用于冲洗 / 洗涤口腔（水流、水雾或空气喷雾）或干燥牙齿（仅限空气喷雾）。有些设备配有两个高速接口，其中一个可连接声波洁牙器和 / 或空气抛光手机。许多工作台具有一个可在开放式拔牙术中用于生理盐水冲洗的泵。强烈推荐装有抽吸器的工作台。

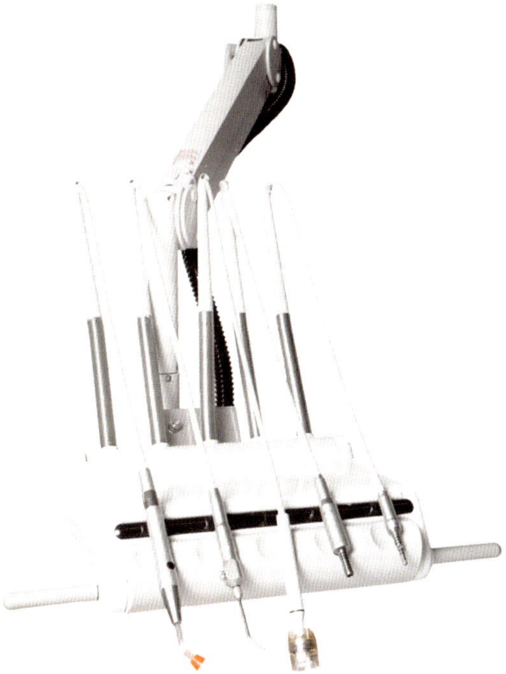

图 1.10　牙科治疗台

如图所示的工作台从左到右有以下组件：光固化仪（用于照射牙齿并固化光固化材料）；一个气 - 水喷枪；一个超声波洁牙机（由内置微马达驱动）；低速和高速接口（需要单独的压缩机）。

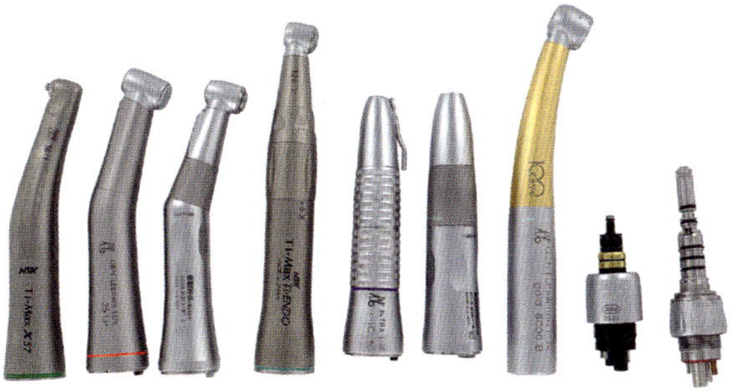


图 1.11　牙科工作台的不同手机

从左侧开始：三个慢速反角手机；牙髓治疗手机；两个直角手机——一个用外喷水 / 盐水，另一个用内喷水 / 盐水；一个高速（30 000 rpm 或更高）手机；一个 Rotaquick 连接器（用于电动手机和气动手机或喷砂）；一个多用途连接器（用于气动手机或喷砂）。慢速手机除了在加速或减速时都以微电机的最高转速运转，即 20 ～ 40 000 rpm。手机连接端（C，E 和 F）有蓝色的环或无颜色标记的意味着手机将以微电机的速度运行。手柄（A）连接端有绿色环的意味着手机处于减速状态下，即比微电机的转速慢。减速程度通常会标记在手机上。图中最左边的手机是 16 ∶ 1，即手机转速是微电机转速的 1/16。左边数第四个手机是一个减速至 1/128 的牙髓手机。红圈表示加速手机，即比微电机运行得更快。图（B）展示的手机是 1 ∶ 5，即比微电机快 5 倍。

建议起初就投资气动设备。高速手机极大地方便了牙齿切割，而且三用喷枪（用于冲洗和干燥）有助于清除碎屑，还能在检查等所有操作过程中提高可视化程度。抽吸器真的是很好用的组件。建议在购进工作站之前，要调查厂家提供的相关维护和服务。

### 牙科钻头

牙科钻头可由各种材料制成，包括不锈钢、碳化钨钢和“钻石”。有很多可供选择的钻头适合慢速和高速手机。牙齿切割和牙槽骨去除需要选择球形、梨形、锥形裂纹和直裂纹钻头（图 1.12A）。“钻石”钻头多用于打磨而不是切割，对没有经验的术者可有更高的安全性。高速钻头（图 1.12B）可用于切割牙齿和备洞。

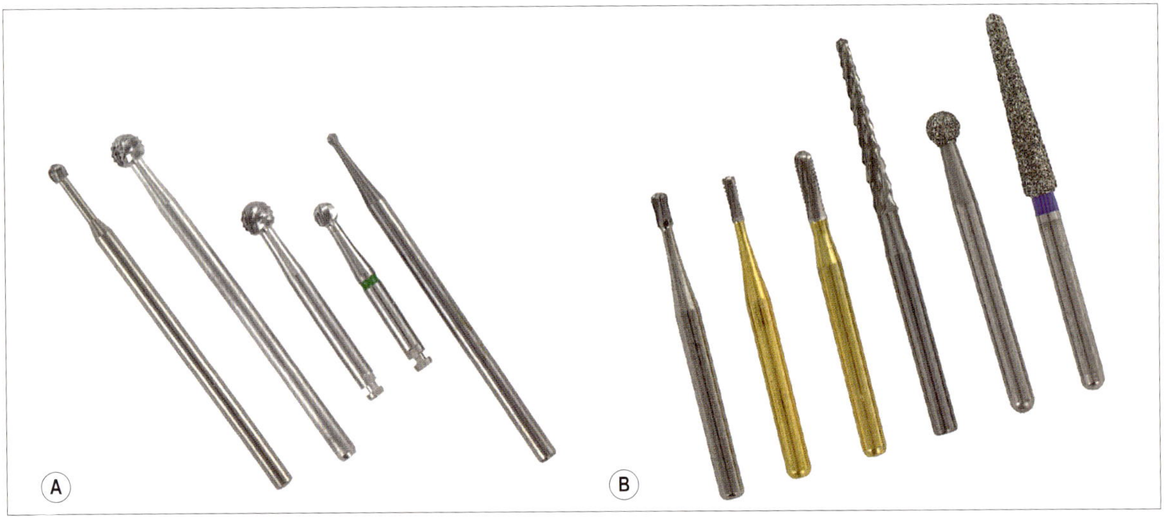


图 1.12　低速和高速钻头

（A）低速钻头。用于一系列低速手机。带有摩擦夹持结构的长钻头适用于直柄手机；而带有锁机结构的短钻头则用于反角手机。低速钻头可用于切割牙齿，但主要用于拔牙术中安全去除牙槽骨。其中的水冷却系统是必不可少的。（B）高速钻头。用于一系列高速手机。请注意高速手机的所有手柄都是摩擦手柄。速度超过 300 000 rpm 时，无法使用锁机结构。高速手机用于切割牙齿和备洞。为避免对牙齿和骨骼造成热损伤并防止钻头钝化，使用高速钻头时切勿关闭冷却水源。

## 其他

### 打磨

刮治器和刮匙，拔牙刀和牙挺都需要定期打磨，目的是保持切割边缘锋利，并维持器械的原始形状。牙科器械打磨工具盒（磨石和说明书）可通过牙医和兽医经销商购买。强烈建议参加相关课程来学习如何打磨器械。

一般来说，一块优质的磨石，例如 Arkansas，能够避免器械基本形状的改变。快速磨石会损伤到器械本身，不宜使用。严重钝化的器械应进行专业打磨或换新。

### 刮治器和刮匙

如果要高效完成洁牙术并做到对牙龈组织伤害最小，器械就必须锋利。只有正确地维护器械的刀刃，才能更好地控制工作端。术者的刮治动作重复越少，就越不容易疲劳。

刮治器和刮匙在每次使用之前，即在清洗和消毒之后，都应该进行打磨。打磨不干净的器械会污染磨石。打磨应在有明亮光线的室内进行，以便清晰地观察刀片的刀刃。丙烯酸测试棒可用于检查打磨过程是否充分。

手持磨刀石打磨是使变钝的器械重新恢复刃口的最佳方法。好的磨石可使器械的刀刃常常保持锋利，却不会磨掉过多的金属。为了防止出现“磨出槽”，应该使用磨石的整个表面来打磨。

磨石上应该沾水（而不是油）。护理磨石时需要先用干净的布擦去残留的金属颗粒，然后用水冲洗或用超声波清洗。磨石可以进行高压灭菌。

用于打磨刮治器和刮匙的多项技术在文献中有详细说明。一种简单而有效的技术如下：

1. 将刮治器（图 1.13A）或刮匙（图 1.14A）的末端柄放置在磨石上，并能够在磨石上看到工作端的影子。

2. 器械放置时将刀刃与磨石接触，工作端的影子消失（图 1.13B 用于刮治器，图 1.14B 用于刮匙）。

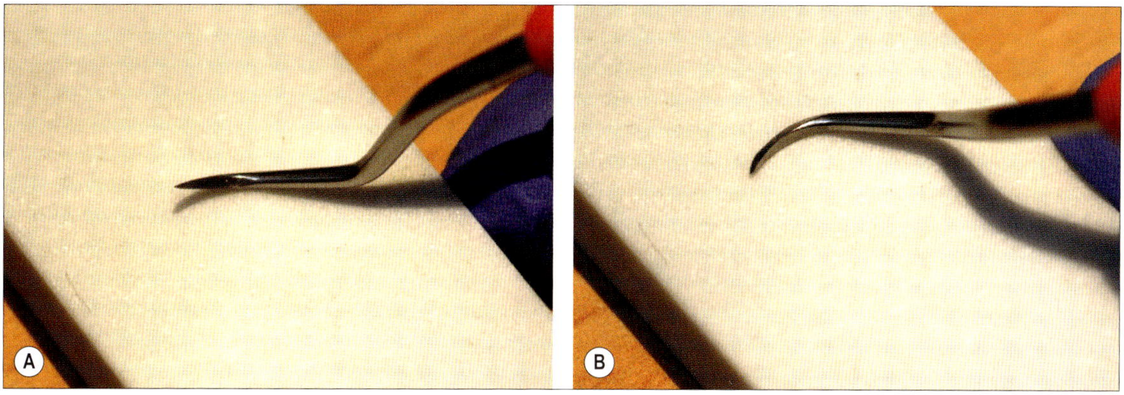


**图 1.13　打磨刮治器**

（A）将刮匙的末端柄放置在磨石上，以便在磨石上看到工作端的影子。（B）旋转器械，使刀刃与磨石贴合，工作端的影子消失。

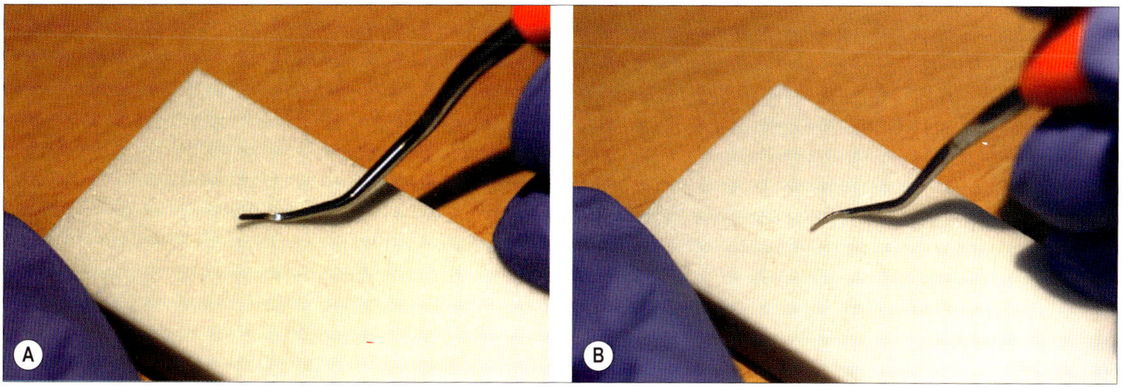


**图 1.14　刮匙的打磨**

（A）将刮匙的末端柄放置在磨石上，以便在磨石上看到工作端的影子。（B）旋转器械，使刀刃与磨石贴合，工作端的影子消失。

3. 器械保持与磨石贴合并朝向操作人员的方向打磨（图 1.15）。

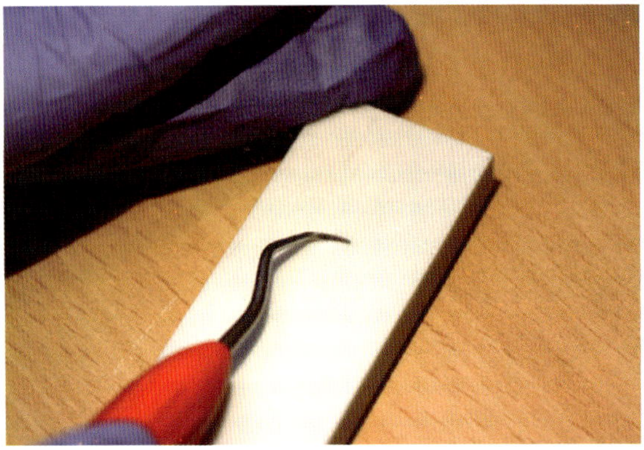

**图 1.15　打磨刮治器或刮匙**
固定磨石，并将刮治器或刮匙贴住磨石向自身方向拉动。用几滴水（不是油）润滑磨石。沿磨石长轴的方向打磨器械，避免每次在相同的区域打磨导致磨石出现凹槽。用丙烯酸棒测试刀刃并重复打磨，直到器械锋利，达到轻松切下丙烯酸薄片的程度。

我们在尝试磨刀之前，要保证熟悉刮治器和刮匙的组成部分。对于初学的术者来说，使用一个锋利的、新的刮治器和刮匙会更容易操作一点。另外，还需要一个丙烯酸棒去测试刀刃。

## 拔牙刀、牙挺和拔牙器

拔牙刀、牙挺和和拔牙器也需要定期打磨，通常是在每次使用后，比如在清洗和消毒之后。如果工作端已经损坏，应该进行专业打磨。

用圆柱形的 Arkansas 磨石可以轻松地打磨拔牙刀和牙挺。我们更倾向于使用“固定石头，移动器械”的方法来打磨这些器械。方法如下：

1. 将圆柱形磨石平放在桌子上。
2. 在磨石上滴几滴水。
3. 手掌握住拔牙刀或牙挺的手柄，食指伸直紧贴直柄部分。
4. 将拔牙刀或牙挺的工作端放到磨石表面；
5. 轻微施加压力，沿着磨石推拉拔牙刀或牙挺。
6. 用丙烯酸棒检查打磨程度。
7. 根据需要重复打磨直到器械锋利为止。

拔牙器可以使用平磨石或经合理、特殊设计的磨石进行打磨（图 1.16）。如果使用平磨石，需要将拔牙器的凸面朝向磨石放置，角度约为 20°，并沿着磨石向前推动器械。一般为获得最佳打磨效果，要用特别设计的磨石；将拔牙器放入正确的凹槽中，一边向前推一边转动器械，从而保证侧刃锋利。

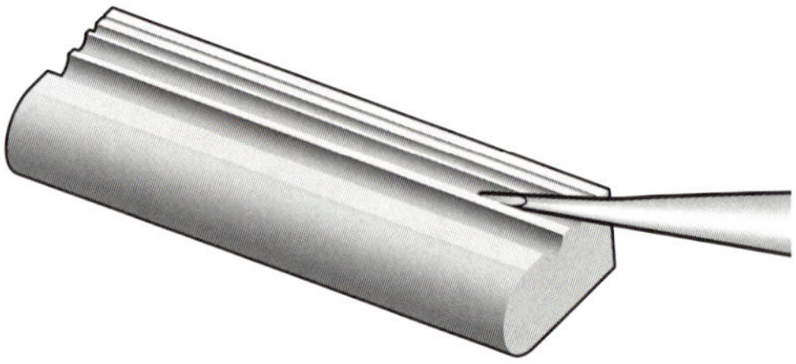

**图 1.16　拔牙器的打磨**
根据拔牙器工作端的大小以凸面对着磨石，将其放置在恰当的凹槽中。将器械旋转着向前推，以保证其独特的侧面切割刃锋利。

## 手术刀片

将牙龈从牙齿上剥离从而进行闭合式和开放式拔牙术，推荐用手术刀片进行操作，一般在刀柄上安装 15 号或 11 号刀片（参见图 1.9）。

## 针线和缝合材料

医院应配备小号针线（眼科针线）。口腔内应使用带针可吸收缝线。我们目前选择的缝合材料是 Monocryl®（polyglecaprone，Ethicon）。

## 抽吸器

抽吸器很重要，易于去除多余的水和碎屑，

改善术者视野，并提高患病动物在手术中的安全性（降低误吸风险）。另外，它也可以更准确地估计失血量。建议购买一个装有抽吸器的气动工作台或者一个单独的抽吸器。

## 电力设备的维护

电力设备也需要维护和保养。电力设备的制造商和 / 或供应商需要向买家提供如何维护和保养所购设备的详细信息。年度维护和保养等服务合同也应该是购买协议的一部分。

不同设备的保养和维护有相似之处和不同之处，买家需要向供应商确认设备的维护和保养方法。以下准则适用于大多数气动设备。

设备：

- 管线至少每周消毒一次，使用 6% 过氧化氢溶液，例如 KaVo Oxygenal。
- 每天结束使用后以及机器未使用时，都需要倾倒外部供水，保持管线干燥。
- 如果装有抽吸器，每个患病动物都要更换新的吸头。设备也需要日常冲洗、消毒，使用专为牙科抽吸器配置的无泡沫清洁剂消毒，例如 MD 555（Durr Dental）。

压缩机：

- 压缩机需要安装在通风良好，湿度最低且无灰尘的区域。
- 必须使用无油压缩机。
- 应该定期检查和更换过滤器。
- 收集并倾倒冷凝水。

## 手机的清洁和灭菌

每个病患都应该使用干净且无菌的手机。清洗后的手持部件需在灭菌前润滑，灭菌后的手持部件在使用前需要再次润滑，手持部件如果不在灭菌前后润滑容易导致轴承故障，注意要使用高温灭菌而不是干热灭菌。

有关高速手机的使用要点：

- 确保水开关处于“开”位置。
- 如果瓶中的冷却水不足时禁止操作。
- 未装钻头时禁止操作。

卸下钻头后，用刷子去除手机上的异物，然后用湿布擦干净。高速手机应用细丝清洁喷水孔。每台设备应附带如何拆卸手机的说明，术者要仔细阅读。

润滑手机。我们建议使用喷雾润滑剂，通过特殊的喷嘴将润滑剂喷入手机内部。要卸下钻头后再用喷雾润滑剂。只要润滑剂渗入手机内部，就可以进行高压灭菌，需按照制造商的指示操作。高压灭菌完成后，确保其恢复到室温并在使用前再次进行润滑。缺乏润滑容易导致故障。

注意：

- 切勿在未取下钻头时对手机进行高压灭菌。
- 切勿在未安装钻头的情况下操作手机。
- 不要忘记“消毒前后”的润滑程序。
- 任何情况下都不允许干热灭菌。

### 总结

* 牙科手术需要特定房间或区域，旨在促进临床工作的安全有效。
* 理想的牙科设备应包括专用的麻醉和放射设备。
* 慎重选择牙科器械及维护服务，注重设备的保养和正确使用方法。

## 延伸阅读

[1] Gorrel, C., Penman, S., 1995. Dental equipment. In: Crossley, D., Penman, S. (Eds.), Manual of Small Animal Dentistry. BSAVA, Cheltenham, Ch. 2, pp. 12–26.

[2] Holmstrom, S.E., Frost-Fitch, P., Eisner, E.R., 2004. Dental equipment and care. In: Veterinary Dental Techniques for the Small Animal Practitioner, third ed. Saunders, Philadelphia, Ch. 2, pp. 39–129.

[3] Wiggs, R.B., Lobprise, H.B., 1997. Dental equipment. In: Wiggs, R.B., Lobprise, H.B. (Eds.), Veterinary Dentistry: Principles and Practice. Lippincott-Raven, Philadelphia, Ch. 1, pp. 1–28.

# 第 2 章

# 麻醉和镇痛

## 简介

本章专门针对正在接受牙科治疗和 / 或口腔外科手术的患病动物，介绍麻醉和镇痛方法。本章未提供详细的规则，因为世界各地的制度差异很大，市场上也有关于该主题的高质量教科书。

## 麻醉

口腔的全面临床检查和所有口腔手术过程都需要全身麻醉（GA）。在极少数情况下，例如简单的口腔检查或拍摄几张 X 光片，镇静可能就足够了。但是，进行任何治疗都应该对动物进行全身麻醉。口腔 / 牙科手术的范围包括从幼龄正常患病动物的简单手术到患系统性疾病的高龄动物的复杂手术。

术中的动物可以通过吸入或注射方式来维持全身麻醉。但是，如果使用注射麻醉，应全程使用气管插管，以防吸入唾液、碎屑和冲洗液。

麻醉是一种非自然的状态，难免会有风险。风险程度各不相同，应该向动物主人解释清楚。动物主人或委托代理人不在时，签署麻醉同意书是至关重要的，以表明他们同意麻醉并理解医院所解释的风险概率。麻醉药的正常死亡率对健康的猫和犬为 1/679（0.15%），在患病的动物中则增加到 1/31（3.2%）（Clarke and Hall, 1990）。最近一项研究（Dyson et al., 1998）报道了与麻醉相关的发病率和死亡率（8 087 只犬和 8 702 只猫），犬的并发症发生率为 2.1%，猫的并发症发生率为 0.13%；犬的死亡率为 0.11%，猫的死亡率为 0.1%。除其他因素外，连续监测麻醉能够有效降低死亡率。

麻醉前必须进行彻底的临床检查。对于所有高龄动物（动物预期寿命的 75% ~ 80%），推荐进行完整的血液学和生化检查。主人可能会忽视高龄动物系统性疾病增加的可能性。无论年龄如何，短头动物的全身麻醉都会充满挑战性。受伤的患病动物的麻醉过程也需要仔细管理。

### 对患牙科疾病动物麻醉的一般原则

#### 气道安全

在牙科手术过程中，必须通过气管插管保护气道，以防止因口腔中的碎片（冲洗液、血液）进入未受保护的气道而可能发生的吸入性肺炎。这种情况可能是致命的，做好预防措施比后期治疗更重要。

### 气管插管

在使用前，必须检查气管插管是否有管道损伤和管腔阻塞。任何损坏的插管都应该废弃。建议使用重量轻的插管。

为了减少无效腔和支气管内插管的风险，应适当截短插管，使其位于颈中部到切齿之间。伸出口腔的过长插管容易扭结，患病动物可能会因气道堵塞而引发肺水肿。对于有插管扭结危险的患病动物应考虑使用有保护装置的气管插管。而且，过长的插管很难用纱布和绷带固定在颌骨上，同时增加了插管意外拔出的风险。结应该缠绕在适配器上，而不是缠在气管插管上。

应该小心地充盈气囊，保证插管周围无气体泄露。注意不要过度充气，否则会导致气管损伤。

### 咽部填塞物

应使用咽部填塞物来提高气道安全性。常用的咽部填塞物包括手术拭子、海绵和纱布绷带。简单的咽部填塞方法是在气管插管周围塞进一段潮湿的纱布绷带，并能够看到其游离端，以便于取出。注意不要塞得太紧，否则会阻碍静脉回流并导致舌头肿胀。在手术过程中咽喉填塞物会被液体浸透，难以提供足够的保护，应根据需要进行更换。拔管前务必清除所有咽部填塞物。

### 眼睛的保护

在手术过程中，应根据需要用油性眼膏防止眼睛干燥。

### 开口器

谨慎使用开口器。长时间保持张口可能会导致神经性麻痹和无法闭合颌骨。这种情况多为自限性，但可能需要几周才能缓解。应该每 10 ~ 15 min 取下开口器，闭合关节一次。

### 抽吸器

如果有必要，建议使用抽吸装置，可以保护呼吸道防止吸入唾液、冲洗液和其他碎片。另外，还可以通过测量抽吸罐中的血液来估计失血量。

### 长时间的麻醉

通常牙科手术时间很长，需要密切关注患病动物生命体征：

- 即使是健康的幼龄动物，也要输送浓度至少达 33% 的氧气，以弥补麻醉过程中的肺功能不足。
- 应通过静脉输液来抵消麻醉产生的心排血量减少和动脉血压降低。诱导麻醉前，应将静脉留置针置于合适的浅静脉内。以 10 mL/（kg·h）的速率给予乳酸林格氏液。留置针作为紧急情况下的静脉通路，能确保刺激性注射液不会流入血管周围。在患病动物从麻醉中完全苏醒之前不应该将其移除。
- 体温降低是长时间麻醉和使用凉冲洗液的一个并发症。低温会导致抗胆碱性心动过缓，心排血量减少和血液浓缩。体温降至 28℃左右时会发生心房纤颤。此外，体温降低时应减少麻醉药的用量，防止相对麻醉过量。牙科手术中要注意监测体温，可以用毛毯以及对静脉注射液和冲洗液加热来预防体温过低。使用电加热垫时应用毛巾泡沫板给患病动物隔热，防止可能发生的热灼伤。使用循环温水垫会更安全。
- 在长时间连接循环呼吸回路的体毛厚重的大型犬中会偶尔出现体温升高。必须在重要器官出现损伤之前主动降温。

### 出血

本书提及的手术很少导致广泛出血，除非患病动物具有潜在的病症，例如血凝障碍、败血症。有任何潜在出血可能的动物都需要在术前进行全面的血液学检查和凝血功能的检测。检查之前，还应该将动物与健康的献血动物进行交叉配型。交叉配型的替代方法是自体输血，手术前一周抽取动物血容量的 10%，并通过静脉输液补充。在使用前将血液置于含酸性枸橼酸葡萄糖或枸橼酸磷酸葡萄糖的储血袋中，4℃保存。

在手术过程中，应通过称量浸润过血液的纱布或测量抽吸器中收集的血液来估计失血量。经粗略估计，完全浸润的 3in × 3in(in 为英寸，1in ≈ 2.54cm) 纱布包含 7 mL 血液，4in × 4in(in 为英寸，1in ≈ 2.54cm) 纱布足有 10mL 血液。

正常动物可以代偿高达循环血量 20% 的失血。犬的血量是 80 ~ 90 mL/kg，猫的血量是 60 ~ 70 mL/kg。为了补偿低血压，静脉内注射的等渗溶液应该增加到 30 ~ 40 mL/（kg · h)。可以使用胶体液［高达 20 mL/（kg · h)］来维持组织灌注，但不能代替红细胞。当失血量接近循环血量的 20% 时，应开始进行输血治疗。输血量应该与患病动物失血量相同。

### 止血

止血最好通过寻找和结扎血管或牢牢压迫几分钟。血管收缩剂如局部施用肾上腺素或，由于其全身性吸收会导致心律失常，所以最好避免使用。

## 患病动物的监测

所有动物在麻醉过程中都要持续监测。细致的监测能做到在情况变得严重之前发现问题，以便妥善处理，避免危机发生。连续的麻醉监测与降低死亡率密切相关（Dyson et al., 1998）。

常规麻醉监测包括检查呼吸功能和黏膜颜色，毛细血管再充盈时间，听诊呼吸声和触诊外周脉搏。可以通过仪器辅助这些基础监测，仪器也可以提供额外的信息，并且可以更精确地呈现患病动物的状态，以便更好地控制麻醉过程。监护仪器的缺点是必须对其信息依次确认，以确保所提供的信息是准确的。对于非正常的读数，要在患病动物有反应之前及时查看，即监测患病动物，而不是监测仪器（专栏 2.1）！

**专栏 2.1　麻醉和监测清单**

* 正确定位气管插管且不要过度充盈胶圈套囊。
* 牢牢固定气管插管，不要扭结。
* 避免发生意外拔管或断路的情况（呼吸暂停警报和二氧化碳图能够检测意外断开）。
* 监测中枢神经系统（眼部体征和肌肉张力指示麻醉深度）。
* 监测心血管系统（脉搏、心音、黏膜颜色和毛细血管再充盈时间）。临床评估心血管功能的监测仪器包括食管听诊器、血压监测仪和心电图。
* 监测呼吸系统（通过观察呼吸气囊和胸壁位移，评估潮气量、呼吸频率、黏膜颜色）。监测仪器包括呼吸暂停警报器和脉搏血氧仪。
* 监测并记录体温（直肠或食道）。
* 监测肾功能（将导尿管连接到一个空的静脉输液袋中可以测量尿量，从而显示器官灌注量）。
* 估计失血量并采取适当措施。
* 更换咽部填塞物。
* 定期取下开口器。
* 根据需要涂抹眼膏。

## 高龄患病动物

许多需要牙科手术的患病动物年龄都较大。切记，在临床上即使是健康的高龄动物，心肺系统的生理变化也会影响麻醉过程。与年龄有关的重要变化包括：

- 心排血量减少。
- 血压代偿能力下降，循环血量降低。
- 肺顺应性降低。
- 较高的小气道关闭量。
- 动脉血氧分压（$PaO_2$）下降。

在诱导麻醉期间机体的循环时间显著减少时，推注麻醉药的时间不宜过短。

除了年龄相关的生理变化之外，高龄患病动物还有心理需求，因为他们很容易因所熟悉事物的变化而感到消极困惑，需要进行温和的处理并不断地安抚。

## 短头患病动物

在短头患病动物中，应该预估上气道阻塞的可能性。需要在麻醉和手术前，根据临床病史和体格检查评估阻塞的程度。慢性重度上呼吸道阻塞最终会导致心肺疾病，要做好相关症状的检查。

短头患病动物的诱导麻醉和苏醒都是十分具有挑战性的工作。在气管插管之前，诱导麻醉会导致咽部肌肉组织的松弛，并且增加上气道阻塞的程度。理想的操作是快速诱导麻醉和快速专业地进行气管插管，以缩短上气道阻塞的时间。用低剂量的乙酰丙嗪和阿片类药物轻度镇静，例如，丁丙诺啡适用于犬。拳狮犬如果使用乙酰丙嗪容易出现血管迷走性晕厥，应该使用抗胆碱药物治疗，或者避免使用该类药物。如果动物不抗拒，用面罩预吸氧 5 min，有助于预防诱导麻醉时的缺氧现象，但应避免带着面罩对动物进行诱导麻醉。

苏醒过程中的气道阻塞可以通过两种方式解决。一种是使用血浆半衰期较短的诱导剂，例如丙泊酚，能够使患病动物快速苏醒并恢复其维持自主呼吸的能力。异氟烷或七氟烷比氟烷的苏醒时间短。另一种是使用具有强效镇咳作用的阿片类药物，例如布托啡诺，吗啡或羟吗啡酮，可适用于进行长时间气管插管的动物，应尽可能长时间地将气管插管留在气道内。理想的情况下，动物应该能够在气管插管取出之前保持坐直或站立。

一旦气管插管被移除，患病动物在完全清醒之前仍然存在气道阻塞的风险。明智的做法是使用小剂量的诱导麻醉药，以便根据需要快速进行再插管。通过鼻腔导管持续输送氧气，以防止气管插管拔除后出现缺氧。向前牵拉动物的舌头可以缓解阻塞，并保持嘴张开用口呼吸。理想的恢复姿势为仰卧位，能够允许肺部更均匀地扩张，并能促进动物更快地恢复意识。

## 颌面部创伤

有创伤的动物必须先稳定，并在麻醉前处理好其他可能的损伤。大多数手术可以使用传统的气管插管，但偶尔需要通过咽切开术或气管切开术进行气管插管。

如果猫的鼻腔被血液和碎屑堵塞，在麻醉苏醒期间容易出现上呼吸道阻塞。猫在完全苏醒之前，并不情愿在拔管的瞬间用嘴呼吸，因此推荐给猫使用能够快速苏醒的麻醉药。

## 镇痛

人类可以表达和描述他们的不适和/或疼痛的感觉，医生也可以很轻松地接收这些信息，而对动物疼痛的评估就困难得多。兽医必须依靠明显的症状做出正确的解读，动物对疼痛在心理上没有预估，所以就可以不考虑痛感预估的影响。往往动物出现不适的第一标志就是对人为触摸的反应发生变化。它们对人为的触摸可能会有攻击或躲避行为，但有些动物会过度地寻求人类安抚。睡眠模式的混乱，例如动物睡眠减少，也是不适的表现；减少梳理毛发的行为和改变饮食习惯的常常是有慢性疼痛的表现。

动物在有口腔/牙齿疾病时，很少会出现食欲废绝，而是改变其食物偏好（例如，动物将选择性地只食用较软的食物）或改变它们咀嚼的方式（例如，选择性地在一侧咀嚼）。在宠物接受牙科治疗后，大部分主人反馈动物的精神有所好转，而且比治疗前更活泼，对游戏的兴趣也增加了。可以推测这种常见的行为变化可归因于慢性疾病导致的不适和疼痛的消失。

在人类牙科领域，对于哪些疾病的过程会引起不适和疼痛更容易理解。我们也知道哪些手术与术后疼痛有关。那么对于犬和猫在患有相同疾病和接受类似治疗后也会感到不适和疼痛的假设似乎是合理的。在遵循该推理的过程中，可能会出现过度镇痛，但与缓解疼痛相比，发生这种不良后果的概率很低。

我们所知道的可能会引起人们不适和/或疼痛的常见情况，可能也会引起动物相似的感觉，这些情况包括：

- 牙周炎的并发症，例如，牙周外侧脓肿、中毒性黏膜溃疡、牙龈肿瘤。
- 牙髓和根尖周病，急性牙髓炎、根尖周脓肿、骨髓炎。
- 创伤性损伤，包括软组织撕裂和颌骨骨折。

这些情况可能归为急诊，因为不应该延迟治疗。第12章将详细介绍这些内容，但本章将介绍止痛药的相关内容。

我们所了解的可能会导致人类术后疼痛的牙科手术，可能也会引起动物出现类似的感觉，包括：

- 牙周治疗，例如龈下深度刮治术。
- 牙齿拔除，特别是牙齿拔除后牙槽肉芽组织修复期。

### 疼痛处理机制

“疼痛通路”可分为三个主要部分：

1. 外周组织感受器检测刺激并通过主要传入神经将感受信号传递至脊髓或颅内神经中枢。

2. 到达脊上结构之前，传输发生在脊髓或脑干中。

3. 在脊髓上部进一步处理后，信号引起对疼痛的有意识的感知。

此外，疼痛机制还受很多节段性内在影响，如脊髓和脊髓上部的内源性机制可以抑制伤害性信号的传播，这些影响由内源性神经递质系统（阿片类、胆碱能、肾上腺素能、血清素能）介导。

对疼痛的感知不仅仅是对反射弧中伤害性传入信号进行的即时分析，而且还是一个受之前疼痛经历影响的动态过程。临床上疼痛可分为炎症性（与外周组织损伤有关）或神经病性（与中枢神经系统损伤有关）；其特征在于敏感性的变化，比如平常不认为疼痛的刺激都会使动物产生痛感（异常性疼痛），也对给予的特定有害刺激（敏感性疼痛）产生夸张反应，并且痛感会扩散至未损伤的组织（继发性敏感性疼痛）。这种敏化作用可发生在外周或/和中枢神经系统。外周性敏化反应是由于伤害信号感受器暴露于高水平的炎症介质中而导致敏感性增加，并导致传入神经的传导速率加快。由于脊髓的变化，中枢性敏化反应增强。背角神经元兴奋性的活性依赖增强，比疼痛的外周传入冲动时间长。

外周性和中枢性敏化反应的临床意义在于：

- 一旦出现疼痛，正常剂量下的止痛药物效果就会差很多，即疼痛更难以控制。
- 动物感受到的疼痛会更剧烈。

因此，诸多证据表明，我们应该预防疼痛而不是仅仅治疗疼痛。临床上已证明犬（Lascelles et al., 1997）预先使用阿片类药物能明显减少中枢性敏化反应的发生，但是如果在出现疼痛后用药，治疗效果远不如前者。研究（Bach et al., 1988）证明局部镇痛药也有类似的保护作用。因此在术中我们可以通过防止疼痛刺激传入脊髓来避免中枢性敏化反应的发生，而且术后疼痛的严重程度会显著降低。

超前镇痛的概念是指在术前给予止痛剂以减轻术后疼痛。区分超前镇痛和缓解术后疼痛很重要，换句话说，超前镇痛可能会阻断敏化反应，却不能消除术后疼痛，仍然需要采取额外措施来确保动物在苏醒期不那么疼痛。

治疗疼痛的最佳形式是进行连续的超前镇痛，持续阻断敏化的发生。阿片类药物或局部麻醉药物可阻断中枢敏化反应，非甾体抗炎药（NSAIDs）可减轻外周炎症反应。联合使用阿片类药物和 NSAIDs 比单独使用任一种药物都更有效。局部麻醉药（镇痛药）可以通过阻断受伤部位的信号传入而缓解疼痛。

专栏 2.2 是基本的止痛程序，可根据需要进行修改。

**专栏 2.2　牙科和/或口腔外科患病动物的基本镇痛计划**

* 术前给予阿片类药物。
* 术前给予局部麻醉药和/或术中给予额外的阿片类药物。
* 术后给予阿片类药物和/或 NSAIDs。局部麻醉（手术结束时进行）也可用于术后镇痛。
* 苏醒过程中给予 NSAIDs。

## 局部麻醉

局部麻醉（LA）可用于术中和术后镇痛。与人类不同的是犬和猫在清醒时会难以操作，所以这个方法适用于动物处于全身麻醉的状态。在手术结束时、动物苏醒前进行局部麻醉，可以起到术后镇痛的效果。

口腔内的局部麻醉包括浸润麻醉和局部神经阻滞。浸润麻醉是指注射到局部组织并沉积的少量麻醉药扩散到周围组织并发挥作用。局部阻滞麻醉是注射麻醉药时尽可能靠近神经，可因此达到阻断远端知觉的效果，例如当局部麻醉药注入下颌孔时，药物会靠近下颌神经的下齿槽通路，会使下颌牙齿和下唇失去知觉。在人医牙科中，浸润麻醉是最常用的技术，并且能够对除下颌前臼齿和臼齿之外的所有牙齿起到足够的镇痛效果，这两类牙齿（下颌前臼齿和臼齿）使用下颌神经阻滞麻醉。在兽医牙科领域，提倡使用局部阻滞麻醉。实际上兽医教科书中很少涉及浸润麻醉技术。这非常遗憾，因为浸润麻醉比局部阻滞麻醉更容易、更安全。局部阻滞麻醉的主要风险是给予麻醉药时可能会造成神经损伤。医源性神经损伤（针划伤或刺穿神经）会引起疼痛，痛感可能会在组织再生和患病动物疼痛消失之前持续数周至数月的时间，极少数情况下还会导致永久性神经受损。在人医牙科中，医生通常建议不要将药物注射到生理孔中，以避免高风险神经损伤的出现。而且，如果针头划伤或刺穿神经，病人会醒过来并产生反应，这种感觉像被电击一样。在人医牙科中，因为全麻会使病人失去对神经损伤的反应，所以一般不对全麻病人进行阻滞麻醉；而在兽医牙科中，进行局部阻滞麻醉是要在动物全身麻醉的情况下，将针精准地刺入生理孔内，此时动物不会有任何感觉。在笔者看来，应该慎重使用局部阻滞麻醉，并且只能用在无法进行浸润麻醉的区域，即用在下颌前臼齿和臼齿。

临床使用的所有局部麻醉药都是膜稳定剂，可以防止细胞膜的去极化，从而阻止或阻断兴奋的传导。感觉消失的顺序如下：痛感，冷感，热感，触感、关节和深压。盐酸普鲁卡因是所有局麻药的原型，它是用来比较麻醉效果的标准药物。口腔内的局部麻醉可以配合使用利多卡因、甲哌卡因、丁哌卡因和罗哌卡因等。用于术后缓解疼痛的局部麻醉药物应具有较长的作用时间，因此丁哌卡因（起效 15 min，持续 4 ~ 6 h）是首选药物。利多卡因可以在手术过程中使用，以获得更直接的效果。

所有局部麻醉药物的作用机制是相似的。麻醉药（$RNH^+Cl^-$）是一种可电离的季铵盐，由于其不具有脂溶性，因此不会被神经膜吸收，本身几乎不具有麻醉作用的性质。在弱碱性且具有强缓冲能力的组织中沉积后，麻醉药的解离如下：

$$RNH^+Cl^- \rightleftharpoons Cl^- + RNH^+ \rightleftharpoons RN + H^+$$

游离麻醉药（RN）被吸收到神经外膜上而产生麻醉作用。如果存在足够的局部缓冲能力来结合消除游离 $H^+$，那么上述反应式就往右进行，活性基碱释放，发挥麻醉作用；然而，在发炎或感染的组织中，pH 值为酸性，麻醉药物中只有少量的游离基碱解离，导致局部麻醉作用较差。

在人医牙科和口腔外科手术中，血管收缩药（肾上腺素，L- 肾上腺素）通常与局部麻醉药联合使用，主要用于延缓局部麻醉药的全身性吸收，从而降低毒性并增加安全性。当小剂量静脉内给药时局部麻醉药产生镇痛作用，但是全身性用药时很可能导致惊厥，且容易引起明显的心肌抑制和心脏节律失常。血管收缩剂通过减少局部麻醉药的全身性吸收来增加麻醉的强度并延长麻醉作用时间；但是，它们可能会增加出现心律失常和心室颤动的风险。在兽医牙科和口腔外科手术中，使用局部麻醉药时通常不配合使用血管收缩剂。局部麻醉药的最大安全剂量为：4 mg/kg 利多卡因，1 ~ 2 mg/kg 丁哌卡因。笔者个人会使用添加了血管收缩剂的局部麻醉药，以确保麻醉药长时间保持局部活性。

犬的局部阻滞麻醉用 22 ~ 30 号 1in（1in ≈ 2.54 cm）长的针头；猫的浸润麻醉和局部阻滞麻醉要用短一点的针头。强烈建议使用牙科专用局部麻醉注射器和针头（图 2.1）。每只动物要通过计算来确定最大安全剂量。通常，每个点注射 0.25 ~ 1.00 mL 局部麻醉药。注射前要记得回吸。

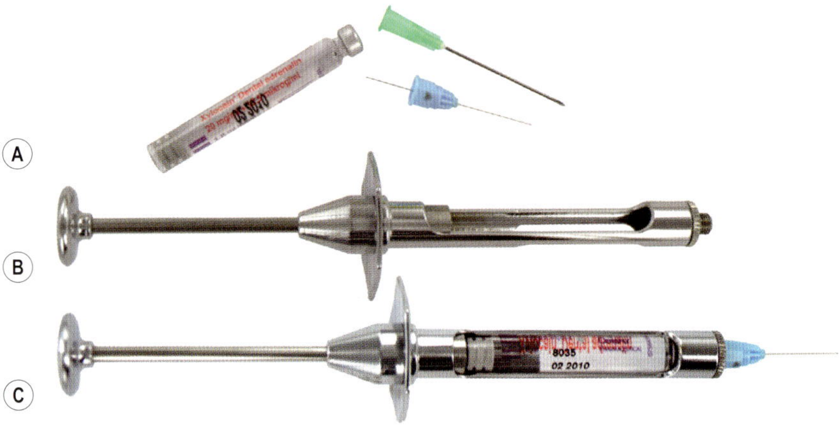


**图 2.1　牙科局部麻醉针和注射器**

（A）带有局部麻醉药和针的安瓿。通过对比 18 号针头就能看出牙科解剖针头的精细程度。（B）金属注射器外壳。（C）组装并准备使用的注射器。

## 浸润麻醉

浸润麻醉是在需要麻醉的牙根区域注射少量局部麻醉药（水泡技术）使其作用于牙龈和牙槽骨骨膜（图 2.2 ~ 图 2.4）。麻醉药扩散到组织中对神经产生局部麻醉作用。浸润麻醉药根据需要在颊侧面和舌 / 腭侧面给药，可以对上颌所有牙齿进行麻醉。实际上没必要对上颌进行阻滞麻醉。浸润麻醉也可用于下颌切齿（图 2.5）和前臼齿。只有下颌末端的前臼齿和臼齿需要局部阻滞麻醉。

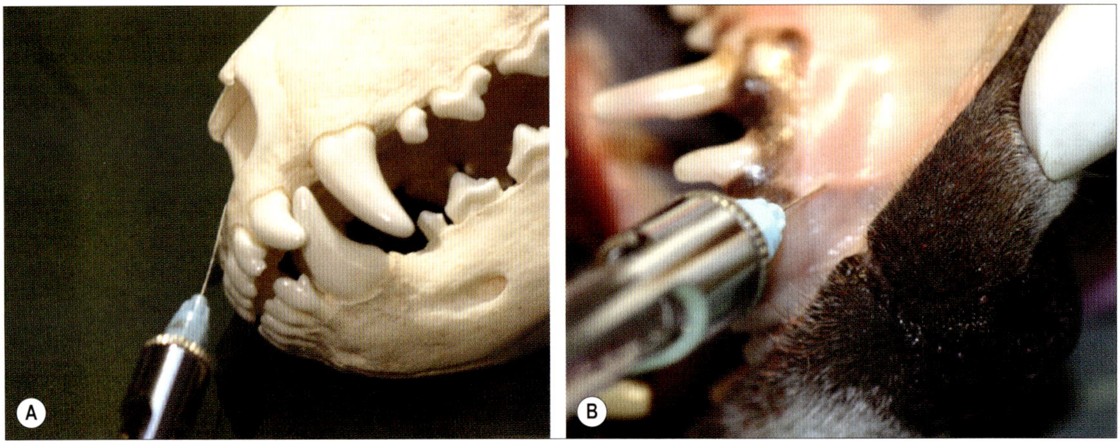


**图 2.2　上颌切齿颊侧浸润麻醉**

少量局部麻醉药注射到需麻醉牙齿的牙龈和牙槽骨骨膜中。 麻醉药扩散到组织中进而对神经产生局部阻滞作用。（A）和（B）展示了上颌切齿颊侧麻醉的位置。

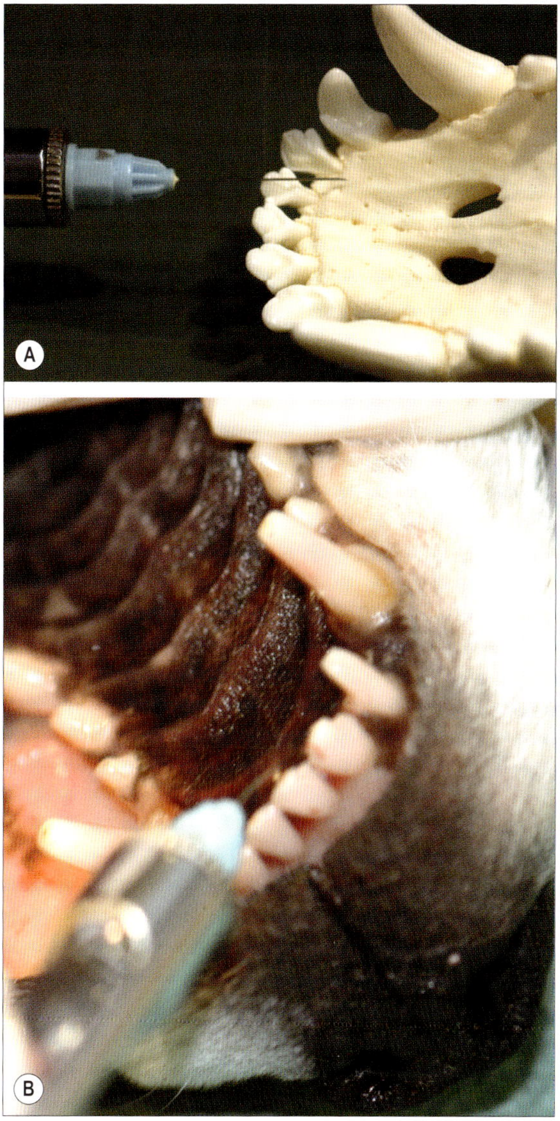

**图 2.3　上颌切齿腭侧浸润麻醉**

通常还需要在颚侧注射麻醉药。（A）和（B）展示了上颌切齿的麻醉位置。

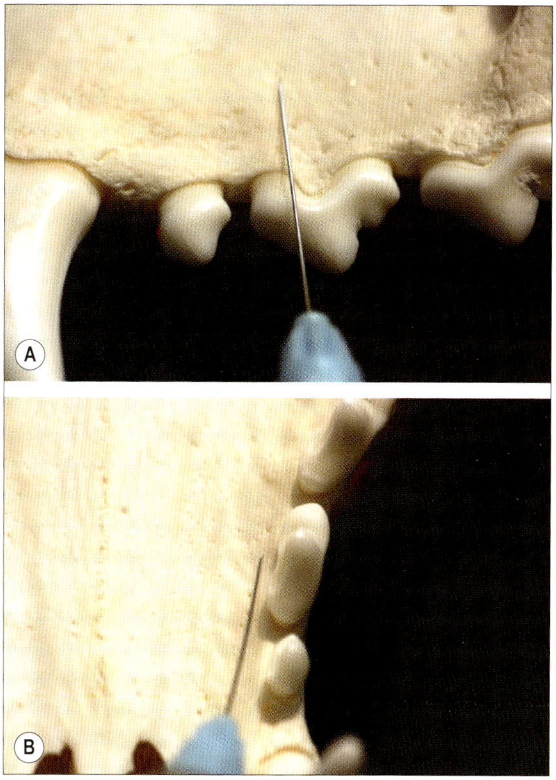

**图 2.4　上颌前臼齿的浸润麻醉**

颅骨上显示了局部麻醉药注射的颊部（A）和腭部（B）位置。

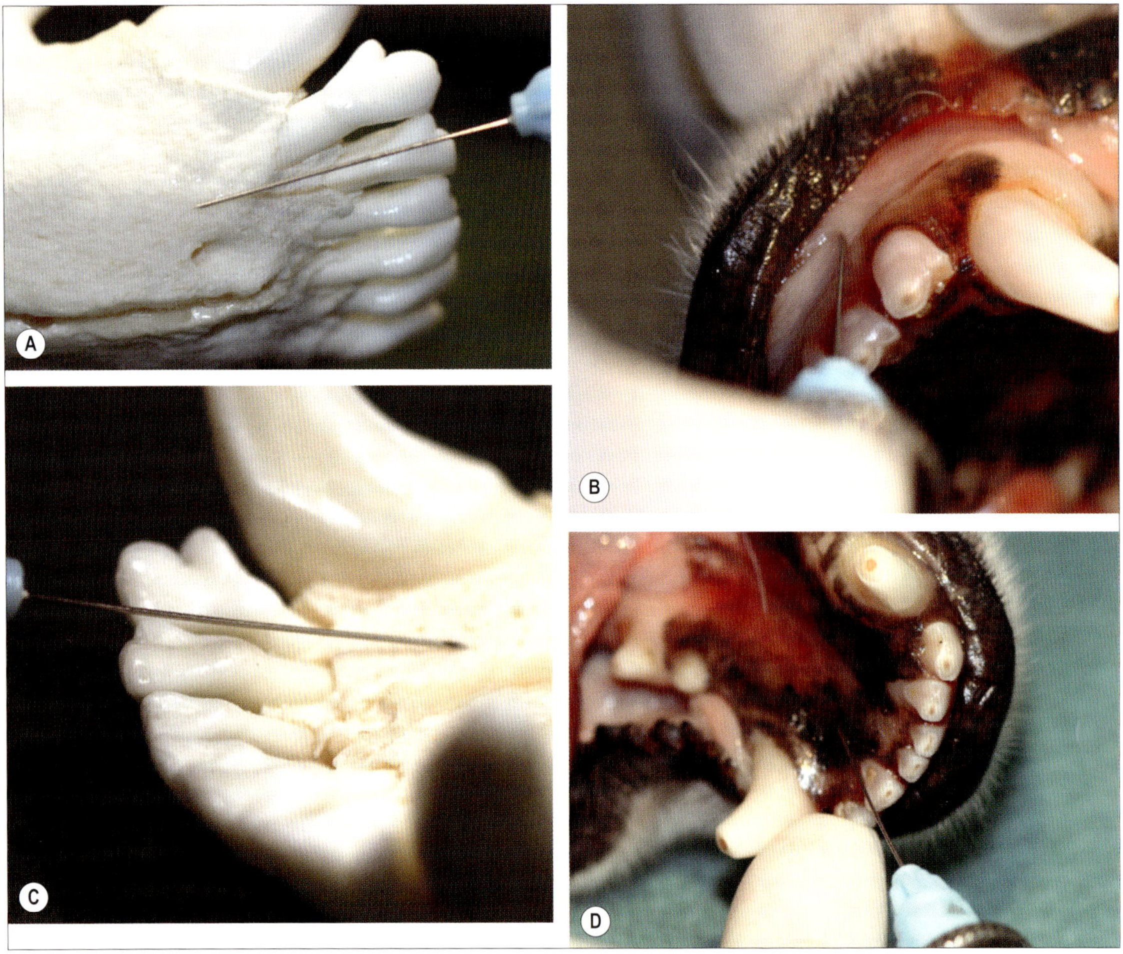


图 2.5　下颌切齿浸润麻醉
（A，C）和（B，D）分别展示注射局部麻醉药时的颊侧和腭侧位置。

## 局部阻滞麻醉

局部阻滞麻醉是将麻醉药物尽可能注射到神经周围，其作用是阻止所有感觉传向远端。图 2.6 和图 2.7 展示了麻醉神经通路。用于牙科和口腔外科手术麻醉的神经区域有：

- 眶下神经。
- 下颌神经。
- 颏神经。

如果有需要，如拔除大部分或全部牙齿时，可以麻醉四个象限的所有牙齿。

在下文中，将描述三个区域的阻滞麻醉方法，但在笔者看来，兽医牙科唯一需要进行阻滞麻醉的区域就是下颌神经区。除下颌末端的前臼齿和臼齿外的口腔科部分都可以用浸润麻醉，也是一种更安全的技术。

### 眶下神经阻滞

眶下神经阻滞会使上唇和鼻、鼻腔顶部、眶下孔和上颌牙齿的腹侧皮肤失去感觉。可以用口外注射法，但口内注射会更容易一些。操作方法如下（图 2.8）。

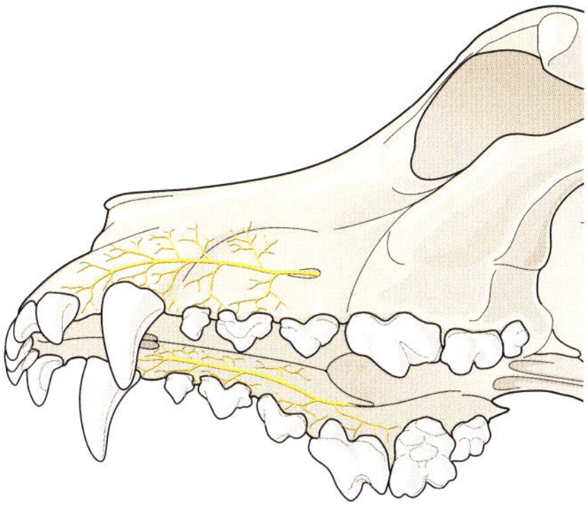

图 2.6 上颌神经分布

眶下神经是翼腭窝内上颌神经的延续。在进入眶下神经管之前（上颌孔处），神经发出尾侧上齿槽分支，支配后方臼齿。在眶下神经管内，眶下神经分出上颌齿槽分支，支配上颌犬齿和切齿。眶下神经从眶下孔出来后，呈许多大的束状分布于皮肤、鼻窦或上唇及口鼻的触毛上。这些上腭神经分鼻外、鼻内分支和上唇分支。腭神经（来源于上颌神经的蝶腭分支）支配上颌口腔、软腭、扁桃体和内侧鼻黏膜。

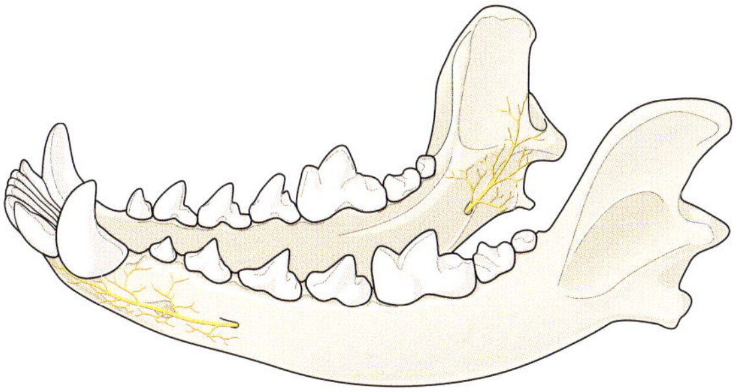

图 2.7 下颌的感觉神经分布

下齿槽神经离开三叉神经腹外侧的下颌骨分支，并进入下颌孔处的下颌管。下齿槽神经伴随着下齿槽动脉并向下颌牙齿发出分支。几个分支（颏神经）垂直离开神经并通过颏孔传出。颏神经分布在切齿和切齿的腹侧。

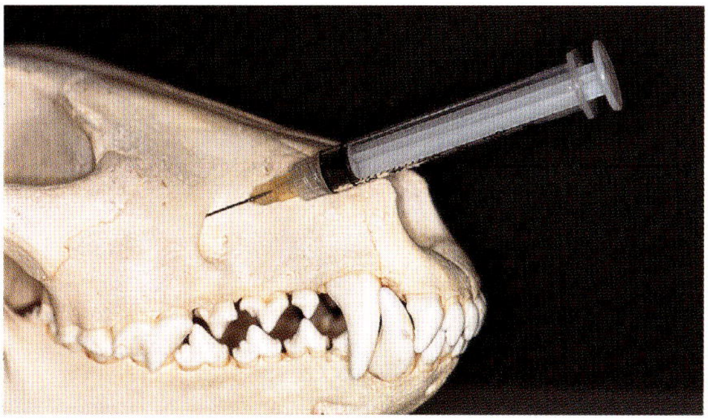

图 2.8 眶下神经阻滞

掀起嘴唇触诊找到眶下孔，将针头浅浅地插入孔内。切记，短头的犬和猫的眶下管比正常动物要短得多，而且不提倡将针头插入翼腭窝。建议进针深度不得多于上颌第 4 前臼齿的宽度。为了确保针头不进入血管，注射前一定要有回吸的操作，并计算麻醉药的注射剂量。拔出针后，指腹按压眶下孔 20 ~ 30 s，促使局部麻醉药进入管腔，阻断支配颊部牙齿的中断上齿槽神经分支，并防止注射部位形成血肿。

鉴于其风险较高，笔者从来不使用这种技术，因为将针头插入眶下孔进入眶下管时容易造成神经损伤。

下颌神经阻滞

阻断下颌神经的下齿槽分支会麻醉下颌牙齿和下唇。在下颌神经阻滞中，要在下齿槽神经进入下颌管之前将其阻滞。该方法可用口外或口内注射方法进行。

对于口外通路（图 2.9），针头以小角度对准下颌骨进针，从口侧到下颌角约 1.5 cm。针头沿下颌支的内表面背侧通过，靠近下颌骨避免意外阻滞舌神经。可以在口内触诊下颌孔，并且精确地引导针尖到达神经分布处。当到达下颌孔附近时，将适量的局部麻醉药注射在神经周围。

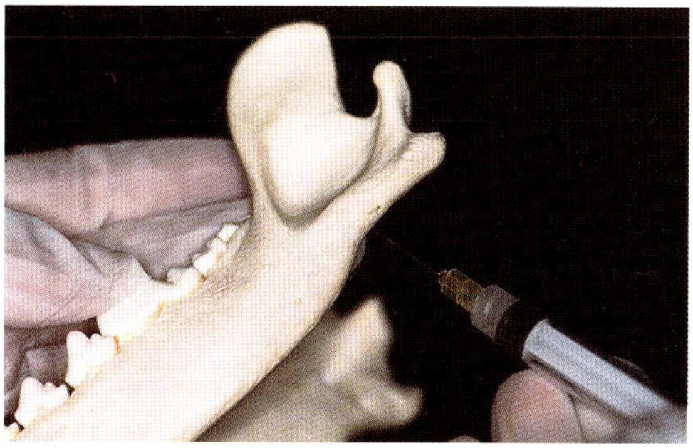

图 2.9 下颌神经阻滞

下颌神经阻滞（口外通路）。

口内通路（图 2.10）包括口内触诊下颌孔并使用口内注射的方法将针引导至该区域。最简单的方法是沿着下颌骨腹侧的内侧进针，使注射器与下颌支平行并阻滞下颌神经（图 2.10A）。当针尖靠近下颌孔时，将注射器针管移至对侧的前臼齿区域（图 2.10B），以便更好地进入下颌孔周围。

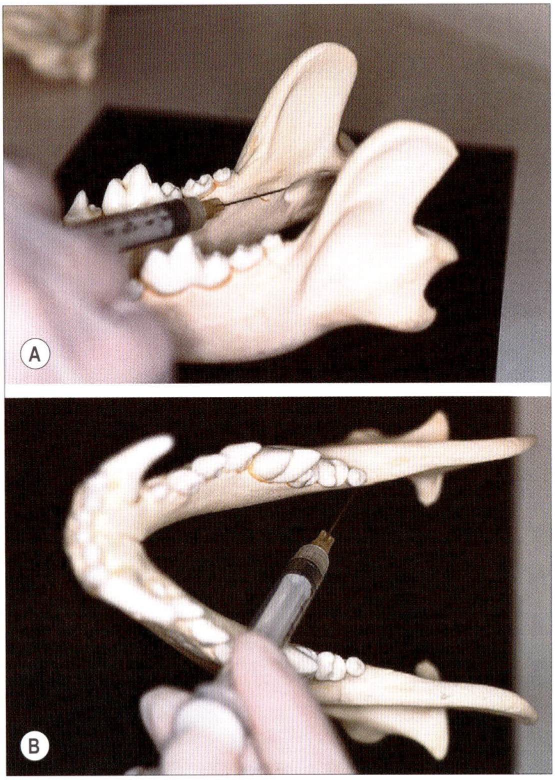

图 2.10　下颌神经阻滞
下颌神经阻滞（口内通路）。

针应该靠近腹侧下颌骨以避免意外阻滞舌神经。药物的注射剂量要准确计算。

颏神经阻滞

从颏孔处阻断颏神经分支会麻醉下唇和牙齿。从第二前臼齿的中间颏孔进针（图 2.11），注射适量局部麻醉药。猫和小型犬可能很难通过颏孔注射，因为它们的中间颏孔难以触诊（直径太小），所以即使用很细的针也很难进入颏孔。

在笔者看来，不应在该区域进行局部阻滞麻醉，也没有必要一定非得进入颏孔不可。创伤更小且更安全的选择是在颏孔处注射局部麻醉药，让药物扩散至神经；另一种是对个别牙齿进行浸润麻醉；第三是使用下颌阻滞麻醉。

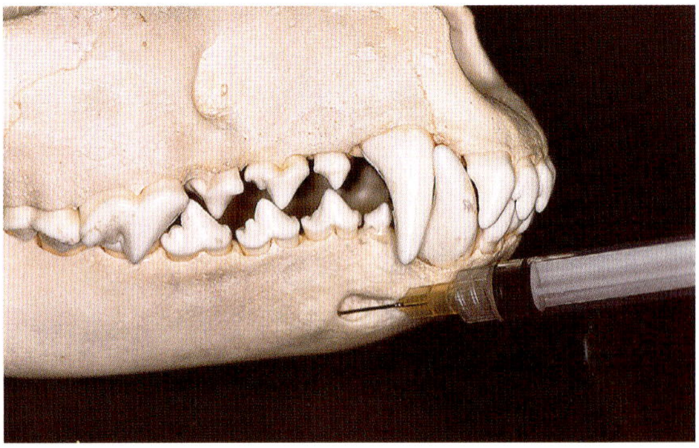

图 2.11　颏神经阻滞

### 局部麻醉的并发症

除注射部位偶见血肿外，浸润麻醉很少有其他并发症。

正如前文提到当注射器刮伤或刺穿神经时（比如针头插入生理孔或管内，可能发生神经损伤），局部阻滞麻醉可能导致术后咬舌和 / 或颊部、血肿、神经损伤性疼痛（通常还伴有感觉异常）和牙关紧闭。这种伤害会引起疼痛，且常会引起感觉异常，可能需要数周到数月才能恢复，也可能发生永久性损伤。如果针头造成外伤或将局部麻醉药注射于翼内肌中，可能患病动物会牙关紧闭，丧失完全张开嘴巴的能力。该情况具有自限性，但也得几周才能恢复。

### 局部麻醉的适应证

这是一个有争议的话题。一些学者主张按惯例对所有牙科/口腔手术都使用。笔者认为应该有选择地使用局部麻醉，比如开放性拔除几颗牙齿，或是像下颌骨切除术、上颌骨切除术的颌骨骨折修复和骨切除。局部麻醉指南：

- 缓慢注射。
- 回吸。
- 避免注射到发炎/感染的组织。
- 避免注射到孔内。
- 避免注射到骨膜下。

### 非药物性方法缓解术后疼痛

健全的护理措施对减轻术后不适和疼痛具有重要意义。能让动物安睡的环境是最重要的。急性术后疼痛通常很快会消减，保持睡眠有利于缓解急性疼痛！尤其是猫，要保持术后环境安静；如果同一房间内有吠叫的犬都会不利于猫的术后恢复！如果患病动物特别烦躁，可以给予低剂量的镇静剂。

定期安抚动物，有助于减少由疼痛和陌生环境带来的压力，否则会出现疼痛－焦虑－失眠情况的循环。

准备一张舒适的床，环境要温暖但不要太热。应尽早在术后恢复期间提供食物和水。疼痛和炎症会增加基础代谢率，需要高营养来促进恢复。尽早提供食物不仅可以加速恢复，还有安抚的效果。

## 特殊技术

在某些情况下需要气管插管和特殊饲喂技术，临床医师需要熟悉这些技术。

## 气管插管

在某些情况下，需要进行咽切开或气管切开进行插管。

### 咽切开术

偶尔需要做咽切开术，通过气管插管临时将气管与呼吸回路相连。

这个方法使口腔不再受气管插管的阻碍。在例如骨折修复等需要维持咬合的情况下，必须进行咽喉插管。

应使用加强型（钢丝加固）气管插管来进行经喉插管。在颈部和下颌角进行剃毛和备皮。将食指深入口腔，确定梨状隐窝吻侧舌骨的位置，切开皮肤，分离组织直至口腔，将气管插管的适配头取下，用止血钳穿过咽切口，夹住气管插管近端的一侧，并拉出来插入气管内。注意不要把管插得太深，尤其不能插入支气管。将适配头重新安装好后，继续进行吸入麻醉。插管过程可能需要注射麻醉药物来维持麻醉，丙泊酚是理想药物。

### 选择性气管切开术

该技术适用于无法完全张开口腔进行经口气管插管的动物（例如慢性咬肌炎），也可作为急性上呼吸道阻塞动物的急救术。在气管切开完成之前，可以通过逐量推注像丙泊酚类的非蓄积性麻醉药来诱导和维持麻醉。颈腹侧剃毛、备皮。通过中线切口分离胸骨舌骨肌暴露第二，第三和第四气管环。气管切开有两种方式，无论哪种都需要在切口两边的气管环上做两根牵引线，便于后期对合，通过两个气管环之间的环状韧带和黏膜做横向切口，以此打开手术通路，切口应延伸至气管环周长的 65%，这个方法适用于短期插管。

另一种是将切口从第二气管环开始向远端延伸两个气管环的长度。在气管腹侧形成“U”形气管瓣。气管瓣作为折页向上翻，以便放置气管插管。此方法适用于长期插管。它可以防止插管对周围组织过度挤压。理想状态下，切口会形成肉芽组织并愈合。这确实需要精心护理，来保证气管切开术部的清洁和对动物精心护理。因此一些临床医生喜欢缝合该部位，但也可能存在出现皮下气肿、局部肿胀和继发性气道阻塞的风险。

## 饲管

对于无法正常进食或饮水的患病动物，放置饲管以便提供营养和液体。

### 留置鼻饲管

该技术仅限于需要短期饲喂液态食物的动物，尤其是那些拔除全口牙齿的患有慢性牙龈炎的猫，很少需要留置 2 天以上。

鼻饲管可用在清醒的或麻醉的动物身上。在动物处于全身麻醉并有气管插管时放置饲管是最简单也是最安全的方法。

5 号或 6 号（法国标准）聚乙烯婴儿饲管经润滑后插入腹侧鼻腔。清醒的动物需使用局部麻醉药对鼻黏膜麻醉。插管时，动物的头要朝下，以防不慎插入气管；向前插管直至到达食道末端。用空气或无菌生理盐水进行插管灌注，通过放射影像或听诊气泡声来验证饲管放置的位置是否合理，然后盖上管盖，使用胶带制成蝴蝶结将插管缝合固定。有些动物需要佩戴伊丽莎白圈来防止插管移位。

### 食道造口饲管

目前食道造口是放置饲管的首选位置，能预防潜在的并发症，如咽部插管导致的误吸和黏膜损伤，还可以避免胃瘘管并发的腹膜炎。

将动物全身麻醉，左侧颈部剃毛、备皮。用弯止血钳通过咽部插入舌骨后方的近端颈部食道。止血钳的尖端横向转动并施加压力，以便能触摸到尖端。在止血钳的尖端切一个能让饲管通过的足够大的皮肤切口，然后止血钳钝性穿过软组织。大型犬一般用刀直接切开，用止血钳夹住饲管末端（标记好从胃或食管末端到切口的长度），将饲管通过食道拉出口腔。使用止血钳将饲管的末端转插回食道中，直到饲管不能再折转。通过饲管上的标记正确定位末端饲管，由 X 光片确认插管位置。

## 总结

* 大多数牙科治疗需要全身麻醉，并应遵循标准的临床操作规范。
* 牙科患病动物的具体注意事项包括气道的保护，手术通路的选择，大多数患牙科疾病动物的年龄因素，长时间麻醉的影响。要注意保持动物体温和维持体液平衡。
* 所有患病动物均应该考虑使用阿片类药物和／或非甾体类抗炎药物来进行预先镇痛和术后镇痛。
* 术中使用局部麻醉可以有效镇痛。
* 有些患病动物尽管采取了适当的镇痛措施，但仍不愿意或无法进食时，要使用短期饲管。

## 参考文献


[1] Bach, S., Norveng, M.F., Tijellden, N.U., 1988. Phantom limb pain in amputees during the first twelve months following amputation after preoperative lumbar epidural blockade. Pain 33, 297–330.

[2] Clarke, K.W., Hall, L.W., 1990. A survey of anesthesia in small animal practice: AVA/BSAVA report. Journal of the Association for Veterinary Anesthesia 17, 4–10.

[3] Dyson, D.H., Maxie, M.G., Schnurr, D., 1998. Morbidity and mortality associated with anesthetic management in small animal veterinary practice in Ontario. Journal of the American Animal Hospital Association 34(4), 325–335.

[4] Lascelles, B.D., Cripps, P.J., Jones, A., et al., 1997. Postoperative central hypersensitivity and pain: the pre-emptive value of pethidine for ovariohysterectomy. Pain 73, 461–471.


## 延伸阅读


[1] Crowe, D.T., 1986. Enteral nutrition for critically ill or injured patients. Parts I, II and III. Compendium of Continuing Education (Small Animal) 8, 603–826.

[2] Crowe, D.T., Devey, J.J., 1997. Esophagostomy tubes for feeding and decompression: clinical experience in 29 small animal patients. Journal of the American Animal Hospital Association 33, 393–403.

[3] Duke, T., 1999. Anaesthetic management: dental and maxillofacial surgery. In: Seymour, C., Gleed, R. (Eds.), Manual of Small Animal Anaesthesia and Analgesia. BSAVA, Cheltenham, pp. 147–153.

[4] Hartsfield, S.M., 1990. Anaesthetic problems of the geriatric dental patient. Problems in Veterinary Medicine 2, 24–45.

[5] Moon, P.F., 1999. Fluid therapy and blood transfusion. In: Seymour, C., Gleed, R. (Eds.), Manual of Small Animal Anaesthesia and Analgesia. BSAVA, Cheltenham, pp. 119–137.

[6] Muir, W.W. III., Hubbell, J.A.E., 1995. Handbook of Veterinary Anesthesia, second ed. Mosby, St Louis.

[7] Waterman-Pearson, A.E., 1999. Analgesia. In: Seymour, C., Gleed, R. (Eds.), Manual of Small Animal Anaesthesia and Analgesia. BSAVA, Cheltenham, pp. 59–70.

# 第3章

# 抗生素和消毒剂

## 简介

在20世纪30年代末40年代初，选择性针对细菌的强效化学药物的出现彻底改变了对抗细菌感染的治疗方法。这种药物的发现让很多人相信以后不会再出现细菌感染！抗菌药物已经在人医临床和兽医临床广泛应用了长达半个多世纪，现在人们对于该疗法的可能性和局限性有了更好的理解。滥用抗生素导致的问题已经改变了人们对其杀菌能力的普遍认识。多年来，细菌已经进化出显著抵抗或排斥多种抗生素的能力，并且对之前有强效抗菌效果的药物有越来越强的抵抗力。使用抗生素可能会打破机体的微生态平衡，使耐药细菌和/或非细菌生物体增殖。抗生素的使用可能引发新的感染，甚至比最初治疗时的感染更严重。此外，没有抗菌药物是完全无毒的，使用任何抗生素都会有风险。切记耐药细菌可以跨越物种屏障进行传播。抗生素和消毒剂在治疗口腔疾病领域具有重要作用，但也应该有限制性和选择性地使用。必须采用能够发挥抗生素最佳功效的给药方案和策略。

## 抗生素

抗生素可用于预防和治疗。

### 预防性抗生素

预防性抗生素的主要目的是预防口腔治疗引起的菌血症。牙周治疗、拔牙和口腔创伤手术会导致较严重的菌血症，通常在20 min左右出现。只有对那些不能抵抗由口腔治疗引起菌血症的动物，才有必要给予预防性抗生素。

应该给予预防性抗生素的动物包括：

- 老年或虚弱的动物。
- 本身患有心脏和/或系统性疾病的动物。
- 免疫功能低下的动物。

除了预防口腔治疗引起的菌血症外，预防性抗生素的应用也有助于控制伤口感染。因此，具有以下情况的动物接受预防性抗生素治疗可能会有帮助：

- 全身性感染。
- 慢性口炎。

预防性抗生素的选择和给药方案仍然存在争议。口腔和唾液中已发现存在各种各样的微生物。预防性抗生素需要对革兰氏阳性和革兰氏阴性的需氧菌和厌氧菌均具有抗菌活性。给予抗生素的时机至关重要。一般认为应在术后 2 h 内给予抗生素药，并且给药时间不能超过术后 4 h( Peterson, 1994; Callender, 1999 )。另外，必须以足够高的剂量给予抗生素，至少达到组织水平上最小抑菌浓度的 4 倍。

许多研究表明，氨苄西林、阿莫西林 – 克拉维酸、某些头孢菌素和克林霉素可用作犬、猫和人的预防性抗生素（Harvey et al., 1995a, b ; Johnson et al., 1997; Callender, 1999; Mueller et al., 1999 )。加利福尼亚大学戴维斯分校兽医教学医院，牙科和口腔外科使用的标准方案是静脉注射 20 mg/kg 氨苄西林（放置麻醉用留置针时使用）。如果一直使用静脉留置针，每隔 6 h 重复给予同剂量药物。在存在严重感染的情况下，除氨苄西林外，还要结合甲硝唑静脉滴注，以确保广谱性抗厌氧菌。

在英国时，笔者推荐的操作方法是在麻醉前肌内注射 2 倍治疗剂量的阿莫西林或阿莫西林 – 克拉维酸。在动物麻醉和手术前，使药物有 20 ~ 30 min 的时间来分布。易怒的动物常不能忍受肌内注射，所以可能需要在诱导麻醉后立即注射抗生素。确保至少在手术开始前 20 min 进行检查和手术准备。

## 治疗性抗生素

对于局部和全身性感染的动物，如出现明显肿胀、化脓、发热、淋巴结病变和白细胞计数升高，可以用抗生素进行治疗。临床诊断对于确诊感染和决定是否使用抗生素上有重要作用。为了安全起见，不要凭想象使用抗生素！

### 谨慎使用治疗性抗生素的原则

应确定病原菌及其对抗生素的敏感性。口腔内的细菌大多已经明确，已知的包括需氧和厌氧的混合菌群，革兰氏阳性和革兰氏阴性菌等（Peterson, 1994）。因此，基于之前的敏感性研究，根据以往经验来使用抗生素治疗是合理的。阿莫西林 – 克拉维酸和克林霉素，以及窄谱的头孢菌素，对犬和猫的口腔感染有广谱抗菌活性（Harvey et al., 1995a, b）。在初期治疗无效、反复感染、术后伤口感染和骨髓炎等情况出现时，宜进行细菌培养以确定种类。

应使用最窄抗菌谱的抗生素。能将细菌发生耐药性的风险降至最低（Peterson, 1994）。

不鼓励联合应用抗生素。这一规则的例外是阿莫西林或头孢菌素联合甲硝唑治疗严重的厌氧菌为主的混合感染。

杀菌药比抑菌药更有效。因为有杀菌作用的抗生素（阿莫西林、头孢菌素和甲硝唑）对机体炎性反应和免疫反应的依赖较少，所以比抑菌抗生素（克林霉素）效果更好。其他还需要考虑的因素包括抗生素毒性和患病动物对特定抗生素的过敏史。

必须要以合适的剂量和正确的时间间隔来使用抗生素。关于兽药产品的正确剂量和时间间隔，请参考当前的药物手册。通常建议连用 7 天抗生素作为一个疗程；而骨髓炎的治疗通常需要较长时间（Rosin et al., 1993）。不推荐使用次优剂量和 / 或冲击剂量。

必须监测患病动物对抗生素治疗的反应和可能出现的副作用。如果动物治疗后无改善，则需要重新诊断评估。此时应进行细菌培养和药敏试验。

由于全身应用阿莫西林和克林霉素会导致肠道菌群变化，偶尔会出现轻微的不良反应，如轻度的胃肠道副作用和食欲不振。

## 抗生素和牙周病

兽医临床上治疗动物牙周病时经常会出现滥用抗生素的情况（诊断检查不完整，剂量和时间间隔不正确，对治疗反应的监控不充分）。

对患有牙龈炎和/或牙周病的动物使用预防性抗生素的适应证已有明确规定（适用于不能抵抗由治疗引起菌血症的个体）。相反，抗生素在牙周病治疗过程中的适应证尚未明确。需要彻底了解牙周病的病因和发病机制（参见第9章），才能区分治疗性抗生素的使用方式（限用和选用）。牙周病是一个临床术语，用于描述因牙菌斑（细菌生物膜）聚集而引起的牙周组织炎症。在进行任何治疗之前，区分牙龈炎（炎症限于牙龈）和牙周病（炎症涉及牙周韧带和牙槽骨）至关重要。

### 牙龈炎

对于患有牙龈炎的动物，每天使用机械方法（刷牙）去除牙菌斑，会促进发炎的牙龈恢复健康。因此牙龈炎不需要使用抗生素进行治疗。有些患病动物需要辅助使用消毒剂（本章稍后部分介绍）。

### 牙周病

抗生素治疗牙周病的效果尚不清楚，需要进一步研究。在给出任何常规建议之前需要回答两个主要问题：抗生素是否可以增强机械去除牙菌斑的效果，这些药物是否可以代替机械治疗。

抗生素能否增强机械去除牙菌斑的效果？人类和犬的牙周病之间有许多相似之处。因此，来自人体研究的数据确实也可以作为犬牙周病的参考。

在人医牙科学的牙周病治疗中，比起保守的牙周治疗方法，抗生素治疗相对次要。保守的牙周治疗包括专业清洁（龈上刮治和抛光，龈下刮治和根面平整），并结合患病动物情况每日仔细清除牙菌斑。如果使用机械性方法可以成功控制牙菌斑（专业清洗后），那么配合使用抗生素进行的机械洁治术并不比单纯进行机械洁治术有更多优势（Loesche, 1979）。目前还没有针对犬猫的类似研究。

对那些采用保守性牙周治疗无效的患病动物，其实各种抗生素的给药方案都已经尝试过了。尽管有报道指出短期内有较好疗效，但是也发现对不同患病动物的疗效存在巨大差异。疑似病原菌的重新出现被认为是疾病复发的原因。人们已经观察到疑似病原体的重新出现并认为其是疾病复发的原因。在一项研究中（Sarkiala et al., 1993），洁治术后却未进行家庭护理的犬，在进行短期抗生素治疗后出现了明显的细菌增殖阻滞效果。系统性抗生素治疗效果好坏的最终证据必须从动物牙周病的长期治疗研究中获得，但目前还没有此类数据。

综上所述，通过机械方法控制牙菌斑可以减少术后细菌滋生，全身应用抗生素结合牙周保守治疗，最多只能延缓疾病的发展。

牙周病可以只使用抗菌药物治疗吗？牙周病的一些特征决定了在没有专业的牙周治疗和家庭护理的情况下，单独使用抗生素治疗是不够的。首先，牙周疾病通常不存在细菌的组织入侵；但是即使没有直接穿透组织，龈下菌斑中的细菌也与宿主组织相互作用。因此，为了使每种抗生素都发挥作用，就需要该药物不仅在牙周组织内，还要在牙周组织外的龈下环境中具有足够高的浓度。其次，牙周袋内有大量不同种类的细菌。这可能影响抗生素是否能正常发挥功效，因为它们可能被非目标微生物抑制、灭活或降解。第三，龈下菌斑是一种生物膜，它能有效保护细菌对抗抗菌药物。最后，即便没有发病，也可以检测到大多数与牙周病相关的以微量存在的微生物。治疗条件性致病菌引起的感染，要消除病原菌是不现实的。如果有利致病菌生长的微环境（例如深牙周袋）持续存在，即使成功抑制疑似病原体，病情也容易反复。因此，初步治疗后需要持续控制细菌生存的微环境。

体外试验与临床疗效并没有直接关系，因为体外试验不能反映牙周袋中的真实情况。特别需要注意的是，体外试验未考虑生物膜效应。因此体外药敏试验结果不能证明某种药物能否适用于治疗牙周病。

在目前所掌握的理论下，不建议对任何患牙周病的物种全身应用抗生素预防和/或作为首选疗法治疗牙周病，而且绝不要在未进行机械性牙周治疗的情况下全身应用抗生素。进行专业的牙周治疗后结合患病动物（主人）情况认真地采用机械方式控制牙菌斑才是治疗牙周病的方式。在一些非常特殊的情况下，例如患有严重局部感染、全身性疾病或免疫功能低下的个体，抗生素可能是有用的辅助治疗药物。然而，辅助使用消毒剂而不是抗生素可能会达到相同的效果，且危害较小（如耐药性）。总之，尚未证实抗生素可以预防牙周病，也未显示抗生素在牙周病的治疗中具有任何重要作用。

### 抗生素的给药方式

在少数特殊情况下，使用抗生素可能是一种有效的辅助治疗方式，但需要确定给药方法。可以将抗生素直接置于牙周袋内（局部用药）或全身给药。每种给药方式都各有利弊。

局部给药可以使药物浓度达到全身给药难以达到的高度。如果目标微生物局限于临床可见的病变部位，局部用药可能会非常有效。

另一方面，全身给药可能会作用于广泛分布的微生物。人医的研究表明，对于某些患者，牙周细菌可能分布在整个口腔中，包括非牙齿部位如舌背和/或扁桃体隐窝（van Winkelhoff et al., 1988; Mombelli et al., 1991, 1994; Muller et al., 1995）。药物呈全身性分布，但只有一小部分药物能达到龈下菌群决定了全身应用抗生素的缺点。另外，如果全身用药，更容易发生诸如产生耐药性等药物不良反应。

## 消毒剂

消毒剂在兽医牙科和口腔外科手术中有两个主要作用：

1. 在手术前和手术过程中减少口腔中的细菌数量。

2. 作为机械性牙菌斑抑制方法的补充。

在牙科和口腔外科手术之前和手术期间，用适当的消毒剂冲洗口腔是一种很好的做法（Summers et al., 2000）。这项操作可以减少潜在病原体的数量，为手术提供更清洁的环境，从而降低牙科手术引起菌血症的可能性，减少由牙科设备如超声波洁牙机产生的气溶胶中的细菌数量。这对术者和助手也是有利的。

葡萄糖酸氯已定是一种不含酒精的水溶

液，通常用作动物口腔消毒剂。应使用正确的浓度，一般建议的安全浓度为0.2%，但如果在整个操作过程中口腔黏膜都与氯己定相接触，可使用0.05%浓度的溶液。应该小心使用避免伤及眼睛（Morgan et al., 1996）。

已有多种通过评价的化学试剂可用于补充机械性的牙菌斑防控。临床上有效防控牙菌斑的消毒剂既有内在抗菌活性，又具有良好的口腔内存留性。已经评估过的药物包括氯己定、精油、三氯生、血根碱、氟化物、氧化剂、季铵盐类、代氨基醇和酶。其中，氯己定对减少牙菌斑和减轻牙龈炎的效果最好。氯己定是金标准，所有抗牙菌斑药物都以其为标准进行测试。

牙膏、凝胶或漱口水中释放出的抗牙菌斑消毒剂可以增强机械性护理的效果，从而控制龈上牙菌斑的形成和早期牙周病的发展。需要强调的是，在没有机械性去除牙菌斑的情况下，这些消毒剂中的任何一种都不能用于单独预防牙龈炎。此外，所有这些消毒剂都有副作用。每种化学试剂都有不同的副作用，包括口感差、口腔黏膜灼烧感和/或麻木，牙齿和软组织着色，以及过敏反应。使用消毒剂应作为机械去除牙菌斑的辅助方法。

可使用氯己定作局部辅助剂的情况包括：

- 当治疗引起不适（如深度龈下洁治、多颗牙齿拔除），在术后立即使用氯己定，就可以不用刷牙。
- 当炎症爆发时，例如猫患有慢性牙龈炎的情况，要间歇性使用。
- 在动物不配合或主人技术不到位而达不到理想的刷牙效果时，可作为刷牙的辅助保健。

葡萄糖酸氯己定可以水溶液和半流体凝胶的形式使用。可以借助注射器、纱布或牙刷给药。

## 总结

* 根据公认的预防性或治疗性使用原则合理使用抗生素。应避免滥用和不当使用。
* 基于已发表的关于口腔感染本质的研究，可常凭经验选择药物，但对于疑难病例应做细菌培养和药敏试验。治疗牙龈炎时不需要使用抗生素。抗生素在牙周病中的作用不详，并且一定要在保守性牙周治疗之后给药。
* 口腔消毒剂首选氯己定。

# 参考文献


[1] Callender, D.L., 1999. Antibiotic prophylaxis in head and neck oncologic surgery: the role of Gram–negative coverage. International Journal of Antimicrobial Agents 12( Suppl. 1 ) , S21–S25.

[2] Harvey, C.E., Thornsberry, C., Miller, B.R., Shafer, F.S., 1995a. Antimicrobial susceptibility of subgingival bacterial flora in dogs with gingivitis. Journal of Veterinary Dentistry 12 ( 4 ) , 151–155.

[3] Harvey, C.E., Thornsberry, C., Miller, B.R., Shafer, F.S., 1995b. Antimicrobial susceptibility of subgingival bacterial flora in cats with gingivitis. Journal of Veterinary Dentistry 12 ( 4 ) , 157–160.

[4] Johnson, J.T., Kachman, K., Wagner, R.L., et al., 1997. Comparison of ampicillin/sulbactam versus clindamycin in the prevention of infection in patients undergoing head and neck surgery. Head and Neck 19, 367–371.

[5] Loesche, W.J., 1979. Clinical and microbiological aspects of chemotherapeutic agents used according to the specific plaque hypothesis. Journal of Dental Research 58, 2404–2414.

[6] Mombelli, A., McNabb, H., Land, N.P., 1991. Black pigmenting Gramnegative bacteria in periodontal disease. 1. Topographic distribution in the human dentition. Journal of Periodontal Research 26, 301–307.

[7] Mombelli, A., Gmur, R., Gobbi, C., et al., 1994. Actinobacillus actinomycetemcomitans in adult periodontitis. 1. Topographic distribution before and after treatment. Journal of Periodontology 65, 820–826.

[8] Morgan, J.P., Haug, R.H., Kosman, J.W., 1996. Antimicrobial skin preparations for the maxillofacial region. Journal of Oral and Maxillofacial Surgery 54, 89–94.

[9] Mueller, S.C., Henkel, K.O., Neumann, J., et al., 1999. Perioperative antibiotic prophylaxis in maxillofacial surgery: penetration of clindamycin into various tissues. Journal of Craniomaxillofacial Surgery 27, 172–176.

[10] Muller, H.P., Eickholz, P., Heinecke, A., et al., 1995. Simultaneous isolation of Actinobacillus actinomycetemcomitans from subgingival and extracrevicular locations of the mouth. Journal of Clinical Periodontology 22, 413–419.

[11] Peterson, L.J., 1994. Principles of antibiotic therapy. In: Topazian, R.G., Goldberg, M.H. ( Eds. ) , Oral and Maxillofacial Infections, third ed. W.B. Saunders, Philadelphia, pp. 160–197.

[12] Rosin, E., Dow, S.W., Daly, W.R., et al., 1993. Surgical wound infection and use of antibiotics. In: Slatter, D.H. ( Ed. ) , Textbook of Small Animal Surgery, second ed. W.B. Saunders, Philadelphia, pp. 84–95.

[13] Sarkiala, E., Asikainen, S.E.A., Kanervo, A., et al., 1993. The efficacy of tinidazole in naturally occurring periodontitis in dogs: Bacteriological and chemical results. Veterinary Microbiology 36, 273–288.

[14] Summers, A.N., Larson, D.L., Edmiston, C.E., et al., 2000. Efficacy of preoperative decontamination of the oral cavity. Plastic and Reconstructive Surgery 106, 895–900.

[15] van Winkelhoff, A.J., Van der Velden, U., Clement, M., et al., 1988. Intra–oral distribution of blackpigmented Bacteroides species in periodontitis patients. Oral Microbiology and Immunology 3, 83–85.

# 第 4 章

# 牙齿和牙周组织的解剖结构

## 简介

犬和猫的齿列与人相类似。虽然牙齿数量和形状存在差异，但基本解剖结构相似。本书第 14 章介绍了啮齿动物和兔形目动物的齿列。

每颗牙齿有一个牙冠（牙龈上方）和一个或多个牙根（牙龈下方）。发育成熟的牙齿大部分由牙本质组成，牙本质被牙冠上的牙釉质和牙根上的牙骨质覆盖。牙齿的中心包含牙髓或牙髓系统。图 4.1 为牙齿的基本结构。

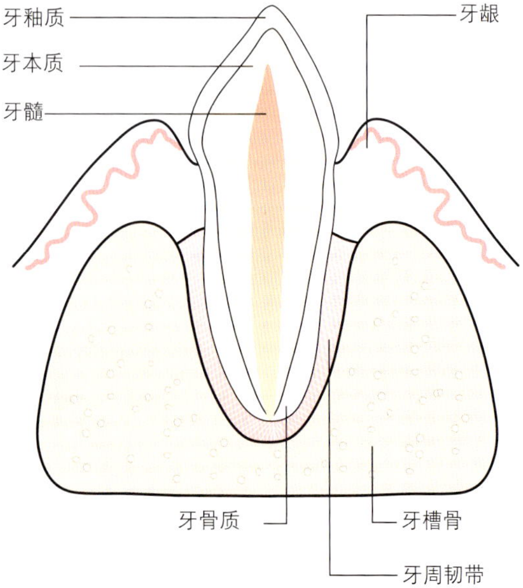


图 4.1　牙齿和牙周组织的基本解剖结构

与人类牙齿相比，犬和猫牙齿的牙冠形状更尖细，具有尖锐的切割边缘，咀嚼面更小；而且，牙齿的间隔更远，即便牙齿之间存在接触，但接触面积更小且不紧密。人类、犬和猫都有两副牙齿，即乳齿及其脱落之后萌发出的恒齿。齿列公式描述了口腔每个象限的牙齿类型和数量。‘I’代表切齿，‘C’代表犬齿，‘P’代表前臼齿，‘M’代表臼齿。专栏 4.1 是犬和猫乳齿和恒齿的相应齿列公式。

**专栏 4.1　犬和猫齿列公式**

**犬**

乳齿：2×{I3/3:C1/1:P3/3}=28

恒齿：2×{I3/3:C1/1:P4/4:M2/3}=42

**猫**

乳齿：2×{I3/3:C1/1:P3/2}=26

恒齿：2×{I3/3:C1/1:P3/2:M1/1}=30

乳齿和恒齿的牙冠形成都发生在牙槽骨内。牙齿在萌出前已形成完整的牙釉质；一旦形成牙釉质，成釉细胞（产生釉质基质的细胞）就会消失，牙釉质不会再发生进一步的变化；牙釉质在牙齿萌发后唯一会发生的自然修复就是表面的矿化，主要是来自唾液的矿物质沉积到浅层釉层中。

虽然在牙齿萌出时已经形成了牙釉质，但牙本质的形成才刚刚开始。此外，在牙齿萌出时，牙根的长度增长和根尖形成等发育并不完全。图 4.2 为恒齿萌出后的发育过程。

乳齿在子宫内就已经开始形成，在 3 ~ 12 周龄萌出。恒齿牙冠在出生后或出生后不久即开始形成，并且在 11 周龄左右完成牙冠的矿化。犬和猫分别在 3 ~ 7 月龄和 3 ~ 5 月龄之间发生乳齿的吸收和脱落，并由恒齿齿列代替。尽管恒齿牙冠已经萌出，牙根发育仍要持续数月。表 4.1 列出了犬和猫牙齿萌出的大致年龄。

表 4.1　犬和猫牙齿萌出的大致年龄（以周龄计算）

| 牙齿 | 乳齿 | | 恒齿 | |
|---|---|---|---|---|
| | 幼犬 | 幼猫 | 犬 | 猫 |
| 切齿 | 4 ~ 6 | 3 ~ 4 | 12 ~ 16 | 11 ~ 16 |
| 犬齿 | 3 ~ 5 | 3 ~ 4 | 12 ~ 16 | 12 ~ 20 |
| 前臼齿 | 5 ~ 6 | 5 ~ 6 | 16 ~ 20 | 16 ~ 20 |
| 臼齿 | — | — | 16 ~ 24 | 20 ~ 24 |

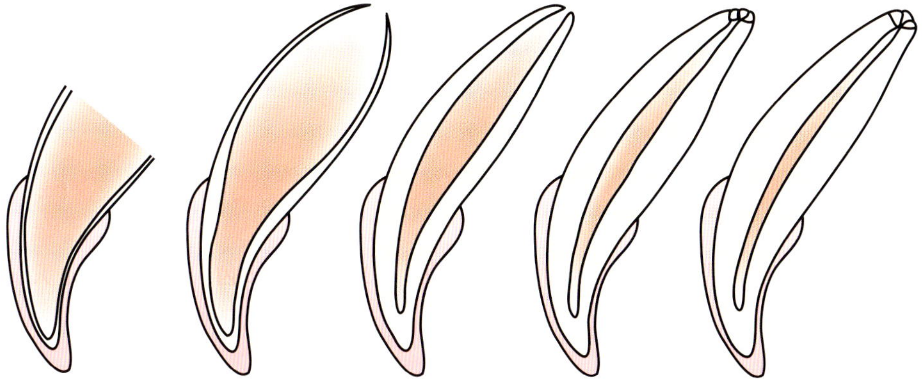


**图 4.2　萌出后恒犬齿的成熟过程**

在萌出时牙釉质已完全形成，而牙本质生成和牙根的发育（根伸长和根尖形成）刚刚开始。未成熟牙齿的根尖孔是较宽的单开口。随着动物年龄增长，牙本质和牙骨质不断沉积致使尖端闭合（牙根发育），牙齿发育成熟后，根尖形成许多小开口或孔，能够让血管、淋巴管和神经等通过。

## 牙齿解剖结构

如前所述，牙齿由牙釉质、牙本质、牙骨质和牙髓组成。下面将讨论这些组织的详细结构。

### 牙釉质

牙釉质是机体最坚硬，矿化程度最高的组织。它没有神经或血液供应。成熟釉质的无机物含量达到重量的 96% ~ 97%，其余为有机物和水（Fejerskov and Thylstrup, 1979）。无机部分由钙羟基磷灰石晶体组成，其与牙齿表面成直角有序排列。有机成分由可溶性和不溶性蛋白质和肽组成。

犬和猫的牙釉质比人类的薄，通常猫的厚度为 0.2 mm，犬的厚度为 0.5 mm，即使在牙齿顶端的也不超过 1 mm（Crossley, 1995）。相比之下，人牙釉质的厚度可达 2.5 mm（Schroeder, 1991）。

### 牙本质

发育成熟的牙齿大部分由牙本质组成，牙本质在动物的整个生命过程中通过牙髓系统中的成牙本质细胞不断沉积。原始牙本质是第一层，它是牙齿萌出时就存在的牙本质。在整个生命过程中，牙本质缓慢连续的生理沉积称为次级牙本质。牙本质会通过迅速但不规则的沉积来应对损伤，这种类型的牙本质称为修复牙本质或三级牙本质。

湿重状态下牙本质的组成为 70% 无机物，18% 有机物和 12% 水（Mjör, 1979）。牙本质的无机部分主要由钙羟基磷灰石晶体组成，其形态类似于牙骨质和骨中的钙羟基磷灰石晶体，但比牙釉质中的羟基磷灰石晶体小。有机物主要由胶原蛋白组成。

牙本质具有管状结构。牙本质小管占牙本质体积的 20% ~ 30%。小管横贯牙本质的整个横截面，跨度为从牙髓组织到牙冠中的牙本质 – 牙釉质连接处或牙根的牙本质 – 牙骨质连接处。小管内含有成牙质细胞和牙本质液的胞质突。与牙釉质或牙骨质表面相比，牙髓附近的牙本质小管数量更多且直径更大。猫、犬、猴子和人的牙本质小管数目（20 000 ~ 40 000/$mm^2$）和直径（从牙髓附近的 3 ~ 4 μm 逐渐缩小至牙本质外层的 1 μm 以下）相似（Forssell–Ahlberg et al., 1975）。

### 牙骨质

牙骨质虽然是牙齿的一部分，但被归类到牙周组织，这部分将在本章后面讨论。

### 牙髓

牙髓由结缔组织组成，其中散布着微小的血管、淋巴管、有髓神经和无髓神经以及未分化的间充质细胞。如前文提到的，牙髓系统内分布有能生成牙本质的成牙本质细胞。

在牙冠中，含有牙髓的部分称为牙冠管，在牙根中称为牙根管。根管通向根尖处的根尖周组织。未成熟牙齿的根尖孔是较宽的单开口。随着年龄增长，由于牙本质和牙骨质的持续沉积而发生尖端闭合（牙根发育）（图 4.2），直到牙齿发育成熟后，根尖形成许多小开口或孔，能够让血管、淋巴管和神经等组织通过。

## 牙周组织的解剖结构

牙周组织是将牙齿附着到颌骨，并提供悬吊和弹性功能的解剖结构。由牙龈、牙周韧带、牙骨质和牙槽骨组成（图 4.1）。

### 牙龈

牙龈包围牙齿和牙槽骨的边缘，在每颗牙齿周围形成一个齿龈缘。它可分为游离龈和附着龈，游离龈与牙齿表面相契合；附着龈与牙槽骨骨膜紧密结合（图 4.3，图 4.4）。齿龈黏膜线将附着龈与口腔黏膜划分出来，上腭例外，因为此处无齿龈这种界限结构。齿间乳头由牙齿之间（近端间隙）的牙龈组织构成。

游离龈边缘呈圆形，在牙齿和牙龈之间形成一个小的凹陷或沟。因此，龈沟是每颗牙齿周围的浅沟。可以通过将带刻度的牙周探针轻轻插入齿龈沟直到遇到阻力来评估其深度。阻力来自齿龈沟底部。因此可以测量从齿龈缘到

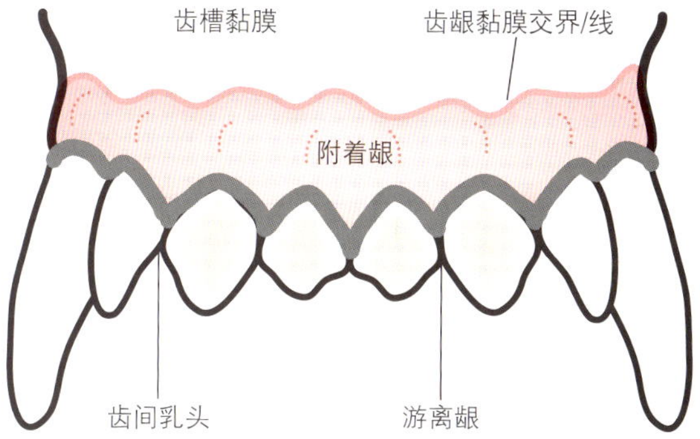


**图 4.3 正常牙龈的临床可视结构**

MGJ，齿龈黏膜交界 / 线；AM，齿槽黏膜；AG，附着龈；FG，游离龈；IP，齿间乳头。

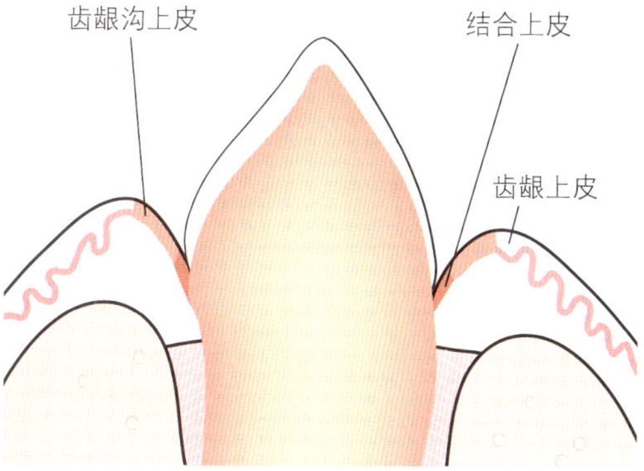


**图 4.4 齿龈缘**

牙龈上皮为口腔表面分布的角化不全的鳞状上皮细胞。齿龈沟内有齿龈沟上皮，紧密黏附但不黏附在牙齿上。结合上皮或上皮附着物附着于牙齿表面。齿龈沟上皮和结合上皮都是非角化鳞状上皮细胞。

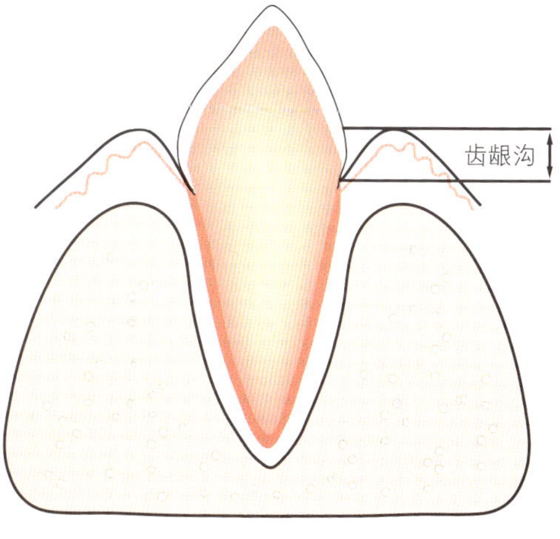


**图 4.5 齿龈沟**

齿龈沟测量范围是从游离龈缘到齿龈沟底部。

龈沟底部的深度（图 4.5）。牙周健康的人和犬的齿龈沟深度为 1 ~ 3 mm，猫的齿龈沟深度为 0.5 ~ 1.0 mm。

口腔表面分布有角化不全的鳞状上皮细胞：牙龈上皮。齿龈沟内除了有紧密黏附但不黏附在牙齿上的齿龈沟上皮外，还有一层具有高渗透性的薄层上皮，其附着于牙齿表面被称为附着上皮或结合上皮。龈沟上皮细胞和结合上皮细胞都是非角化的鳞状上皮细胞，细胞更新速度非常快（5 ~ 8 天）。

牙龈结缔组织纤维致密且牢固地附着于牙槽骨的骨膜上。

## 牙周韧带

牙周韧带是将牙骨质附着于牙槽骨的结缔组织。它起到牙齿悬韧带的作用，并具有持续的生理活性。

韧带内的胶原纤维排列成功能组。单个纤维的长度不足以跨越骨和牙骨质之间的距离；它们以交织的方式分支和重组。所有纤维都呈波浪状，以便牙齿可以轻微移动，并且能吸收外力对牙齿的轻微冲击。

## 牙骨质

牙骨质是覆盖在牙根表面的无血管骨样组织。它不包含哈弗氏管，因此质地比骨骼更致密。与牙釉质或牙本质相比，牙骨质的矿化程度更弱，但像牙本质一样，牙骨质沉积贯穿整个生命过程。牙骨质对于支撑牙齿有重要作用，因为它具有吸收和修复的能力，但吸收和沉积比骨骼慢。

## 牙槽骨

牙槽骨由支撑牙齿的颌骨脊组成。牙齿根部被深陷于颌骨内的牙槽窝包裹。牙槽骨在牙齿萌发时发育，并伴随牙齿脱落而萎缩。它很容易受外界和自身系统的影响。通常刺激会导致牙槽骨吸收，但是在某些情况下可能会伴随着牙槽骨沉积。

牙槽骨由四层结构组成。除了和所有骨组织相同的三层，即骨膜、密质骨和松质骨之外，还有排列在牙槽窝上的第四层，称之为筛板。在X线片上，表现为细的高密度线，称为硬骨板。牙槽骨的顶端通常位于牙釉质骨质界的下方约1mm处。血管和神经穿过牙槽骨并穿过筛板。这些血管和神经大部分供应牙周韧带。

### 总结

* 猫和犬（和人类一样）都有两副牙齿，乳齿（非永久齿）脱落后恒齿才能萌发。
* 发育成熟的牙齿大部分由牙本质组成，牙釉质覆盖在牙冠上，牙骨质覆盖在牙根上。
* 牙釉质是身体中最坚硬的组织，主要由钙化羟基磷灰石组成，牙釉质的形成是在牙齿萌出时完成的；并且不可再生，只能通过表面矿化进行修复。
* 牙髓系统（牙髓）构成牙齿的中心，并包含成牙本质细胞，成牙本质细胞在动物的整个生命周期中产生牙本质。
* 牙周组织的作用是支撑牙齿并承受功能力。它由牙龈、牙周韧带、牙骨质和牙槽骨组成。

## 参考文献

[1] Crossley, D.A., 1995. Results of a preliminary study of enamel thickness in the mature dentition of domestic dogs and cats. Journal of Veterinary Dentistry 12 ( 3 ) , 111–113.

[2] Fejerskov, O., Thylstrup, A., 1979. Dental enamel. In: Mjör, I.A., Fejerskov, O. ( Eds. ) , Histology of the Human Tooth, second ed. Munksgaard, Copenhagen, pp. 75–103.

[3] Forssell–Ahlberg, K., Brännström, M., Edwall, L., 1975. The diameter and number of dentinal tubules in rat, cat, dog and monkey. A comparative scanning electron microscope study. Acta Odontologica Scandinavica 33, 234–250.

[4] Mjör, I.A., 1979. Dentin and pulp. In: Mjör, I.A., Fejerskov, O. ( Eds. ) , Histology of the Human Tooth, second ed. Munksgaard, Copenhagen, pp. 43–74.

[5] Schroeder, H.E., 1991. Oral Structural Biology. Thieme, New York.

# 第 5 章

# 咬合和咬合不正

## 简介

咬合是用来描述"咬"的术语，即同一颌骨内和对侧颌骨内牙齿的关系。正常咬合由头部的形状、颌骨的长度和宽度，以及牙齿的位置决定。咬合不正是指牙齿位置的异常。犬的咬合不正很常见，猫也会发生。咬合不正的问题在于它可能会使动物出现不适和疼痛。在某些情况下，它可能是严重口腔疾病的直接原因。因此，在动物幼龄阶段诊断咬合不正很重要，便于采取预防措施。

咬合不正可能是由于颌骨长度和/或宽度不一致（骨性咬合不正）、牙齿错位（牙性咬合不正）或两者同时发生。正常咬合由遗传和环境因素决定。颌骨长度、牙齿位置和牙齿大小是有遗传性的（Stockard, 1941）。而且上、下颌骨和牙齿的发育是受独立基因调控（Stockard, 1941）。这些结构的不协调会导致咬合不正。由于激素失调、创伤或功能改变而引起的颌骨生长的改变可能导致骨骼畸形（Hennet and Harvey, 1992a）。虽然牙齿的位置是遗传的，但是在发育和生长过程中的各种影响因素可能会改变牙齿的最终位置。

据文献报道，在人医临床至少有 50% 的咬合不正是非遗传性的（Beard, 1989; Shipp and Fahrenkrug, 1992）。犬、猫没有相关数据支持。这方面既没有太多的基础研究，也没有大量的流行病学研究。

调节咬合不正的具体遗传机制尚不清楚。但可能是多基因调节的，这也能够解释为什么连续几代的后代咬合不正的程度都有所不同。在多基因调控机制中，临床症状的严重程度与缺陷基因的数量有关。

评估是否存在遗传性或后天性咬合不正的最合理方法（Hennet and Harvey，1992b；Hennet，1995）如下：

- 除非可以确定后天发育原因，否则骨性咬合不正就是遗传性的。
- 除非已知具有品种或家族遗传倾向，否则一般认为是单纯的牙性咬合不正并且不具有遗传性。

## 正常咬合

评估正常咬合时，重要的是查看所有因素，而不仅仅是以切齿的位置来判断。事实上，犬齿和前臼齿之间的关系通常会给判断正常咬合提供更好的帮助。

头部形状会影响牙齿的位置。咬合不正可能发生在3种头型中的任何一种（长头型，中等头型和短头型），但在短头品种中更常见。野狗和野猫的正常头型是中等头型。人工繁殖的短头型或长头型容易导致咬合异常。

## 犬

在中等头型的犬中，下颌骨比上颌短且窄；因此，下颌骨切齿和臼齿与上颌对应区域的腭侧面咬合。成年中等头型犬的正常咬合特征如下：

### 切齿的剪式咬合（图5.1）

- 下颌切齿咬合在上颌切齿的吻侧。
- 下颌切齿的切面尖端与上颌切齿的舌面嵴相接触。

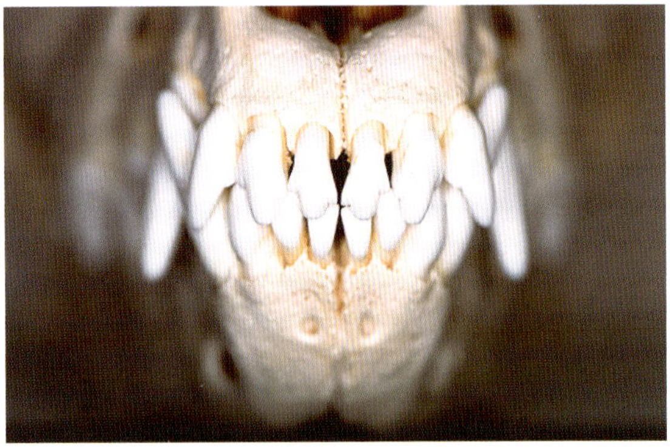

图5.1　切齿的剪式咬合
上颌切齿在下颌切齿的唇侧，下颌切齿的切尖与上颌切齿的舌面嵴相接触。

### 犬齿交错咬合（图5.2）

- 下颌犬齿嵌入上颌的第3切齿与犬齿之间的牙间隙（空间），不和两旁的牙齿接触。换句话说，在下颌犬齿牙冠的两侧应该有相同的空间。

切齿呈剪式咬合，犬齿交叉形成交错式咬合，两者协调上颌骨和下颌骨吻侧的生长。

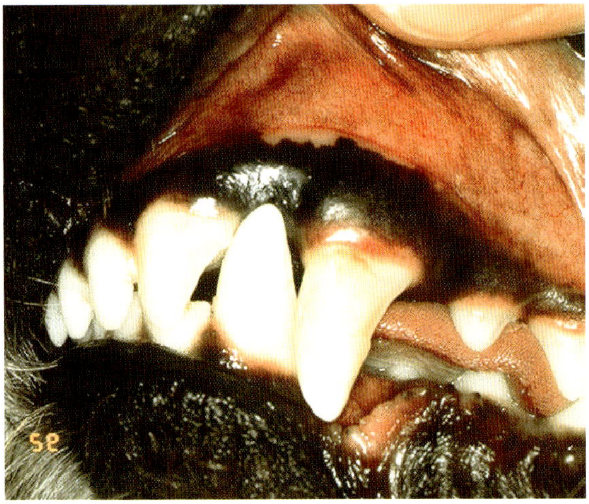

图5.2　犬齿的交错
下颌犬齿牙冠的两侧应该有相同的空间。

### 前臼齿交错（图5.3）

- 前臼齿的尖端咬合在相对的牙间隙，下颌第1前臼齿是尖端最多的牙齿。这种交错被称为“锯齿剪切”效果。

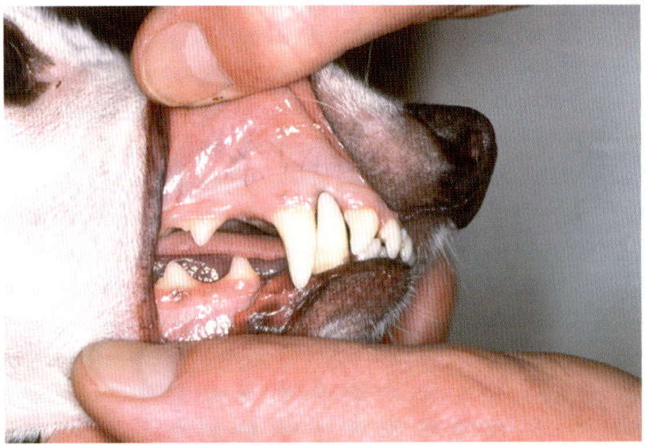

图5.3　前臼齿的咬合位置
下颌第1前臼齿应该是最靠近吻侧的前臼齿。

### 前臼齿和臼齿的关系（图5.4）

- 下颌第1臼齿的近中颊侧与上颌第4前臼齿的腭侧面咬合。
- 下颌第1臼齿的远中颊侧与上颌第1臼齿的腭侧面咬合。

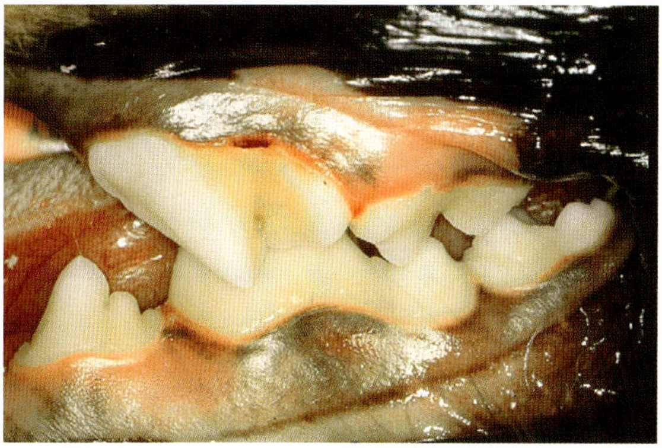

**图 5.4　犬前臼齿和臼齿的关系**
下颌第 1 臼齿的近中颊侧与上颌第 4 前臼齿的腭侧面咬合，下颌第 1 臼齿的远中侧与上颌第 1 臼齿的腭侧面咬合。

### 猫

成年中等头型猫的切齿和犬齿咬合与犬相同。前臼齿和臼齿咬合与犬的不同之处在于（图 5.5）：

**图 5.5　猫前臼齿和臼齿的关系**
最前端的前臼齿是上颌第 2 前臼齿。下颌第 1 臼齿的颊侧面与上颌第 4 前臼齿的腭侧面咬合。上颌第 1 臼齿位于上颌第 4 前臼齿的远中腭侧，不与其他任何牙齿咬合。

- 最靠近吻侧的前臼齿是上颌第 2 前臼齿（猫缺乏上颌第 1 前臼齿和下颌第 1、第 2 前臼齿）。
- 下颌第 1 臼齿的颊侧面与上颌第 4 前臼齿的腭侧面咬合。
- 上颌第 1 臼齿位于上颌第 4 前臼齿的远中腭侧，不与其他任何牙齿咬合。猫的所有牙齿都没有咬合（咀嚼）面。

## 骨性咬合不正

短头型犬的上颌比正常上颌短（图 5.6），长头型犬的上颌比正常上颌长（图 5.7）；在这两种情况下，下颌骨不决定咬合是否正常。

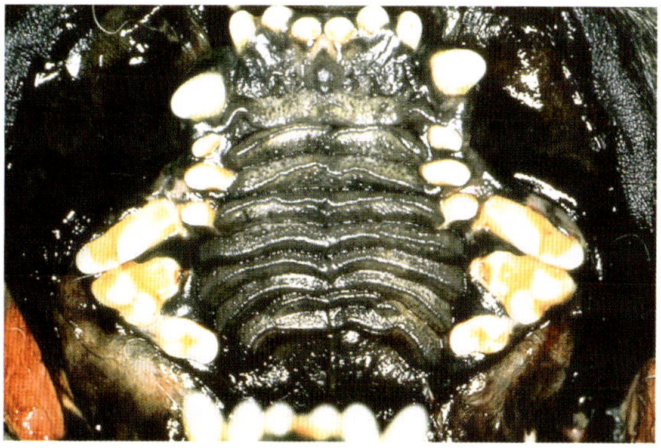

**图 5.6　短头型犬**
短头型犬的上颌比正常犬的上颌短。短腭会造成牙齿间隙缩小而形成齿旋转和 / 或齿重叠。

**图 5.7　长头型犬**
长头型犬的上颌比正常的长。下颌长度的增加导致牙齿间隙比正常的宽。

## 下颌前突型咬合

下颌前突型咬合，通常被称为“地包天”（图 5.8），下颌长于上颌，下颌部分或全部牙齿要比原来正常位置更靠近吻侧。咬合不正的程度如下：

- 切齿正常咬合，但下颌犬齿触及上颌第 3 颗切齿，下颌前臼齿移向吻侧，这破坏了“锯齿剪切”效果。
- 水平咬合：上下切齿在其边缘处咬合；下颌犬齿接触上颌第 3 切齿，下颌前臼齿移向吻侧。
- 反剪式咬合：下颌切齿向上颌切齿吻侧延伸 0.5 ~ 50mm 或更多；下颌犬齿可能接触到上颌第 3 切齿后缘，或可能伸向上颌第 3 切齿的吻侧；下颌前臼齿以相同程度移向吻侧。

如果牙齿交错咬合阻碍了下颌骨向前生长的遗传潜力，则下颌骨可能出现侧向或腹侧弯曲来调整其长度；这会导致开放性咬合，其特点是前臼齿的齿尖间隙增大。此外，下颌的尾侧角与颞下颌关节尾端相连，以适应下颌骨前突出来的长度。

## 下颌过短型咬合

当下颌比正常短时发生下颌过短型咬合，通常称为“天包地”（图 5.9）。咬合不正的程度如下：

- 上颌切齿向下颌切齿吻侧延伸 0.5 ~ 50mm 或更多。
- 上颌犬齿后方接触下颌犬齿，与下颌犬齿齐平或位于下颌犬齿的吻侧。
- 下颌前臼齿相对于上颌前臼齿向后移动，破坏了“锯齿剪切”效果。移位的程度与切齿和犬齿的程度相似。

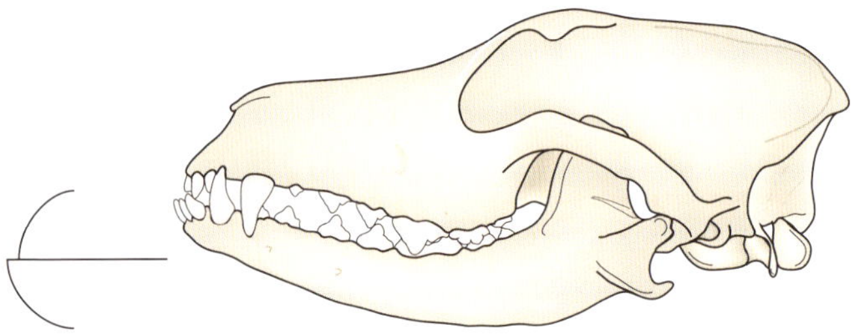

**图 5.8 下颌前突型咬合**

下颌长于上颌。常见于短头型动物。

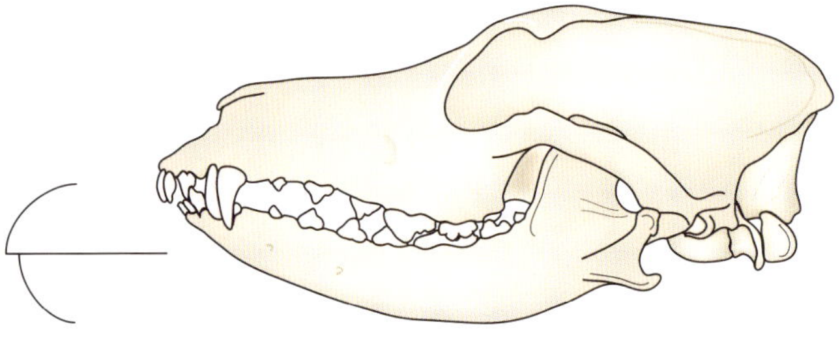

**图 5.9 下颌过短型咬合**

下颌骨相对于上颌骨较短，长头型动物中很常见。

## 扭曲咬合

如果头部的一侧长于另一侧，就会发生扭曲咬合（图 5.10）。单侧前突性或后缩性咬合是最轻度的情况。吻部扭曲程度最轻时只会出现一侧的前突性或后缩性咬合；但也有较严重的情况，比如头部畸形和咬合不正最后造成人中偏斜。吻部扭曲也可能会导致闭合困难以至于受影响的牙齿发生垂直移位而且不能正常咬合。上下切齿间的距离为 0.5 ~ 20mm 不等。

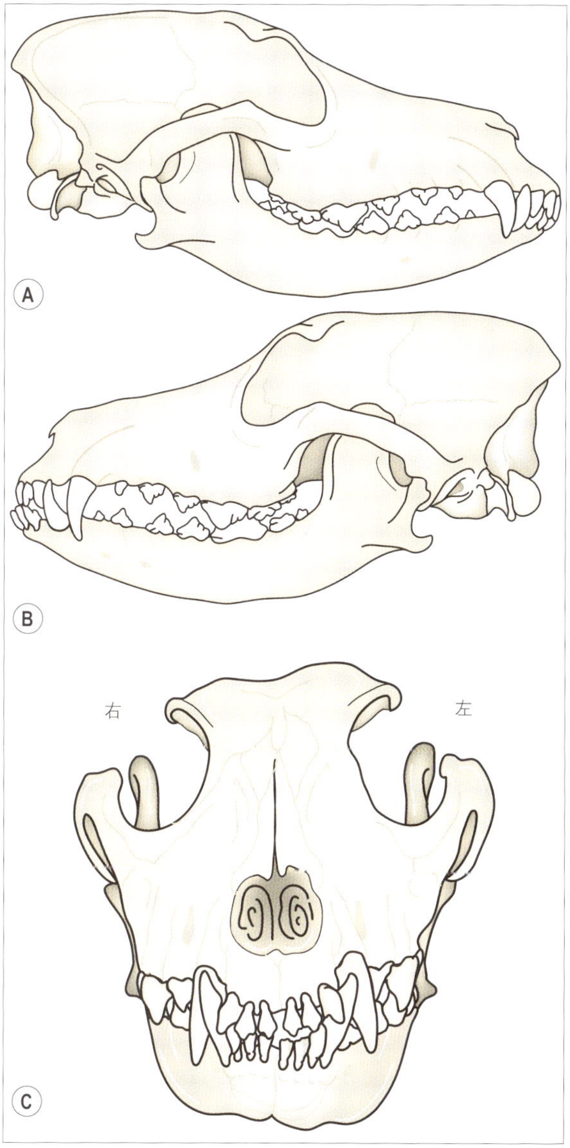


**图 5.10　扭曲咬合**

（A）显示颅骨右视图下的正常咬合。（B）显示颅骨左视图下的下颌前突型咬合。（C）颅骨正视图下的人中偏斜和闭口困难，注意左侧颅骨比右侧更发达。

## 下颌骨狭窄

某些动物的下颌骨相对于上颌骨太过狭窄，结果导致下颌犬齿与上颌牙龈或硬腭紧密接触而不是嵌入上颌第 3 切齿和上颌犬齿牙间隙的任意一侧。导致动物不能正常咬合，并损伤动物牙龈或腭黏膜（图 5.11）。较为严重的下颌狭窄不经治疗会随着时间逐渐发展为口鼻瘘。

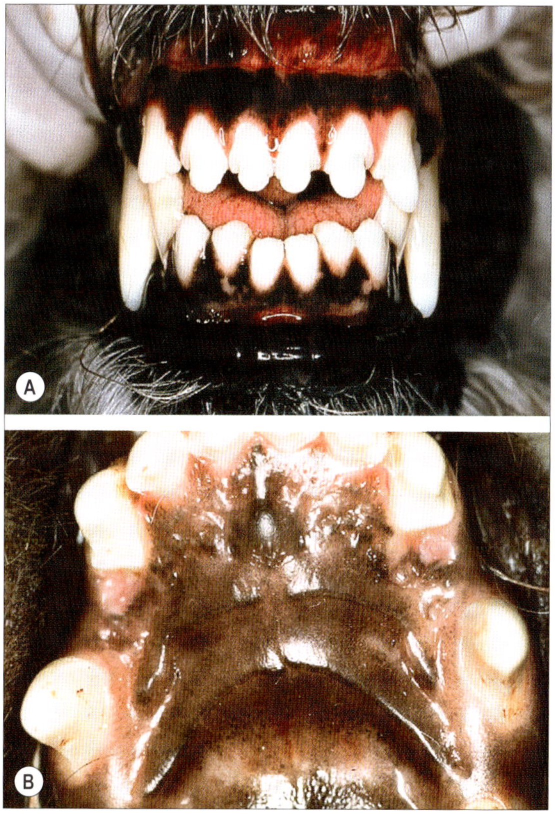


**图 5.11　下颌骨狭窄**

（A）下颌犬齿不能嵌入上颌第 3 切齿与上颌犬齿牙间隙的任意一侧，却与上颌牙龈和硬腭紧密接触，导致犬口腔闭合困难。（B）注意上颌牙龈和腭黏膜的损伤。

下颌骨狭窄在乳齿和恒齿中均可见到。随着恒犬齿向滞留的下颌乳齿内侧萌发，滞留的乳犬齿会进一步使病情加剧。异常的交错式咬合会影响发育中的下颌骨宽度和长度正常生长。也可能是宽度正常的下颌骨中存在滞留的下颌犬齿。

## 牙性咬合不正

牙性咬合不正是牙齿的错位而不是骨骼异常所致，即没有颌长度或宽度的差异。牙性咬合不正也可能与骨性咬合不正有关。

### 前牙反牙合

这是一个临床术语，用于描述一个、几个或所有切齿的反剪式咬合（图 5.12）。前牙反牙合相对于乳切齿滞留来说不是那么严重。然而，也有可能是骨骼原因造成了动物的下颌前突型咬合。换句话说，前牙反牙合可能是未成熟动物在发育过程中出现下颌前突型咬合最早的征兆。

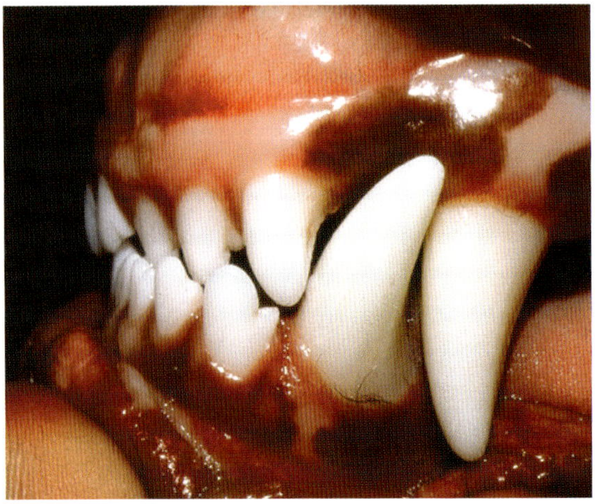

图 5.12　左前牙反牙合
左侧切齿的反剪式咬合。

虽然中型、大型犬中常出现前牙反牙合，但有乳切齿滞留的却不多。原因可能是牙齿咬合不正（即上颌切齿的翻转）或骨性咬合不正（即下颌前突或上颌后缩）。人的前牙反合通常是骨骼原因导致的。

### 犬齿的咬合不正

最常见的两种犬齿位置异常如下。

#### 上颌犬齿吻侧移位

乳犬齿滞留可能会造成这种情况，现已发现有遗传倾向的品种是喜乐蒂牧羊犬。

#### 下颌犬齿内侧移位

下颌乳犬齿滞留是主要原因，然而发生下颌乳犬齿滞留的小型犬不一定就发生下颌犬齿内侧移位。这种犬齿的咬合异常在长头型犬中很常见，主要是因为骨骼因素造成的下颌骨过短而上颌骨过长。

### 前臼齿和臼齿咬合不正

后牙反牙合（图 5.13）用于描述长头动物常见的裂齿之间出现的不正常关系，正常的颊舌关系发生颠倒。

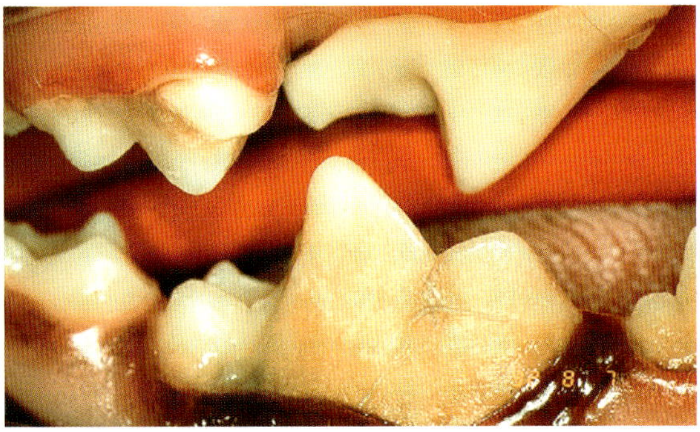

图 5.13　后牙反牙合
犬齿的正常颊舌关系颠倒。

## 乳齿滞留导致的咬合不正

乳齿滞留就是乳齿在恒齿开始萌出时仍然存在，阻挡了恒齿的正常萌出路径。小体型的动物更容易出现这种情况。乳齿滞留是受遗传影响的，尽管我们还不是很清楚它的遗传模式到底是什么。通常情况下，最容易发生乳齿滞留的三个区域是下颌犬齿、上颌犬齿和切齿。

## 下颌犬齿

下颌恒犬齿会向滞留乳齿的内侧萌出。一旦乳齿脱落，恒齿就会侧向生长占据上颌第三切齿和犬齿之间的间隙。

如果乳犬齿没有脱落，恒犬齿可能会被迫在滞留的乳犬齿内侧萌出，并冲击硬腭，导致疼痛、炎症，甚至最后发展为口鼻瘘。

## 上颌犬齿

上颌恒犬齿在滞留乳齿的吻侧萌出（图 5.14）。如果乳犬齿滞留，恒齿可能被迫向下颌恒犬齿牙间隙的方向萌出。可能会出现以下几种咬合不正：

- 上颌或下颌犬齿可能发生阻生，即不完全萌出。
- 下颌犬齿可能会挤压上颌第 3 切齿或使上颌犬齿向唇 / 颊侧方向移动。
- 如果不治疗，下颌犬齿会萌出到上颌犬齿内侧，因此冲击硬腭，最终发展为口鼻瘘。

### 切齿

恒切齿萌出在对应滞留的乳齿的后侧。若有一颗或多颗乳齿滞留，会妨碍恒齿的剪式咬合，以及上颌切齿和下颌切齿的咬合，即前牙反牙合；这都会造成局部软组织的损伤。

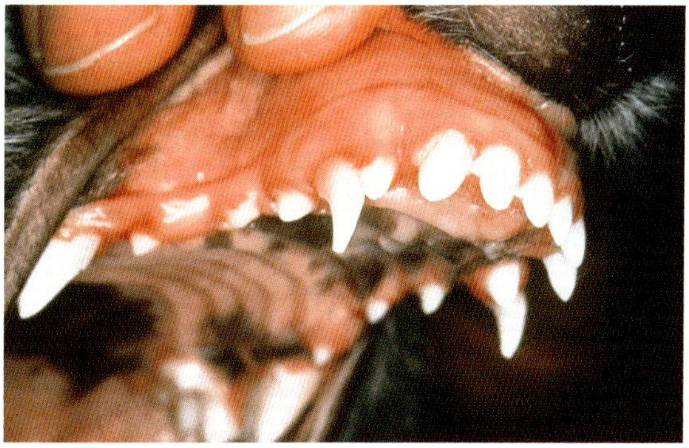

**图 5.14　上颌乳犬齿滞留**

如果上颌乳犬齿滞留，恒犬齿就会被迫在原本上颌恒切齿的位置萌出，导致咬合不正。

### 交错咬合引起的异常

当上颌或下颌的快速增长与乳齿或恒齿萌发同时发生，就会引起交错咬合不正。一旦形成这种交错齿列，无论遗传性状如何，上下颌的牙齿会以同样的速度向吻侧生长。例如下颌犬齿错位在上颌第 3 切齿的吻侧，会造成非遗传性的下颌前突型咬合；如果下颌犬齿比正常的位置偏内侧和后侧，将导致下颌狭窄和下颌过短型咬合。

## 咬合评估

咬合评估最好在动物清醒时进行，步骤如下：

1. 评估头部、面部和齿列的对称性。

下颌骨和上颌骨的中点应该与头部正中矢状面对齐（图 5.15）。

2. 牙齿计数。

不缺少任何一颗牙齿（图 5.16）。

3. 评估切齿咬合。

下颌切齿的大牙尖应该咬合在上切齿腭侧的舌面脊附近（图 5.17）。

4. 评估犬齿咬合。

下颌犬齿应咬合在上颌牙龈的颊侧面，且与上颌犬齿与上颌第 3 切齿的距离相等。这种关系被称为“交错式咬合”，此咬合方式是评估口腔咬合最可靠的参考（图 5.2，图 5.18）。

5. 评估前臼齿咬合。

下颌第 4 前臼齿的大牙尖应处于上颌第 3 和上颌第 4 前臼齿的牙间隙里，牙尖指向两牙之间（图 5.19）。

6. 评估上下齿弓的咬合面。

从第二前臼齿向后至上颌第四前臼齿，牙尖相互交错，且牙齿尖端不应相互重叠（图 5.20）。

臼齿齿尖具有磨碎食物的作用。

前臼齿和臼齿从前到后排列形成平滑的曲线，并且没有任何牙齿发生扭转。

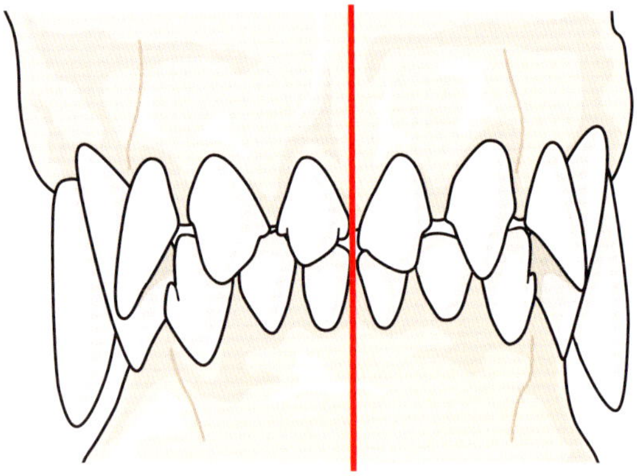

图 5.15　头部、面部和齿列的对称性

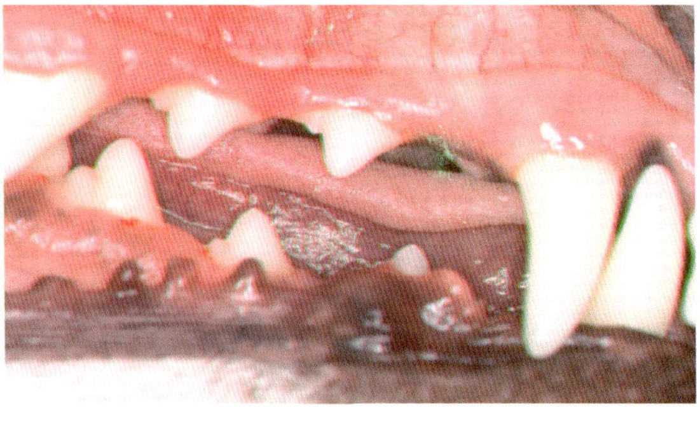

图 5.16　牙齿计数

这只犬没有上颌第 1 前臼齿。临床上牙齿计数检查需要借助影像学方法证实牙齿缺失。

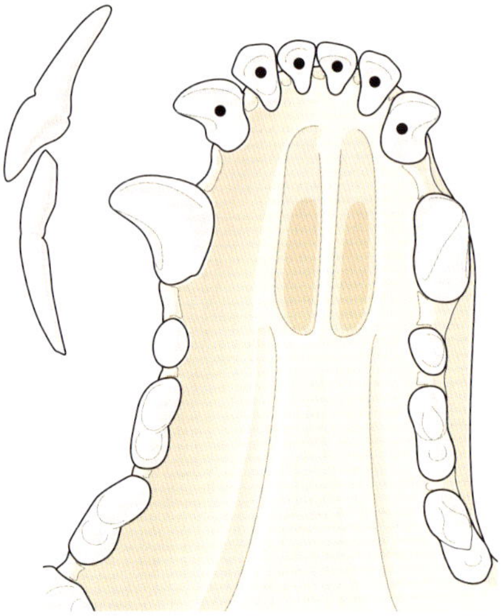

图 5.17　切齿咬合

下颌切齿牙尖咬合在上颌切齿腭侧的舌面脊附近。

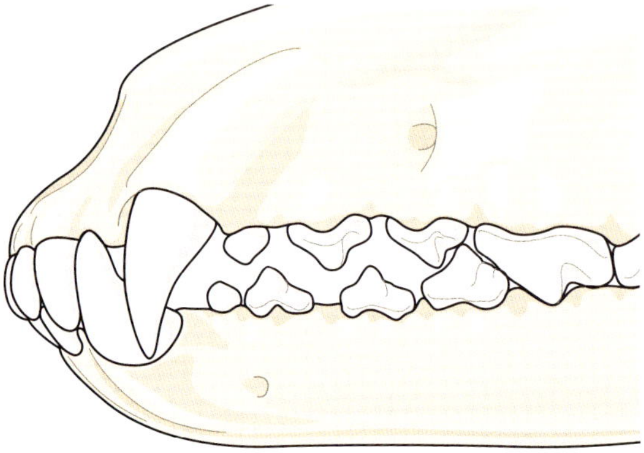

图 5.18　交错式咬合

下颌犬齿应咬合在上颌牙龈的颊侧面，且与上颌犬齿和上颌第 3 切齿的距离相等。

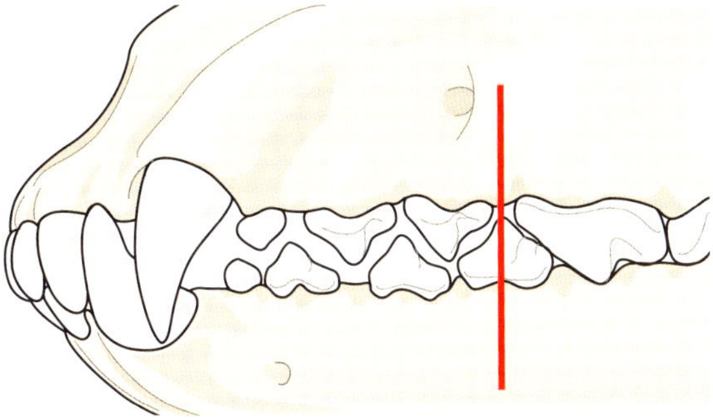

**图 5.19　前臼齿咬合**

下颌第 4 前臼齿的大牙尖应处于上颌第 3 和上颌第 4 前臼齿的牙间隙里，牙尖指向两牙之间。

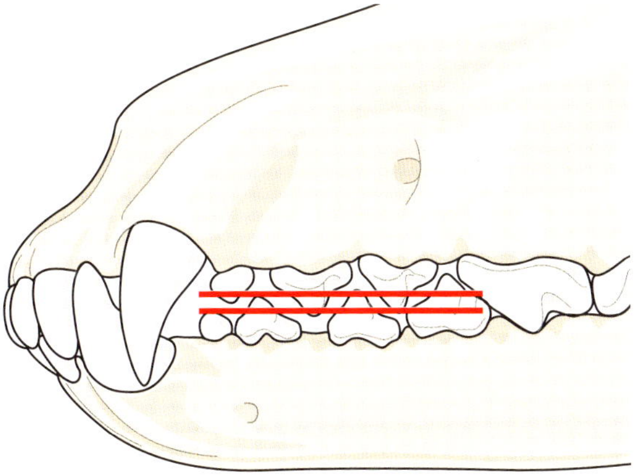

**图 5.20　上下颌齿弓的咬合面**

从第二前臼齿向后至上颌第四前臼齿，牙尖相互交错，且牙齿尖端不应相互重叠。

如专栏 5.1 咬合评估清单所示。

**专栏 5.1　咬合评估项目**

1. 头部，面部，齿列的对称性。
2. 牙齿计数。
3. 切齿咬合。
4. 犬齿关系。
5. 前臼齿和臼齿咬合。
6. 上下齿弓咬合面。

## 正常咬合分类

有很多正常咬合的分类系统。下面描述的是现今美国兽医牙科学院和欧洲兽医牙科学院建议使用的分类标准。

前文已对正常咬合做出描述，总结如图 5.21 所示；此外，还有三种异常咬合和一个尚未分类的咬合方式。

### 异常咬合

#### Ⅰ类

Ⅰ类异常通常指正常咬合的动物有一颗或多颗牙齿不对齐或发生旋转。以下异常可归类为Ⅰ类咬合不正：

- 上颌与下颌前臼齿交错接触。
- 前牙反式咬合（图 5.12）。
- 后牙反式咬合（图 5.13）。
- 下颌犬齿舌侧移位（图 5.11）。
- 上颌犬齿的吻侧移位。

#### Ⅱ类

Ⅱ类异常是下颌前臼齿与臼齿的位置在正常位置的，属于骨性咬合不正，常见于长头品种（图 5.9）。

有多种术语用来描述Ⅱ类咬合不正。常见的是下颌前突、下颌后缩、下颌远中移位、超牙合、上颌突出、覆牙合、远中错合。

#### Ⅲ类

Ⅲ类异常是指下颌前臼齿和臼齿偏向正常齿列的吻侧，属于短头型动物中的骨性咬合不正（图 5.8）。

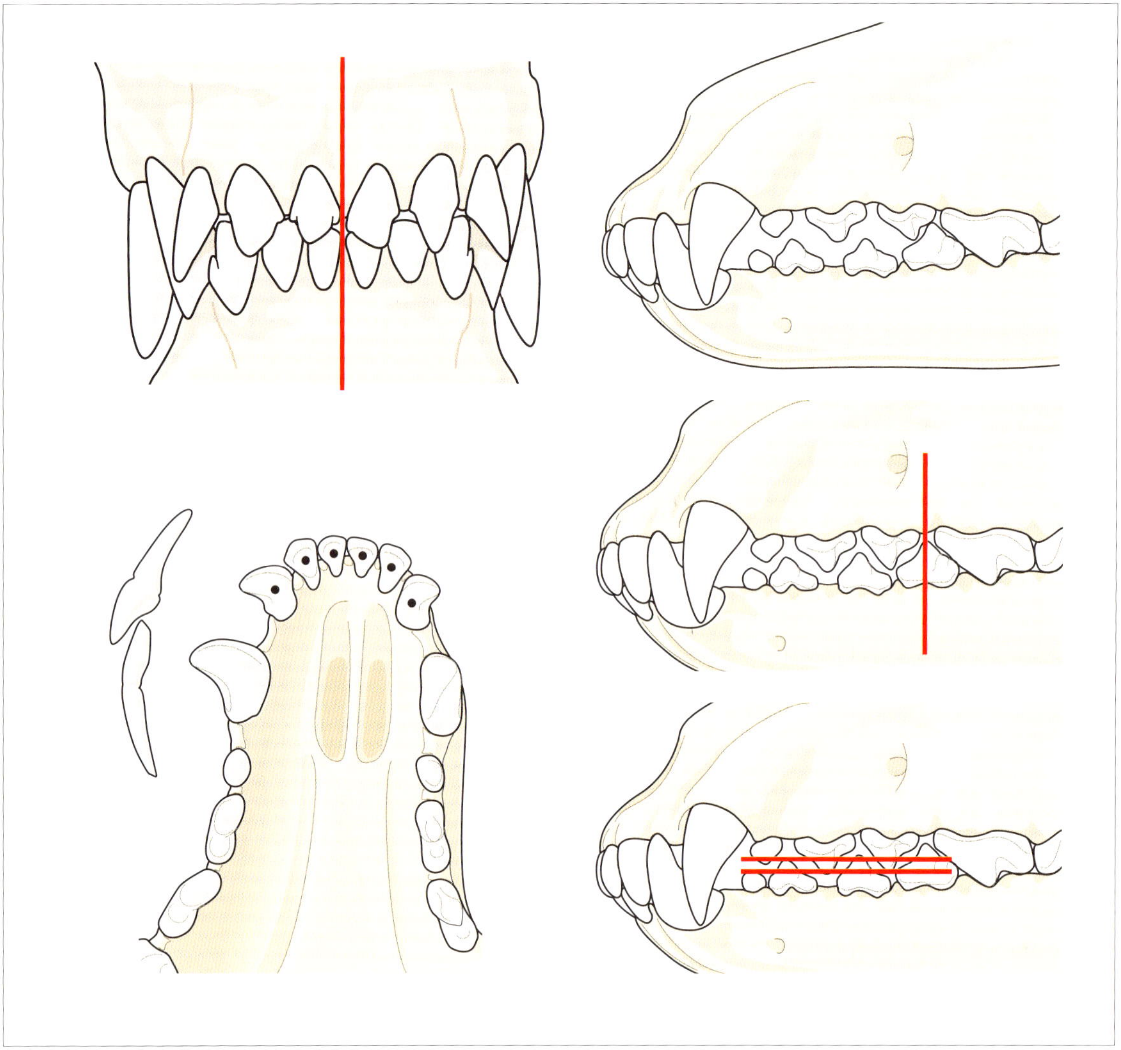

图 5.21　正常咬合的 5 个特征

有多种不同的术语可以描述此类咬合不正。更常见的是“地包天”、下颌骨突出、下颌近中移位、下颌前突、下颌突出、反牙合、近中错合。

### 未分类组

该组是上下颌骨左右两侧长度不同造成的咬合异常（图 5.10）。

## 咬合不正的预防和治疗

预防永远比治疗更重要。及早发现问题对避免动物的不适和痛苦并防止发生严重病症举足轻重。影响乳齿齿列的咬合不正可能需要阻断性矫正。如果咬合不正影响的是恒齿齿列，却没有造成动物任何的不适或口腔问题，就不需要进行治疗；但如果出现了不适或病变则需要及时治疗。

## 影响乳齿齿列的咬合不正

在 6 ~ 8 周龄时，应尽早拔除导致咬合不正的乳齿。这便于动物在上下颌骨的恒齿交错之前，最大可能地发挥遗传潜力完成牙齿发育。在恒齿萌出前拔出滞留乳齿的方法称为阻断性矫正。这种方法可以阻止牙齿向异常交错的方向发展。如果是骨骼因素导致了咬合不正的发生，会使恒齿也形成同样错误的交错咬合方式，那么阻断性矫正这个方法就变得不重要了。应尽早拔除滞留的乳齿从而防止咬合不正。

乳齿牙根比恒齿牙根更长更窄。拔除乳齿需要谨慎并有耐心以避免牙齿断裂（关于牙齿拔除技术的细节，请参见第 13 章）。尽量避免出现乳齿根部断裂，因为残留的牙根会造成恒齿偏离萌出路线。切记参考术前 X 线片来确定主要牙齿的解剖结构，以及对应恒齿的位置和发育阶段。

## 影响恒齿齿列的咬合不正

如果没有不适 / 疼痛或任何口腔相关的病变，影响恒齿齿列的咬合不正不需要进行治疗；然而，一旦引起不适和病变，就要及时治疗咬合不正。可以选择口腔正畸、截齿或拔牙等治疗方法。许多病例中，我们选择比口腔正畸更人性化一点的截齿或拔牙的方法。牙齿缩短通常需要暴露牙髓。因此，截牙必须进行牙髓治疗。

我们可以使用特定大小和形状的橡胶玩具来刺激下颌骨舌侧移位的幼犬，以达到矫正的目的（Verhaert, 1999）。该方法详见第 10 章。

### 道德考量

与咬合不正相关的医学（牙周病倾向），功能性（改变咀嚼或发音）和心理（改变美学）等问题是人类正畸治疗的主要考虑因素。在对人类制订矫正计划时，不会考虑咬合不正是先天性的还是后天性的。这与兽医正畸时遵守的美学和伦理准则相反，不能单纯为了犬猫外貌这一目的去正畸。任何治疗的主要目的是为了使动物舒适，美学是次要因素。

确定是否为遗传性咬合不正至关重要。除非动物已绝育，否则对遗传性的咬合不正的动物进行正畸治疗没有意义。绝育是为了避免遗传性咬合不正在一个品种中传播。

## 咬合不正治疗基础

对清醒的动物进行咬合评估是基本口腔检查的一部分。为了进行评估，临床医生需要能够识别不同物种和品种的正常咬合，并且对咬合不正的病因和发病机理有详细了解，详细描述见于前文。鉴别咬合不正是否是骨性、牙性或组合性至关重要。应该在动物幼龄阶段尽早采取预防措施（例如适当让动物玩橡胶玩具，阻断性矫正或拔除滞留乳齿）。除了做好预防，最好由具备牙髓病学和正畸学知识的专业牙科兽医进行治疗。

### 正畸原理

牙齿正畸是指对牙齿施加压力，随时间延长，使牙齿周围骨骼重新形成，牙齿也随之移动。受压的一侧发生骨溶解，实现牙齿的移位；另一侧发生新骨生成，实现牙齿的重新固定。在理想情况下，骨溶解和骨形成应处于平衡状态；但许多病例都由于溶解发生得更快，存在不平衡的问题。因此，在许多情况下，要让牙齿在新位置维持一段时间，从而保证新骨生成。

最佳的正畸力是一种能够快速移动牙齿却

不会导致结构损伤的牙齿矫正力，给动物造成的不适或疼痛最小。任何正畸矫治器都需要考虑的因素包括矫正力大小、矫正力分布、矫正力持续时间。理想的矫正力是轻的、持续的作用力。避免重的、持续的作用力，因为这种力最具损伤性。除了施加正畸力之外，正常的生长过程和来自嘴唇、脸颊、舌头的力量都将决定治疗结果。进行正畸操作可能会带来牙髓病、牙根外吸收、牙齿松动和疼痛等并发症。简言之，我们很难预测正畸治疗的效果，并且需要根据临床体征和影像学检查不断监测。

## 总结

* 咬合不正是常见现象，可能导致疼痛/不适和严重的口腔病变。
* 在动物的生命早期诊断咬合不正至关重要。
* 预防是最好的策略。
* 骨性咬合不正和乳齿滞留具有遗传性。
* 遗传性咬合不正的矫正应该在动物去势后进行。
* 在大多数情况下，除预防以外的治疗最好由专业牙科兽医来操作。
* 任何治疗都是为了让动物更舒适地进行有效咬合；审美是次要因素。

## 参考文献


[1] Beard, G., 1989. Anterior crossbite: interceptive orthodontics for prevention, Maryland bridges for correction. Journal of Veterinary Dentistry 6(2), 14.

[2] Hennet, P.R., 1995. Orthodontics in small carnivores. In: Crossley, D.A., Penman, S.(Eds.), Manual of Small Animal Dentistry. BSAVA, Cheltenham, pp. 182–192.

[3] Hennet, P.R., Harvey, C.E., 1992a. Craniofacial development and growth in the dog. Journal of Veterinary Dentistry 9(2), 11–18.

[4] Hennet, P.R., Harvey, C.E., 1992b. Diagnostic approach to malocclusions in dogs. Journal of Veterinary Dentistry 9(2), 23–26.

[5] Shipp, A.D., Fahrenkrug, P., 1992. Practitioner's Guide to Veterinary Dentistry. Dr Shipp's Laboratories, Beverley Hills, pp. 117–147.

[6] Stockard, C.R., 1941. The Genetic and Endocrinic Basis for Differences in Form and Behaviour. The American Anatomical Memoirs No. 19. The Wistar Institute of Anatomy and Biology, Philadelphia.

[7] Verhaert, L., 1999. A removable orthodontic device for the treatment of lingually displaced mandibular canine teeth in young dogs. Journal of Veterinary Dentistry 16(2), 69–75.


## 延伸阅读


[1] Gorrel, C., 2008. Malocclusion. In: Saunders Solutions in Veterinary Practice–Small Animal Dentistry. Saunders/Elsevier, Philadelphia, pp. 129–167.

[2] Holmstrom, S.E., Frost, P., Eisner, E.R., 2004. Dental equipment and care. In: Veterinary Dental Techniques for the Small Animal Practitioner, third ed. Saunders, Philadelphia, pp. 499–558.

# 第 6 章

# 口腔检查和记录

## 简介

最佳的治疗依赖于良好的诊断。通过临床检查和影像学检查，进而得到口腔诊断的结果；如果有必要，还需进行其他检查。临床医生必须填写患病动物的病历记录，内容包括相关的用药记录和牙科病史、诊断数据和所有治疗的细节。

## 口腔检查

口腔检查是体检的一部分；然而，对清醒动物进行口腔检查只能得到有限的信息；动物全身麻醉后才能进行全面的口腔检查。需要记录所有的异常检查结果，可以通过一人检查，一人填写牙科记录来节省时间。

### 动物清醒时的口腔检查

动物清醒时仅能做一些口腔视诊和触诊。注意检查时手法要温柔。

检查不仅对口腔进行评估，还包括以下部位：

- 面部骨骼和颧弓。
- 颞下颌关节。
- 唾液腺（下颌 / 舌下；腮腺只有在肿大时才可触诊到）。
- 淋巴结（下颌，颈部）。

检查完整个面部后，轻轻握住动物的嘴，使其口腔闭合，掀开嘴唇（不要抓住毛发来掀嘴唇）来检查软组织和牙齿的颊侧面。第 5 章详细介绍了犬和猫的正常咬合关系。

咬合检查表见专栏 6.1。

**专栏 6.1　牙齿咬合的六个要点**

1. 头部对称。
2. 切齿关系。
3. 犬齿咬合。
4. 前臼齿对齐交错。
5. 远端前臼齿 / 臼齿咬合。
6. 每颗牙齿的定位。

最后，需要采用一些方式让动物张开嘴。对于犬来说，可以用大拇指和食指在上下颌犬齿后端的牙槽骨边缘轻轻用力牵拉，就可以使其张开嘴。还有一种方法，犬猫都适用，即在动物的侧面，一只手在动物的口鼻处轻轻将嘴唇按进口腔里，同时控制头部微微向上倾斜，再用另一只手在下颌切齿处轻轻向下牵拉就可以暴露动物口腔。切忌抓住下颌毛发来牵拉。

对大多数动物来说，只要能打开口腔，就可以进行粗略的检查，包括口腔黏膜和牙齿的检查。口腔黏膜除了颜色和质地外，还要看是否有潜在的出血问题（出血点、紫癜、淤斑）。此外，还要查看是否有水疱和溃疡，这些症状表明动物可能发生像天疱疮、类天疱疮等囊泡性疾病。牙齿要检查相关的明显病变（齿折、牙龈萎缩、牙根分叉暴露）。如果情况允许，口咽部（软腭、腭侧弓、扁桃体隐窝、扁桃体和咽喉）也要检查。诱导麻醉时，在气管插管前寻找潜在问题会对检查有帮助。

## 全身麻醉下的检查

气管插管前检查口咽部有无异常。需要识别和检查口腔的正常解剖特征。强烈建议重温解剖教科书中的相关内容。只有熟知正常情况才能识别异常情况。专栏 6.2 总结了麻醉状态下口腔检查的项目。

## 牙周组织

要对每颗牙的牙周组织进行评估。牙周组织检查不属于兽医临床的常规检查。为正确诊断疾病和设计治疗方案，最好进行全面的牙周检查。牙周组织检查程序的详细介绍如下。所需仪器包括：

1. 牙周探针。
2. 牙科探针。
3. 牙镜。

牙齿评估指标和标准：

1. 牙龈炎和牙龈指数。
2. 牙周探诊深度。
3. 牙龈萎缩。

### 专栏 6.2　全身麻醉口腔检查项目

口咽部

* 软腭
* 腭侧弓
* 扁桃体隐窝
* 扁桃体
* 翼状突
* 咽喉

嘴唇和脸颊

* 皮肤黏膜交界处
* 前庭
* 人中
* 系带（上颌和下颌）
* 唾液导管开口（腮腺和颧骨）

口腔黏膜

* 齿槽黏膜
* 膜龈线
* 附着龈
* 游离龈

硬腭

* 切齿乳头
* 切齿导管开口
* 腭脊和褶皱

口腔和舌头的底部

* 舌下肉阜
* 舌系带
* 舌唾液腺（猫）
* 舌乳头（类型和分布）

牙齿

* 乳齿齿列，恒齿齿列或混合齿列
* 缺失和/或多余的牙齿
* 大小和/或形状异常
* 角度和/或位置异常
* 磨损方式（异物磨损，咬合磨损）
* 病变，例如龋齿、牙釉质发育不全、齿折

4. 根分叉病变。

5. 松动程度。

6. 牙周（临床）附着物情况。

动物牙齿上有大量沉积物（牙菌斑和牙结石）时，为准确评估牙周状态有必要先去除沉积物（图 6.1）。

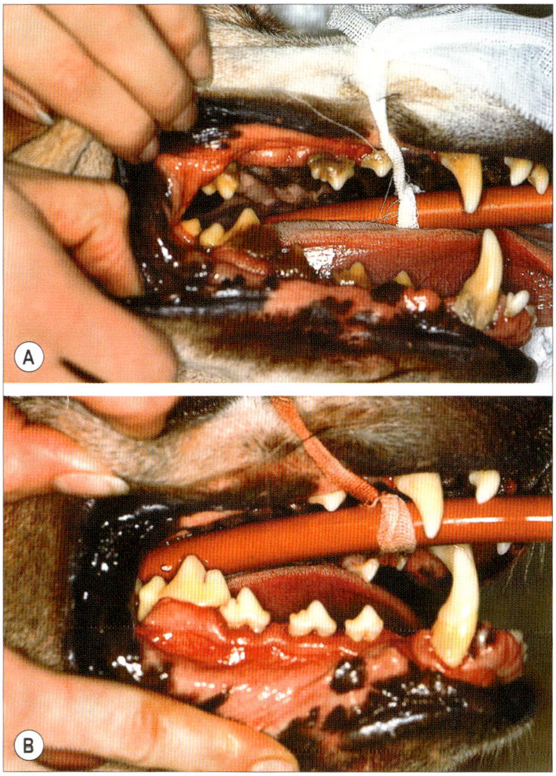

图 6.1　牙齿沉积物和牙周检查

（A）大量牙菌斑和牙结石妨碍评估牙周病的严重程度。（B）移除牙齿沉积物后，可以看到明显的牙损伤。

第 9 章详细讨论了测量和记录牙周参数的全部临床意义。

概述中，进行细致牙周检查的目的是：

- 确定是否存在牙周病（牙龈炎和牙周病）。
- 区分牙龈炎（牙龈发炎）和牙周病（牙周组织炎症导致牙周附着物萎缩，最终牙齿脱落）。
- 确定病灶。
- 评估牙周病的组织损伤范围。

牙周探诊深度、牙龈萎缩、牙根分叉病变和牙齿松动程度等可以量化牙周病的组织损伤。通过影像学技术来检查牙槽骨破坏的程度和类型是有强制要求的。颌骨和牙齿的影像学检查操作详见第 7 章。在许多情况下，测量或计算牙菌斑 / 牙结石附着程度（PAL / CAL）也很有帮助。

## 牙龈炎和牙龈指数

通过检查牙龈有无发红和肿胀，并温和探查齿龈沟是否存在出血，来评估牙龈炎（牙龈的炎症）的发病情况和病程。可以使用各种指数来评估牙龈炎的严重程度。对于临床表现来说，简单的出血指数是最有用的。将牙周探针轻轻地插入每颗牙齿周围的齿龈沟的多个位置，如果探针没有引起出血评为 0 分，引起出血评为 1 分。

这些指数可通过直接眼观的检查和出血情况判定，即通过改良的 Löe 和 Silness 牙龈指数（Löe, 1967）（表 6.1），在临床研究中，这是评估和量化牙龈炎最常用的方法。

表 6.1　改良 Löe 和 Silness 牙龈指数

| | |
|---|---|
| 牙龈指数 0 | 临床上健康的牙龈 |
| 牙龈指数 1 | 轻度牙龈炎：牙龈边缘轻微变红和肿胀；温和探查龈沟时无出血 |
| 牙龈指数 2 | 中度牙龈炎：牙龈边缘红肿；温和探查龈沟有出血 |
| 牙龈指数 3 | 严重牙龈炎：牙龈边缘呈红色或蓝红色的严重肿胀；有自发性出血和 / 或龈缘溃疡 |

### 牙周探诊深度（PPD）

可以通过轻轻插入带刻度的牙周探针到齿龈沟底部直至遇到阻力，来评估齿龈沟深度。以毫米为单位在整个牙周范围内多位点测量从游离龈边缘到齿龈沟底部的深度（图 6.2）。轻轻地水平移动探针，沿着齿龈沟的底部滑动。犬的齿龈沟深 1 ～ 3 mm，猫的齿龈沟深 0.5 ～ 1.0 mm。

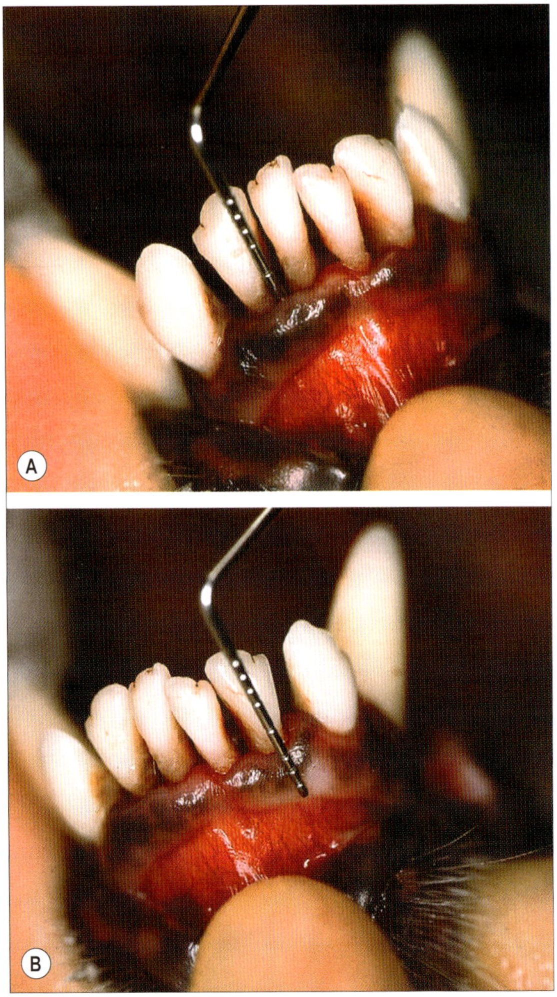


图 6.2　牙周探诊深度（PPD）
（A）PPD 的测量是将牙周探针插入龈沟直至感到坚实阻力。牙周探诊深度是指从龈缘到齿龈沟或牙周袋的距离。应该在每颗牙齿周围多个位点进行测量和记录。（B）将探针放在牙龈表面来观察其插入的深度。

牙周病测量结果大于正常值时常预示牙周病的出现，即牙周韧带已被破坏并且牙槽骨已被吸收，因此探针才能插到更深处。描述这种情况的专业术语称为牙周袋。

出现牙周袋的部位要全部准确记录下来。此外，因牙龈炎而引发的游离龈肿胀或增生也毫无疑问会导致齿龈沟深度的测量值大于正常值。这时，通常称其为“假性龈袋”，即牙周韧带和牙槽骨是完好的（牙周病无法确诊为牙周病），并且 PPD 的增加是因为牙龈肿胀或增生。

### 牙龈萎缩

牙龈萎缩的程度（图 6.3）也要使用牙周探针进行测量。测量从牙釉质骨质界到游离龈边缘的距离（以 mm 为单位）。尽管牙周病可导致牙槽骨吸收，但出现牙龈萎缩时 PPD 也可能在正常值范围内。

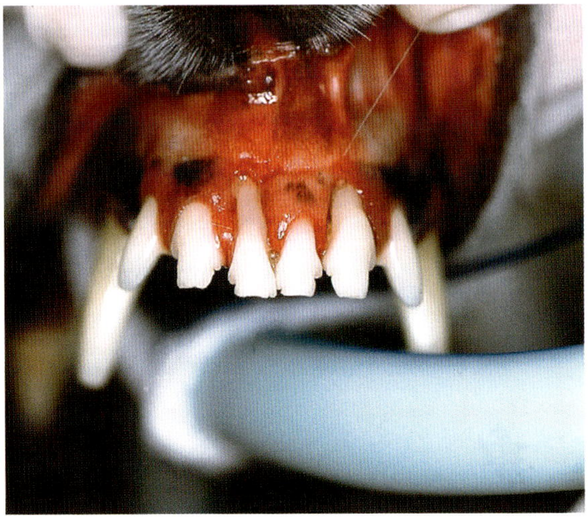

图 6.3　牙龈萎缩
用有刻度的牙周探针从牙釉质骨质界向游离龈边缘测量牙龈萎缩程度。右侧上颌第 1 切齿和左侧上颌第 2 切齿颊侧面有大面积的牙龈萎缩，暴露出大部分的牙根面。

### 根分叉病变

根分叉病变是指牙周病导致多根齿的齿根之间的牙槽骨被破坏的情况（图 6.4）。

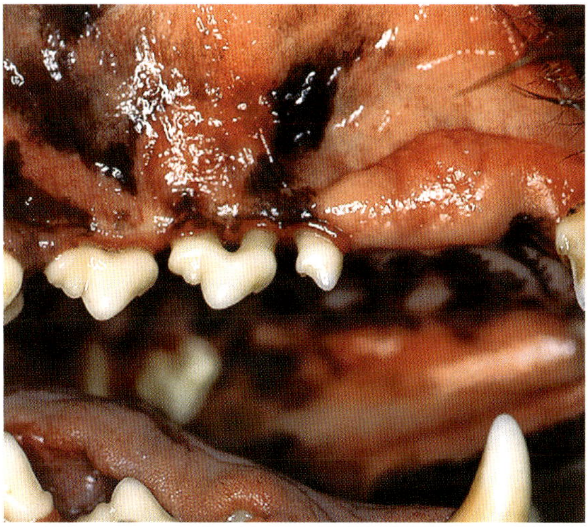

图 6.4　根分叉病变
多根牙齿的分叉部位应使用牙周探针或牙科探针来检查，以便根据分叉程度进行分级。右侧上颌第 2 前臼齿具有 3 级分叉，即牙科探针或牙周探针可以穿过分叉部位。

多根牙的分叉部位要用牙周探针或牙科探针来进行检查。表 6.2 列出了根分叉等级。

表 6.2　根分叉病变的等级

| | |
|---|---|
| 0 级 | 没有分叉病变 |
| 1 级 | 初级分叉病变：牙周探针 / 牙科探针可以检测到分叉，但是病变部位的水平组织破坏小于分叉宽度的 1/3 |
| 2 级 | 局部分叉病变：牙周探针 / 牙科探针可以探测到分叉，但不能通过；水平组织破坏超过分叉宽度的 1/3 |
| 3 级 | 完全分叉病变：牙周探针 / 牙科探针可以从颊侧穿过分叉到腭侧 / 舌侧 |

### 牙齿松动性

应使用合适的器械来评估牙齿松动的程度，例如，牙镜或探针手柄的钝端。不应该直接用手指评估，因为手指软组织的缓冲会掩盖牙齿松动度。表 6.3 列出了松动程度等级。

表 6.3　牙齿松动等级

| | |
|---|---|
| 0 级 | 没有活动性 |
| 1 级 | 左右移动≤ 1 mm |
| 2 级 | 左右移动 >1 mm。注意，多根牙齿的评分较为严格，即使没有上下移动，有超过 1 mm 的左右松动也认为是 3 级 |
| 3 级 | 上下和左右松动可能同时存在 |

### 牙菌斑 / 牙结石附着程度（PAL/CAL）

附着物去除的量不一定会对 PPD 造成影响。如前文所述，牙龈增生可能会导致牙周袋加深（如果没有提前进行附着物的去除，则判定为假性龈袋），而牙龈萎缩会导致牙周袋的消失，但是会残留少量的附着物。PAL 记录指从牙釉质骨质界（或从牙齿上的固定点）到病理性牙周袋的基部或顶端的距离。因此它是评估牙周病组织损失的更准确的标准。PAL 可以用牙周探针直接测量或计算（例如 PPD + 牙龈萎缩）。

## 记录

在检查和治疗过程中获得的信息都需要记录。最基础的牙科记录包括书面笔记和完整的牙科记录表，还有其他一系列的检测和影像学检查。

完整的牙科记录是一个具有法律效应的文件，包含的内容如下：

- 治疗过程中——确保所有操作正常进行。

- 完成治疗后——告知主人动物的牙齿状况和采取的治疗方案。
- 参与治疗的任何时间和任何医生——特定时间与口腔治疗相关的信息。

牙科记录表是口腔齿列关系的图示，我们可以在记录表内填入以图像和/或符号为形式的信息（检查结果及相关治疗方案）。这种简单的方法足以达到大部分检查和治疗的记录要求。完整的牙科记录还需要病历、影像学等其他检查的相关信息。

图 6.5 和图 6.6 就是我们诊所使用的犬和猫牙科记录表的复印件。表格前部分填写临床检查信息，后部分填写诊断结果并拟定治疗方案、记录相关治疗操作。完整的牙科记录表如图 6.7 所示。

我们使用改进的 Triadan 系统对牙齿进行编号，这是一个三位数编号系统。我们对牙齿编号时用修改后的三位数编码的 Triadan 方法，第一位数字表示牙齿所在的口腔象限，以及是乳齿列还是恒齿列（表 6.4）；第二、三位数字表示牙齿编号。犬的牙齿在每个象限中的编号从口腔中线向后依次递进，而猫缺少部分牙齿（上颌第 1 前臼齿和下颌第 1、第 2 前臼齿），因此要跳过这些牙齿进行编号。

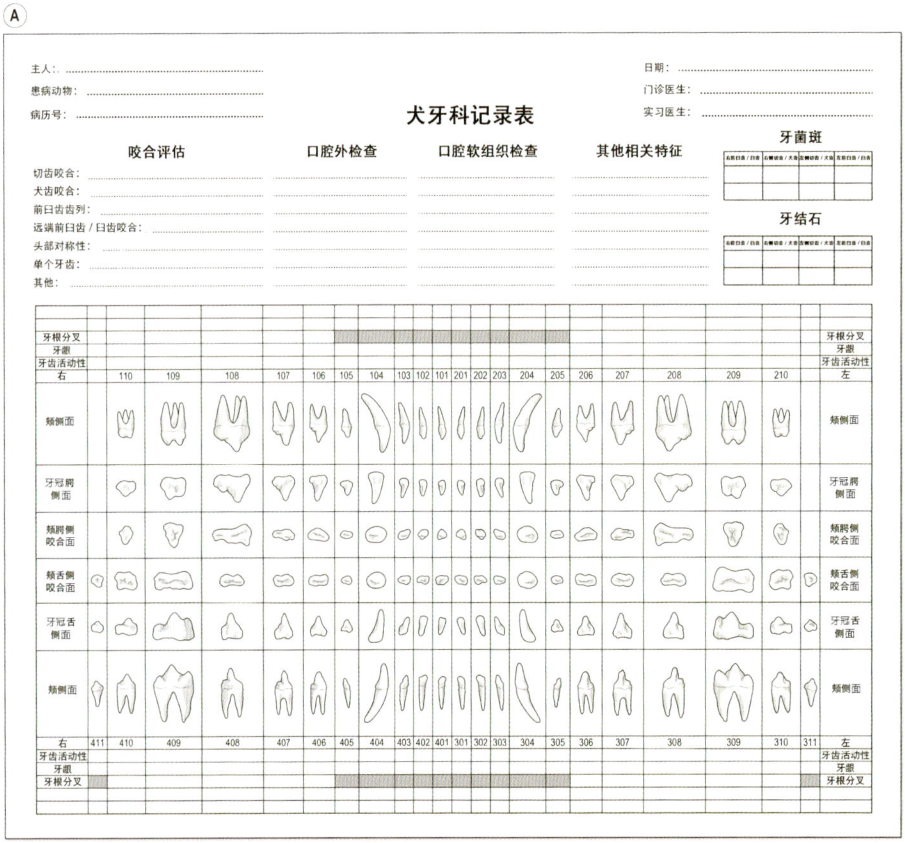


图 6.5　犬的牙科记录表

前部分（A）记录临床检查结果，后部分（B）记录治疗方案和治疗程序。

Ⓑ

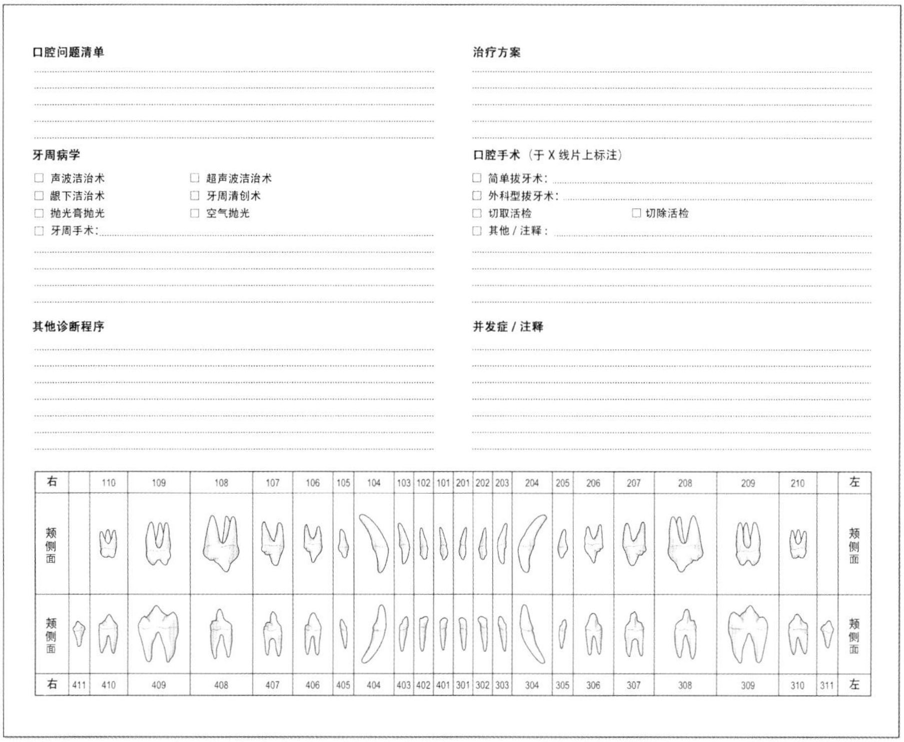

口腔问题清单

治疗方案

牙周病学

- ☐ 声波洁治术
- ☐ 超声波洁治术
- ☐ 龈下洁治术
- ☐ 牙周清创术
- ☐ 抛光膏抛光
- ☐ 空气抛光
- ☐ 牙周手术：

口腔手术（于 X 线片上标注）

- ☐ 简单拔牙术：
- ☐ 外科型拔牙术：
- ☐ 切取活检
- ☐ 切除活检
- ☐ 其他 / 注释：

其他诊断程序

并发症 / 注释

| 右 | | 110 | 109 | 108 | 107 | 106 | 105 | 104 | 103 | 102 | 101 | 201 | 202 | 203 | 204 | 205 | 206 | 207 | 208 | 209 | 210 | | 左 |
|---|---|---|---|---|---|---|---|---|---|---|---|---|---|---|---|---|---|---|---|---|---|---|---|
| 颊侧面 | | | | | | | | | | | | | | | | | | | | | | | 颊侧面 |
| 颊侧面 | | | | | | | | | | | | | | | | | | | | | | | 颊侧面 |
| 右 | 411 | 410 | 409 | 408 | 407 | 406 | 405 | 404 | 403 | 402 | 401 | 301 | 302 | 303 | 304 | 305 | 306 | 307 | 308 | 309 | 310 | 311 | 左 |

图 6.5　续

Ⓐ

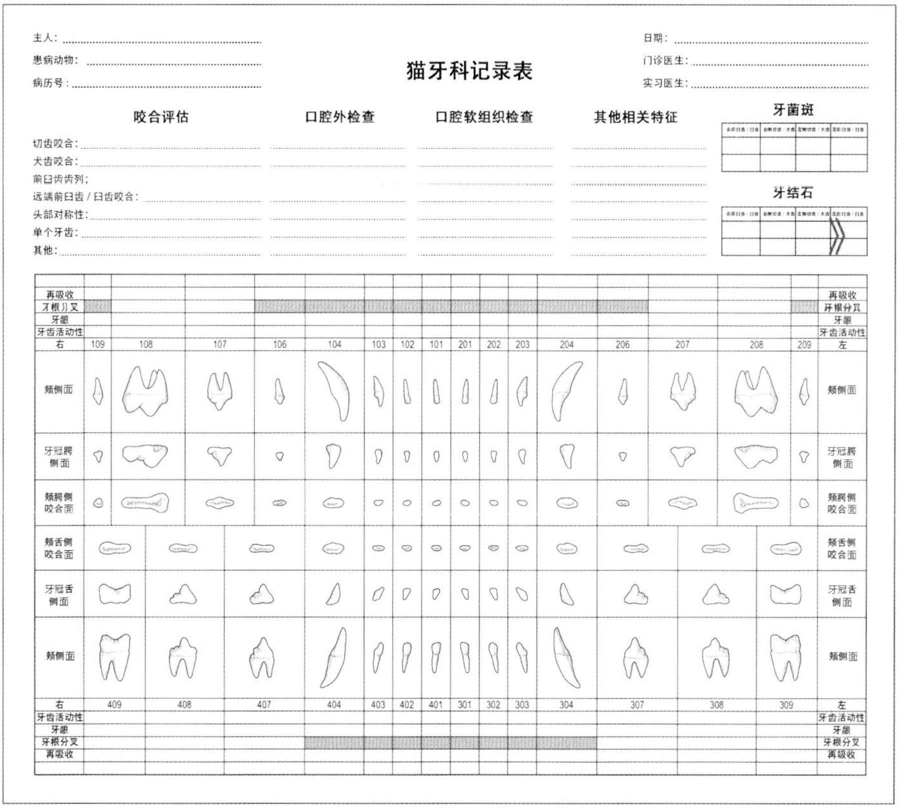

主人：

患病动物：

病历号：

日期：

门诊医生：

实习医生：

## 猫牙科记录表

咬合评估　　口腔外检查　　口腔软组织检查　　其他相关特征

切齿咬合：

犬齿咬合：

前臼齿齿列：

远端前臼齿 / 臼齿咬合：

头部对称性：

单个牙齿：

其他：

牙菌斑

| 右前臼齿 / 臼齿 | 右侧切齿 / 犬齿 | 左侧切齿 / 犬齿 | 左前臼齿 / 臼齿 |
|---|---|---|---|
| | | | |
| | | | |

牙结石

| 右前臼齿 / 臼齿 | 右侧切齿 / 犬齿 | 左侧切齿 / 犬齿 | 左前臼齿 / 臼齿 |
|---|---|---|---|
| | | | |
| | | | |

| | | | | | | | | | | | | | | | |
|---|---|---|---|---|---|---|---|---|---|---|---|---|---|---|---|
| 再吸收 | | | | | | | | | | | | | | | 再吸收 |
| 牙根分叉 | | | | | | | | | | | | | | | 牙根分叉 |
| 牙龈 | | | | | | | | | | | | | | | 牙龈 |
| 牙齿活动性 | | | | | | | | | | | | | | | 牙齿活动性 |
| 右 | 109 | 108 | 107 | 106 | 104 | 103 | 102 | 101 | 201 | 202 | 203 | 204 | 206 | 207 | 208 | 209 | 左 |
| 颊侧面 | | | | | | | | | | | | | | | 颊侧面 |
| 牙冠腭侧面 | | | | | | | | | | | | | | | 牙冠腭侧面 |
| 颊腭侧咬合面 | | | | | | | | | | | | | | | 颊腭侧咬合面 |

| | | | | | | | | | | | | | | |
|---|---|---|---|---|---|---|---|---|---|---|---|---|---|---|
| 颊舌侧咬合面 | | | | | | | | | | | | | | 颊舌侧咬合面 |
| 牙冠舌侧面 | | | | | | | | | | | | | | 牙冠舌侧面 |
| 颊侧面 | | | | | | | | | | | | | | 颊侧面 |
| 右 | 409 | 408 | 407 | 404 | 403 | 402 | 401 | 301 | 302 | 303 | 304 | 307 | 308 | 309 | 左 |
| 牙齿活动性 | | | | | | | | | | | | | | 牙齿活动性 |
| 牙龈 | | | | | | | | | | | | | | 牙龈 |
| 牙根分叉 | | | | | | | | | | | | | | 牙根分叉 |
| 再吸收 | | | | | | | | | | | | | | 再吸收 |

图 6.6　猫的牙科记录表

前部分（A）用于记录临床检查结果，后部分（B）为用于记录治疗方案和治疗程序。

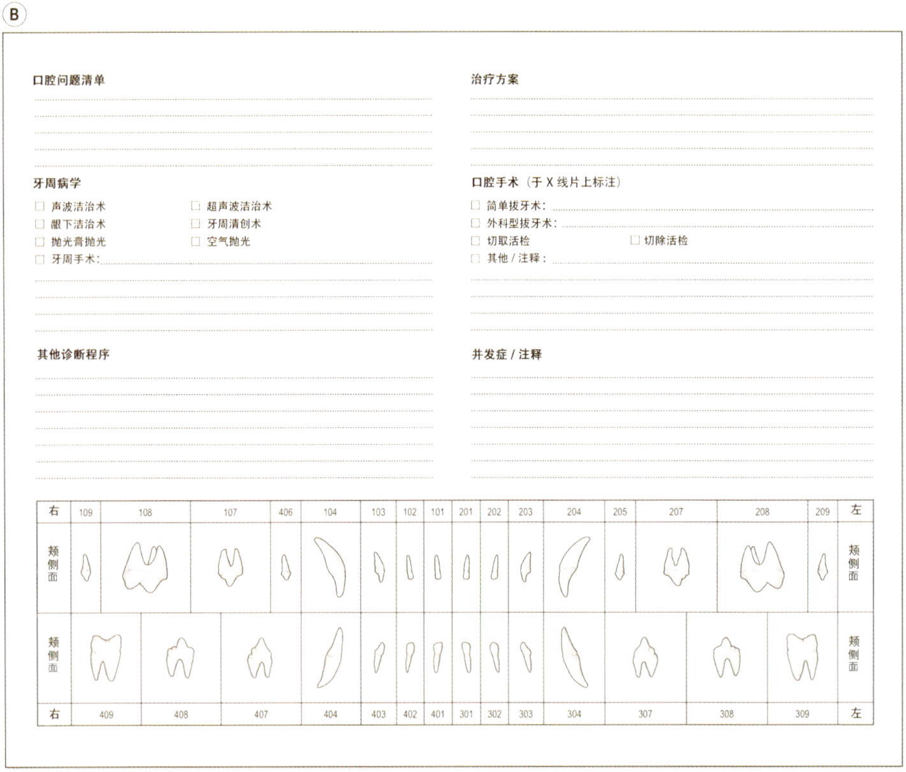


图 6.6　续

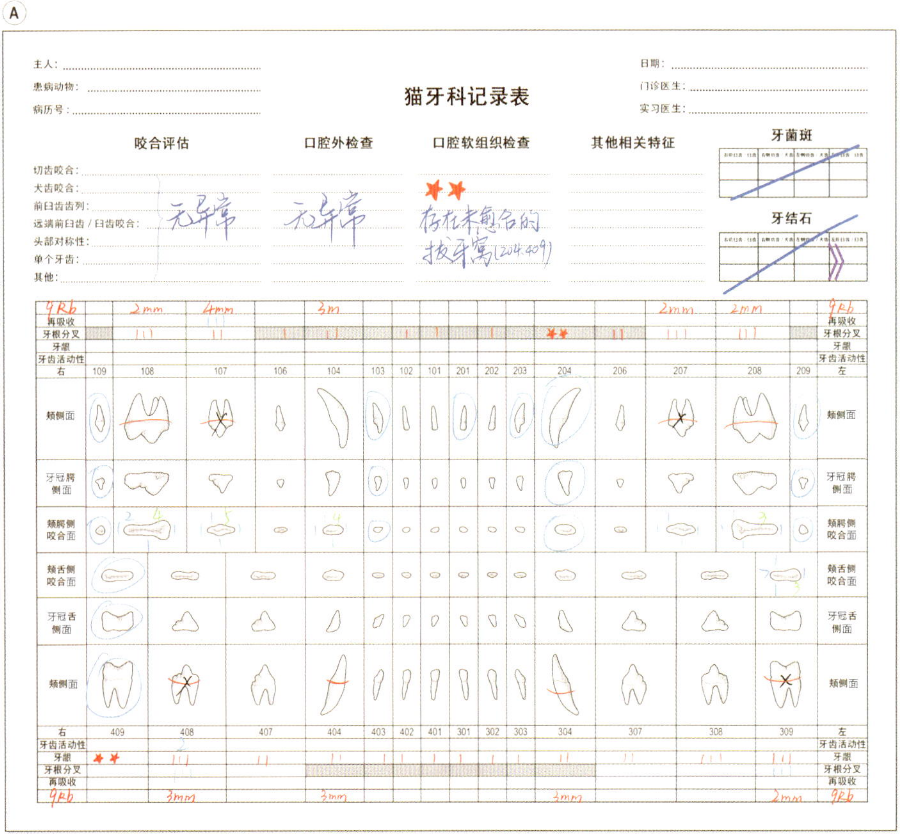


图 6.7　完整的猫牙科记录表

前部分（A）记录所有临床检查结果，后部分（B）为详细的记录治疗方案和治疗程序。

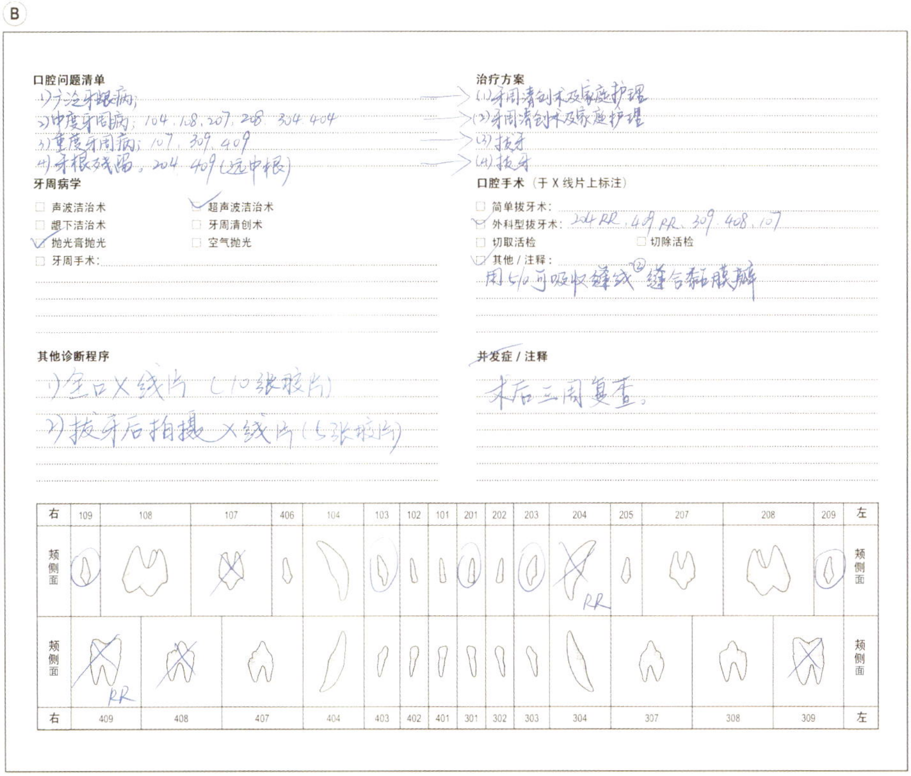


图 6.7 续

表 6.4 改进的 Triadan 方法:三位数编号方法

| 恒齿齿列 | | 乳齿齿列 | |
|---|---|---|---|
| 右侧上颌<br>恒齿 =1 | 左侧上颌<br>恒齿 =2 | 右侧上颌<br>乳齿 =5 | 左侧上颌<br>乳齿 =6 |
| 右侧下颌<br>恒齿 =4 | 左侧下颌<br>恒齿 =3 | 右侧下颌<br>乳齿 =8 | 左侧下颌<br>乳齿 =7 |

在牙科记录表上也可以记录如轻度、中度或重度牙菌斑或牙结石情况。因为在牙周治疗时会把牙菌斑和牙结石清除，所有没有这两种附着物的常规评分指数。

填写记录表时要使用缩写。用缩写来表示病症很重要。常用缩写见表 6.5。

表 6.5 常用缩写

| NAD | 未见异常 |
|---|---|
| ORL | 牙菌斑再吸收病变 |
| GR | 牙龈萎缩 |
| GH | 牙龈增生 |
| UCF | 轻度牙冠断裂 |
| CCF | 重度牙冠断裂 |
| UCRF | 轻度牙冠和牙根断裂 |
| CCRF | 重度牙冠和牙根断裂 |
| W | 咬合面磨损(磨损或磨耗) |

欧洲兽医牙科学院(EVDC)推荐的基本牙科记录表也可以用于常规的临床操作。EVDC 牙科记录表可以从 EVDC 网站(www.EVDC.info)免费下载。

EVDC 推荐的牙科记录表会不断更新，它还包含一些与全科兽医无关的信息，例如病例日志条目号，所有牙齿的牙菌斑和牙结石指数，菌瘢着色牙的比例。我建议使用我所提到的记录表或 EVDC 推荐的记录表作为范例，并制定一个适合自己临床诊断用的牙科记录表。

犬猫牙科诊断时也可使用数字录音系统。该技术名为 Prodenta，可从 Accesia AB（www.accesia.se）获得。

## 总结

* 全面的口腔检查只能在全身麻醉下进行。
* 进行有序、系统的口腔检查，并使用合适的检查器械。
* 使用已发表的或改良的牙科图表对所有程序进行全面记录。
* 借助一些指数和测量值弥补视觉评估的缺陷，如牙龈指数、牙周探诊深度、牙菌斑/牙结石附着程度。

## 参考文献

[1] Löe, H., 1967. The gingival index, the plaque index and the retention index system. Journal of Periodontology 38, 610–616.

## 延伸阅读

[1] Gorrel, C., 1998. Radiographic evaluation. In: Holmstrom, S.（Ed.）, Canine Dentistry. Veterinary Clinics of North America: Small Animal Practice. WB Saunders, Philadelphia, pp. 1089–1110.

[2] Gorrel, C., 2008. Oral examination and recording. In: Saunders Solutions in Veterinary Practice–Small Animal Dentistry. Saunders/Elsevier, Philadelphia, pp. 13–21.

[3] Robinson, J., Gorrel, C., 1995. Oral examination and radiography. In: Crossley, D.A., Penman, S.（Eds.）, Manual of Small Animal Dentistry. BSAVA, Cheltenham, pp. 35–49.

第 7 章

# 牙科 X 线技术

## 简介

X 线技术是兽医牙科学中的重要诊断技术。牙齿的牙根和大部分牙周组织只能通过 X 线片进行更直观的检查。因此，若在临床检查中没有使用 X 线技术，我们很难发现诸多的病理变化。虽然有的时候我们不使用 X 线技术也可以识别龋齿等病变，但这不能全面评估病变的范围，更无法直接观察到病变是否已经影响到牙髓和根尖周。换言之，没有 X 线技术的临床检查是不完整的。

牙周病、牙髓病、龋齿、再吸收病变、齿折、骨质病变和肿瘤等病症的全面诊断需要借助 X 线片，以便制定出最佳的治疗方案。我们需要了解 X 线下的正常解剖结构，以便识别异常情况。许多牙科手术都要在 X 线技术的辅助下进行，而且在很大程度上它也决定了检查的完整性和治疗的成功率。总之，为了达到诊断目的并通过诊断结果制定最佳治疗方案，也为了方便某些操作以及评估治疗效果，X 线技术必不可少。在人医牙科中，医师进行牙科治疗时必须使用上 X 线技术，否则视为失职。这同样适用于兽医牙科学。

X 线下的病变部位呈低密度阴影状，因此牙科 X 线片的清晰度和片上的细节是得出诊断结果的重要因素。诊断用的牙科 X 线片应该可以准确体现出牙齿的大小和形状并且不带有临近组织的叠影（图 7.1，图 7.2）。因此在拍摄 X 线胶片时，可以使用两种胶片定位技术，有拍摄下颌前臼齿和臼齿时的水平投照法，还有拍摄其他牙齿时的角平分线技术。对侧的（对边的同位置牙齿）也要进行相同操作。

虽然我们确实需要一定的时间和耐心才能掌握口腔 X 线技术，但是只要能够熟悉这项操作，短时间内就可以得到非常宝贵的信息，有助于我们制定最佳治疗方案并进行各项操作。我们可以通过一些实操课程来学习这门技术。

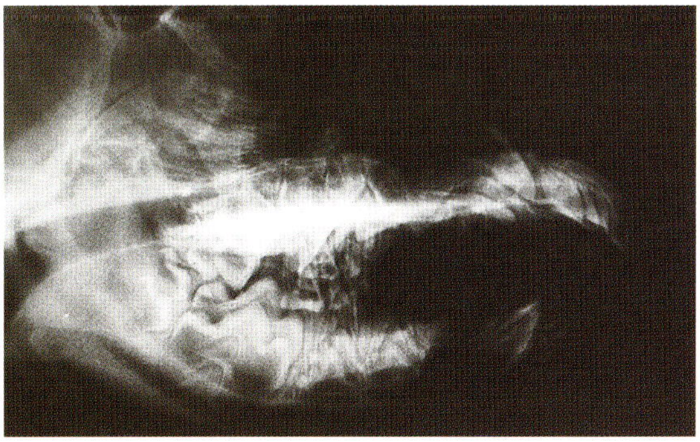

**图 7.1　非诊断性视图**
此视角（胶片位于口外侧）拍摄的 X 线片对于评估牙齿和相关组织不具诊断意义，能明显看出左右两侧的重叠影像；其实这张 X 线片只能说明一只未成年的狗长了牙齿而已。

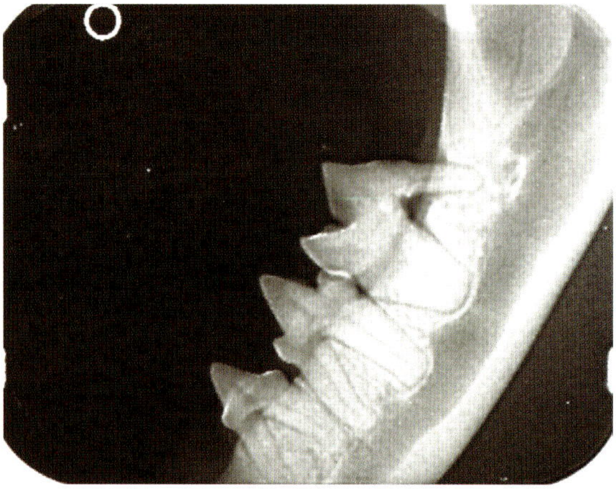

图 7.2　诊断图像

这张牙科 X 光片准确表现了牙齿的大小和形状，且没有相邻组织的重影。在猫的口腔内放置牙科胶片并运用好平行投照技术就可以精确拍摄出下颌第 3、第 4 前臼齿和第 1 臼齿，以及下颌骨的细节。但是第 3 前臼齿的近中表面没有显示在 X 光片上，需要将胶片朝吻侧放置拍摄下一个图像，以便全面评估这颗牙齿。牙釉质呈现为不完全可见的低透射性条带，覆盖牙冠并沿牙颈缘逐渐变细。牙本质比牙釉质更能阻挡射线的穿过，占成熟牙齿硬组织的大部分。牙骨质不可见。牙髓腔是位于牙齿中心从牙冠部分延伸到牙根尖端的连续的可透射区域。牙槽窝壁（硬骨板）在图像上呈现为与牙根平行的低透射条带。牙周韧带间隙在图像上呈现为在硬骨板与牙根之间的可透射细线。牙槽嵴顶部的皮质骨与硬骨板相连。X 线片上可清晰看到下颌管。臼齿远中根处有明显的水平骨丢失。

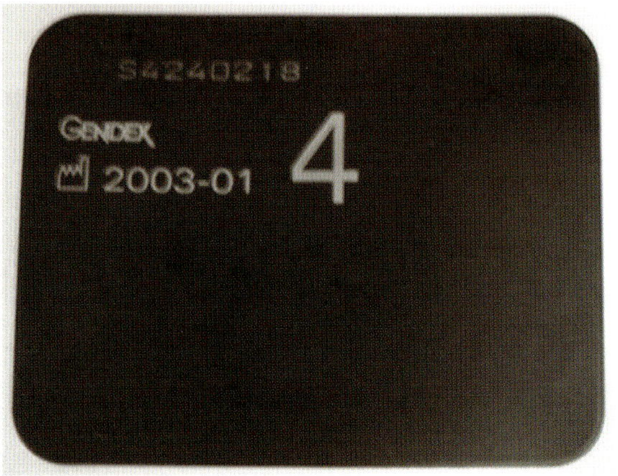


图 7.3　间接数字化成像

间接数字化成像系统的曝光是在可接受光刺激的磷化物感应板上，而不是在普通的牙科胶片上；然后再将感应板上的潜像传到电脑上。

## 设备和材料（专栏 7.1）

**专栏 7.1　口腔内放射成像的设备和材料**

传统成像系统

* X 光机。
* X 线胶片。
* 洗片工具。
* 储存胶片用的支架和信封。

数字化成像系统

* X 光机。
* 数字传感器。
* 计算机和软件。

拍摄牙科 X 线片的方法包括传统（胶片）或数字（数字传感器）两种。数字化成像系统是通过计算机生成射线图像。间接式数字化成像系统是通过磷化物感应板而不是在胶片上获得图像，然后影像再传到电脑显示屏。直接式的是通过传感器（图 7.4）直接将影像传到电脑显示屏。大多数新式的 X 线设备可以兼容很多的数字化软硬件。老式的不能在足够短的时间内完成曝光（小型患病动物至少需要 0.02 s）。与传统方法相比，数字 X 线摄像具有许多优点，其主要优点如下：

- 获取影像即时 / 迅速。
- 无须显影和定影。
- 避免显影和定影中出现的失误。
- 不会出现胶片的安装和存储问题。
- 辐射更少。
- 具有更多功能的选择，提高影像质量（如以下 5 条）。

1. 调节对比度。
2. 调节亮度。
3. 放大功能。
4. 反转图像。
5. 着色功能。

**图 7.4 直接数字化成像**
在直接式数字化成像系统中，曝光不再使用胶片，而是通过传感器将图像直接发送到计算机。

我强烈建议从事小动物临床的医师们可以购入 X 线的数字化成像系统，这会让 X 线拍摄工作变得异常简单和快捷。根据我的经验，很多医师没有充分利用好 X 线作为诊断技术就是因为嫌它操作“麻烦”（耗费时间、程序复杂、存储的问题）；但现在兴起的数字化 X 线成像可以解决大部分难题，医师可以在诊断和治疗时充分利用好这项技术。

## 口腔 X 光机

口腔用 X 光机比兽医临床用的普通 X 光机更方便操作。口腔 X 光机装有可灵活操纵的机头，以最小程度调整患病动物的位置时仍可精准定位。X 光机上的椎体也可以帮助瞄准射线并调节到最佳焦距。

大多数普通的 X 光机也可以拍摄牙科 X 线片，但焦距要调整在 30 ~ 50 cm 之间。机头（角度和定位）越容易操作，就越容易进行口腔 X 线拍摄。对于那些不容易操作的 X 光机，需要对动物每个要求检查的部位分别进行定位。

牙科 X 光机最好安装在指定的牙科治疗区域（图 7.5）。可以分为壁挂式和便携式。这些设备物有所值，并且可以快速收回成本。使用时通常设置在 50 ~ 70 kV 的固定管电压和 8 ~ 10 mA 的固定管电流。新式的口腔 X 光机能以低至 0.02 s 的速度进行曝光，并且这也是数字化 X 光机的最低要求。注意一定要确保 X 光机与购买的数字化成像系统兼容。

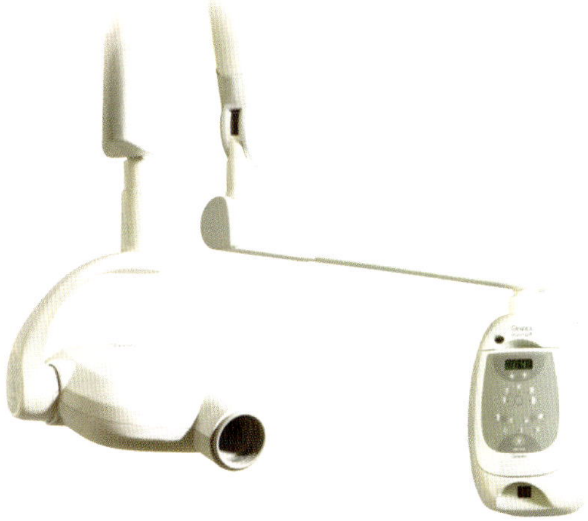

**图 7.5 牙科 X 光机**
口腔 X 光机最好安装在指定的牙科治疗操作区。分为便携式和壁挂式。我们为了能节省空间通常选择壁挂式。

## X 线胶片

牙科 X 线技术中可以使用单层乳胶胶片、无增感屏胶片和增感屏胶片。应使用牙科胶片以便能够放置在口腔内并提供较高的清晰度。牙科胶片分为咬合片、根尖周片和小型动物用片这三种尺寸的单层乳胶胶片和无增感屏胶片（图 7.6）。牙科胶片的包装封有纸质的和塑料的，胶片两侧包裹有黑色纸张，薄铅片（箔）覆盖胶片背面起到防止射线散射的作用。

图 7.6 牙科胶片的尺寸

牙片有三种尺寸：咬合片（5 cm×7 cm）、根尖周片（3 cm×4 cm）和小型动物用片（2 cm×3 cm）。为能方便定位操作，需使用适合拍摄区域的最小胶片。

牙科胶片的“敏感度”，即胶片感光度从最不敏感的 A 到最敏感的 F。胶片的敏感度决定了曝光时间——快速的（灵敏度更高的）胶片不需要太多辐射线曝光（使胶片变黑）。可以通过在乳液中加入大量卤化银晶体来增加胶片的感光度。快速（灵敏度更高的）成像会导致图像质量轻微下降（像素点变大并且数量变少最终导致了数字化拍摄的成像质量降低）。只有在放大时才能看出 X 线片成像质量的降低。事实上，决定成像质量的是我们实际选择的曝光速度，最常使用的是 D（ultra）速和 E（ekta）速。D 速胶片需要的曝光时间稍长，并且可以手动处理。

E 速胶片仅需较低的曝光度，但只能在自动冲洗机中显影。

## 定位

确定胶片信封的正面朝向光束，信封上会有标记或标签。如果方向放置错误，光束从信封背面穿过，铅板会吸收掉大部分 X 光，最终会导致曝光不充分并显现出铅板的图案。

所有胶片的某一角落里都有一个凸起点。如果我们在观察和放置胶片时遵循以下步骤，那么这个凸起点会有助于更精确地定位。首先，凸起点要面向光束；再把胶片放入口腔内，要求凸起对准特定的方向。通常我在放置胶片时会保证凸起点始终朝向吻侧。另一种操作方法就是放置胶片时确保凸起始终处于相同的位置，即凸起在口腔内始终朝向吻侧或始终朝向尾侧。

## 数字化系统

间接式数字化成像系统中，磷化物感应板取代了常规胶片（图 7.3）。磷光板接受曝光后将潜像传送到计算机。与胶片相同，磷光板也有三个尺寸。因为磷光板上的潜像可以在光束照射下消失，比如对着观片灯，所以我们可以循环使用磷光板。

直接式数字化成像系统中，不再使用常规胶片，而是选择了可以将图像直接输送到电脑的传感器（图 7.4，图 7.7）。在我看来，采用直接式数字化成像系统获得 X 线片是最简单并且最划算的方法。

传感器有两种型号，大小等同于根尖周片和小型动物用胶片的尺寸。没有咬合用胶片大小的传感器。根据我的经验，2 号的传感器完全可以满足拍摄犬猫 X 线片时的需要。尺寸相对较小的 1 号传感器适用于猫和一些其他小型动物。

现如今已经涌现出很多家数字化成像设备的制造商。不同厂家生产的传感器在成像质量上各有差异，并且各种各样的软件给用户在适应性上提供多种选择；而且该领域正在蓬勃发展。

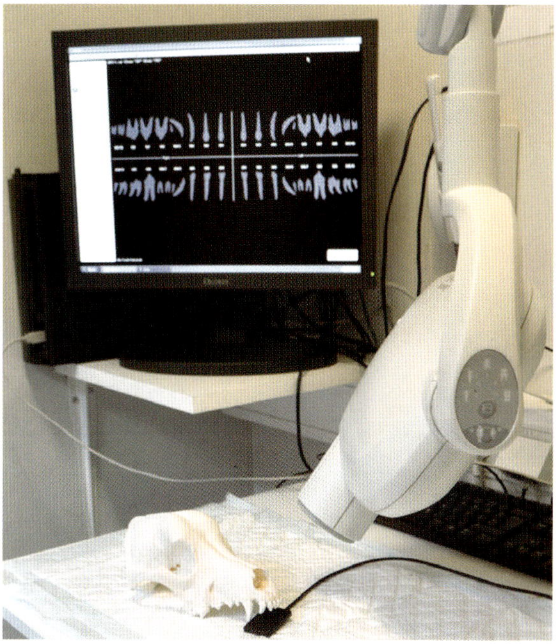

图 7.7　直接式数字化成像
在直接数字化摄像中，传感器取代了传统胶片。传感器可将图像直接发送到计算机。

## 曝光设置

虽然牙科胶片的曝光设置要求比增感屏胶片高，但牙科胶片最后呈现的影像会更加清晰。实际上最终完成的设置会根据 X 光机的型号和胶片焦距进行调整。数字化成像系统的曝光设置要求较低，即完成小型动物曝光操作的时间低至 0.02 s。

牙科 X 光机为不同体型的患病动物和不同种类的牙齿提供曝光操作指南。尽可能将 X 光机靠近需要曝光的牙齿，这样就不需要再调节胶片焦距。我更提倡大家购买新式的口腔 X 光机；其售价相对较低并且可以快速收回成本。

那些还没有购买口腔 X 光机的医师们，可以选择兽用普通 X 光机搭配 D 速牙科胶片来拍摄 X 线片。虽然这样做既耗时又增加开销，但至少可以完成基本的 X 线片拍摄。我建议选择此搭配的临床医师将胶片焦距设置在 30 ~ 50 cm 之间，可以按照表格 7.1 的提示进行曝光操作。

表 7.1　使用普通兽医 X 光机的建议曝光设置（不推荐）

| | | |
|---|---|---|
| 猫 / 小型犬 | 60 ~ 70 kV | 20 ~ 25 mA |
| 中 / 大型犬 | 70 ~ 80 kV | 20 ~ 25 mA |
| 兔 / 豚鼠 | 50 ~ 60 kV | 10 ~ 20 mA |
| 毛丝鼠 | 50 ~ 60 kV | 5 ~ 15 mA |

在对患病动物进行 X 线拍摄前，要根据动物体型大小采取一系列的曝光试验并制订恰当的曝光操作计划，做好这项准备工作对使用任一类型的 X 光机都很有用。

## 牙科洗片机

牙科胶片可用自动洗片机处理，但使用椅旁暗箱会得到效果更好的胶片（图 7.8）。椅旁“暗箱”由四部分容器组成，一个用于装显影

图 7.8　Rinn 箱
椅旁“暗箱”（Rinn box）（冲洗箱）是一个简单又廉价的胶片处理装置。在完成胶片的显影和定影后，用流水彻底冲洗（用手指轻拭直到胶片不再“光滑”）是防止固着污渍残留的关键。

液，一个用于装定影液，还有两个用于冲洗胶片。处理过程中务必要小心，避免刮擦胶片表面。X 胶片必须充分定影才能保证胶片能够完好存档，且胶片质量不下降。显影和定影后的胶片必须使用流水进行彻底的冲洗（同时用手指轻轻擦拭胶片表面），这可以有效避免污迹附着。要持续冲洗直到胶片表面不再“光滑”。切记 E 速胶片的处理不可以用使用椅旁暗箱。

## 牙科 X 线胶片的处理封装

牙科 X 线胶片在处理后要注意封装操作的规范。指纹会磨损胶片表面的乳胶，容易使胶片出现划痕。当彻底冲洗完胶片后，要保证封装前留有足够的时间干燥，防止胶片黏附在支架上。将胶片正确归类存档以便识别和检索也很重要。切记，牙科 X 线胶片也是患病动物临床记录的一部分。

我们在封装并观察牙科 X 线片时，就如同真的在面对动物检查其口腔。看牙片时要将凸起点面向自己。可以根据颌骨和牙齿的解剖结构来识别上颌牙片或下颌牙片。

如果一直将凸起点朝吻侧放置在口腔中进行曝光，那么拍摄右侧所有视图与拍摄左侧所有视图需要将凸起点放置在不同的位置（图 7.9）。如果一直将凸起点放在同样的位置进行曝光，那么在一侧拍摄的所有影像凸起点都会在牙齿的远中侧，另一侧拍摄的所有影像凸起点都会在牙齿的近中侧（图 7.10）。

### 数字化影像的成像

直接式数字化成像系统有一个最大的优点，即只要通过传感器进行规范的曝光操作，影像就会快速准确地显现在电脑上（图 7.11）。

对于间接式数字成像系统，胶片需要移动到牙片底座的正确位置。

### 患病动物的准备工作

拍摄口腔 X 线片需要将动物全身麻醉。最好是先进行临床检查和记录，再拍摄口腔 X 线片并评估。拍摄任一部位的 X 线片都需要先做好牙齿的清洁。因为牙结石透射性差，呈现的高密度阴影会遮盖牙齿存在的病变损伤等。

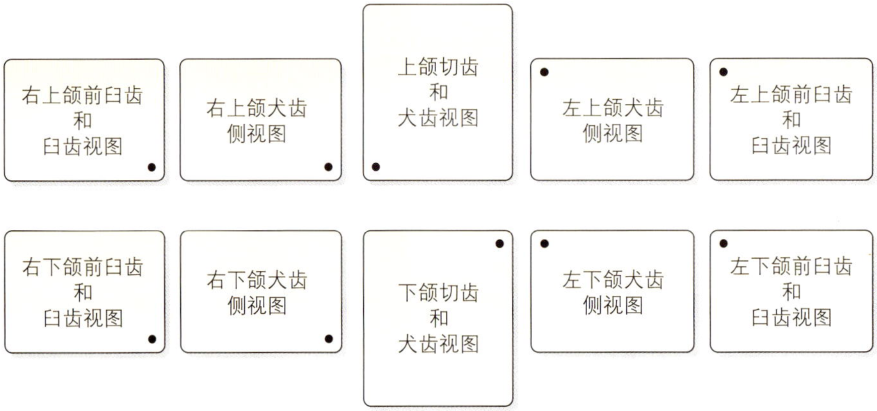


**图 7.9　如果安置胶片时凸起点都朝向吻侧**

观察并安置 X 线片时就如同正面检查动物口腔。以凸起点朝前的方向观看牙片。根据颌骨和牙齿的解剖结构，可以确定上下颌牙齿的影像。如果一直将凸起点朝吻侧放置在口腔中进行曝光，那么拍摄右侧所有视图与拍摄左侧所有视图需要将凸起点放置在不同的位置。这张图显示了当所有的胶片都是凸起点朝前时，如何正确放置猫的全口系列 X 线胶片。这是我的首选方法。

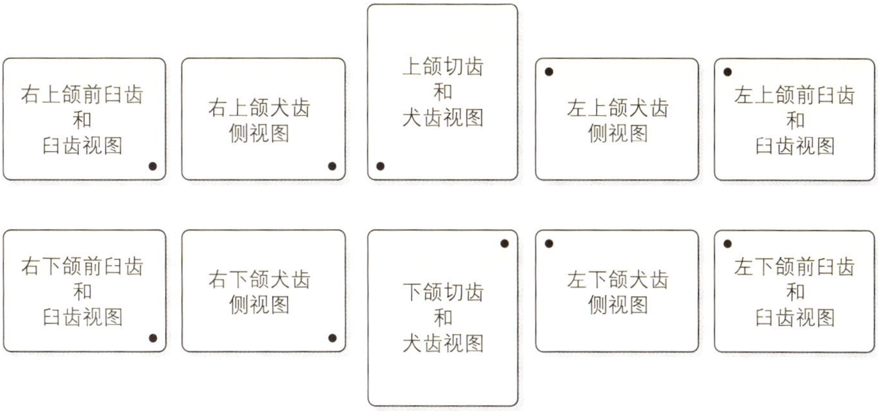


**图 7.10　如果安置胶片时凸起点都在同一位置**

如果一直将凸起点放在同样的位置进行曝光，那么在一侧拍摄的所有影像凸起点都会在牙齿的远中侧，另一侧拍摄的所有影像凸起点都会在牙齿的近中侧。这张图显示了当如果胶片的凸起点始终处于相同位置时，如何放置猫的全口系列 X 线胶片。

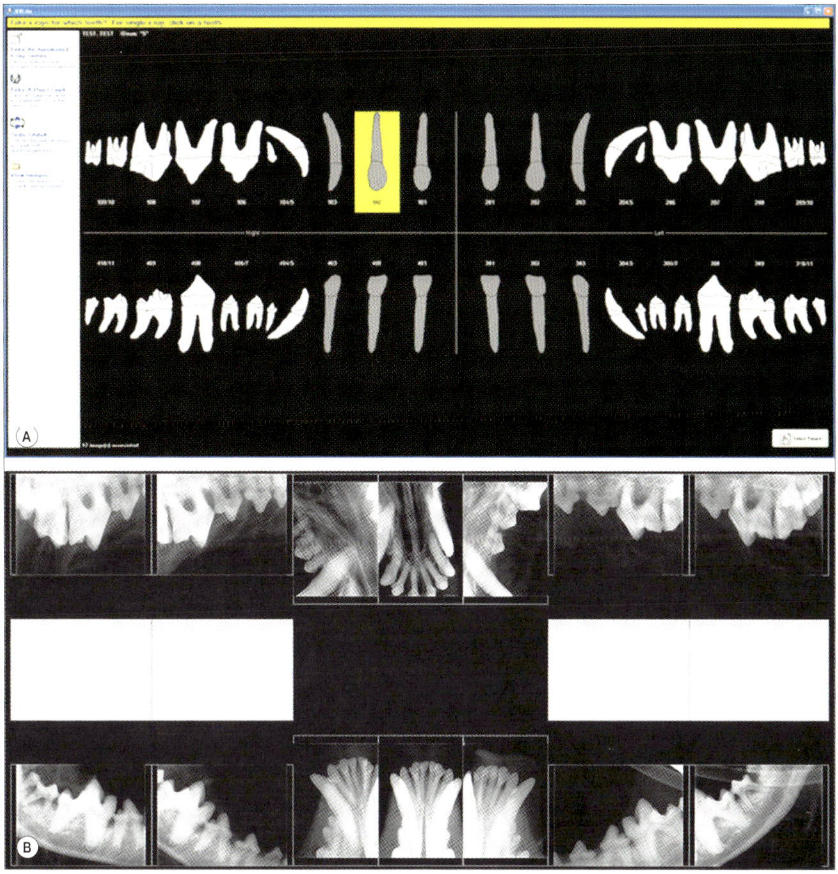


**图 7.11　数字化影像系统的装片**

对于间接式数字成像系统，胶片需要移动到牙片底座的正确位置。而直接式数字化成像系统中，通过传感器进行规范的曝光操作后，图像就可以准确快速地传输到电脑。屏幕显示的被标记的区域正在进行 X 线拍摄（A），传感器被激活并曝光，得到的合成影像会传输到屏幕上相应的位置。

## 口内 X 线技术

口内 X 线拍摄时 X 光束可以穿过牙齿直接照射到口内的胶片、磷光板和数字传感器上。为简单起见，下文将用“胶片”一词代替牙科胶片、磷光板和数字化传感器。将“胶片”固定在适当位置上的最简单方法是在其后部放置填料（泡沫楔子、棉签），保证“胶片”与牙齿紧密接触（图 7.12）。我们可以选择多种“胶片”支架，尽管它们的使用效果一般。

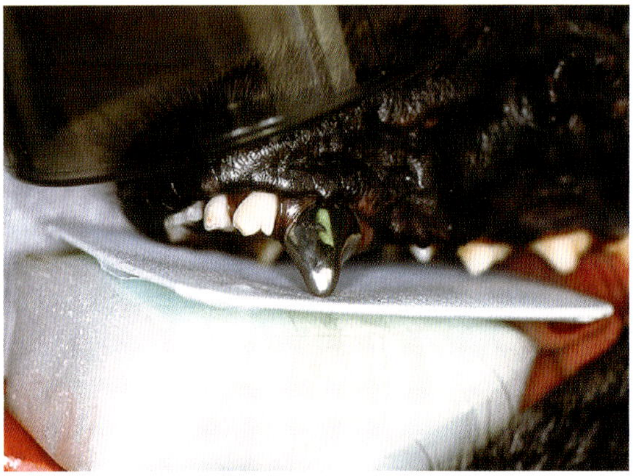

图 7.12　口内胶片的放置
将“胶片”固定在口腔中适当位置上的最简单方法是在其后部放置填料（此图中用到的是棉包），保证“胶片”与牙齿紧密接触。不同动物使用时需重新更换包装。

请确保牙科胶片或磷光板不被弯曲，否则会导致图像变形，全部或部分牙齿缩短或变长。

如果“胶片”发生弯曲，使用压舌板插入其后方也能起到稳定“胶片”的作用。如果牙齿有重叠，在拍摄 X 线片时可能会出现人为假象，因此需要花费一定的时间对每颗牙齿进行细致定位。拍摄三齿根齿（上颌第四前臼齿和臼齿）时有一个额外的考虑因素，即腭根。调整 X 光束入射的位置时一定要避免出现两个牙根的显影相互重叠。放大效应是不可避免的，但尽可能地将“胶片”贴近牙齿可以最大限度地减弱放大效应。改变胶片焦距也会影响放大倍数。

拍摄下颌前臼齿和臼齿 X 线片时运用水平投照法，即“胶片”与牙齿平行放置，入射光束垂直照射到“胶片”上。所有其他牙齿均采用角平分线投照法进行放射成像，即入射光束垂直照射在齿轴和“胶片”产生的锐角的平分线上。

### 水平投照法

水平投照法用于下颌前臼齿和臼齿的 X 线片拍摄。患病动物侧卧位（确保拍摄的一侧朝上）保定。将“胶片”放置在舌头和牙齿之间，并尽可能向下推入舌下窝。然后 X 光束从侧面指向内侧，与牙齿的长轴垂直，牙齿的长轴平行于“胶片”（图 7.13）。由此得到的牙齿 X 线片具有非常小的放大率或仅仅轻微变形。鉴于口腔解剖学特点，这种技术只能在下颌前臼齿和臼齿区域使用。

### 角平分线投照法

当拍摄上颌与下颌切齿、犬齿的 X 线片时，要采用角平分线投射法使变形最小化。“胶片”与牙齿所成的角度需要根据情况调整。如果 X 光束以 90° 射向“胶片”,则图像将会缩短（图 7.14）。如果光束以 90° 射向牙齿的长轴，图像将会伸长（图 7.15）。为避免出现这些问题，先绘制一个在“胶片”平面与通过牙齿长轴平面中间的假象平面，即平分角所在的平面，将 X 光束垂直照射于该平面（图 7.16）。这样便形成一个等腰三角形，而且最终得到的成像与真实牙齿相似。

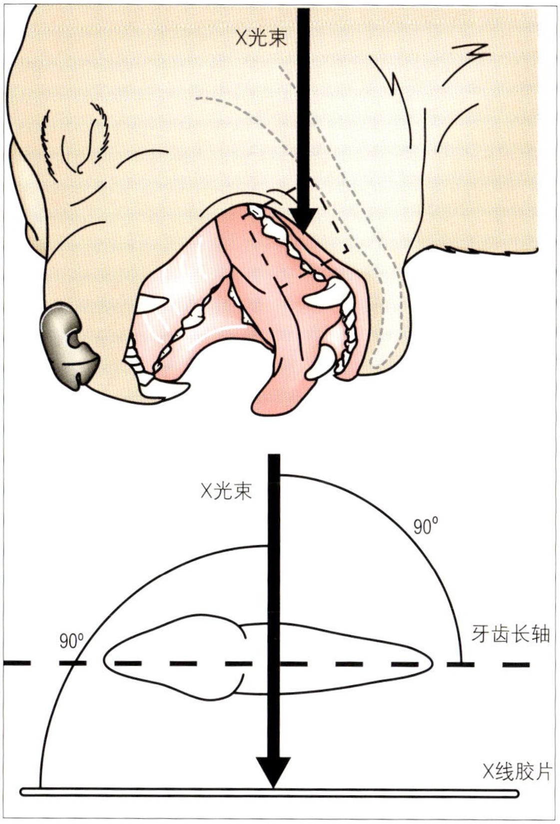


**图 7.13 水平投照法**

患病动物侧卧保定（被拍摄面在上方），胶片置于舌头与牙齿之间，尽可能向下推入舌下窝。然后 X 光束从侧面射向内侧，垂直于牙齿的长轴，即与胶片平行。

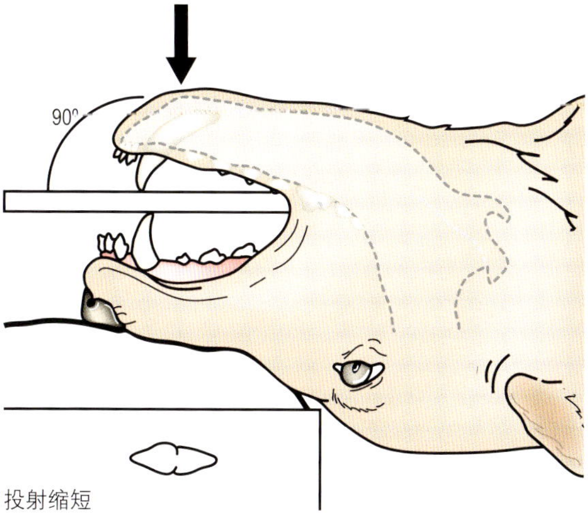


**图 7.14 图像的缩短**

如果 X 光束垂直胶片照射，最终成像里牙齿会缩短。

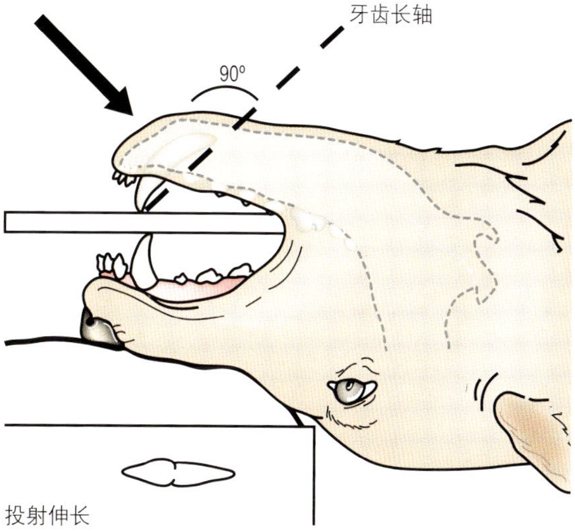


**图 7.15 图像的拉长**

如果 X 光束垂直牙齿长轴照射，最终成像的牙齿会伸长。

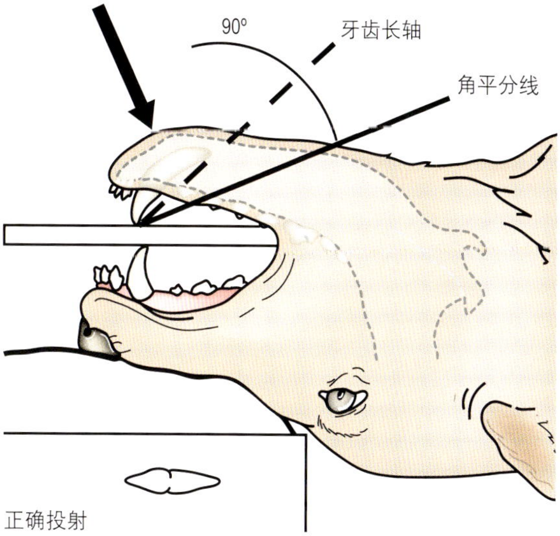


**图 7.16 角平分线投照法**

为避免出现图像缩短或伸长的问题，先绘制一个在“胶片”平面与通过牙齿长轴平面中间的假象平面，即平分角所在的平面，并且将 X 光束垂直照射于该平面。这样便形成一个等腰三角形，而且最终得到的成像与真实牙齿相似。

要完成正确定位，医师需要对牙根的正常方向、长度和形态进行心理预估。可以在口腔外借助两个压舌板、手指或器械模拟这些平面，有助于光束的定位。由于牙齿根部长度和位置不便评估，经常在拍摄时出现“遗漏牙根尖”（特别是犬齿）的问题。

使用以下方法帮助保定：

- 拍摄上颌切齿，俯卧。
- 拍摄上颌犬齿、前臼齿和臼齿，侧卧或俯卧。
- 拍摄下颌切齿，仰卧。
- 拍摄下颌犬齿，侧卧或仰卧。

拍摄猫的上颌前臼齿和臼齿 X 线片相对困难。通常拍摄出的 X 线片上有颧弓与齿根和根尖的叠影。为有效避免这种情况，可以在鼻子下方垫一个泡沫楔子或小沙袋，从而使头部向上倾斜，使牙弓与桌子平行。

还有一个常见的问题是拍摄犬猫上颌第 4 前臼齿的 X 线片时容易出现其近中颊侧和腭侧牙根的叠影。大多数情况下要拍摄多个不同的影像，稍微改变入射光束的角度（向前或向后），以便分别对两个牙根进行观察。

### 口外胶片的放置

当不能进行口内 X 线拍摄时，就必须借助口外视角获得 X 线图像。因为在口外视角下两侧牙齿相互重叠，导致成像出现叠影并失真，所以口外拍摄的 X 线片没有实质性的临床诊断意义。

然而，可能有些情况还需要在口外视角下拍摄 X 线片，比如要获得宽头骨犬的上颌和下颌前臼齿、臼齿的诊断用牙片。一些放射医师通常在口外拍摄猫上颌前臼齿和臼齿的 X 线片。

该技术如图 7.17 所示。先把胶片放在桌子上，动物侧仰卧保定，将需拍摄的一侧即动物头部的下侧尽量靠近胶片。使用射线可穿过的物品如塑料针帽等撑开动物上下颌。倾斜头部，避开对侧齿列，嘴巴张开仅允许 X 光束透过对侧的软组织。虽然头部已经倾斜到牙齿与胶片接近平行的角度，但仍要采用角平分线投射法调整光束以降低成像失真度。

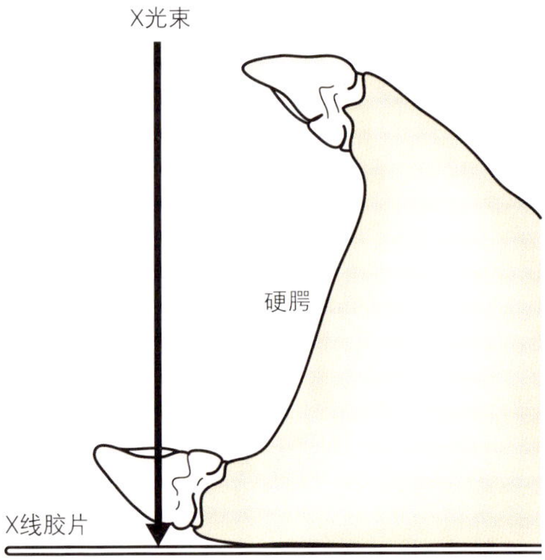


**图 7.17　口外放置胶片**

先把胶片放在桌子上，动物侧仰卧保定，将需拍摄的一侧即动物头部的下侧尽量靠近胶片。使用射线可穿过的物品如塑料针帽等撑开动物上下颌。倾斜头部，避开对侧齿列，嘴巴张开仅允许 X 光束透过对侧的软组织。虽然头部已经倾斜到牙齿与胶片接近平行的角度，但仍要采用角平分线投射法调整光束以降低成像失真度。

## 视差效应

由于 X 线片是二维的，所以我们无法分辨图像中的两颗牙齿哪个更靠近观片者。不论怎样我们都要清楚牙齿的深度，例如观察一颗异位牙。当拍摄同一牙齿的第二个视图时，需围绕牙齿的长轴转动光束的投射方向，最后拍摄出的 X 线片会相对于其他结构发生位移。如果牙齿的位移方向与光束的转动方向相同，就呈现舌面视图（靠近胶片）；如果两者方向相反，就呈现颊面视图（远离胶片）。这个方法还有助于分辨和识别两个牙根叠影时的前后顺序，例如食肉动物上颌臼齿的近中颊根和腭根。

SLOB 规则（相同方向舌面观，相反方向颊面观）可以帮助您记住视差效果。要使用 SLOB 规则，需要知道原始光束和第二个光束的位置。牙齿位移方向与入射光束转动方向相同的呈现舌面观。反之，牙齿位移方向与入射光束转动方向相反的呈现颊面观。

### 全口 X 线片

全口 X 线片指一整套“胶片”，齿列中的每颗牙齿至少需要一个视图才能更加精确地描绘出来（图 7.18）。虽然给患病动物拍摄全口 X 线片有助于得到牙齿诊断结果，但有时也增加了工作难度和花销。然而，我建议在猫的口腔和牙齿检查中一定要拍摄全口牙齿 X 线片。猫的再吸收性损伤很常见，而未结合 X 线技术的临床检查只能检测到末期病变。

拍摄猫的全口 X 线片时，至少需要拍摄 8 张 X 线片，但建议拍摄 10 张，确保刚好显示出全部牙齿。它们包括：

#### 猫全口牙齿的基本视图

- 上颌切齿视图。
- 上颌犬齿侧视图。
- 左右上颌前臼齿和臼齿视图。
- 下颌切齿和犬齿视图。
- 左右下颌前臼齿和臼齿视图。

#### 猫全口牙齿的推荐视图

- 下颌每颗犬齿的侧视图（除 8 个基本视图外）。

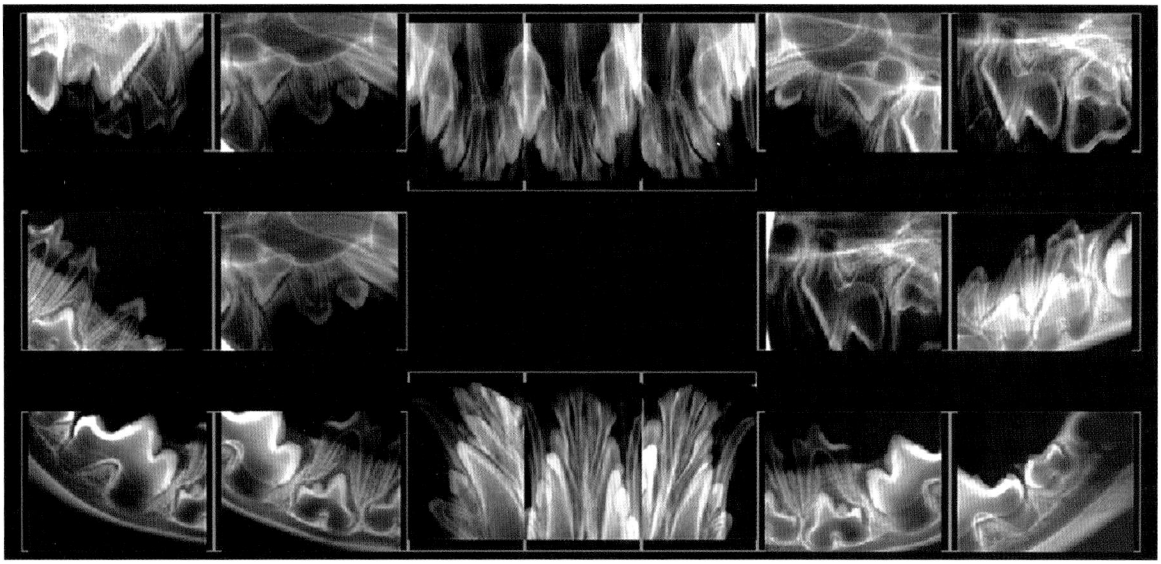

**图 7.18 一套全口 X 线片**

全口 X 线片指一整套“胶片”，齿列中的每颗牙齿至少需要一个视图才能更加精确地描绘出来。图片是一只有混合齿列幼犬的全套牙齿 X 线片。拍摄这样的系列 X 光片是为了评估所有的恒齿是否都在。

每个视图胶片尺寸的选择具有主观性。为方便胶片定位，应使用足以显示拍摄部位的最小胶片。拍摄猫的全口 X 线片只需使用根尖周片。

情况允许时，拍摄犬的全口牙齿 X 线片也非常必要，尤其是初次进行口腔检查时。如果难以进行操作（时间或经济条件限制），医师需要根据临床检查时发现的问题在指定区域拍摄 X 线片。拍摄犬的全口牙齿 X 线片时，需要的胶片尺寸和数量取决于品种及面部形状。

## 读片

观看牙片要在观片灯上，把周边光线调到最暗，并选择适宜的放大倍数。建议拍摄对侧的正常结构，方便比较。

必须熟知上颌骨和下颌骨正常结构的 X 线成像影像，以免误诊。正常结构的 X 线影像特征概述如下。第 8 章、第 9 章、第 11 章和第 12 章介绍了病理性 X 线片的特征。

### 正常 X 线解剖结构

我们所获取到的任何 X 线片都无法在上面观察到所有的正常解剖结构。事实上，只有一小部分片子可以看出来。但无论怎样，一定要熟练掌握正常的牙齿解剖结构，方便看片时能够识别和解释观察到的解剖结构。例如骨小梁，其内侧空间的大小和皮质的厚度会随着骨骼的大小呈现为多变的影像。骨小梁也会因动物的年龄和使用情况的变化而发生改变。随着动物年龄增长和牙齿废用，骨小梁会减少、变薄。

#### 牙齿及其支撑组织

牙齿及其支持组织的组成结构在 X 线下比较容易识别（图 7.2）。牙釉质是低透射性的带状物，覆盖牙冠并在牙颈边缘逐渐变细。犬猫的牙釉质比人类的薄，通常在 X 线片上不完全可见。牙本质比牙釉质放射密度小，占成熟牙齿硬组织的绝大部分。覆盖牙根表面的牙骨质放射密度比牙本质更小，并且通常仅在牙骨质增生时才可见其影像。牙髓腔，即牙髓和根管在牙齿中心从牙冠部分向牙根部延伸的管腔，是一个可在片中观察到的连续 X 线透射空间。

牙髓腔和牙根管的大小和宽度将随着动物年龄变化而变化。成年动物也存在未成熟的牙齿，因为早期受到创伤会导致牙髓坏死，阻碍牙齿的进一步发育。硬骨板包裹在牙槽窝外。在 X 线下呈现为平行牙根的高密度阴影线。X 线下的硬骨板并不总能看到，若在 X 线片上可以观察到硬骨板，通常预示着牙周病变的发生。一定要拍摄对侧 X 线片作为对比。牙周韧带间隙是位于硬骨板和牙根之间的低密度细线。牙槽嵴顶部的皮质骨与硬骨板相连。

上颌 X 线片中出现的解剖结构数量和种类最多。鼻部结构会在 X 线下与前臼齿和臼齿根尖出现叠影，从而妨碍对根尖周状态的评估。因此，可以使用角平分线投射法避免出现叠影，准确地重现牙齿结构。

#### 营养管

此处提到的营养管是指可以供支配牙齿、牙间隙和牙龈的血管和神经穿过的管道。营养管在 X 线下呈现为宽度均匀的低密度阴影，部分情况下可以看清边界。最容易识别的营养管是下颌管（图 7.2）。起于下颌管的营养管向上延伸到牙齿间隙，或直接延伸到牙齿根部的根尖周管。还有部分能明显观察到的管道和沟槽，被上颌后齿槽动脉和腭前管（切齿）所占据。

### 小孔

部分小孔在临床检查时可能会被误认为根尖周病灶。需要记住的重要小孔有：腭前（切齿）孔、眶下孔和颏孔。

**总结**

* 完整的口腔临床检查必须包括影像学检查。
* 使用水平投照法和角平分线投照法拍摄口内X线片对于临床检查至关重要。
* 牙科X光机和数字化软硬件系统是理想设备，使用方便并且物有所值。
* 为了检测再吸收性病变，强烈建议给猫拍摄全口X线片（8 ~ 10个视图）。同样建议犬的口腔临床诊断也拍摄全口X线片。

## 延伸阅读


[1] Aller, M.S.（Ed.）, 1998. Atlas of Canine and Feline Dental Radiography. Veterinary Learning Systems, Trenton.

[2] DeForge, D.H., Colmery III, B.H.（Eds）, 2000. An Atlas of Veterinary Dental Radiology. Iowa State University Press, Ames.

[3] DuPont, C.A., DeBowes L.J., 2009. Atlas of Dental Radiography in Dogs and Cats. Elsevier, London.

[4] Gorrel, C., 1998. Radiographic evaluation. In: Holmstrom, S.（Ed.）, Canine Dentistry. Veterinary Clinics of North America: Small Animal Practice. WB Saunders, Philadelphia, pp. 1089–1110.

[5] Gorrel, C., 2008. Saunders Solutions in Veterinary Practice–Small Animal Dentistry. Saunders/Elsevier, Philadelphia.

[6] Gracis, M., Harvey, C.E., 1998. Radiographic study of the maxillary canine tooth in mesaticephalic dogs. Journal of Veterinary Dentistry 15（2）, 73–78.

[7] Robinson, J., Gorrel, C., 1995. Oral examination and radiography. In: Crossley, D.A., Penman, S.（Eds.）, Manual of Small Animal Dentistry. BSAVA, Cheltenham, pp. 35–49.

# 第 8 章

# 常见口腔疾病

## 简介

本章主要讲述常见的口腔疾病。部分口腔疾病的诊断治疗不一定需要专业牙科医师，全科兽医也可以诊治某些口腔疾病（比如拔牙），也存在个例需要转诊到专业诊疗机构进行治疗。要求全科兽医可以识别基本的口腔疾病，能够进行诊断检查，了解疾病在临床上的重要性并根据需要进行（内部或转院）治疗。

牙周病的具体内容详见第九章。犬和猫的牙齿不仅要做好日常护理（每天刷牙、饮食健康 / 牙齿咀嚼卫生），还要定期进行专业清洁。针对犬猫个体的口腔预防医学将在第 10 章详细介绍。第 11 章会讲述牙齿吸收性病变的相关内容。创伤性牙齿损伤、颌骨骨折等紧急的牙科疾病在第 12 章介绍。第 13 章会详细说明拔牙的具体操作。

## 牙齿发育障碍

牙齿发育障碍可能由齿板和牙胚分化异常（数量、大小和形状异常）或牙齿硬组织形成异常（结构异常）引起。

### 数量、大小和形状异常

#### 先天性牙齿缺失

犬的先天性牙齿缺失较为常见。牙缺失分先天性牙齿缺失和牙齿萌出障碍，确诊这两种情况需要拍摄牙科 X 线片（图 8.1）。参加选美比赛的狗的主人往往更关心这一问题。

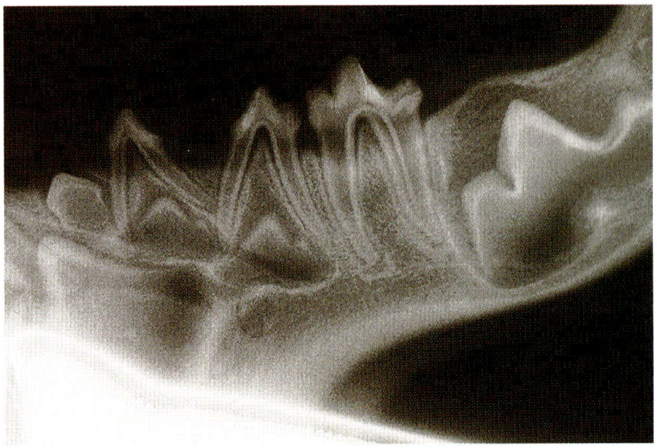

**图 8.1　先天性牙齿缺失**

借助 X 线技术确诊牙缺失原因，属于实际缺失还是萌出障碍。图示为一只幼犬缺失第 4 前臼齿。

牙缺失可能是遗传因素导致的，也可能是由于形成初期受到干扰而造成的。乳齿会生出恒齿牙蕾，所以如果乳齿不萌出，相应恒齿也会缺失。然而也可能存在乳齿萌出恒齿依然缺失的情况。

人的先天性无牙症（牙齿完全缺失）和少牙畸形（全口多数并非全部牙齿缺失）都与外胚层发育不良有关（Shafer, 1974a）。犬的先天性无牙症和少牙畸形比较罕见，可能与外胚层发育不良有关，未患有明显系统性问题或先天性综合征的犬也可能出现这种情况（Skrentary, 1964; Andrews, 1972; Harvey and Emily, 1993）。然而，犬的牙齿发育不全（只有少量牙齿）相对常见。尤其是在纯种犬和近亲繁殖的犬中更为常见，疾病会随基因遗传到后代。小型犬也较常发现牙齿发育不良的情况。前臼齿缺失最为常见（Harvey and Emily, 1993）。

一般情况下，除了因与咀嚼相关的牙齿清洁能力降低而造成的牙菌斑面积扩大外，牙缺失没有什么特殊的临床意义。

### 多生齿

多生齿（图 8.2）在某些品种的犬中很常见（Harvey and Emily, 1993）。遗传缺陷和牙齿发育过程中受到干扰会导致这种情况。由多生齿引起的齿重叠会影响乳齿和恒齿齿列。许多多生齿与正常牙齿相似，有些呈圆锥形，还有一些与正常牙齿的形态完全不同。由额外牙引起最常见的并发症是其他牙齿的错位和萌出障碍（Aitchison, 1963; Harvey and Emily, 1993）。就像一些嵌入的牙齿，多生齿还有可能形成囊肿（Shafer et al., 1974b; Stafne and Gibilisco, 1975a; Harvey and Emily, 1993）。本章后部将详细介绍关于牙齿萌发和脱落障碍的疾病。另外，因多生齿的存在而出现密集齿列会加剧牙菌斑的堆积并易导致牙周疾病。

应该拔除导致咬合不正或齿拥挤的多生齿（Harvey and Emily, 1993; Gorrel and Robinson,

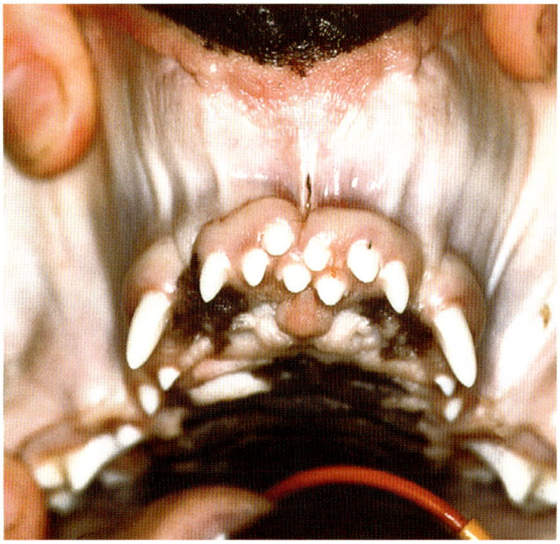

**图 8.2　多生齿**
多生齿常引起牙齿拥挤和咬合不正。图示的犬的多生恒齿导致了切齿咬合不正，最终造成下颌切齿磨损过度和上颌牙弓牙龈损伤（可以通过 X 线片鉴别多生齿属于乳齿或恒齿）。可拔出严重偏离齿列并导致上下颌切齿咬合异常的上切齿达到治疗的目的。

1995a）。可以借助 X 线技术区分乳齿和恒齿。乳齿比恒齿小，且牙根长而细。与恒齿相比，乳齿牙根比牙冠更长。临床医生可以根据拍摄的口腔 X 线片，尽量避免对软组织造成损伤，预先计划操作程序再进行拔牙。

### 牙融合和双生牙

牙齿融合是指两颗或两颗以上牙齿在萌出过程中一颗牙齿的牙本质与另一颗牙齿本质发生融合。

融合有以下三种情况：可能完全融合成一颗异常大的牙齿；可能是牙冠相互融合，也可能仅是牙根的结合。多生齿也常发生牙融合。双生牙是指两颗牙齿试图从一个牙釉质中萌发，两颗牙齿不完全分开。乳齿和恒齿都可能发生牙融合和双生牙。

如果出现的融合牙和双生牙没有引起任何功能性问题，可以不进行拔牙治疗。若情况严重到需要进行拔牙治疗，可以通过口腔 X 线片评估融合与双生的程度，有助于制定出最佳的操作方案。

### 牙根异常

常见的根部异常包括形状的畸变（图 8.3）和数量上的异常（图 8.4 和图 8.5），这些异常情况只有借助 X 线技术才能进行诊断。对畸形根或多生根的鉴别不只是为了治疗本身。一旦牙齿出现病变需要拔除，医师们必须预先了解该牙齿的异常解剖结构，这样才方便制定相应的治疗方案。注意拔牙前拍摄 X 线片帮助评估诊断。

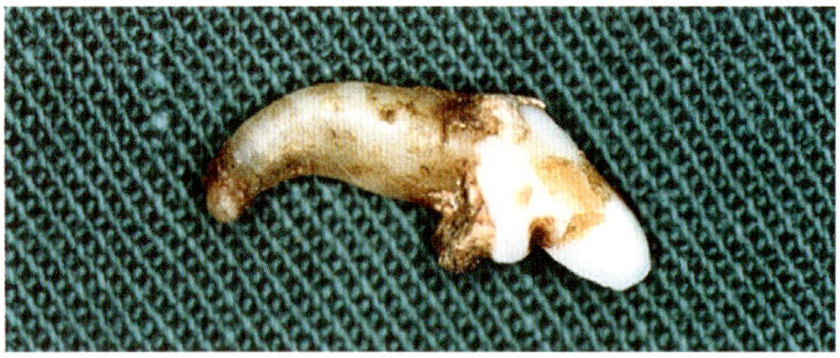

**图 8.3　牙根畸变**

图示为上颌第 3 切齿伴有牙根尖端明显弯曲。需要拔牙治疗的牙齿预先进行 X 线检查。以此评估牙根畸变程度，并制定最佳治疗方案。图示牙齿选择开放性（外科）拔除方式。

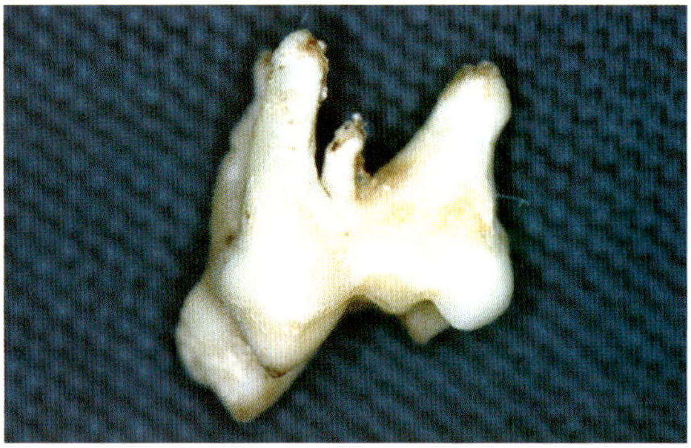

**图 8.4　牙根数目异常**

图示为上颌第 1 臼齿伴有一个小的多生牙根。医师在进行 X 线检查时观察到此情况。这颗牙齿是由于严重的牙周病而被拔除，因此在拔除时没有进行切割。

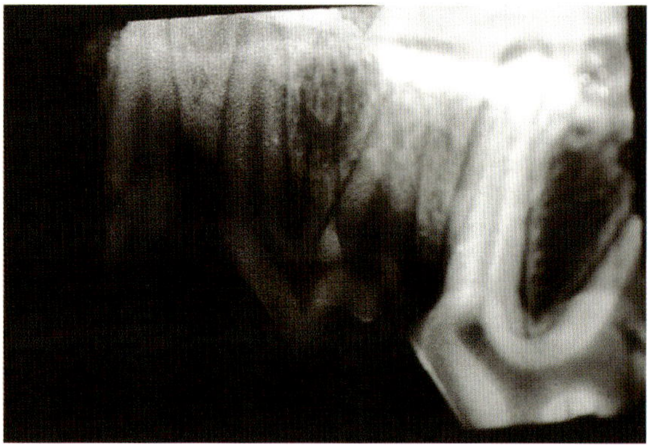

**图 8.5　牙根数目异常**

图示为上颌第 3 前臼齿有一个腭根和即将发育的近中根及远中根。这都是在拍摄的全口 X 线片中偶然观察到的。这种牙根数目异常发生于对称齿列，即左右两边的上颌第 3 前臼齿都存在多生腭根。拔除这种牙齿，不同于以往双根牙齿的拔除术，需要分离出三个单牙根再进行拔除。

## 结构异常

### 牙釉质发育不全（发育异常）

牙釉质发育不全（发育异常）是指机体牙釉质基质形成不完全或形成有缺陷，最终发育为不完整的（质软、多孔）牙釉质。局部因素、全身性因素或遗传因素都可以导致牙釉质发育不全。病因不同，引起的发育异常情况也有所不同，可能只影响一颗或几颗牙齿（局部症状），也可能影响齿列中所有的牙齿（整体症状）。值得注意的是，只有在牙釉质的发育形成阶段，即釉质发生过程中牙釉质受到损伤时，才会造成牙釉质发育不全，也就是说牙釉质发育不全发生在牙齿萌出前。犬猫的乳齿牙冠从妊娠第 42 天到分娩后第 15 天完成发育，而恒齿牙冠的形成需要从产后第二周一直持续到三个月后（Arnall, 1960）。牙釉质发育过程中出现的缺陷会因持续损害的时间长短而影响到乳齿和 / 或恒齿。

牙釉质发育不全的牙齿可能在萌出时仍表现正常，但不完整的（多孔）釉质会吸收色素（来自食物、土壤等），很快导致牙齿变色。有些牙釉质发育不全较为严重的牙齿会出现釉质脱落。还有些更为严重的情况，有明显的牙釉质缺损，牙齿萌出时就已经出现釉质点状或片状缺失。

如上所述，牙釉质发育不良可能是由局部、全身性或遗传因素引起（Shafer et al., 1974a）。局部因素包括牙冠发育过程中的创伤，如面部受到撞击或发生感染。感染常发生在咬伤后。乳齿的根尖周病变可能会导致临近的正在发育的恒齿出现牙釉质发育异常，但通常只会影响到一颗或几颗牙齿。全身性因素是指在牙釉质形成过程中动物出现营养不良、发热性疾病、低钙血症和氟化物摄入过量等症状，这会导致大多数牙齿牙釉质发育不全。根据以往病例，犬的牙釉质发育不全多由犬瘟热感染引起。

但现在大多数犬都接种了犬瘟热疫苗，所以很少再出现这种情况。遗传因素导致牙釉质发育不良的相关研究已在人医牙科中取得一定成果。现今犬猫牙釉质发育不全的患病率还不可知。

如果是局部创伤（图 8.6A）或全身发热性疾病（图 8.7A）引起了牙釉质发育不良，病症持续一段时间后会快速消失，牙釉质只有在形成的活跃期持续受到侵害才会出现缺损。

这种情况的临床表现为牙冠表面有发育不良的牙釉质带，其他部位仍为正常的牙釉质包裹。明显的牙釉质发育不良条带如图 8.6A 和图 8.7A 所示。

因牙釉质发育不全而导致的保护不佳或牙本质暴露会引起疼痛。随着动物年龄增长，由于次级牙本质逐渐沉积在牙髓腔内，牙釉质发育不全的牙齿会变得不再敏感。

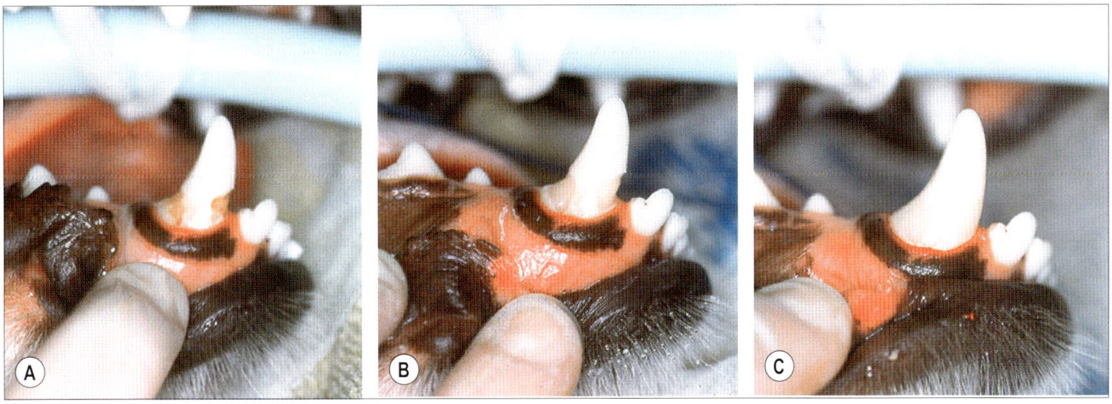


**图 8.6　局部牙釉质发育不良**

（A）图示为右侧下颌犬齿的局部牙釉质缺损。这是齿列中唯一受损的牙齿。这种类型的牙釉质发育不全可能由局部创伤造成，如脸部受到撞击。只有创伤发生在牙釉质形成的活跃期才会造成牙釉质缺损，缺损出现在牙龈三分之一处的牙冠部位。不受创伤影响的牙冠其余部位仍被正常牙釉质包裹。（B）如图所示，已对缺损的部位进行清洁处理（使用带有冷却水的慢速手柄的圆形钻头清除变色的牙釉质），准备修复材料填充。（C）使用白色填充材料（光固化树脂）完成修复。

而且牙齿表面还会有牙菌斑沉积。在严重的牙釉质发育不全的严重病例中，如果牙本质暴露于口腔环境中，由于保护不佳或牙本质小管暴露对牙髓造成刺激，最终可能会导致牙髓病和潜在的根尖周病（图 8.7B）。受这种病理影响的牙齿需要治疗，即如果要维持，要么拔牙，要么转诊给牙髓治疗专家（见附录概述）。

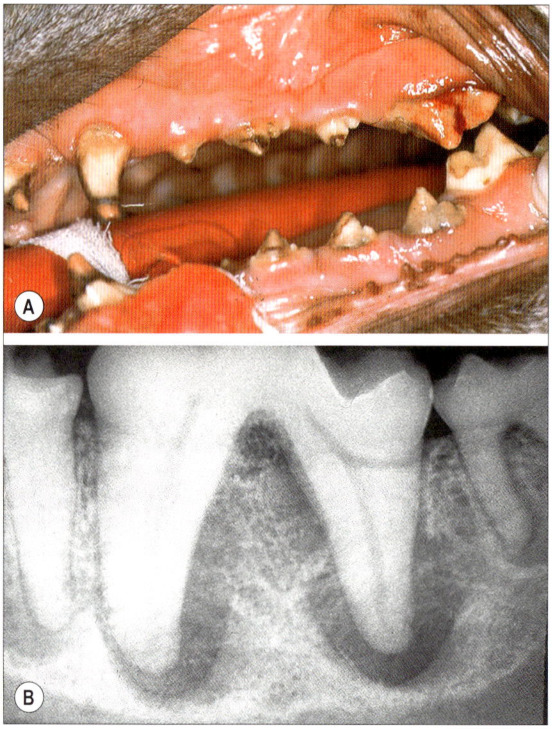

图 8.7　广泛牙釉质发育不全

（A）图示为齿列中所有牙齿都出现牙釉质发育不良。这种类型的牙釉质发育不良可能由全身性疾病造成，例如在牙釉质形成的活跃期出现全身发热性疾病。只有在牙釉质形成的活跃期出现全身疾病才会造成牙釉质缺损，如图所示每颗牙齿上都有明显的牙釉质缺损带。（B）图示为该犬左下颌骨远端的 X 线片，显示了下颌第 4 前臼齿与第 1、第 2 臼齿受牙髓和根尖周病变影响。拍摄的全口 X 线片显示齿列中所有牙齿都出现牙髓和根尖周病。该犬牙齿变色非常严重，并且在超声波洗牙时完全破坏了大部分牙釉质，它 5 岁时转诊给我。治疗方案为拔掉除犬齿和切齿以外的所有牙齿，因为犬齿和切齿没有发生牙髓炎和根尖周病。建议进行家庭护理，每年进行放射学检查。由于牙髓炎和根尖周病的原因，这只狗不愿意刷牙，故进行了进一步的拔牙。

治疗牙釉质发育不良的患病动物，保证口腔卫生至关重要。每日清洁牙菌斑有助于保持牙周健康，并有效减少牙髓刺激。可以借助 X 线技术对患病动物进行检查评估，便于发现牙髓和根尖周病等并发症。事实上，医师要定期进行一系列的全口 X 线检查。幼龄患病动物可以局部使用氟化物缓解出现的不适症状。局部使用氟化物可以增强牙釉质的再矿化作用，使牙釉质“变硬”。氟化物主要通过抵抗牙釉质酸溶解形成龋齿而发挥作用。请注意，氟化物具有潜在毒性，因为犬猫会吞咽药品，所以把用于局部涂抹的氟化物进行大范围给药会增加治疗风险。

专用擦剂和凝胶虽然会引起血浆氟浓度小幅度升高，但相比于日常使用的含氟牙膏更加安全。换句话说，定期使用含氟擦剂和凝胶是有助于牙釉质恢复的。最好先清洁牙齿再涂抹上药。涂抹时需要先将动物全身麻醉，并在动物清醒之前擦拭掉过量药品。当牙釉质发育不良非常严重时，牙釉质会变得异常柔软以至于在刮治时就脱落。这种情况下需使用手动器械（刮治器或刮匙）而不是电动洁治器（声波或超声波），小心地去除牙齿表面沉积物。抛光牙冠时须使用微粒（减少磨损）抛光膏。抛光后进行牙釉质的修复，即先清理缺损面再选用合适的填充材料填补缺损的牙釉质，防止牙齿敏感，但这种治疗方式只适用于小范围的牙釉质缺损（图 8.6B，C）。此方法不适用于大范围的、整体的牙釉质发育不良。注意牙釉质的修复需要转诊至专家治疗。

## 牙齿萌出异常

只有借助 X 线技术才能对未萌出的牙齿进行检测和评估（图 8.8）。埋伏牙是指那些没有萌出的、完全或部分被骨骼或软组织覆盖的，甚至被骨骼和软组织共同覆盖的牙齿。阻生牙是指萌出过程中的牙齿因与另一颗已萌出或未萌出的牙齿发生碰撞而被阻挡（Shafer et al., 1974a; Stafne and Gibilisco, 1975b）。

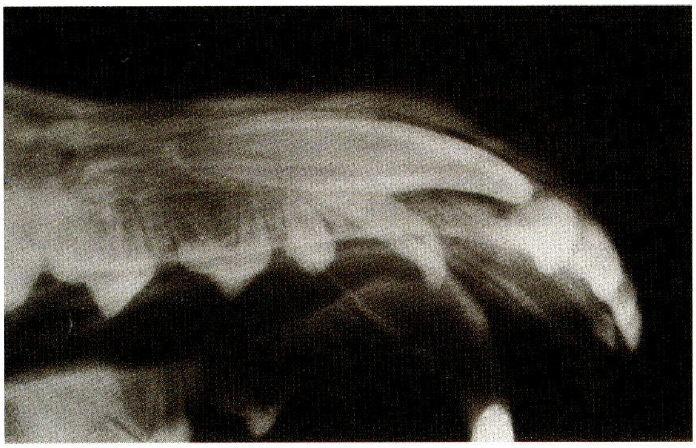

**图 8.8 未萌出的牙齿**
只有借助 X 线技术才能对未萌出的牙齿进行检测和评估。图示为患病犬的右侧上颌恒犬齿尚未萌发。右侧上颌乳犬齿仍未脱落。由于动物主人不愿意通过定期 X 线检查来评估是否能够保留未萌出的恒齿，因此这个病例选择了拔除（开放 / 外科方法）滞留的乳犬齿和未萌出的恒犬齿。

造成牙齿不萌出的因素有很多种（Andrews, 1972; Stafne and Gibilisco, 1975b）。人的牙齿不萌出的最常见因素是缺乏空间。还有一种是因为乳齿或多生齿滞留（超过正常脱落时间）引起的阻生。而犬的乳齿滞留相对于恒齿不萌出更容易导致恒齿的异常定位（Harvey and Emily, 1993）。囊肿和肿瘤也可能阻碍牙齿的萌出。造成牙齿不萌出的原因还包括感染、外伤，影响颌骨和牙齿的异常情况（例如牙蕾异常初级位移）和导致颌骨发育不良，牙齿结构缺陷或骨骼质量变差的全身性疾病。

未萌出的牙齿可能不会导致病理变化，除非已经检查出阻碍萌出的障碍物，如多生齿，需要采取一定措施将其移除外，一般不进行相关治疗。研究表明，牙齿不萌出会增加形成囊肿的风险（Stafne and Gibilisco, 1975a）。包裹未萌出齿的小囊会发生囊性转化。囊肿（含牙囊肿）会导致大范围的牙槽骨再吸收，囊肿体积也会随吸收过程不断增大，这些囊肿在囊腔和周围组织之间形成的渗透压作用下逐渐扩大。扩大的囊肿产生刺激骨吸收的压力。两者相互促进，最终导致囊肿不断扩大，周围牙槽骨再吸收的范围也逐渐增大。因此，未萌出的牙齿需要定期进行 X 线监测以便尽早发现囊肿。可以去除未萌出齿及其附带的囊肿达到治疗效果。有些临床医师选择直接拔除未萌出齿来预防囊肿的形成。

## 牙体硬组织的磨损

磨耗是指相对的牙齿彼此接触造成的牙体损耗，相对的牙齿即为相互咬合的牙齿。磨耗因此也被称为咬合磨耗。切齿磨耗是用于描述切齿部位磨耗的术语。随着动物年龄增加，磨耗也会变得更严重，导致牙齿尖部损耗和牙本质暴露（图 8.9）。因为次级牙本质的沉积速率与牙质损失速率近乎一致，所以很少会出现牙髓暴露的情况。事实上，冠髓可能会接近闭塞。换句话说，牙齿磨耗是正常现象，只是在每个动物身上表现的程度有所不同。诸如牙齿脱落、咬合不正和习惯啃咬硬物等因素都可能造成牙齿的过度磨耗，以至于磨耗速率远远高于次级牙质的沉积速率，最终导致牙髓外露（Stafne and Gibilisco, 1975c）。

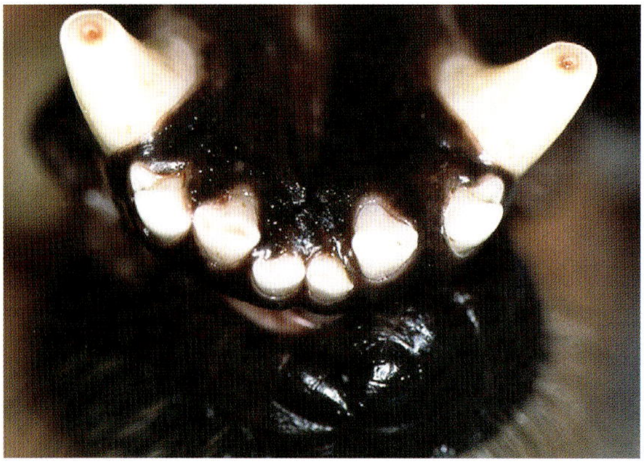

**图 8.9　磨耗**

磨耗是咬合牙齿表面的正常损耗。当牙釉质被磨耗掉，牙本质就暴露于口腔环境中。因为次级牙本质的沉积速率与牙本质损失速率近乎一致，所以很少会出现牙髓暴露的情况。暴露的牙本质变色呈黄色至棕色，使用牙周探针 / 牙科探针检查牙齿时表面坚硬。

磨损是牙齿结构的损耗，不是由牙齿切割或咬合磨耗引起的。换句话说，发生磨损时牙齿表面不相互接触。人最常见的牙齿磨损是由错误的刷牙方式造成的，通常在齿龈交界上缘出现牙齿颊面的磨损。犬出现牙齿磨损最主要的原因是啃咬笼子。久而久之，上颌犬齿远中侧的硬组织逐渐消失，牙齿不再坚硬，最后出现齿冠折断的情况（通常伴随牙髓暴露）。

无论是由过度的磨耗还是磨损造成的牙髓暴露，都将在 84 ~ 86 页详细介绍。若出现牙髓暴露的情况，可以拔除病变的牙齿，也可以继续保留牙齿进行专业的牙髓治疗。注意采取一定措施防止过度磨耗和磨损，具体操作详见第 10 章。

## 龋齿

犬的龋齿（蛀牙）较为常见。经验证明中型和大型犬更容易出现龋齿，而且病变主要发生在具有真正咬合面的牙齿上，即臼齿。有关猫龋齿未见报道。

虽然牙周病和龋齿都是由牙菌斑在牙齿表面沉积引起的，但这两种疾病的发病机制完全不同。牙周病是由牙菌斑引起的牙周炎症，而龋齿是由牙菌斑引起的牙齿硬组织破坏。形成龋齿的主要过程是牙釉质的无机质脱矿化。当菌斑中的细菌使用来自食物的可发酵碳水化合物（特别是糖）作为能量来源时发生去矿化作用。代谢过程中生成酸性物质，有利于牙齿硬组织的脱矿。一旦牙釉质受到破坏，侵害就会蔓延到牙本质。牙本质上有机质损伤的速率不断加快，直至侵害到牙髓，最终引起牙髓炎、牙髓坏死或根尖周病变。龋齿刺激在其正下方的牙髓壁表面形成次级牙本质（Shafer et al., 1974c, d; Stafne and Gibilisco, 1975c, d）。如果龋齿病变进展缓慢，并且次级牙本质沉积的速率可与病变速率持平，就可避免牙髓暴露。

只要龋齿病变尚未到达牙釉质本质界，就可以停止最初的无机物去矿化作用。为使受侵害部位进行再矿化，可进行细致的口腔保健结合局部氟化物治疗和饮食控制（减少易发酵的碳水化合物的摄入量）。但牙釉质“疤痕”会永远存在（Shafer et al., 1974c; Stafne and Gibilisco, 1975c）。如果病变已经发展到牙本质，侵害过程将不再逆转，只会愈发严重。此时便需要强制性治疗（修复或拔除）。

犬龋齿的早期牙釉质脱矿难以诊断。通常在病变已经侵害到牙本质（图 8.10）或牙髓暴露后（图 8.11 和图 8.12）才得以发现。犬龋齿早期釉质脱矿化难以诊断的原因有两个。第一，对犬进行口腔检查时不会选用锋利的牙科探针检测牙齿咬合面；第二，犬的牙釉质相对于人的更薄，所以脱矿速率也比人的快一些，导致病变更早侵害牙本质。

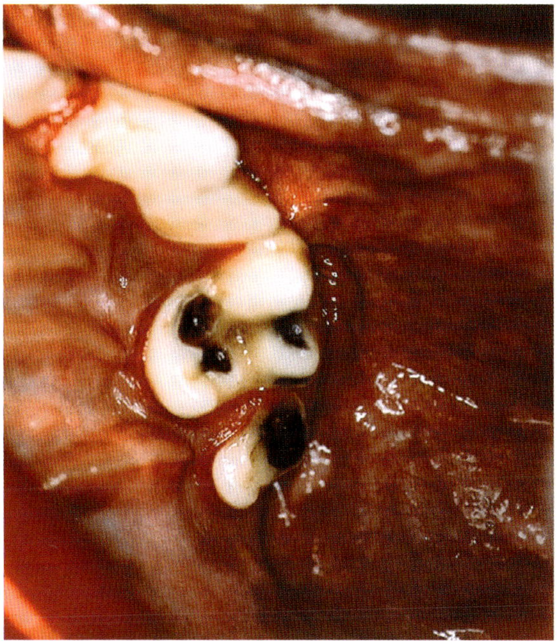

图 8.10 龋齿
图示为左侧上颌第 1、第 2 臼齿的龋变。探诊黑色区域质地柔软，牙科探针很容易“捕捉”到病变部位。后续拍摄 X 线片帮助评估病变的全部范围，便于选择适当的治疗方案，直接拔除或转诊。

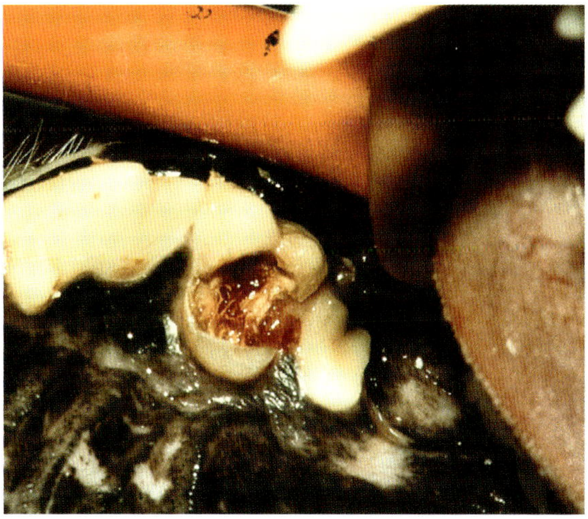

图 8.11 龋齿
图示为上颌第 1 臼齿的龋变部位已经损失大量牙釉质和牙本质，牙髓腔也已经暴露。咬合面中心可明显观察到发炎的粉红色组织和增生的牙髓组织（牙髓肉芽肿）。X 线片显示牙本质受到大范围侵害，以至于牙根分叉已经断离，即牙根与牙冠不再完整相连。治疗这种情况的唯一方案就是直接拔除。

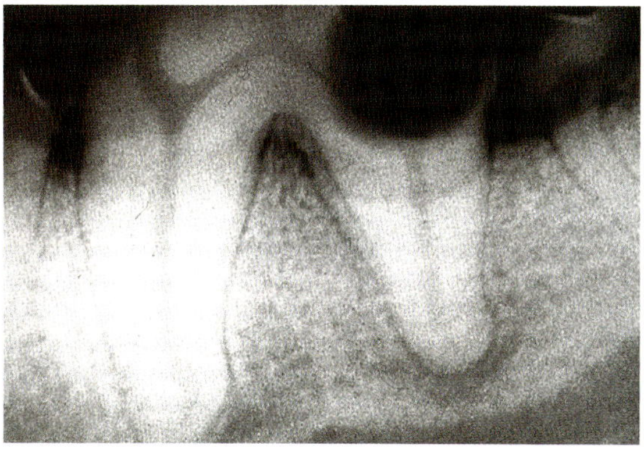

图 8.12 龋齿
图示为左下颌第 1 臼齿的 X 线片，咬合面远中侧有明显的龋坏病灶。病变已侵害到牙根髓腔。两个牙根的根尖周病变也很严重。治疗可以选择直接拔除牙齿或转诊。从专业角度看，如果要保留牙齿，有两种方案选择。第一种是可以先进行牙髓治疗再修复牙齿，但远中咬合面的修复范围较大，可能要到牙龈下方，清除龋坏斑块的程序复杂。第二种是切割牙齿，只拔除远中侧（牙冠和牙根）。可以对近中测进行根管治疗和牙冠修复（牙髓切入点和牙齿切割点）保证牙齿中间部分不发生变化。不论采取哪种治疗方案，日后的家庭护理必不可少。主人至少保证每天给宠物刷牙。

任何牙齿都可能发生龋变。然而，犬的臼齿咬合面更容易发生龋齿。临床上，龋齿通常表现为牙釉质软化和变色（黑褐色或黑色）（图 8.10）。可用牙科探针“捕捉”软化的龋齿面。小范围的牙釉质缺损下可能有一个巨大的龋洞。注意并非所有病变部位都严重变色，无论咬合面有无颜色变化，都应使用牙科探针仔细检查。如果在牙科探针探查时刺入牙齿表面，则应怀疑龋齿并拍摄 X 线片进一步检查。病变部位在 X 线片上呈低密度缺损。医师还可通过 X 线片观察病变深度（次级牙本质形成的程度和病变部位与髓腔间剩余牙本质的数量和厚度）是否已触及髓腔；这有助于后续制定最佳治疗方案。注意牙科探针无法插入且质地坚实的变色区域并非龋齿，而是因咀嚼磨耗和污染而变色的牙本质。

龋齿经确诊后需要进行治疗。可以直接拔除，也可以转诊到专家诊室进行专业修复（如果病变伤及牙髓，如图 8.12 所示，需在修复前进行专业的牙髓治疗）。如果在诊断时已经有大量牙质丢失，那么只能拔除患齿（图 8.11）。一旦确诊动物患有龋齿就必须执行严格的预防措施。除第 10 章详述的家庭护理和饮食调整外，还需要对犬定期进行专业氟化物治疗。氟化物可以促进牙釉质的再矿化，并抵抗龋齿引起的酸溶解。

## 牙髓和根尖周病

第 12 章介绍了创伤性牙齿损伤引起的牙髓病与根尖周病的病理生理学。不能忽视受牙髓病和根尖周病影响的牙齿，应对其进行持续治疗。一般情况下，治疗不外乎直接拔除和根管治疗。附录中概述了允许保留牙齿的牙髓治疗原则。

### 牙髓反应

未成熟的牙齿具有宽大的牙髓腔。随着牙齿逐渐成熟，次级牙本质沉积填补牙髓空腔使其变得狭窄。牙髓腔的轮廓与牙冠相仿以便牙髓角可以相对接近牙齿表面。因此不论是老龄动物还是幼龄动物，牙冠断裂常导致牙髓的暴露。

除了动物随年龄增长使次级牙本质逐渐沉积以致髓腔变小外，还有一些条件可以加快次级牙本质的沉积速率，导致髓腔过早缩小。磨耗和磨损是导致髓腔狭窄的两种常见情况。损伤和疾病可能引起牙髓腔和根管的改变与减少。在某些情况下，牙齿损伤会导致牙髓腔和根管完全闭塞。更不寻常的是，牙髓腔出现部分闭塞，保留受损时的大小和形状，而根管完全闭塞。进行正畸矫正时也可能会导致牙髓腔部分或完全闭塞（Shafer et al., 1974b; Stafne and Gibilisco, 1975b）。当牙髓发生慢性炎症或坏死时，牙本质生成终止，牙髓炎症和牙髓退化 / 坏死引起髓腔异常增大（Stafne and Gibilisco, 1975c）。

有时在牙髓组织中可观察到钙化现象（图 8.13）。人牙髓钙化的出现归因于长期存在的局部刺激物，如磨损、侵蚀和牙龈退缩，但正常牙齿也会在无刺激物时发生牙髓钙化。除因牙髓炎症或牙髓坏死导致牙髓病理性钙化的病例外（Stafne and Gibilisco, 1975c），大家一致认为牙髓钙化没有非常重要的临床意义。由牙髓炎引发的牙髓钙化，需要对患齿进行拔除或转诊进行牙髓治疗。

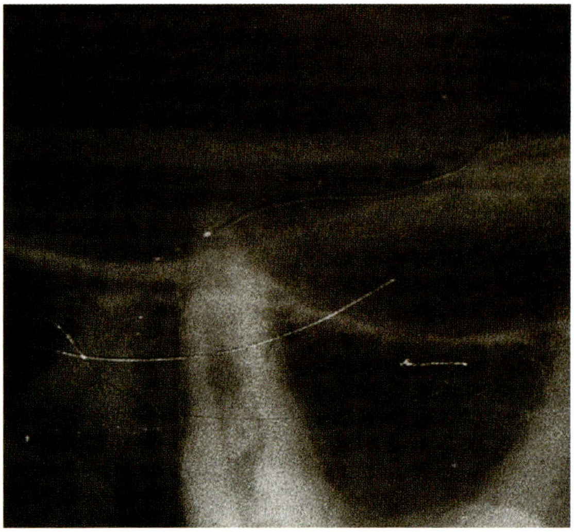

**图 8.13　牙髓钙化**

牙髓钙化的出现归因于长期存在的局部刺激，如磨损；但通过 X 线偶然能发现正常牙齿也会发生牙髓钙化。正常牙齿的牙髓钙化不需要治疗。伴随炎症的牙髓钙化可以通过拔牙或转诊进行牙髓治疗恢复正常。

## 根尖周病

根尖周围区域出现的病理学变化（即根尖周病理）是慢性牙髓炎或牙髓坏死的最常见的后遗症。也可能为血源性感染，但这种病例十分罕见（Shafer et al., 1974d; Stafne and Gibilisco, 1975e; Gorrel and Robinson, 1995b）。根尖周病变的早期影像学特征是根尖周围牙周韧带间隙增大。这种现象由根尖牙周韧带发炎引起。如果不及时治疗，炎症会侵害到周围的骨骼，导致骨骼损伤，随后被软组织取代。在 X 线片上呈现明显的根尖处低密度阴影（图 8.7B，图 8.12，图 8.14）。取代骨骼的软组织可以是肉芽组织（根尖周肉芽肿）、囊肿（根尖周或根尖周囊肿）或脓肿（根尖周脓肿）（Shafer et al., 1974d; Gorrel and Robinson, 1995b）。可通过组织病理学检查区分这三种软组织。兽医牙科临床上很少做根尖周的组织病理学检查。

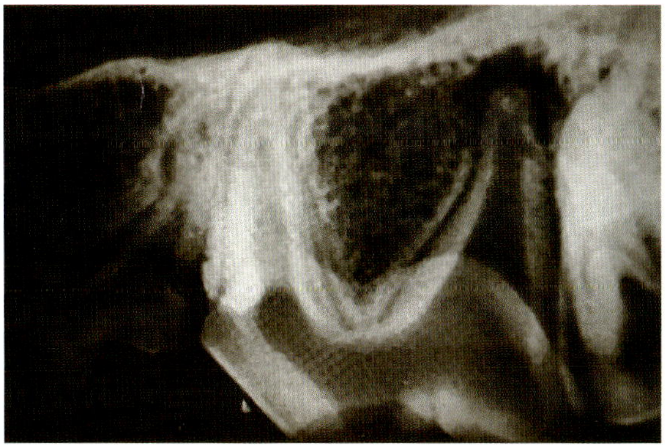

**图 8.14　根尖周病变**
如图所示，牙根尖周围骨质破坏明显，在 X 线下呈疏松的低密度阴影。图示为左上颌第 4 前臼齿的远中牙根出现明显的根尖周病变。如果想保留这颗牙齿，需要转诊进行牙髓治疗。当然也可以选择直接拔除该齿。

上述三种根尖周软组织的处理方法相同，即进行牙髓治疗，如果伴发像严重牙周炎等复杂疾病的牙齿则需要拔除。请注意，并非所有犬猫根尖周稀疏都是病理变化。正常犬的根尖周骨骼通常可透射 X 线。检查时应与该犬其他同种类型牙齿进行比较。然而，若 X 线片上出现明显的圆形透射区域，一般预示着被拍摄牙齿出现根尖周病变。还可在 X 线片上观察到因长期发炎或坏死导致的不透射 X 线的根尖周硬化（Shafer et al., 1974d）。

根尖周肉芽肿通常会进一步发展为根尖周囊肿（Shafer et al., 1974d; Gorrel and Robinson, 1995b）。囊肿由上皮细胞排列组成，内有空腔，通常充满液体，是一种真性囊肿。囊肿的空腔与周围结缔组织中的组织液形成渗透压，致使根尖周囊肿不断增大。增大的囊肿甚至可以威胁到邻近的骨组织，出现骨的再吸收（由于囊肿的压力）。

根尖周脓肿若不及时治疗，感染扩散会导致骨髓炎和蜂窝织炎等并发症。甚至可能在皮肤和口腔黏膜上出现瘘管开口（Shafer et al., 1974d; Stafne and Gibilisco, 1975e; Gorrel and Robinson, 1995b）。

动物出现根尖周病变时可能不表现症状，也可能非常痛苦。根尖周肉芽肿和根尖周囊肿很少引起严重不适，但若不及时治疗会恶化发展成根尖周脓肿，这对动物来说极其痛苦。预示根尖周病变的临床症状难以发现，很少引起主人注意。通常在结束治疗后，主人才意识到动物整体行为的显著改观。因此，只要通过 X 线片诊断出根尖周病变，无论动物是否有明显疼痛或不适的迹象，都要及时采取治疗措施。伴随牙髓坏死的牙齿变色也要在发生根尖周病变之前治疗。牙髓坏死和根尖周病变一旦确诊应尽快接受牙髓治疗（转诊）或拔除患齿（Gorrel and Robinson, 1995b）。

### 牙周和牙髓联合病变

牙髓和牙周组织之间可能存在通路。包括根尖孔处裸露的牙本质小管、侧和/或副牙髓管。因此，根尖周病变可能起源于牙周，而牙周病变可能起源于牙髓。还有一种可能是发生了牙髓和牙周联合病变（Shafer et al., 1974d；Bergenholtz, 1992）。病变根据病因分类如下：

Ⅰ类病变或称牙髓-牙周病变，起源于牙髓病变，即病理变化起始于牙髓并发展至牙周组织。

Ⅱ类病变或称牙周-牙髓病变，是起源于牙周病变，即病理变化起始于牙周并发展至牙髓。

Ⅲ类病变或称真合并病变，是独立牙周病变和牙髓病变的相互融合。

医师可以根据临床检查和X线得到诊断结果，并通过上述联合病变的分类判断所长期保留的牙齿的预后情况。通过根管治疗可以避免牙周炎症的蔓延，因此Ⅰ类病变通常预后良好。而Ⅱ类和Ⅲ类病变中牙周破坏范围较大，仅凭根管治疗和大范围的牙周治疗难以修复损伤。

无论起始原因如何，牙周组织被严重破坏的牙齿应该被拔除（Gorrel and Robinson, 1995a, b）。还可以根据病变分类选择进行专业的牙髓治疗和/或牙周治疗。我建议不能通过拔牙术解决的病例都转诊给牙科专科兽医。

## 骨髓炎

犬猫的颌骨骨髓炎在临床中并不常见。牙源性感染不是导致上颌骨或下颌骨骨髓炎的唯一病因，但可能是最常见的病因。牙髓炎和根尖周病会进一步恶化发展成骨髓炎。骨髓炎分急性、亚急性或慢性，根据其性质呈现出不同的临床过程（Stafne and Gibilisco, 1975e）。

通过X线片很难将骨髓炎和肿瘤性骨质病变相区分。对病变部位的骨质进行活组织检查和组织病理学检查是得到明确诊断结果的唯一方法。一旦确诊，可以通过去除病因（拔牙或对牙髓病或根尖周病进行根管治疗）并联合使用抗生素来治疗骨髓炎。请根据细菌分离培养和药敏试验的结果选择抗生素。骨髓炎的抗生素治疗通常需要比其他口腔感染持续更长时间。

## 口腔肿瘤

口腔内可能会出现各种各样的肿瘤性病变（良性和恶性）。病变可能是牙源性的，也可能是非牙源性的。此外，例如牙龈增生、感染性疾病等非肿瘤性损伤和肿胀易与肿瘤相混淆。反而真正的口腔肿瘤可能表现为未愈合的溃疡性病变而不是肿块。而且，所谓的牙龈瘤组成了各种各样的实体病变组织。

口腔和咽部的恶性肿瘤占所有犬肿瘤的5%～7%（Verstraete, 1995）。最常见的恶性肿瘤是恶性黑色素瘤（30%～35%），鳞状细胞癌（20%～30%）和肉瘤（1%～20%）（Verstraete, 1995）。骨肉瘤也比较常见。

齿龈瘤是指牙龈局部肿胀的临床描述性术语。因此，许多包括像恶性肿瘤在内的不同的组织病理学实体组织也可以表现为齿龈瘤。然而，大多数齿龈瘤是非肿瘤性病变或牙源性肿瘤。有研究表明（Verstraete et al., 1992），44%的齿龈瘤属于局灶性纤维增生。组织病理学检查中的外周牙源性纤维瘤也很常见（占17%），外周成釉细胞瘤的比例高达18%。

牙源性肿瘤是由牙源性组织分化的良性肿瘤。根据生成肿瘤的组织的类型（上皮细胞或中胚层细胞）以及它们是否为诱导型或非诱导型进行分类（即在上皮细胞和间充质细胞组织之间是否发生与牙齿发育过程相似的相互作用）。牙源性肿瘤（图 8.15）是诱导性肿瘤的代表，外周性成釉细胞瘤和外周牙源性肿瘤是非诱导性肿瘤的代表。

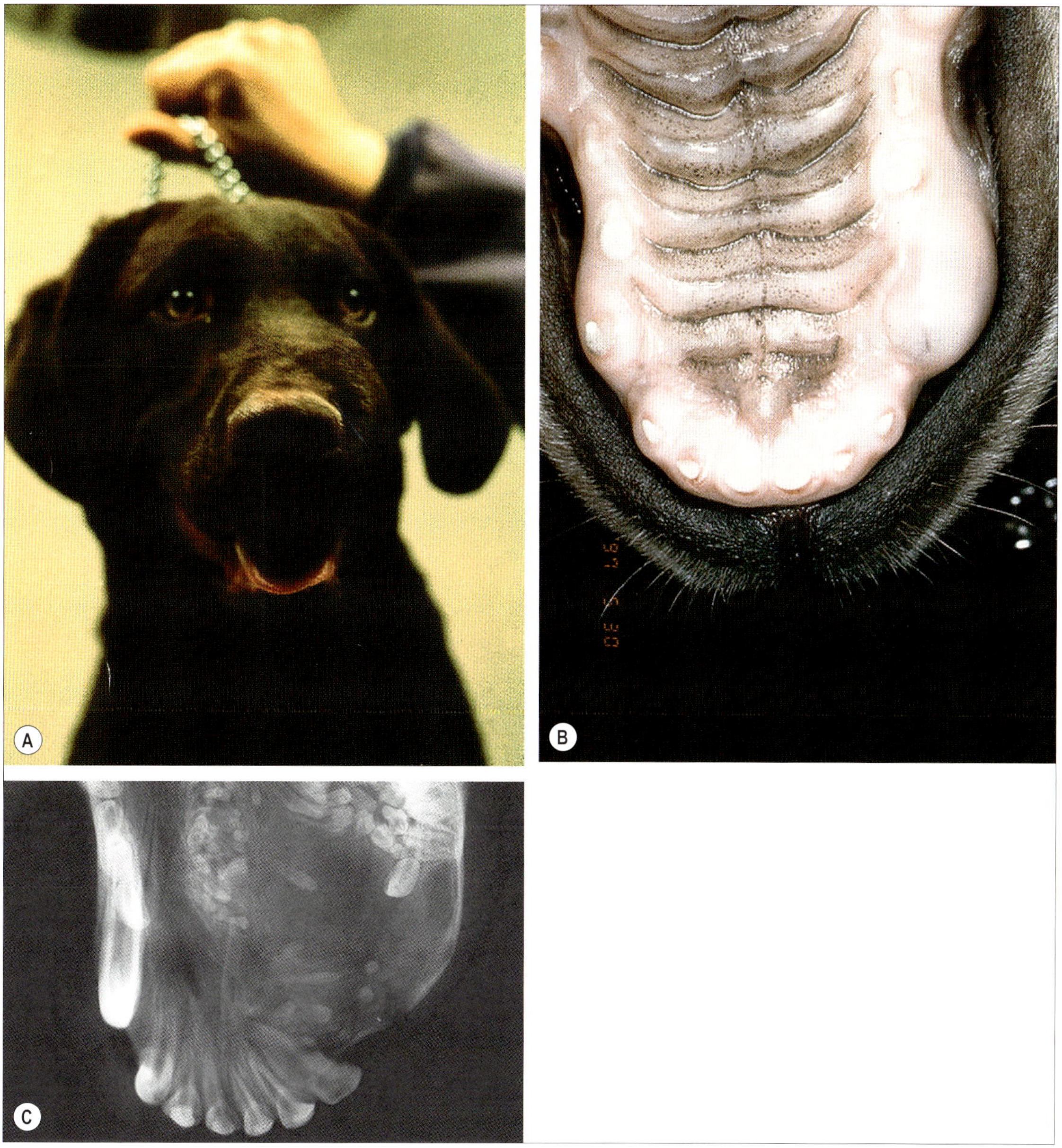

图 8.15　齿瘤

（A）该幼犬鼻子左侧有明显肿胀，触诊时有轻微波动。（B）口内检查亦可观察到肿胀，从左下颌犬齿处向尾侧延伸。（C）X 线片显示肿胀包含囊状病变，包含牙齿样物质。该片可作为诊断齿瘤的依据，不需要再进行组织病理学检查。可以通过剥离囊肿样病变组织及其内容物达到治疗效果。

X 线片虽然不能帮助确诊肿瘤的类型，但可以提供有关口腔肿瘤侵害骨质范围的信息（图 8.16）。将这些信息与组织病理学检查结果结合起来，对计划治疗方案必不可少。

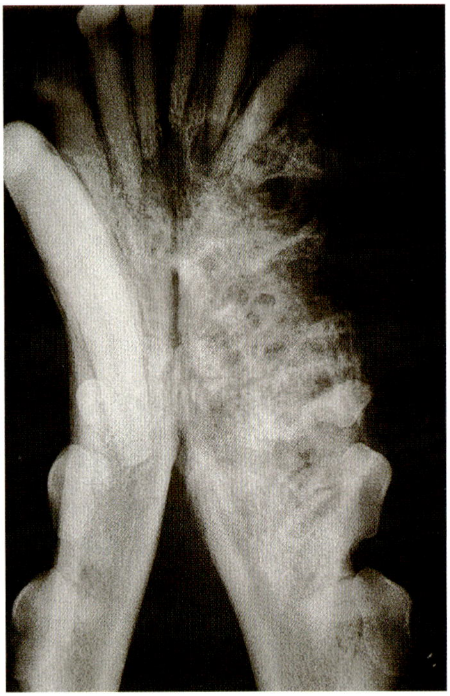

**图 8.16 肿瘤的骨性延伸**

X 线片可以提供有关口腔肿瘤侵害骨质范围的信息。将这些信息与组织病理学检查结果相结合，有助于制定最佳的治疗方案。

## 牙根吸收

硬组织被它们的表层细胞保护起来而免于再吸收（Lindskog and Hammarström1980；Gunnraj 1999）。牙根内吸收是由牙髓炎症引起的（从牙髓侧向外部牙齿表面吸收）。牙根外吸收（从牙骨质向髓腔内方向吸收）可能会造成保护性牙周韧带与牙髓母细胞层的损伤。当有牙周病和牙周病合并根尖周炎时，炎性牙根外吸收被认为是正畸治疗的并发症。

猫的牙根外吸收（成牙质细胞再吸收性病变）十分常见，详细介绍见第 11 章。犬的类似病变（Arnbjerg, 1996）如图（图 8.17）所示。

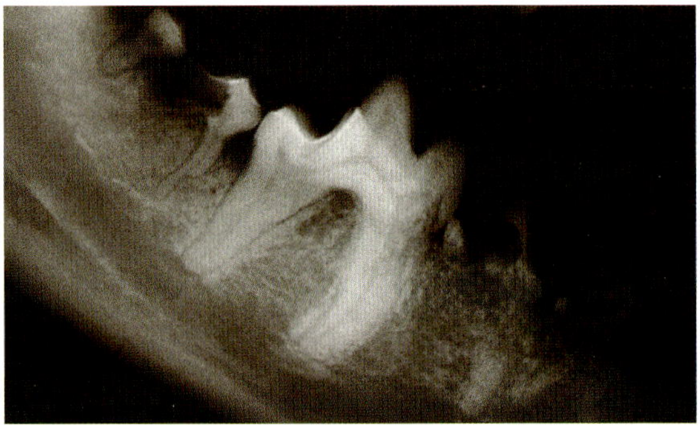

**图 8.17 牙根外吸收**

图示为出现牙根外吸收的右下颌第 3、第 4 前臼齿和第 1、第 2 臼齿的 X 线片。受牙根病变影响的牙周韧带间隙无法识别。实际上，根本无法区分某些部位的牙根和骨骼。在这些区域，牙冠和牙根像是被一层骨头隔开。看不到第 4 前臼齿和第 2 臼齿的远中牙根。牙根的吸收作用一直侵害到牙冠，导致牙齿硬组织的损失并暴露于口腔外环境中。这种现象在组织学上被诊断为牙根外吸收，骨性物质代替了损坏的牙齿硬组织。再吸收作用由破牙质细胞介导。

### 总结

* 及时确诊常见的口腔疾病，以便采取最佳治疗方案（保守、内部或外院转诊）。
* 口腔疾病包括一系列发育障碍，如牙缺失、多生齿、牙融合、牙根形状和数量异常，以及牙釉质发育不全等。
* 龋齿（蛀牙）多发生于犬，猫很少见。
* 解决牙髓和根尖周问题通常需要进行拔牙术和根管治疗。
* 注意分辨牙髓炎症与肿瘤的区别。
* 口腔最常见的恶性口腔肿瘤是恶性黑色素瘤和鳞状细胞癌。大多数齿龈瘤是非肿瘤性的。
* 牙源性肿瘤是源自牙源性组织的良性肿瘤。

# 参考文献


[1] Aitchison, J., 1963. Changing incisor dentition of bull dogs. Veterinary Record 75, 153.

[2] Andrews, A.H., 1972. A case of partial anodontia in a dog. Veterinary Record 90, 144–145.

[3] Arnall, L., 1960. Some aspects of dental development in the dog. II. Eruption and extrusion. Journal of Small Animal Practice 1, 259.

[4] Arnbjerg, J., 1996. Idiopathic dental root replacement resorption in old dogs. Journal of Veterinary Dentistry 13 ( 3 ) , 97–99.

[5] Bergenholtz, G., 1992. Periodontics and endodontics. In: Lindhe, J. ( Ed. ) , Textbook of Clinical Periodontology, second ed. Munksgaard, Copenhagen, pp. 258–281.

[6] Gorrel, C., Robinson, J., 1995a. Periodontal therapy and extraction technique. In: Crossley, D.A., Penman, S. ( Eds. ) , Manual of Small Animal Dentistry. BSAVA, Cheltenham, pp. 139–149.

[7] Gorrel, C., Robinson, J., 1995b. Endodontics in small carnivores. In: Crossley, D.A., Penman, S. ( Eds. ) , Manual of Small Animal Dentistry. BSAVA, Cheltenham, pp. 168–181.

[8] Gunnraj, M.N., 1999. Dental root resorption. Oral Surgery 88, 47–53.

[9] Harvey, C.E., Emily, P., 1993. Occlusion, occlusive abnormalities and orthodontic treatment. In: Small Animal Dentistry. Mosby, Missouri, pp. 266–296.

[10] Lindskog, S., Hammarström, L., 1980. Evidence in favour of an antiinvasion factor in cementum or periodontal membrane. Scandinavian Journal of Dental Research 88, 161–163.

[11] Shafer, W.G., Hine, M.K., Levy, B.M., 1974a. Developmental disturbances of oral and paraoral structures. In: A Textbook of Oral Pathology, third ed. WB Saunders, Philadelphia, pp. 2–80.

[12] Shafer, W.G., Hine, M.K., Levy, B.M., 1974b. Cysts and tumors of odontogenic origin. In: A Textbook of Oral Pathology, third ed. WB Saunders, Philadelphia, pp. 236–284.

[13] Shafer, W.G., Hine, M.K., Levy, B.M., 1974c. Dental caries. In: A Textbook of Oral Pathology, third ed. WB Saunders, Philadelphia, pp. 366–432.

[14] Shafer, W.G., Hine, M.K., Levy, B.M., 1974d. Diseases of the pulp and periapical tissues. In: A Textbook of Oral Pathology, third ed. WB Saunders, Philadelphia, pp. 433–462.

[15] Skrentary, T.T., 1964. Preliminary study of the inheritance of missing teeth in the dog. Wiener Tierarztliche Monatsschrift 51, 231.

[16] Stafne, E.C., Gibilisco, J.A., 1975a. Cysts of the jaws. In: Oral Roentgenographic Diagnosis, fourth ed. WB Saunders, Philadelphia, pp. 147–168.

[17] Stafne, E.C., Gibilisco, J.A., 1975b. Malposition of teeth. In: Oral Roentgenographic Diagnosis, fourth ed. WB Saunders, Philadelphia, pp. 44–56.

[18] Stafne, E.C., Gibilisco, J.A., 1975c. The pulp cavity. In: Oral Roentgenographic Diagnosis, fourth ed. WB Saunders, Philadelphia, pp. 61–70.

[19] Stafne, E.C., Gibilisco, J.A., 1975d. Dental caries. In: Oral Roentgenographic Diagnosis, fourth ed. WB Saunders, Philadelphia, pp. 71–73.

[20] Stafne, E.C., Gibilisco, J.A., 1975e. Infections of the jaws. In: Oral Roentgenographic Diagnosis, fourth ed. WB Saunders, Philadelphia, pp. 74–85.

[21] Verstraete, F.J.M., 1995. Advanced oral surgery in small carnivores. In: Crossley, D.A., Penman, S. ( Eds. ) , Manual of Small Animal Dentistry. BSAVA, Cheltenham, pp. 193–207.

[22] Verstraete, F.J.M., Ligthelm, A.J., Weber, A., 1992. The histological nature of epulides in dogs. Journal of Comparative Pathology 106, 169–182.

# 第 9 章

# 牙周病

## 简介

牙周病是对牙菌斑（即口腔细菌）的炎症反应的结果，病变部位仅限于牙周组织。牙周病是犬最常见的口腔疾病（Hamp et al., 1984）。猫也比较容易出现（Reichart et al., 1984）。实际上，牙周疾病是小动物临床中最常见的口腔疾病，绝大多数 3 岁以上的犬猫都会发生一定程度的牙周病变，并且需要进行治疗。

除牙周疾病外，口腔内还会发生一系列除牙菌斑以外因素引起的炎性反应（如毒素、病毒或其他未知因素）。这些因素通常会影响口腔黏膜，甚至侵害牙周组织。口腔黏膜炎症称为口炎。表 9.1 列出了除牙周疾病以外的最重要的口腔炎症。本章将详细介绍牙周病和猫口炎。

牙周病是由牙菌斑引起的一系列侵害牙周组织的炎性病变的统称。感染是指微生物侵入机体并在组织内繁殖。牙周病不同于普通的感染，其发病与是否有大量细菌侵入组织无关。牙龈炎是牙龈的炎性病症，是口腔炎症的最早征兆。牙龈炎若不及时治疗会演变成牙周病。

表 9.1　除牙周疾病外的口腔炎症疾病

| | |
|---|---|
| 与免疫系统抑制或功能障碍相关的疾病 | 坏死性溃疡性口炎；<br>霉菌的感染，常见念珠菌病；<br>中性粒细胞功能障碍，灰色柯利综合征，药物治疗，病毒感染，如猫免疫缺陷病毒 |
| 自身免疫系统紊乱 | 小泡状皮肤疾病，如天胞疮和类天胞疮；<br>系统性或盘状红斑狼疮；<br>全身性红斑狼疮；<br>类干燥综合征 |
| 超敏反应 | 药疹；<br>昆虫叮咬 |
| 病毒性感染 | 猫白血病病毒；<br>杯状病毒 |
| 其他疾病 | 嗜伊红性肉芽肿症候群；<br>慢性口炎 |

牙周病的炎性反应会侵害牙周韧带和牙槽骨。牙周病若不及时治疗，就会导致受影响的牙齿脱落。因此，牙龈炎与支持组织的破坏（丧失）无关。这个过程是可逆的。而牙周病是牙齿周围支持（附着）组织出现的不同程度损伤的炎性反应。这是不可逆转的。牙龈炎与牙周病的显著特征如图 9.1 所示。

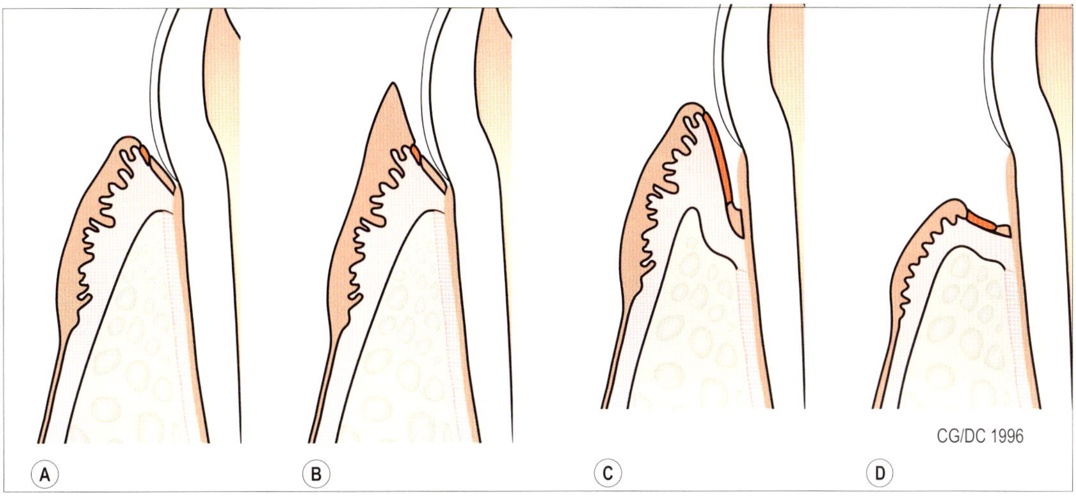


**图 9.1 牙周病**

牙周病是由牙菌斑引起的牙龈炎症的统称。（A）牙龈炎。炎症局限于牙龈，不伴有牙周组织的破坏。牙龈炎病程是可逆的。（B）牙龈增生。牙龈增生可能是牙菌斑引发的炎症（增生性牙龈炎）的结果，但也可能是先天性或家族性遗传导致的。也可以由某些药物诱发。牙龈增生的初始阶段不会造成牙周附着丧失，即牙周附着情况仍正常，但会导致牙周探诊深度的增加。（C）伴随着垂直骨丢失的牙周病。牙菌斑诱发的炎症会导致牙周韧带和牙槽骨的不可逆性破坏。口腔结合上皮（上皮性附着）向顶部迁移并附着在牙根表面上。即使不出现牙龈萎缩的情况，口腔结合上皮向深部的迁移也会导致牙周探诊深度的增加，形成病理性囊袋。牙槽骨可能发生水平方向的丢失，也可能发生垂直方向的丢失。图示为垂直骨丢失造成的牙周袋，其囊袋低点已延伸至牙槽骨边缘下方，称为骨下袋。（D）伴随着水平骨吸收的牙周病。牙周受损的表现为牙周韧带损伤和水平骨吸收。口腔结合上皮已经向深部迁移并附着于牙根表面。然而，牙龈边缘已经萎缩，所以牙周探诊的深度不会增加。

牙周病可能会引起患病动物的不适。而且有确凿的间接证据表明，口腔感染会继发其他远隔器官疾病（DeBowes et al., 1996）。因此，牙周病的预防和治疗对保证伴侣动物的健康至关重要。这是个不可忽视的问题。第 10 章详细介绍了牙周疾病的预防。本章将详细介绍牙周病的病因、发病机理、诊断和治疗。只有完全掌握牙周病的病因和发病机制才能达到最佳治疗效果。

## 病因

牙龈炎和牙周病的主要发病原因是聚集于牙齿表面的牙菌斑。不同于普遍看法，牙结石（牙垢）仅是次要病因。

### 牙菌斑

牙菌斑是由细菌及其副产物、唾液成分、口腔杂质和少部分的上皮细胞和炎性细胞聚集而成的生物膜（图 9.2）。仅需几分钟，牙菌斑就开始在干净的牙齿表面沉积。牙菌斑最开始沉积于齿龈边缘，不经及时治疗的牙菌斑会蔓延到齿龈沟并侵害龈下区域。

一项对犬进行插管投喂的研究表明，牙菌斑的形成与进食途径（是否通过口腔）无关，无论牙齿表面有无食物残渣的附着，都会造成牙菌斑的沉积（Egelberg, 1965）。龈上菌斑的细菌通过溶解在唾液中的膳食颗粒获得其主要营养素。在齿龈沟或病理性牙周袋内，细菌代谢的主要营养来源为牙周组织和血液。

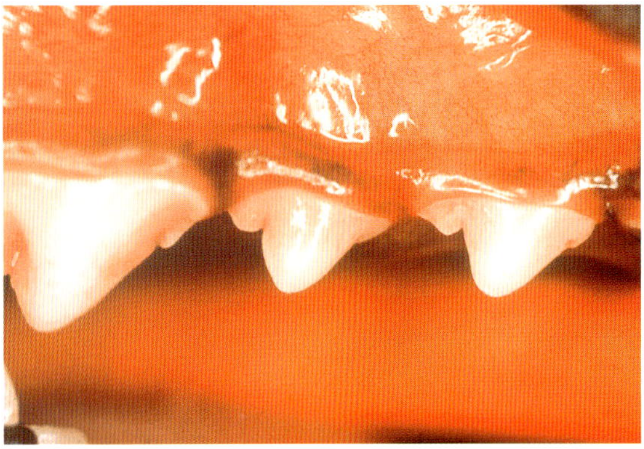

图 9.2　牙菌斑

牙菌斑是一种生物膜，由细菌及其副产物、唾液成分、口腔杂质和少量上皮细胞和炎性细胞聚集而成。仅需几分钟，牙菌斑就开始在干净的牙齿表面沉积。牙菌斑肉眼难以看到，为方便观察，建议使用牙菌斑显色液（可染色牙菌斑的染料）。

经典实验表明，牙齿表面沉积的牙菌斑可反复引起相关牙龈组织的炎性反应，而及时去除牙菌斑有助于炎症的消失（Löe et al., 1965; Theilade et al., 1966）。首先，假设在牙齿表面累积的细菌总数与致病效应幅度之间存在直接关系。这种将牙菌斑视为生物量的观点被称为非特异性牙菌斑假说（Theilade, 1986 ）。很明显，并非所有的牙龈炎病变都会发展为牙周病病变，所以形成了特定的牙菌斑学说。在这个假设中，人们认为牙周病是由特定病原体引起的（Loesche, 1979 ）。牙龈下牙菌斑的成分差异在一定程度上归因于局部血液的可利用性、牙周袋深度、氧化还原反应能力和 $PO_2$。因此，患病动物或某些区域中是否存在特定的微生物以及这些微生物是发病原因还是病症结果仍然存在争议（Socransky et al., 1987）。因为许多牙周病病原菌是严格的厌氧菌，所以其在浅牙周袋中对牙周病的发生作用不大。但这些厌氧菌与已出现的牙周病的疾病发展有关。

牙菌斑的形成涉及两个过程，即细菌的初始黏附，以及这些细菌的增殖和进一步聚集在之前黏附的细菌上，从而导致细菌的持续积累。一旦牙齿暴露于口腔，其表面就会覆盖一层薄膜（唾液蛋白与糖蛋白混合的非晶体涂层）。薄膜改变了牙齿表面的电荷和自由能，从而提高了细菌黏附的效率。例如血链球菌和黏性放线菌等特定细菌可黏附在薄膜上。这些细菌可产生细胞外多糖，帮助其他无黏附力的细菌积聚。

健康牙龈上的细菌主要为需氧菌和间性厌氧菌。随着牙龈炎的发展，牙菌斑可侵害到龈下。需氧菌消耗氧气，并创造低氧化还原电位，这使得环境更适合厌氧菌的生长。需氧菌的总量不会减少，但随着厌氧菌数量的增加，需氧菌 / 厌氧菌比率下降。导致牙周病的龈下菌群主要为卟啉单胞菌属、普氏菌属、消化链球菌属、梭杆菌属和螺旋体组成的厌氧菌（Hennet and Harvey, 1991）。犬的进行性牙周病与高水平的卟啉单胞菌和螺旋体持续相关。正常猫科动物牙龈边缘的细菌菌群，以及在牙龈炎和牙周病中龈下牙菌斑的菌群，与类似条件下人类和犬中发现的菌群相似（Mallonee et al., 1988; Love et al., 1990）。

## 牙菌斑的治疗总结

* 首先附着在薄膜内上的细菌是革兰阳性需氧菌。
* 犬猫龈上牙菌斑中的主要细菌为放线菌和链球菌。
* 随着牙菌斑的增厚、成熟和进一步延伸直至齿龈沟，环境变得更适于厌氧菌、杆菌和螺旋体的生长。

### 牙结石

牙结石是指矿化的牙菌斑。菌斑层总是覆盖在结石层上。龈上和龈下牙菌斑均可矿化。龈上结石本身不会对牙龈组织产生刺激作用。事实上，对猴子的研究表明，如果使用氯己定对牙结石表面消毒，可以观察到口腔结合上皮与牙结石两者间的正常附着（Listgarten and Ellegaard, 1973）。研究表明，经过消毒的牙结石可以包裹在结缔组织中而不引起显著的炎症或形成脓肿（Allen and Kerr, 1965 ）。牙结石可能因其粗糙的表面会对软组织造成损害。然而这并非是引发牙龈炎的原因（Waerhaug, 1956）。牙周病中的牙结石之所以受到重视，更为主要的是牙结石有利于牙菌斑在其表面附着。研究表明，动物（Nyma et al., 1986）与人类（Nyman et al., 1988; Mombelli et al., 1995）如果控制较好，去除龈下牙结石深部的牙菌斑有助于恢复牙周组织的损伤并能帮助维持牙周组织的健康。

## 发病机理

牙周病的致病机制包括：

- 牙菌斑中微生物造成直接损伤。
- 牙菌斑中微生物诱发炎症造成间接损伤。

牙周袋中的微生物丛处于持续变化的状态，由细菌联合体引发的牙周病也会随时间处于不断变化的感染状态。因此，触发和维持炎症反应的分子会不断改变。许多微生物产品对宿主只有很少的甚至没有直接毒性作用。但这些微生物产物具备激活非免疫与免疫炎性反应的潜力，可对周围组织造成损伤。现在大家普遍认为，牙周组织的损伤是宿主面对牙菌斑细菌侵害的正常应答，而不是微生物本身的毒性所致（Kinane and Lindhe, 1997）。

齿龈炎是由牙菌斑诱发的仅限于牙龈软组织的炎症（图 9.1A）。发生齿龈炎时，齿龈沟深度仍正常（犬的牙周探诊深度为 1 ~ 3 mm，猫为 0.5 ~ 1 mm）。随着牙周病症的发生（图 9.1C），牙周韧带顶部的炎性损伤会导致结合上皮向深部迁移并形成病理性牙周袋（即牙周探诊深度增加）。如果放任炎症继续发展，会出现齿槽脊部骨质吸收。可通过 X 线片诊断牙槽骨的损伤类型及程度。骨吸收可以是水平方向的。水平骨破坏常伴有牙龈退缩，因此可能无法形成牙周袋（图 9.1D）。如果没有发生牙龈萎缩，会形成齿槽上方的牙周袋，即牙周袋位于齿槽边缘之上；也可能发生垂直骨吸收，沿牙根的弧度出现缺损。形成的牙周袋可在齿槽内或齿槽下，即位于齿槽脊骨层之下。

牙周病的发展通常是偶发的而不是持续的过程。组织损伤作为病程的急性爆发在相对静止期后出现。急性爆发的临床特征是牙周袋快速加深，牙周韧带和牙槽骨被炎症反应破坏。临床医生很难在静止期通过 X 线片诊断疾病范围。然而，在静止期内不会发生完全愈合，因为龈下菌斑残留在牙根表面，且炎症持续存在于结缔组织中。牙周病的非活动期可持续很长时间。

例如营养不良和心理压抑等某些其他情况，可能会干扰机体做出正常的保护应答，如合成抗氧化剂和急性期蛋白，有可能导致牙周病加重，但不会直接造成破坏性的组织炎症。在一些个体中，牙周组织的破坏性炎症的遗传易感性可能很关键。人牙周病的严重程度与白细胞介素 -1（IL-1）基因簇的特定基因型之间存在着密切的联系（Kornman et al, 1997）。携带这种牙周病相关基因型的患者可能呈现表型差异，如龈沟（齿龈沟）液中IL-1β水平升高（Engebretson et al., 1999）。现今对于犬猫还没有类似研究。

### 意义

牙菌斑不经治疗逐渐沉积会造成牙龈炎。某些患牙龈炎的动物若不及时治疗，会进一步恶化造成牙周病，但并非所有患病动物都出现这种情况。目前还无法预测牙龈炎向牙周病恶化的概率，但是牙龈健康的动物不会发生牙周病。因此，预防和治疗牙周病的关键是确保并维持牙龈临床健康，做好预防工作。

## 诊断

### 总则

临床医生需要在动物麻醉后根据对牙周组织的临床检查进行牙周病的诊断。此外，若在临床检查中发现牙周病的征兆，需要通过X线检查进一步确诊。对牙龈炎和牙周病的鉴别是进行针对治疗的关键。若某个动物患有牙龈炎，需最先保证受损组织的恢复；对于已确诊患有牙周病的动物，关键是要控制病情的发展。

第6章详细介绍了进行口腔检查和结果记录的相关内容。

所有患病动物的每颗牙齿都需要评估并记录以下指标：

1. 牙龈炎和牙龈指数。
2. 牙周探诊深度（PPD）。
3. 牙龈萎缩（GR）。
4. 分叉病变。
5. 牙齿松动程度。

牙周探诊深度、牙龈萎缩、分叉病变和牙齿松动程度可用于评估牙周组织的破坏程度，即评估是否存在牙周病及其严重程度。

进行牙周治疗时，牙菌斑和牙结石会预先全部清除，因此我没有诊断过初发牙菌斑和牙结石的患病动物，也没有相关记录。但我会在定期复查时诊断并记录牙菌斑的情况，以此评估家庭护理方案的治疗效果。临床医生可以通过牙菌斑显色剂观察牙菌斑的沉积情况，牙龈边缘有牙菌斑沉积的牙齿也需要留意并记录。根据牙菌斑显色剂的染色深度，人为地将牙菌斑分轻度、中度和重度。

### 牙龈炎

牙龈炎是一种局限于牙龈的（即无牙周附着丧失）由牙菌斑引起的可逆炎症。

#### 临床症状和诊断方法

牙龈炎在临床上表现为牙龈边缘肿胀、发红和经常出血（图9.3），也可能伴有口臭。临床诊断需视诊与触诊相结合。结合牙龈发红与肿胀的程度，以及温和探诊齿龈沟时是否存在出血来诊断牙龈炎并评估其严重程度。可用很多指标为评估牙龈炎症的程度提供一个准确数值。普遍使用的出血指数可能对临床诊断最有帮助。温和探诊每颗牙齿齿龈沟上的几个点，无出血的为0分，有出血的为1分。单纯患牙龈炎的动物的牙周探诊深度正常（犬1 ~ 3 mm，猫0.5 ~ 1.0 mm），无牙龈萎缩、根分叉病变或牙齿松动的迹象。若临床诊断未发现牙周损伤，即无牙周病症状，可以不进行X线检查。

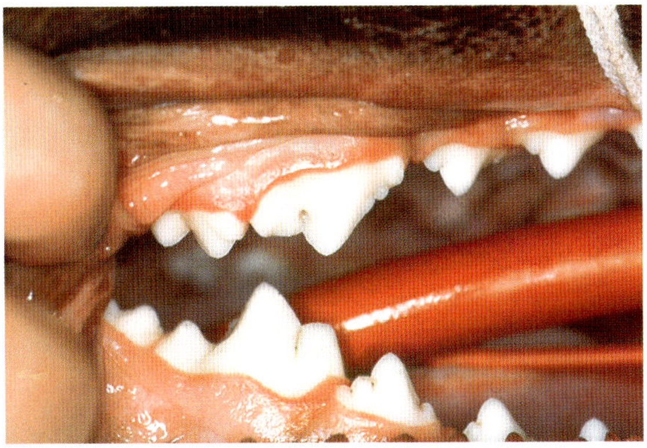

图 9.3 牙龈炎
牙龈炎在临床上表现为牙龈边缘肿胀、发红。

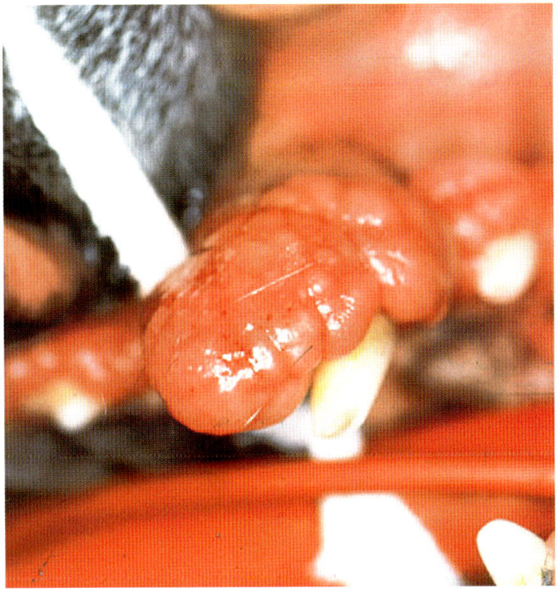

图 9.4 牙龈增生
增生的牙龈组织几乎覆盖牙冠，形成假性牙周袋。

牙龈增生（图 9.1B，图 9.4）可能是牙菌斑诱发的炎症，即由牙龈增生引起的；也有可能出现先天性或遗传性的牙龈增生；或是由某些药物诱导产生病变，例如乙内酰脲、环孢素等。牙龈增生常发于某些特定的品种，如拳师犬、史宾格犬。牙龈的过度生长会造成牙周探诊深度增加。

### 患病动物的预后 / 表现

人的单纯性牙龈炎不会引起不适或疼痛。实际上，人牙龈炎的发病过程很隐蔽，甚至察觉不到它的存在。

如上文所述，治疗牙龈炎非常重要，否则会进一步恶化为牙周病。

牙龈增生确实需要得到额外关注。增生的牙龈改变了牙龈边缘的位置，导致牙周探诊深度的增加。因为与牙周病导致的牙周探诊深度的增加（由牙周韧带和牙槽骨破坏且结合上皮向深部迁移引起的牙周袋）不同，所以牙龈的过度增长造成牙周探诊深度不断增加称为假性牙周袋。牙龈增生会影响牙齿洁净，还可能造成动物发生牙周病。出现牙龈增生的动物必须通过 X 线检查鉴别并治疗并发性牙周病。

## 牙周病

若患有牙龈炎的动物不及时进行治疗，会进一步恶化成牙周病。牙周病的炎症反应会导致牙周韧带和牙槽骨受到损伤。牙周病不经治疗最终会导致牙齿脱落。请注意，牙周病有特定的病变区域，即牙周病可影响一颗牙齿或几颗牙齿的一个或多个位置。通常认为牙周病的发病过程是不可逆的。因此，治疗牙周病的目的是防止其他部位出现新病灶，并防止已病变部位进一步被破坏。

## 临床症状

牙周病伴发的口臭是最常见也是最先被主人注意到的症状。患有牙周病的动物通常会出现大量牙齿沉积物。可先去除这些沉积物，方便后续对牙周组织进行仔细检查。与牙菌斑表面相接触的嘴唇或脸颊等区域可能伴发溃疡（图 9.5）。

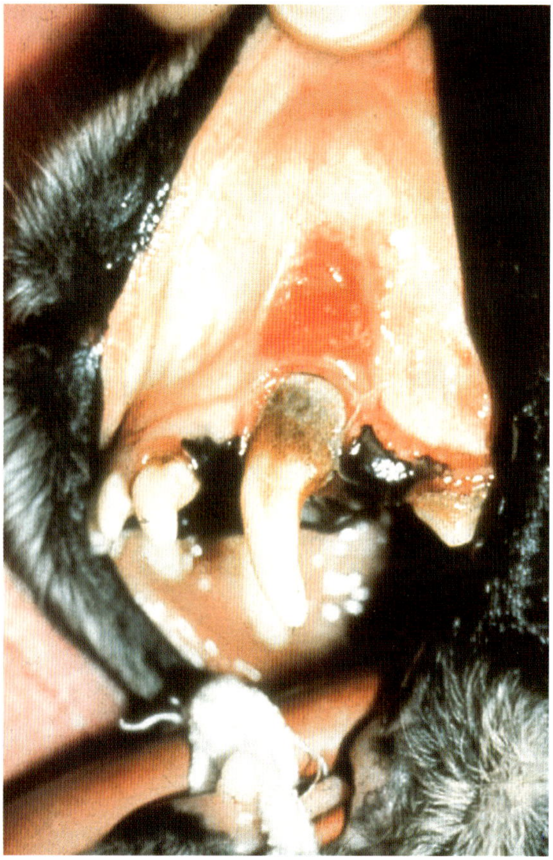

**图 9.5　牙龈萎缩和黏膜溃疡**

左上颌犬齿唇侧的牙周韧带和牙槽骨已受到破坏。牙龈边缘已经萎缩。牙周探诊深度为 1 mm，即无病理性牙周袋。与覆盖牙齿表面的牙菌斑相接触的唇黏膜出现黏膜溃疡。注意：虽然单发性牙周病未引起患病动物不适，但伴发的溃疡已造成明显疼痛。

## 诊断方法

牙周病中的组织损伤情况通过测量牙周探诊深度、牙龈萎缩、分叉病变和牙齿松动程度来评估。在许多情况下，测量或计算牙周附着水平（PAL）也有助于诊断疾病。PPD 不一定与附着损失的严重程度相关（图 9.6）。出现牙龈增生时可能会形成一个深的牙周袋（若附着未出现损失，则为假性牙周袋），而牙龈萎缩不会导致牙周袋的形成，最多出现很小程度的

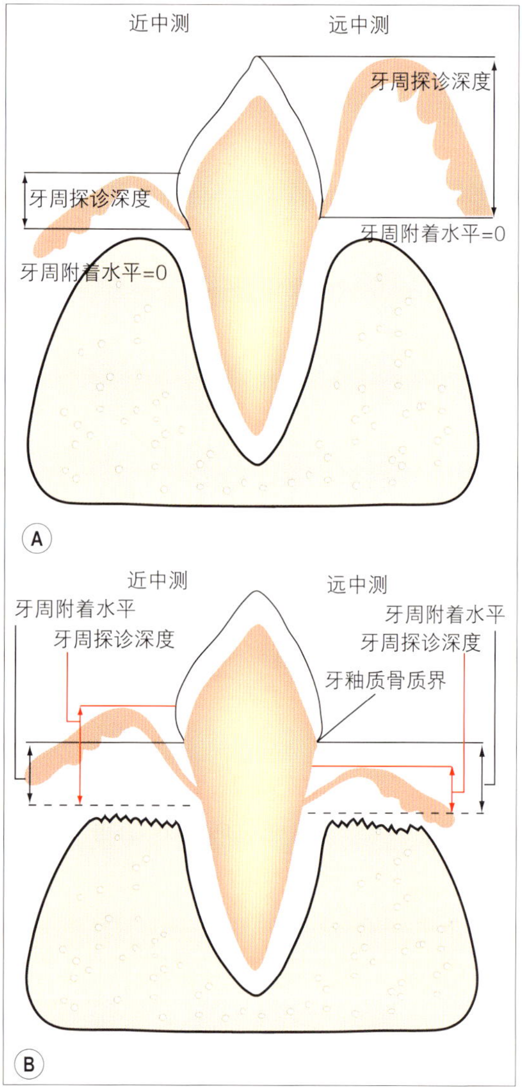


**图 9.6　牙周附着丧失**

（A）牙齿两侧的上皮附着在牙釉质骨质界（CEJ）处，未出现牙周附着丧失（PAL = 0）。图示牙齿的近中侧为正常牙龈附着；牙周探诊深度（PPD）为 1 ~ 2 mm。远中侧的一面 PPD 增加至 8 mm。图中未出现牙周附着丧失，因此不能判定为牙周病。（B）图中牙齿的近中侧 PPD 增加至 6 mm。因远中侧发生牙龈萎缩，PPD 正常，即 1 ~ 2 mm。PAL，即牙周韧带和牙槽骨损伤程度是相同的。

牙龈附着力降低。PAL 指从牙釉质骨质界（或从牙齿上的一个固定点）到病理性牙周袋基部或底部延伸的距离。因此，PAL 可以更准确地评估牙周病中组织损伤程度。PAL 可用牙周探针直接测量，也可以通过计算间接得出（PPD+牙龈萎缩程度）。

患有牙周病的动物必须通过 X 线检查诊断牙槽骨受损类型及程度。因此，在进行任何治疗之前应该先拍摄全口 X 线片。还需要定期进行 X 线检查来监测治疗效果。对牙周韧带间隙和邻近牙槽缘的详细检查需要使用口腔内 X 线技术（详见第 7 章）。牙周病的影像学特点包括齿槽边缘的骨吸收、牙周间隙扩大、硬骨板连续性中断或放射密度降低，以及因齿槽骨吸收形成的骨上袋或骨下袋。

因为水平投照法（见第 7 章）可以更好地显示牙槽边缘状态并准确表达侵害牙根的牙周病变的实际范围与深度，所以在拍摄 X 线片时采用此技术能更精准的显示牙周病的临床特征。而角平分线法的中心射线斜向牙齿和下颌的长轴造成维度上的变形，所以这种方法拍摄的 X 线片会显示出比实际更大的牙槽骨受损范围。此外，角平分线法拍摄的 X 线片会出现龈下结石与牙槽骨的叠影，不利于对牙周病变部位的诊断。水平投照法拍摄的 X 线片可以充分显示龈下结石的状况与牙骨质缺陷的程度，但可能无法覆盖足够区域来充分显示广泛的牙周病变。为更好地观察上颌骨和前部下颌骨的组织损失程度，可以结合使用水平投照法和角平分线法。

随着牙周病的发展，牙槽突的嵴部发生骨质的再吸收。可通过 X 线片观察到牙槽边缘明显呈杯状凹口形或扇形的缺损。可能会发生水平骨吸收（图 9.7）。除此之外，齿槽硬骨板仍正常，牙周间隙也未扩大。水平骨吸收（图 9.1D）常伴发牙龈萎缩（图 9.5），因此不会形成牙周袋。若未出现牙龈萎缩，牙周袋将位于牙槽上方，即在牙槽边缘之上。还可能发生垂直骨吸收，沿着牙根方向形成角状骨缺损。在 X 线片上，出现缺损的牙根一侧会形成垂直的或 V 形的缝隙。此时形成的牙周袋在牙槽下，即低于牙槽骨嵴部（图 9.1C）。

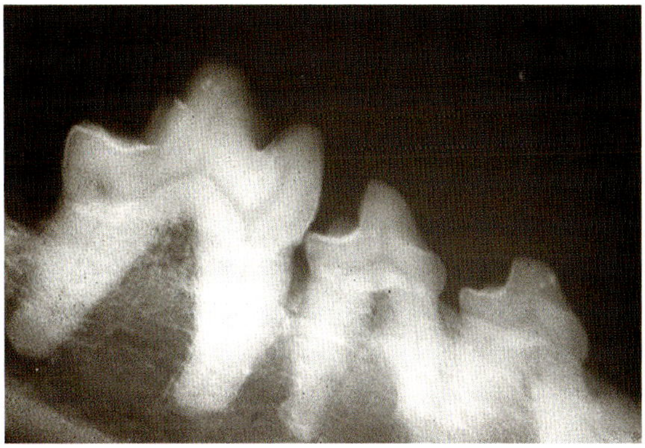

**图 9.7　水平骨丢失**

该犬的牙槽骨出现水平骨吸收。右侧下颌第 3 前臼齿未受影响，即牙槽缘高度正常。右侧下颌第 4 前臼齿和第 1 臼齿已经失去了约 2 mm 的牙槽骨。

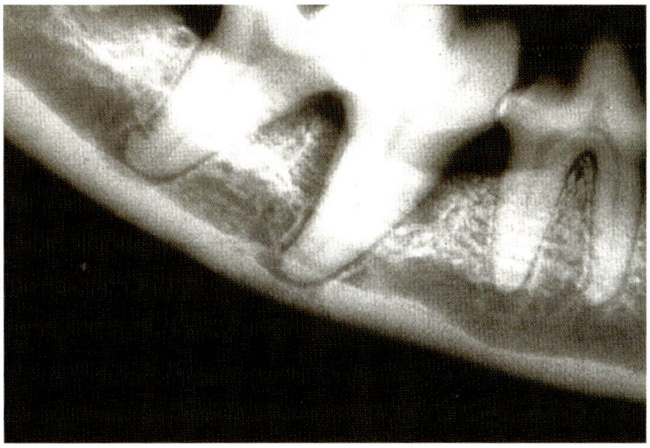

**图 9.8　垂直骨丢失**

垂直骨吸收沿牙根方向进行，导致右侧下颌第 1 前臼齿近中根的近中侧和远中侧，以及远中根的近中侧出现角形骨质缺损。

可以结合使用牙周探针（探诊角度偏离牙齿时，探针可遇到坚硬骨骼带来的阻力）和X线技术诊断骨下缺损。根据探诊深度与可触及的骨周范围来诊断骨下缺损的程度。

通常将牙槽骨分成四面（近中侧、颊侧、远中侧、腭/舌侧）。当整个牙周袋周围都有牙槽骨支撑，称为四壁缺损。当一面牙槽骨丢失，就出现三壁缺损。双壁缺损和单壁缺损分别为两面和三面无骨质支撑。

牙周脓肿是在慢性牙周袋病变过程中的急性恶化（图9.9）。通常牙周袋袋口部分或完全堵塞。

在一些晚期广泛性牙周病病例中可能会出现多处急性牙周脓肿。还有一些处于上皮附着部位之上的异物也会导致健康牙周组织出现脓肿。如嵌在犬齿龈沟的草籽会引起急性牙周脓肿。急性牙周脓肿可快速引起广泛的骨质吸收。某些病例骨质缺损甚至超过牙根的尖端。

### 牙周病后果

人患有的单纯性牙周病不会引起严重的疼痛与不适。往往是牙周侧面出现的一些如牙周脓肿或黏膜溃疡等并发症让人很痛苦。

研究表明，严重的口腔感染，如广泛的牙周病，会导致咀嚼时出现短暂的菌血症（Thoden van Velzen et al，1984）。实际上，犬的牙周病与肾脏、心肌和肝脏的组织病理变化存在一定的联系（DeBowes et al，1996）。

## 治疗

### 总则

牙周病治疗旨在控制炎症的病因，即牙菌斑。保守或对因的牙周治疗包括去除牙菌斑和牙结石，并在患病动物全身麻醉下进行其他任

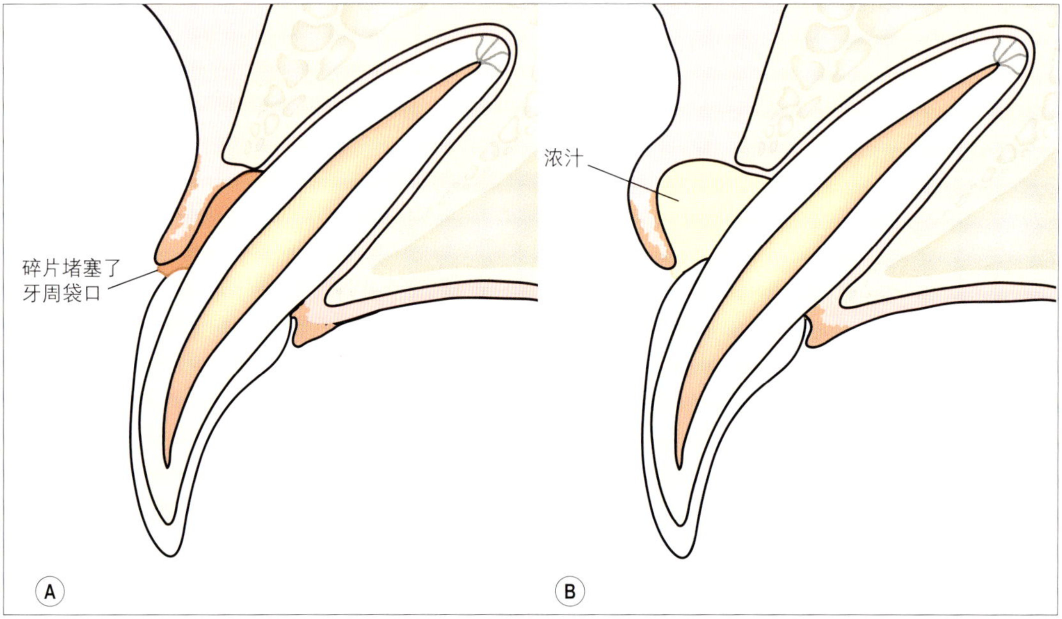


**图 9.9　外侧牙周脓肿的形成**
（A）牙周袋袋口堵塞。（B）脓肿形成。

何必要的治疗操作，同时保持日常口腔卫生。换句话说，牙周病的治疗包括以下两点：

1. 保持口腔卫生。

2. 专业的牙周治疗。

保持口腔卫生由动物主人执行，也称为家庭护理。其有效性取决于主人的积极性、技术能力，以及动物的配合度。家庭护理详见第 10 章。

专业的牙周治疗需在全身麻醉下进行，包括：

- 牙龈上和龈下刮治术。
- 根面平整术。
- 牙冠抛光。
- 龈下冲洗。
- 有时会进行的牙周手术。

“牙病预防”或“抛光”已成为描述临床检查和专业牙周治疗的术语。这其实是不准确的，因为真正的预防措施，即预防病情发展和病情恶化所采取的步骤不是在全身麻醉下进行的专业牙周治疗，而是日常家庭护理中去除牙菌斑的相关操作。如果没有进行家庭护理，即使在专业牙周治疗后牙菌斑还会再次迅速沉积，疾病将进一步恶化。在进行任何治疗之前，必须让所有主人知道家庭护理是预防和治疗牙周病最重要的组成部分。进行专业的牙周治疗之前，尽可能做好日常家庭护理很有帮助。

治疗目的也根据患病动物牙龈炎和牙周病的单发性或多发性而有所不同。

## 牙龈炎

根据定义，牙龈炎的发病过程是可逆的。去除或适当减少牙菌斑会使发炎的牙龈恢复健康。一旦达到了健康的临床标准，就可以通过每天去除牙菌斑或减少牙菌斑积聚来维持牙龈健康。总之，牙龈炎的治疗是将炎症组织恢复到临床健康状态，维持牙龈健康（图 9.10），从而预防牙周病。对患有牙龈炎的动物进行专业牙周治疗的目的是去除牙齿沉积物，主要是牙结石（仅靠刷牙无法清除牙结石）。牙齿清洁完毕后，主人应当清除每天反复积聚的牙菌斑。

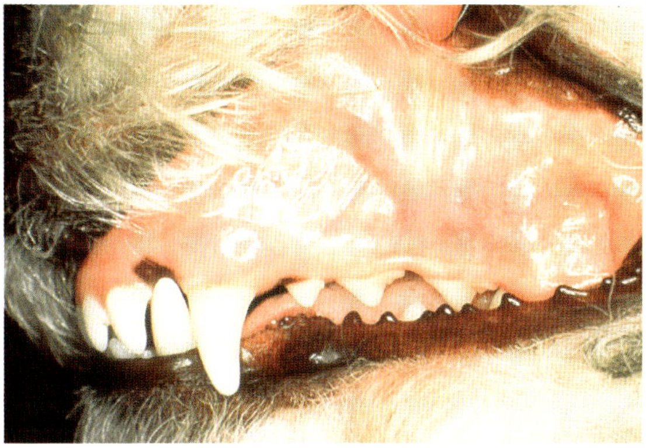

**图 9.10　健康牙龈**
做好家庭护理，在动物一生中都可以保持牙龈健康。牙龈健康的动物不会患上牙周病。

### 牙龈炎的治疗总结

* 教育主人了解疾病过程。
* 鼓励主人做好日常的家庭护理并做相关技术培训。
* 主人需制定每日牙齿清洁的方案。最好使用宠物牙膏刷牙并配合使用牙齿保健品。
* 在全身麻醉下进行专业牙周治疗（龈上和龈下刮治术和牙齿抛光）以去除牙齿沉积物（牙菌斑和牙结石）。
* 定期复查以确保主人遵循计划并提高主人的积极性。

### 牙周病

牙龈炎不经治疗会进一步恶化为牙周病。在大多数情况下，牙周病不可逆。

请铭记，牙周病是一种有特定病变部位的疾病，它可能影响一颗或多颗牙齿的一个或多个部位。因此，治疗牙周病主要是防止其他部位发生新病变，并防止已病变部位出现进一步的组织破坏。

专业的牙周治疗可去除龈上和龈下的牙齿沉积物，并由主人确保日后不会出现牙菌斑的再沉积。通过每日刷牙并辅以消毒剂对龈上菌斑进行细心控制，可防止牙菌斑向龈下迁移。如果龈下的牙齿表面保持清洁，则龈沟上皮会重新附着。

对于疑似牙周病的患病动物，如果动物不抗拒，建议在专业牙周治疗前 4 周，每日刷 3 次牙。这有助于减少专业治疗时的炎性病变，还方便评估主人的家庭护理能力。若未能做好家庭护理，后续就需要进行更彻底的专业治疗，比如拔除原本可以通过家庭护理保住的牙齿。

“牙周手术”一词用来描述旨在实现正常解剖关系从而便于进行最佳家庭护理的特殊手术技术。通过该技术可实现牙周组织的再附着甚至再生。牙周手术包括各种皮瓣手术、牙龈成形术、引导组织再生术和移植术。牙周手术绝不是牙周病的首选疗法。牙周病的保守治疗，即彻底的龈上和龈下刮除术、根面平整、抛光和冲洗以及细致的日常家庭护理才是首要步骤。牙周手术应该只在主人具有保持宠物口腔清洁的能力时才进行。若主人无法保证动物口腔卫生良好，此时为保护动物健康不建议采取牙周手术。

### 牙周病的治疗总结

* 教育主人了解疾病过程。
* 鼓励主人做好日常的家庭护理并做相关的技术培训。
* 主人需制定每日牙齿清洁的方案。
* 专业牙周治疗：包括龈上和龈下刮治术、抛光、根面平整和全身麻醉下拔除无法保留的牙齿。
* 定期复查以确保主人遵循计划并提高主人的积极性。
* 可能需要进行牙周手术，但前提是做好家庭护理。

## 专业牙周治疗

### 总则

专业的牙周治疗必须在全身麻醉下进行。第 2 章已详细介绍了患病动物进行牙科和 / 或口腔外科手术时采取的麻醉和特殊护理技巧。第 1 章介绍了牙周治疗用的基础器械的需求。如果不进行机械洁牙，就不应使用抗生素治疗牙周病。第 3 章详细介绍了使用抗生素与消毒剂的注意事项。

因牙科和 / 或口腔手术引起的不适或疼痛通常没有得到充分认识。宠物与人类有相似的牙齿解剖结构和神经通路。虽然动物对疼痛的感知能力可能与人类有所区别，但我们通常会做一个合理的假设，即能引起人类不适与疼痛的各种操作对犬猫也有同样的效果。止痛药的相关用法详见第 2 章。

建议医师多参加实践课程以方便掌握牙科和口腔外科中所需的技术技能。通常以改良的执笔式使用牙科器械（图 9.11A），操作时将无名指和小指放在相邻结构上（相邻牙齿、对侧颌），这可以起到支撑作用并保持稳定。骨膜剥离器可以使用执笔式握持进行工作，也可以按图 9.11B 描述的方式握持。

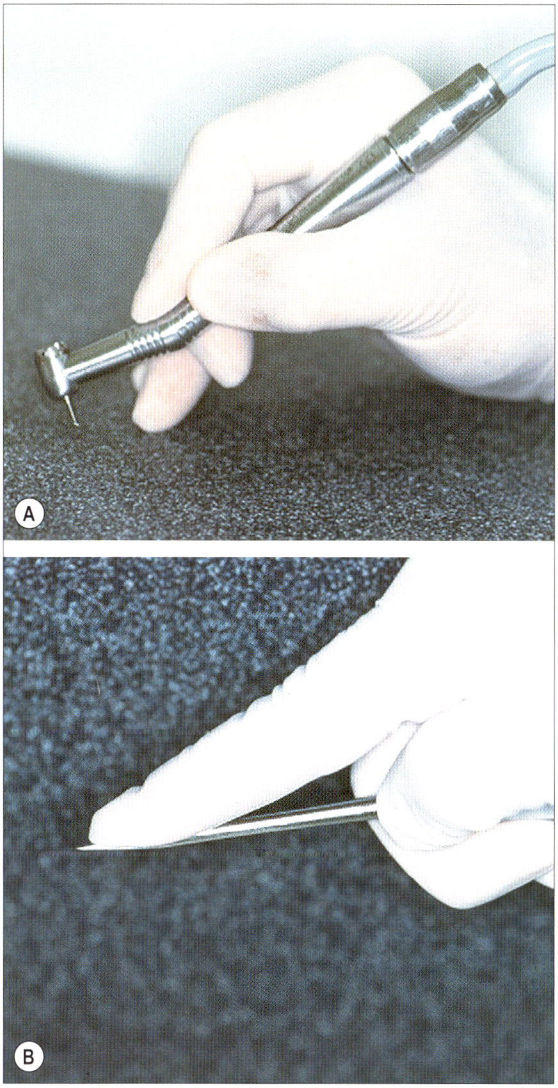

图 9.11　如何握持牙科器械

（A）如图所示，牙科器械通常采用执笔法握持。将无名指和小指放在邻近的组织结构上起到支撑作用并保持稳定，从而减少发生打滑和医源性损伤的风险。（B）可以使用执笔法握持，也可以用上图所示的方法握持。控制器械手柄于手掌内侧并将手指靠近工作端，这可以防止出现手指滑动并最大限度地减少医源性损伤。

## 操作步骤

### 龈上洁刮治术

龈上洁治术可去除齿龈缘上方的牙菌斑和牙结石。可以单独使用手动器械，也可将手动器械与电力洁牙器结合使用完成操作。

建议的步骤如下：

1. 使用骨钳、拔牙钳或牙结石钳（图 9.12）清除明显的牙齿沉积物（布满菌斑的牙结石）。

2. 用尖锐的器械（镰形刮治器或刮匙）清除残留的龈上牙齿沉积物，如图 9.13 所示。

3. 然后使用电动洁牙器（超声波或声波洁牙器）去除残留的牙齿沉积物（图 9.14）。

电动洁牙器会释放热量，若使用不当，很可能造成医源性损伤。牙齿过热时会导致牙本质出现干燥的情况，并对牙髓组织造成损伤。虽然这是一种可逆的牙髓损伤，但也可能恶化发展成牙髓坏死，因此，由此导致的牙髓损伤须及时治疗。在第 8 章中已介绍了牙髓病和根尖周病的病因和发病机制。

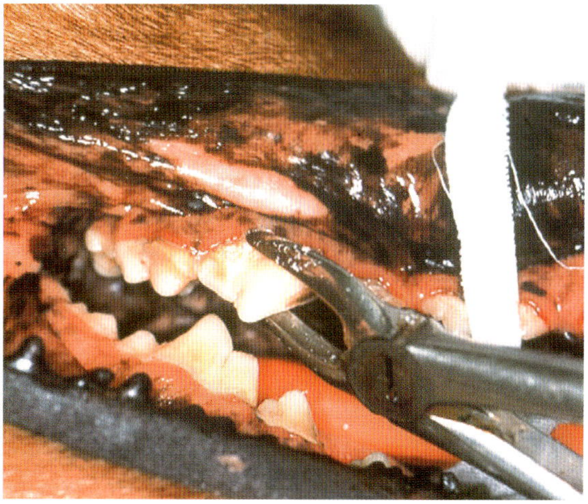

图 9.12　使用拔牙钳清除明显的牙齿沉积物

为避免牙龈损伤请不要使用钳子。

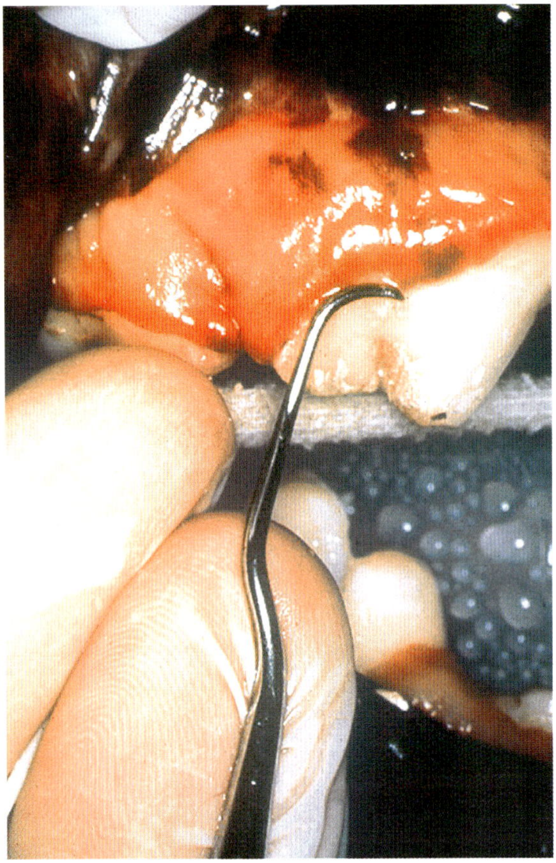

图 9.13　使用手动器械清除龈上的牙齿沉积物
如图所示，医师借助通用刮治器清除牙结石。

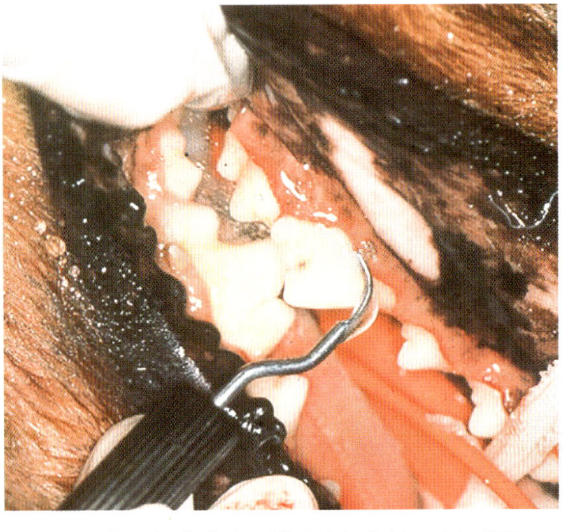

图 9.14　使用超声波洁牙器清除龈上的牙齿沉积物
建议在超声波或声波洁牙治疗时使用牙周用刮治头（镰刀型、通用型）。

使用超声波或声波洁牙机时，应用其工作尖侧面轻触牙齿并在牙齿表面连续移动。为冷却高频震动的工作尖并冲洗碎屑，必须提供足够的冷却水。使用的工作端过尖或施加的压力过大都将导致牙齿表面出现刮痕，并产生过多的热量。根据操作规范，建议每颗牙齿的刮治时长不超过 15 s。若 15 s 内无法完成一颗牙齿的操作，可先刮治其他几颗牙齿，回头再清洁这颗牙齿。这样能保证牙齿有足够的冷却时间。

声波和超声波洁牙器都应该装配尖细的工作尖，如牙周工作尖、镰型工作尖或通用型工作尖。不建议使用大的（宽的）工作尖。尖细的工作尖可以更精准地清除牙齿沉积物，减少对牙釉质的损伤。

## 龈下刮治和根面平整

龈下刮治术是清除齿龈沟或牙周袋内的牙龈下牙菌斑、牙结石和其他沉积物。若牙龈下方未出现牙结石，就不需要进行广泛的龈下刮治。但最好使用牙周探针检测龈下沉积物的状态，一旦发现龈下有沉积物需立即清除。根面平整是指刮除牙根表面受到毒素污染的浅层病变牙骨质。进行根面平整后，牙根表面恢复光滑，不利于斑块沉积，有助于上皮重新附着。龈下刮治术和根面平整后的愈合过程如图 9.15 所示。刮匙可同时完成刮治与根面平整。龈下刮治与根面平整分闭合式（无需翻瓣）和开放式（需翻瓣）。

若患病动物已形成深度超过 4mm 的牙周袋，即使诊疗医师具备十分熟练的操作技能，也无法保证不翻瓣就可直接观察并刮治去除所有龈下沉积物，此时建议采取开放式牙根刮治

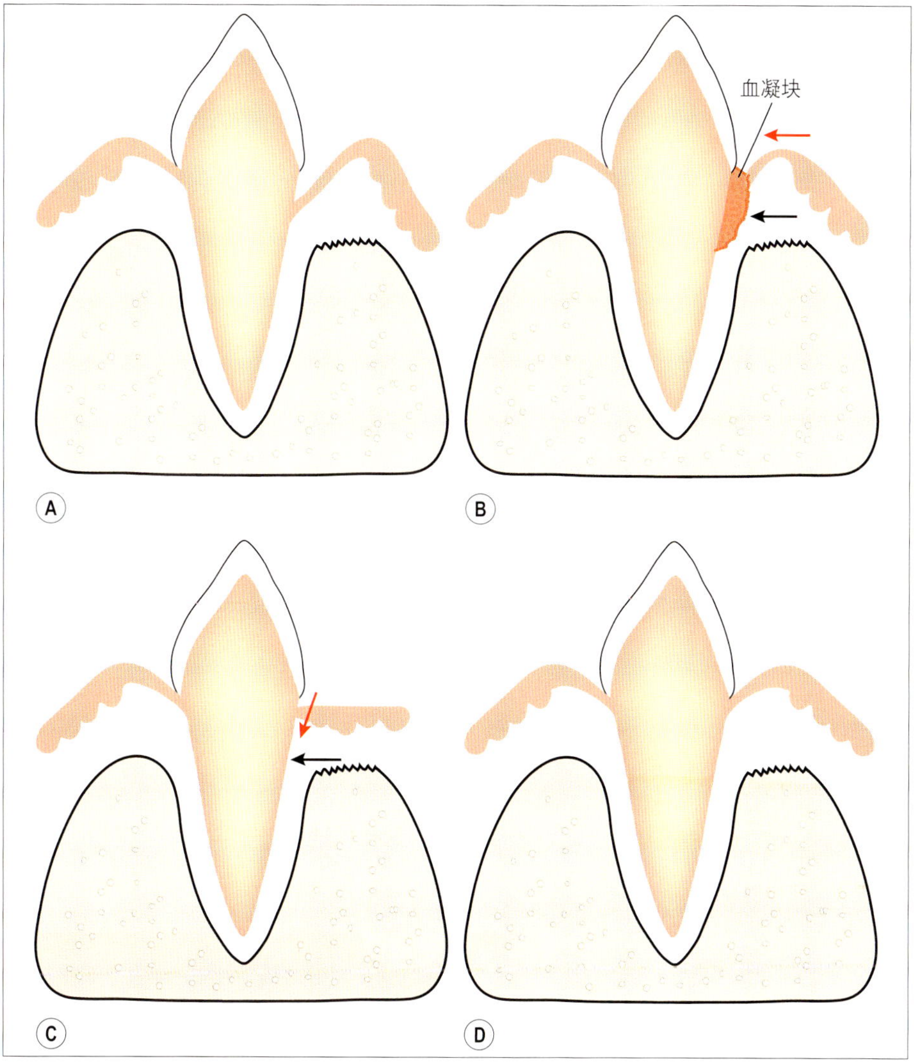


**图 9.15　龈下清创术后的愈合**

（A）龈下清创术前。（B）无论采取闭合型还是开放型龈下刮治术，治疗过程中都需将上皮附着物与牙周袋上皮清除，此时会在牙齿与牙龈结缔组织之间形成血凝块。愈合的开始伴随着上皮与结缔组织的激活和分化。口腔内的牙龈上皮细胞将开始生长，覆盖暴露的结缔组织（红色箭头），结缔组织开始在清洁的根表面形成新的附着（黑色箭头）。（C）上皮组织一旦附着到牙齿表面，便开始向顶部生长（红色箭头），此时上皮细胞向顶部的生长会与结缔组织于牙根表面的附着形成竞争。两者的速度差异决定了上皮组织根尖附着的水平。（D）愈合的最后阶段为上皮的正常附着与齿龈沟的修复。

术。然而，开放式龈下刮治术不是首选方案，只有证明患病动物能受到良好家庭护理时才可采用。

超声波和声波洁牙器是为龈上洁治术设计的。当工作尖深达齿龈沟或牙周袋时，冷却水不再正常供应会导致硬组织和软组织的热损伤。只有在牙龈水肿或手动提供冷却水至牙根时才能快速完成龈下刮治。

龈下刮治应使用特别设计的工作尖（最尖端可出水）以提高安全性，在使用锋利刮匙时一定要仔细谨慎，这也便于充分清除已形成的龈下沉积物。刮匙弯曲刀片上具有锐利的切削刃，并具有圆形尖端。大多数刮匙是双头的，可用于整个牙根周长的测量。刮匙有很多不同的尺寸与形状，我更偏向于使用 Gracey 7/8 和 Columbia 13/14 型号的刮匙。

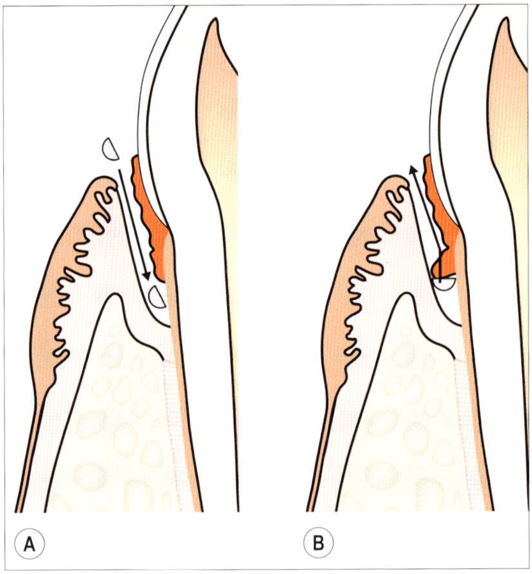


图 9.16　闭合式龈下清创术的步骤

（A）将刮匙插入至牙周袋底部，并保证组织不接触器械的切刃。（B）然后通过旋转器械的手柄将器械的切割刃与牙根面和牙周袋上皮相接触，并将刮匙从该位置的牙周袋中拉出。按上述操作使用刮匙，并环绕牙周重复刮治（主要为垂直刮治，也可以沿水平或倾斜方向刮治，特别是在多颗牙齿的分叉处）。

闭合式龈下清创术

闭合式龈下清创术的步骤如下：

1. 将刮匙插入至齿龈沟或牙周袋的底部，并保证组织不接触器械的切割刃（图 9.16A）。

2. 然后将器械的切割刃与牙根和齿龈沟上皮相接触，并将刮匙从该位置的齿龈沟或牙周袋中拉出（图 9.16B）。

3. 环牙周重复垂直刮治。也可以沿倾斜或水平方向在多根牙齿的分叉区域操作。

4. 在所有牙齿周围重复上述操作。

5. 可以通过牙周探针在牙齿表面滑动（图 9.17）检查所有沉积物是否已被清除干净。牙周探针可以检测到之前遗留下的或未清除干净的牙结石等沉积物，并根据需求做进一步清洁处理。

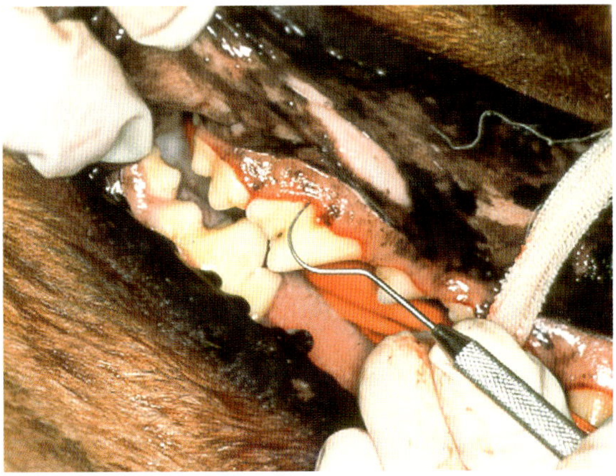

图 9.17　检查是否充分清除龈下沉积物

沿牙龈边缘插入牙周探针，检查牙根表面是否仍残留龈下结石，并根据需要进一步刮治。

带有两个刃口的刮匙还可清除齿龈沟内侧。去除发炎的龈沟上皮称为龈下刮除术。研究表明，控制牙周病的关键不是龈下刮除术。最重要的操作是先去除牙龈下的沉积物后再恢复牙根表面的光滑，即进行龈下刮治和根面平整。

进行龈下清创术（刮治和根部平整）花费的时间较长。治疗有大量牙周袋和龈下沉积物的动物可能需要 1 小时甚至更多的时间。请注意，去除龈下牙菌斑、牙结石、碎屑和含毒素的浅层牙本质以及恢复牙根表面光滑的操作非常重要。仅清除牙周病部位的龈上沉积物起不到任何治疗效果。残留的龈下牙菌斑是牙周病的主要发病原因，所以只处理龈上沉积物无法根治牙周病。

开放式龈下清创术

开放式龈下清创术的步骤如下（图 9.18）：

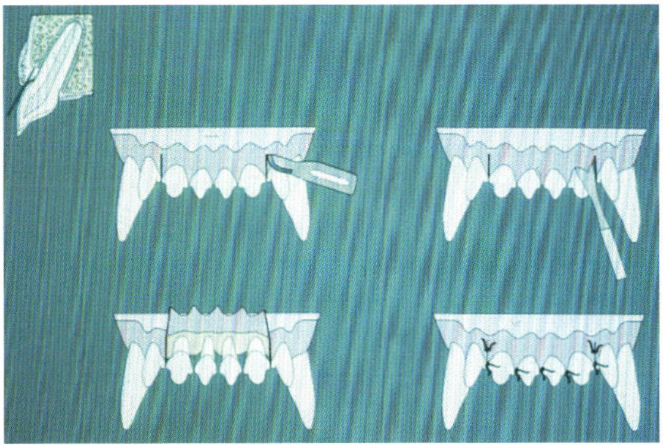

**图 9.18　开放式龈下清创术的步骤**

（A）切割上皮附着物。（B）在原切口的任一侧上做切口暴露牙龈。（C）使用骨膜剥离器将附着的牙龈从下面的骨膜上剥离下来。（D）轻轻拨开黏膜瓣，暴露出牙根表面与牙槽骨。然后对暴露的牙根表面进行刮治和抛光。也可以进行小型骨整形术。（E）黏膜瓣恢复原位并进行缝合。

1. 将外科手术刀片（11 号或 15 号）沿牙根顶端方向插入齿龈沟，切割附着上皮直至牙槽骨脊。使用手术刀片方便控制。

2. 在原切口的任一端进行垂直切割。

3. 使用骨膜剥离器将附着的牙龈从骨膜上剥离下来。通常剥离的黏膜瓣不超出黏膜牙龈线。

4. 轻轻拨开黏膜瓣，暴露出牙根表面与牙槽骨。在整个过程中应该温和操作。

5. 可以单独使用手动器械，也可以结合使用手动器械与电动刮刀来刮治暴露出的牙根表面，并进行抛光。骨剪、带有冷却水的慢速或高速手机的钻头可用于小型骨整形术，例如去除尖锐骨刺。

6. 用生理盐水或稀释的氯己定将创面冲洗干净，并将切开的黏膜瓣恢复至原位并进行缝合。颊部黏膜瓣与腭或舌侧的黏膜在两个相邻牙齿中间进行间断缝合。保证所有切口都被闭合。缝线使用可吸收材料。为避免缝合时撕裂牙龈，推荐使用带针缝线。

**抛光**

即使操作得当，刮治术也会造成牙齿的轻微损伤。刮伤导致的粗糙表面更利于菌斑沉积。抛光可以磨平粗糙表面，并有助于清除残留的菌斑和污迹。

通过将抛光杯安装在慢速旋转的低速手机上，并选用合适研磨的抛光膏涂擦到牙齿表面来进行抛光。为避免高速摩擦产生大量热量，抛光机的手机转速要低于 1 000r/min。抛光时操作不当很容易产生大量热量，这可能会导致严重的牙髓病变。轻轻地将抛光杯内的抛光膏涂抹到牙齿表面，即略加压力，使抛光杯低速摩擦牙齿表面。抛光杯在每个牙齿表面持续移动几秒钟。抛光杯的喇叭形边缘可以用于龈下的轻度抛光，注意操作避免进一步的牙龈损伤。如图 9.19 所示。使用菌斑显色剂有助于检查牙齿表面的菌斑清洁度。

牙周袋内的牙根表面无法进行抛光操作（除非采取开放式龈下清创术），若要保证牙根表面的光滑，必须进行彻底（注意不要过度）的根面平整。

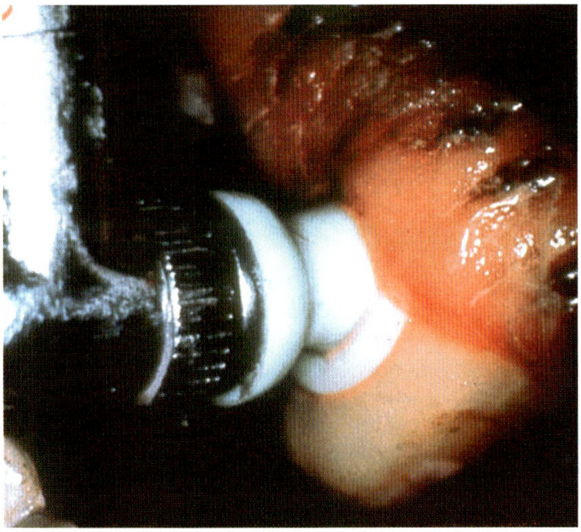

图 9.19 龈上抛光
抛光可以平滑牙齿表面，并有助于清除残留的牙菌斑和着色的表层。临床上大多选择在抛光操作后使用菌斑显色剂检查菌斑的清洁度。这有助于检测并去除任何残留的牙齿沉积物。

### 龈沟冲洗

龈沟冲洗指用生理盐水或稀释的氯己定缓慢冲洗齿龈沟或病理性牙周袋，目的是除去所有游离的菌斑、碎屑。在处理较深的牙周袋时，四处漂浮的菌斑、碎屑可能会堵塞牙周袋，甚至形成牙周脓肿，所以龈沟冲洗非常关键。可使用钝头针、鼻泪管冲洗针或 Water Pik 装置冲洗龈下。

### 牙周手术

牙周手术包括牙龈切除术（牙龈成形术），各种皮瓣手术和骨科手术。进行牙周手术的主要目的是通过清除牙菌斑和控制牙菌斑生长来保护牙周组织。牙周手术可以通过以下方式来实现对牙周组织的保护：

1. 通过专业的刮治术和根面平整术来实现。

2. 通过家庭护理操作控制菌斑的生成，建立牙龈形态学。

牙周手术绝不是牙周病的首选治疗方法。正如本章所述，治疗牙周病的首要步骤是先解决病因。必须对对因治疗效果进行评估。若主人不能保证宠物维持良好的口腔卫生，那么为了动物的健康不建议采取牙周手术。

事实上，兽医牙科临床中很少进行牙周手术（不能保证患病动物的口腔健康），本书只介绍牙龈成形术这一种牙周手术。

### 牙龈成形术

牙龈成形术是指通过切除牙龈或重塑牙龈的解剖形态来移除牙周袋。旨在治疗牙龈增生。在这种情况下，应切除增生的牙龈组织，只保留正常深度的健康牙龈。

牙龈成形术的步骤如下（图 9.20）：

1. 使用有刻度的牙周探针或牙周袋记号镊

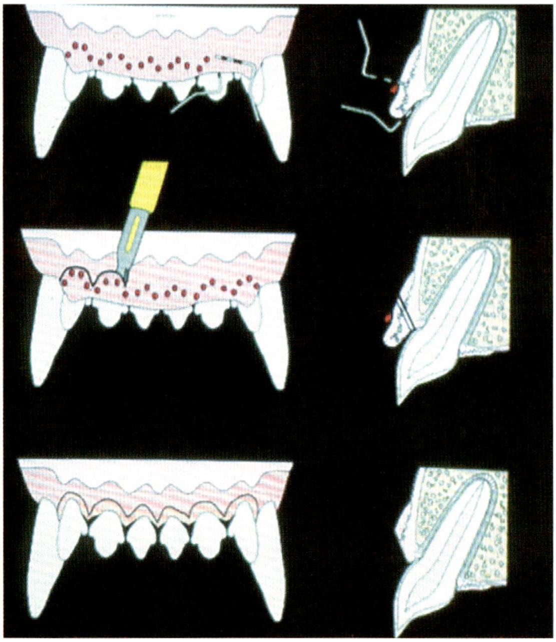

图 9.20 治疗牙龈增生的牙龈成形术步骤
（A）使用牙周探针测量和标记龈袋深度。（B）用手术刀片（S）或电刀（E）制作斜角切口。（C）最终结果：重建出正常的牙龈扇形边界。

测量牙周袋深度。将探针从牙周袋中取出并靠在牙龈的外表面以显示牙周袋的深度。然后水平旋转探针的尖端，使尖端刺破牙周袋底部位置，产生一个出血点进行标记。当使用牙周袋记号镊时，器械的探测端平行于牙齿的长轴放置。当插至牙周袋底部时，闭合镊子尖端，刺穿牙龈，使软组织外表面产生一个出血点。环绕牙周袋周围重复上述操作，在每颗牙齿周围的几个位置上制造出血点。

2. 使用 11 号或 15 号手术刀片或电刀制作斜向切口，连接出血点，重新形成正常牙龈解剖结构的扇形边缘。斜向切口朝向牙周袋的底部或稍偏向结合上皮朝顶端延伸的方向。当使用电刀时，术者需预先考虑好术后牙龈上皮会产生 1 mm 的脱落现象。启动电极前要将切割模式的功率设置成能够满足切割的最低值，并按照所需的角度轻划牙龈。如果设置合适，切面应为粉红色的，不流血。若设置值偏高，切面就会变为白色。为避免牙齿过热，电极在一颗牙齿上停留的时间不应超过 5 s。

3. 使用刮匙或刮刀小心地刮除切开的组织。剩下的一些被标记的组织可以很容易地使用刮匙或手术剪清除掉。

4. 用纱布片和指压法控制出血。需仔细对牙冠和暴露出的牙根表面进行刮治和抛光操作。

进行牙周手术后的动物会感到不适，并且需要在术后的几天内使用镇痛药。最关键的是，牙齿表面不允许形成牙菌斑，因为这会干扰愈合。经牙周手术的动物不能立即刷牙，需要使用一些化学药物控制牙菌斑的生长。其中一种有效的方案是在第 1 周，每天使用沾有葡萄糖酸氯己定凝胶的纱布涂抹牙齿两次，然后在第 2 周每天使用一次凝胶，同时配合刷牙。

除了伤口中心有一颗牙齿外，牙龈成形术的伤口愈合与单纯软组织的伤口愈合类似。在愈合过程中的炎性反应阶段，下方牙槽骨会有轻微的吸收。表面上看，上皮细胞生长到牙齿时就完成了愈合。然而，这种上皮很薄，没有角化，并且尚未正常附着到牙齿上。牙龈成形术中伤口愈合的上皮形成期比单纯软组织的愈合时间更长。正常的牙龈解剖结构（附着上皮、齿龈沟、角化的牙龈上皮）会发生缓慢的重形成，结缔组织逐渐再生。在治疗过程中务必控制牙菌斑生成。骨再生通常不会在上皮形成期出现。

## 慢性龈口炎

慢性龈口炎（CGS）是一种以牙龈和口腔黏膜局灶性或弥漫性慢性炎症为特征的临床综合征。犬可发生慢性龈口炎，但猫为主要发病群体（Gaskell and Gruffydd-Jones, 1977; Johnessee and Hurvitz, 1983; Williams and Aller, 1992）。临床上 CGS 常表现包括血清球蛋白升高，主要是血清丙种球蛋白过多（Zetner et al., 1989; White et al., 1992），以及由浆细胞、淋巴细胞、巨噬细胞和嗜中性粒细胞组成的黏膜下炎性浸润（Johnessee and Hurvitz, 1983; Reindel, 1987; Hennet, 1997）。已经有一些学者认为患有慢性龈口炎的猫出现血清球蛋白升高和黏膜下炎性浸润存在一定的免疫学基础（Johnessee and Hurvitz, 1983; Williams and Aller, 1992; Sato et al., 1996）。迄今为止，尚未发现患 CGS 的猫有潜在的内在免疫异常；然而，这可能仍是免疫介导性疾病。根据临床研究猜测，慢性龈口炎可能与各种潜在的病毒有关，特别是杯状病毒（Thompson et al., 1984; Knowles et al., 1989,

1991; Yamamoto et al., 1989; Gruffydd-Jones, 1991; Tenorio et al., 1991; Waters et al, 1993）以及革兰氏阴性厌氧菌（Love et al., 1989; Sims et al., 1990）。然而，目前对这些假定病原体复制疾病的尝试尚未得出定论。

感染猫免疫缺陷病毒（FIV）的最常见征兆是口腔炎症。然而，大多数 CGS 检测结果为 FIV 阴性的案例需要排除。在最初的检查中还需要排除猫白血病病毒（FeLV）感染。猫杯状病毒（FCV）在 CGS 发展病过程中的作用尚不清楚。感染 CGS 的猫几乎 100% 都携带 FCV，相较而言未发生 CGS 的猫只有 25% 的 FCV 感染率，这表明带毒状态可能是诱发慢性口炎的先决条件。然而，从患有 CGS 的猫中分离出 FCV 后，将其接种到无特定病原体的猫身上，产生了急性杯状病毒感染的迹象，但无 CGS 症状，这表明口腔炎症的发展是由其他因素决定的。拔除患有 CGS 的 FCV 阳性猫的全部或大部分牙齿后，通常 CGS 的症状消失，且随后牙菌斑逐渐减少，这一现象表明还有其他抗原刺激也参与了该疾病的发病过程。这些抗原可能是与刺激牙菌斑生长有关的全部细菌和病毒，对 CGS 的病情发展有重要意义。

## 临床症状

CGS 临床可表现为局灶性或弥漫性炎症。临床表现模式已确定如下（Harvey, 1990）。

### 伴有口腔炎的牙龈炎（图 9.21）

牙龈炎症多从牙龈黏膜交界处延伸至颊侧，很少延伸至腭 / 舌侧黏膜。病变通常是对称的，前臼齿区和臼齿区比切齿区和犬齿区更容易发炎。

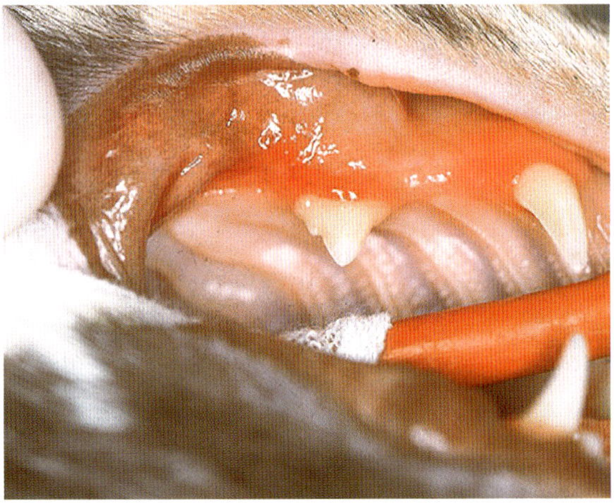

**图 9.21　伴有口腔炎的牙龈炎**

牙龈炎症多从牙龈黏膜交界处延伸至颊部，很少延伸至腭 / 舌部黏膜。

### 伴有牙龈炎的口腔炎（图 9.22）

口腔黏膜部位的炎症反应比真正由牙龈炎引起的炎症反应更严重。具体而言，腭舌皱褶发炎，但可能表现为牙龈和 / 或颊黏膜的广泛溃疡或肉芽肿。硬腭或舌头的黏膜很少受到影响。与主要表现为牙龈炎症状的猫相比，患有此病的猫更容易出现口腔不适的症状。

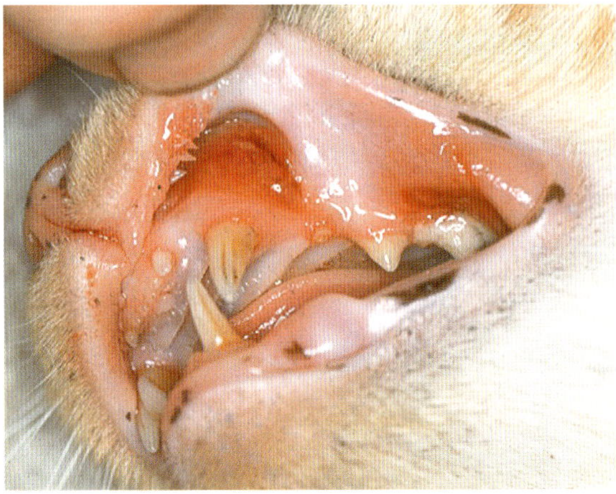

**图 9.22　伴有牙龈炎的口腔炎**

图示中口腔黏膜部位的炎症反应比真实情况下牙龈发生的炎症反应更严重。与主要表现为牙龈炎症状的猫相比，患有此病的猫更容易出现口腔不适的症状。

### 咽喉炎

“咽喉炎”不是一个正规用语。根据定义，“咽喉”是腭舌肌褶皱内侧的区域。通常称为咽喉炎的炎症主要限制在腭舌皱褶和皱褶侧面的区域（图 9.23）。仔细检查时，前臼齿和臼齿区几乎总是出现牙龈炎的症状。

请注意，这些仅仅是炎症分布上的差异，不能诊断为不同的疾病。咽喉炎常常存在病变区域重叠的情况，患病动物呈现一种或所有的炎症反应。

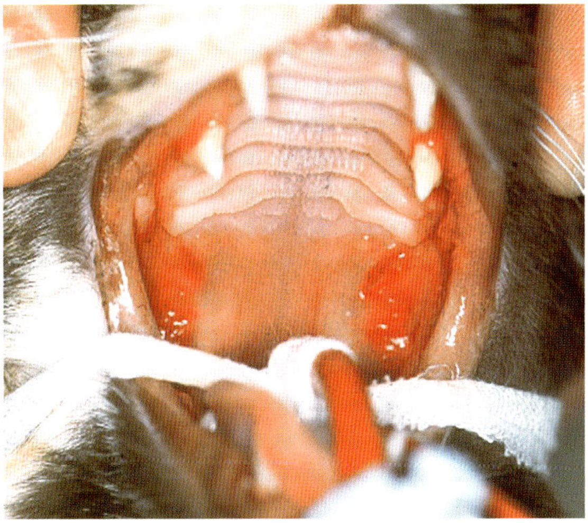

图 9.23 “咽喉炎”
“咽喉炎”一词不是一个正规用语。根据定义，“咽喉”是腭舌肌褶皱内侧的区域。通常称为咽喉炎的炎症主要限制在腭舌皱褶和皱褶侧面的区域。仔细检查时，前臼齿和臼齿区几乎总是出现牙龈炎的症状。

## 诊断

在接受任何治疗之前，患有慢性口炎的猫都需要进行彻底的检查（Gorrel, 2008）。

这种检查不是为了做出诊断，而是试图找出潜在病因。最简易的诊断检查需要包括 FIV 和 FeLV 检测，血常规和血液生化检查，全面的口腔和牙齿检查（包括全口 X 线片，以确定是否存在牙周病、吸收性病变、牙根残留或其他病变）。当动物患有全身性疾病，例如慢性肾功能衰竭和糖尿病时，会在牙菌斑存在的情况下导致严重的牙龈炎症，这些都必须在专业的牙科治疗之前进行排除。其他检查包括检测 FCV 和病变组织的活组织检查。

我只有在拔除患病猫的所有或大部分牙齿后病情仍未得到改善时，才会检测 FCV。只有当 FCV 检测结果呈阳性时（几乎是 100%）才会进行干扰素治疗。只有在病变区域不对称时，才对组织进行活检和组织病理学检查。活检并不是为了诊断 CGS，而是可以帮助排除其他病因，如临床上与 CGS 症状相似的鳞状细胞癌。

## 治疗选择

过去的经验证明，慢性龈口炎很难根治，加之现今对 CGS 的发病机制了解不足，经常只能根据经验来拟定治疗方案（Hennet, 1997; Harley et al., 1999）。

目前建议对患有 CGS 的猫进行牙周治疗和家庭护理相结合的方案，并通过这种方式将牙菌斑沉积保持在最低限度。这对某些猫来说，有助于减轻炎症反应。但不幸的是，大多数猫不会很好地配合家庭护理措施而牙菌斑的再形成会超过临界水平。这些猫需要拔除前臼齿和臼齿。对于其中的某些猫，所有的牙齿都需要拔除（图 9.24）。目前拔除前臼齿与臼齿的效果最为可靠（Hennet, 1997），临床上得到治愈或有显著改善的猫高达 80%。对于另外 20% 拔牙治疗后无明显改善的猫可以用消毒剂，间歇应用抗生素或干扰素治疗。

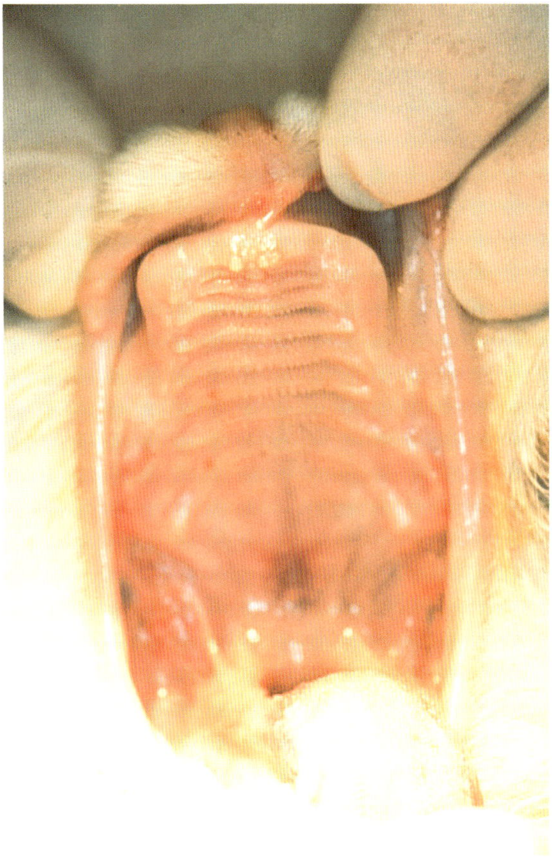

图 9.24　根治性拔除术的结果

彻底拔除除两个上颌切齿外的所有牙齿后，经过 1 个月的恢复，口腔黏膜不再发炎。主人难以接受猫的牙齿被全部拔除，所以根据主人需求，保留前两颗切齿。这只猫仍可以采食硬质食物，但需要投喂。

在使用干扰素之前应进行 FCV 的检测，并监测病毒动态以便掌握治疗结果。只有对于前臼齿与臼齿拔除后症状仍未改善的 FCV 阳性猫，才要使用干扰素。在没有进行手术治疗（拔除）的情况下使用干扰素并没有显著效果。

总之，患有慢性龈口炎的猫通常极其难受。我们应该尽力去确定并消除 / 治疗引起重度口腔炎症的任何潜在病因。全口 X 线片是诊断工作的必要组成部分。在明确并治疗猫的潜在病因后（即全身或口腔疾病），口腔炎症通常会消退（Gorrel, 2008）。若无法确定猫重度口腔炎症的潜在病因，拔牙（首先是所有的前臼齿和臼齿，但其实所有的牙齿都需要拔除）是首选的治疗方案。如果 CGS 在拔牙后仍然存在，并且猫对 FCV 呈阳性，则应采取干扰素治疗。

## 狗的慢性龈口炎

犬的 CGS 相比于猫的较少见。通常认为犬的 CGS 是对牙齿表面存在的菌斑细菌等口腔抗原的不当反应。即便不能排除如天疱疮和类天疱疮或盘状红斑狼疮等囊泡性疾病，也一定要在检查诊断前先控制牙菌斑。

## 笔者处理犬 CGS 的方式：

1. 当动物患有全身疾病时，牙菌斑沉积更容易导致严重的牙龈炎症，应进行血常规和生化检查排除全身性疾病的影响，如内分泌疾病或肾脏疾病。
2. 进行全面仔细的口腔检查，确诊重度口腔炎症的病因，如牙根残留、牙周病或其他病理变化。
3. 牙周治疗（刮治和抛光）和治疗病理损伤，即拔除残根，拔除受牙周病影响的牙齿。
4. 制定日常家庭护理方案（用物理和化学的方法控制牙菌斑）。
5. 评估各种治疗方法的效果。

大多数情况下，按照上述方法治疗的动物都会恢复正常。在某些情况下，动物主人无法有效控制牙菌斑，这时可以选择性地拔除某些牙齿，以保证口腔黏膜的健康与清洁。在极少数情况下，例如对于一只具有攻击性的狗，家庭护理工作难以展开，可能需要拔除所有的牙齿。

家庭护理需要每日刷牙并根据需要使用氯己定冲洗口腔，便于维持口腔黏膜的健康。只要牙菌斑控制得当，普遍预后良好。主人一定要意识到，如果他松懈下来，那么动物的龈口炎将在几周内复发。

## 治疗龈口炎的总结

* 患有慢性龈口炎的犬猫通常痛苦不堪。
* 应该尽力确定并消除或治疗重度口腔炎症的任何潜在原因。
* X 线片是诊断工作的必要组成部分。
* 初始治疗包括牙周治疗，结合一些必需的补充治疗（通常是患病牙齿的拔除）和家庭护理。也可能需要进行皮质类固醇和/或抗生素治疗。
* 在家庭护理不足或病因不明的情况下，拔牙是首选的治疗方案。
* 对于拔牙后无改善且 FCV 呈阳性的猫，可采用干扰素治疗。

# 参考文献


[1] Allen, D.L., Kerr, D.A., 1965. Tissue response in the guinea pig to sterile and non-sterile calculus. Journal of Periodontology 36, 121–126.

[2] DeBowes, L.J., Mosier, D., Logan, E., et al., 1996. Association of periodontal disease and histologic lesions in multiple organs from 45 dogs. Journal of Veterinary Dentistry 13（2）, 57–60.

[3] Egelberg, J., 1965. Local effects of diet on plaque formation and gingivitis development in dogs. 2. Effect of frequency of meals and tube feeding. Odontolisk Revy 16, 50–60.

[4] Engebretson, S.P., Lamster, I.B., Herrera-Abrev, M., et al., 1999. The influence of interleukin gene polymorphism on expression of interleukin-1 β and tumor necrosis factor- α in periodontal tissue and gingival crevicular fluid. Journal of Periodontology 70, 567–573.

[5] Gaskell, R.M., Gruffydd-Jones, T.J., 1977. Intractable feline stomatitis. Veterinary Annual 17, 195–199.

[6] Gorrel, C., 2008. Chronic gingivostomatitis. In: Saunders Solutions in Veterinary Practice – Small Animal Dentistry. Saunders/Elsevier, Philadelphia, pp. 77–104.

[7] Gruffydd-Jones, T.J., 1991. Gingivitis and stomatitis. In: August, J.R.（Ed.）, Consultations in Feline Internal Medicine. WB Saunders, Philadelphia, pp. 387–402.

[8] Hamp, S.E., Olsson, S., Farso-Madsen, K., et al., 1984. A macroscopic and radiologic investigation of dental diseases in dogs. Veterinary Radiology 25, 86–92.

[9] Harley, R., Gruffydd-Jones, T.J., Day, M.J., 1999. Clinical and immunological findings in feline chronic gingivostomatitis. In: Proceedings of the 11th British Veterinary Dental Association's Annual Scientific Meeting, Birmingham, UK.

[10] Harvey, C.E., 1990. Feline oral pathology, diagnosis and management. In: Crossley, D.A., Penman, S.（Eds.）, Manual of Veterinary Dentistry. BSAVA, Cheltenham, pp. 129–138.

[11] Hennet, P.R., 1997. Chronic gingivostomatitis in cats:

long term follow-up of 30 cases treated by dental extractions. Journal of Veterinary Dentistry 14（1），15–21.

[12] Hennet, P.R., Harvey, C.E., 1991. Anaerobes in periodontal disease in the dog: a review. Journal of Veterinary Dentistry 8（2），18–21.

[13] Johnessee, J.S., Hurvitz, A.I., 1983. Feline plasma cell gingivitispharyngitis. Journal of the American Animal Hospital Association 19, 179–181.

[14] Kinane, D.F., Lindhe, J., 1997. Pathogenesis of periodontitis. In: Lindhe, J., Karring, T., Lang, N.P.（Eds.），Clinical Periodontology and Implant Dentistry. Munksgaard, Copenhagen, pp. 189–225.

[15] Knowles, J.O., Gaskell, R.M., Gaskell, C.J., et al., 1989. Prevalence of feline calicivirus, feline leukaemia virus and antibodies to FIV in cats with chronic stomatitis. Veterinary Record 124, 336–338.

[16] Knowles, J.O., McArdle, F., Dawson, S., et al., 1991. Studies on the role of feline calicivirus in chronic stomatitis in cats. Veterinary Microbiology 27, 205–219.

[17] Kornman, K.S., Crane, A., Wang, H.Y., et al., 1997. The interleukin 1 genotype as a severity factor in adult periodontal disease. Journal of Clinical Periodontology 24（1），72–77.

[18] Listgarten, M.A., Ellegaard, B., 1973. Electron microscopic evidence of a cellular attachment between junctional epithelium and dental calculus. Journal of Periodontal Research 8, 143–150.

[19] L e, H., Theilade, E., Jensen, S.B., 1965. Experimental gingivitis in man. Journal of Periodontology 36, 177–187.

[20] Loesche, W.J., 1979. Clinical and microbiological aspects of chemotherapeutic agents used according to the specific plaque hypothesis. Journal of Dental Research 58, 2404–2414.

[21] Love, D.N., Johnson, J.L., Moore, L.V., 1989. Bacteroides species from the oral cavity and oral associated diseases of cats. Veterinary Microbiology 19（3），275–281.

[22] Love, D.N., Vekselstein, R., Collings, S., 1990. The obligative and facultatively anaerobic bacterial flora of the normal feline gingival margin. Veterinary Microbiology 22（2–3），267–275.

[23] Mallonee, D.H., Harvey, C.E., Venner, M., et al., 1988. Bacteriology of periodontal disease in the cat. Archives of Oral Biology 33（9），677–683.

[24] Mombelli, A., Nyman, S., Bragger, U., et al., 1995. Clinical and microbiological changes associated with an altered subgingival environment induced by periodontal pocket reduction. Journal of Clinical Periodontology 22（10），780–787.

[25] Nyman, S., Sarhed, G., Ericsson, I., et al., 1986. Role of ‘diseased’ root cementum in healing following treatment of periodontal disease. An experimental study in the dog. Journal of Periodontal Research 21（5），496–503.

[26] Nyman, S., Westfelt, E., Sarhed, G., et al., 1988. Role of ‘diseased’ root cementum in healing following treatment of periodontal disease. A clinical study. Journal of Clinical Periodontology 15（7），464–468.

[27] Reichart, P.A., Durr, U.M., Triadan, H., et al., 1984. Periodontal disease in the domestic cat: a histopathologic study. Journal of Periodontal Research 19（1），67–75.

[28] Reindel, J.F., Trapp, A.L., Armstrong, P.J., et al., 1987. Recurrent plasmacytic stomatitis–pharyngitis in a cat with esophagitis, fibrosing gastritis and gastric nematodiasis. Journal of the American Veterinary Medical Association 190（1），65–67.

[29] Sato, R., Inanami, O., Tanaka, Y., et al., 1996. Oral administration of bovine lactoferrin for treatment of intractable stomatitis in feline immunodeficiency virus（FIV）– positive and FIV–negative cats. American Journal of Veterinary Research 57（10），1443–1446.

[30] Sims, T.J., Moncla, B.J., Page, R.C., 1990. Serum antibody response to antigens of oral Gram–negative bacteria in cats with plasma cell gingivitisstomatitis.

Journal of Dental Research 69(3), 877–882.

[31] Socransky, S.S., Haffajee, A.D., Smith, D.L., et al., 1987. Difficulties encountered in the search for the etiologic agents of destructive periodontal disease. Journal of Clinical Periodontology 14(10), 588–593.

[32] Tenorio, A.T., Franti, C.E., Madewell, B.R., et al., 1991. Chronic oral infection of cats and their relationship to persistent oral carriage of feline calici, immunodeficiency, or leukaemia viruses. Veterinary Immunology and Immunopathology 29(1–2), 1–14.

[33] Theilade, E., 1986. The non-specific theory in microbial etiology of inflammatory periodontal diseases. Journal of Clinical Periodontology 13(10), 905–911.

[34] Theilade, E., Wright, W.H., Jensen, S.B., et al., 1966. Experimental gingivitis in man. II. A longitudinal clinical and bacteriological investigation. Journal of Periodontal Research 1, 1–13.

[35] Thoden van Velzen, S.K., Abraham–Inpijn, L., Moorer, W.R., 1984. Plaque and systemic disease: a reappraisal of the focal infection concept. Journal of Clinical Periodontology 11(4), 209–220.

[36] Thompson, R.R., Wilcox, G.E., Clark, W.T., Jansen, K.L., 1984. Association of calicivirus infection with chronic gingivitis and pharyngitis in cats. Journal of Small Animal Practice 25, 207–210.

[37] Waerhaug, J., 1956. Effect of rough surfaces upon gingival tissues. Journal of Dental Research 35, 323–325.

[38] Waters, L., Hopper, C.D., Gruffydd- Jones, T.J., et al., 1993. Chronic gingivitis in a colony of cats infected with feline immunodeficiency virus and feline calicivirus. Veterinary Record 132(14), 340–342.

[39] White, S.D., Rosychuk, R.A., Reinke, S.I., et al., 1992. Plasma cell stomatitispharyngitis in cats: 40 cases (1973–1991). Journal of the American Veterinary Medical Association 200(9), 1377–1380.

[40] Williams, C.A., Aller, M.S., 1992. Gingivitis/stomatitis in cats. In: Harvey, C.E. (Ed.), Feline Dentistry. Veterinary Clinics of North America: Small Animal Practice. WB Saunders, Philadelphia, pp. 1361–1383.

[41] Yamamoto, J.K., Hansen, H., Ho, E.W., et al., 1989. Epidemiologic and clinical aspects of feline immunodeficiency virus infection in cats from the continental United States and Canada and possible mode of transmission. Journal of the American Veterinary Medical Association 194(2), 213–220.

[42] Zetner, K., Kampfer, P., Lutz, H., Harvey, C., 1989. Comparative immunological and virological studies of chronic oral diseases in cats. Weiner Tierarztliche Monatsschrift 76, 303–308.

## 延伸阅读

[1] Gorrel, C., 2008. Periodontal disease. In: Saunders Solutions in Veterinary Practice – Small Animal Dentistry. Saunders/Elsevier, Philadelphia, pp. 31–76.

[2] Gorrel, C., 2008. Chronic gingivostomatitis. In: Saunders Solutions in Veterinary Practice – Small Animal Dentistry. Saunders/Elsevier, Philadelphia, pp. 77–104.

# 第 10 章

# 预防口腔医学

## 简介

口腔疾病与牙科疾病通常会引起患病动物的不适，其中很多会导致动物衰弱。大多数主人不会定期检查动物口腔的健康状况，通常在疾病病程的晚期才得以诊断，此时动物口腔已经表现出明显的不适或疼痛的迹象。

预防始终优于治疗，其实仅通过一些简易措施就可以预防大多数口腔和牙科疾病。可以预防（完全或部分）的常见疾病包括：

- 牙周疾病。
- 龋齿。
- 过度磨损。
- 齿折。
- 某些类型的咬合不正。

## 牙周疾病

第 9 章详细介绍了牙周病的流行病学、病因、发病机制和治疗方法。本章将讨论每一只犬猫都应积极采取的预防措施。

牙周病的预防（和治疗）包括以下两个方面：

1. 维持口腔卫生。
2. 专业的牙周治疗。

维持口腔卫生由宠物主人在家中进行操作。这一操作也称为家庭护理。家庭护理的目标是去除或至少减少牙齿表面牙菌斑的积聚，即菌斑控制。通过多种家庭护理措施来充分控制牙菌斑的生长状况可以达到预防和长期控制牙周病的目的。

专业的牙周治疗是在全身麻醉下进行的，包括：

- 龈上和龈下刮治。
- 根面平整术。
- 牙齿抛光。
- 龈下冲洗。
- 拔除不可修复的牙齿。
- 在特定情况下的牙周手术。

任何牙周治疗都是快速短效的，只有保持有效的家庭护理才能达到预期的预防效果。事实上，如果在专业牙周治疗后没有进行家庭护理，那么牙菌斑将会迅速再生成，疾病将会进一步发展。研究表明，若患病动物在牙周治疗后的三个月内不进行家庭护理，其牙龈炎的评分与治疗前的评分相当（Gorrel and Bierer, 1999）。

### 保持口腔卫生

#### 主人须知

必须向宠物主人全面解释牙周病的病因

（牙菌斑）和影响（不适、疼痛、长期感染过程、牙齿脱落、全身并发症的可能性）（专栏 10.1）。主人必须意识到家庭护理是预防和治疗牙周病最重要的组成部分。主人需要担负起维持宠物口腔卫生的责任，即保持牙菌斑沉积程度在一个与牙周健康相适应的水平。只要制定了合理的家庭护理方案，主人就需要进行持续的监测并不断强化护理措施。兽医护士可为主人在知识普及教育、检查宠物是否顺从，以及加强家庭护理需求方面提供帮助。

但是主人必须认识到，即使进行家庭护理，也要定期进行专业牙齿清洁。专业清洁间隔视每只动物的情况而定。良好的家庭护理可以大大延长专业清洁的间隔时间。可以通过类比人的牙齿清洁情况制订专业计划，即虽然大多数人每天都会刷牙，但仍需要定期进行牙科检查和专业的牙周治疗（最低程度的洁牙和抛光）。

### 刷牙

众所周知，刷牙是清除牙菌斑最有效的办法。针对犬的研究表明，实验诱发的牙龈炎（Tromp et al., 1986）和自然发生的牙龈炎（Gorrel and Rawlings, 1996a），都可通过每日刷牙来有效地恢复牙龈健康。在一项对比格犬（Lindhe et al., 1975）进行的为期 4 年的研究表明，口腔卫生不良时，牙菌斑将沿牙龈边缘迅速积聚，并会在几周内出现牙龈炎。在相同条件下，饲喂相同饮食但每天刷牙的犬未出现牙龈炎的临床症状。未进行每日刷牙清洁的实验组中，大多数犬的牙龈炎会恶化成牙周病。

刷牙是控制牙菌斑的“黄金标准”。应该尽一切努力让每个宠物主人承诺每天为他们的宠物刷牙。刷牙是否成功取决于宠物是否配合，以及主人的积极性和技术能力。应尽可能早地逐渐将刷牙作为动物日常生活的一部分。通常情况下，成年猫比成年犬更难接受刷牙，但只

#### 专栏 10.1 一些给主人的实用建议

* 为预防疾病进一步恶化，尽可能早地开始给宠物刷牙。乳齿会脱落，随后由恒牙替代。因此，对于幼龄宠物的乳齿，刷牙的意义并不大，但在恒齿萌出后刷牙效果十分显著。此外，训练幼龄犬猫刷牙比中老龄动物更容易。
* 要让动物感到舒适，牙刷应从侧面而不是从前面进入。
* 从少量牙齿开始（因为宠物不喜欢鼻子上扬，而嘴角很容易回缩，所以先从前臼齿和臼齿着手，而不是切齿），并逐渐增加每次清洁的牙齿数量，直到可以清洁口腔中的全部牙齿。
* 最初，不需要完全打开口腔。主要用牙刷清洁牙齿的颊面即可，特别是牙龈缘。
* 当动物习惯了牙齿颊面的刷洗操作后，再尝试打开口腔，仔细清洁牙齿的腭面和舌面。若动物不接受打开口腔的刷牙操作，需继续对其牙齿颊面进行清洁。然而，如果主人始终不刷洗牙齿腭侧和舌侧表面，内侧的牙菌斑会恶化成牙龈炎（Ingham and Gorrel, 2001），甚至出现牙周病。
* 在刷牙结束时提供奖励，例如，一次游戏或散步。
* 把刷牙作为日常打理的一部分。如果将家庭护理作为日常惯例的一部分，像投饲、散步、梳洗一样形成习惯，这更容易被老龄动物所接受。主人也更容易记住每天的操作流程。
* 在为小型犬猫刷牙时，主人可以将其置于大腿上，同时拥抱宠物身体，以减少它们的恐惧；或者由两人共同完成操作，一人环抱并约束宠物，另一人执行刷牙操作。还有一些宠物较为适应“梳洗台”环境。

要有耐心和毅力，大多数猫还可以接受一定程度的家庭护理。与此相反，幼猫比幼犬更容易接受刷牙。

**牙刷**。有种类繁多、大小各异的牙刷头和手柄设计可供选择，包括人用的和动物用的，但至今没有足够的证据可明确推荐使用某种特定的牙刷。牙刷的选择因人而异，能够有效控制牙菌斑即可。一般来说，对患病动物使用适合尺寸的柔软到中等质地的尼龙毛刷似乎是最舒适的。

折叠成指形的法兰绒布或橡皮手指刷可能更适于主人对动物进行刷牙护理，但其清洁效果（仅去除少量牙菌斑）不如尼龙毛刷。可以在训练阶段使用手指刷或布料，但应尽量让动物接受适当的牙刷训练。

**牙膏**。建议使用不起泡的美味的宠物牙膏，但这不是关键。刷牙是去除牙菌斑的机械清洁动作。因此，只用沾水的牙刷刷牙仍然可以完成这项工作。不过，建议使用宠物牙膏，因为它的口感很好，因此宠物通常会让主人刷更长时间，从而去除更多的牙菌斑。刷牙前保证牙膏压入刷毛中，使其保持在牙刷上，否则动物会舔掉牙膏而起不到清洁效果。

人用牙膏含氟量高，而宠物刷牙时不进行冲洗和漱口操作，因此宠物吞咽牙膏很可能导致其发生急性反应，甚至引起慢性中毒，所以不建议使用人用牙膏（Gorrel, 1994）。

**刷牙的频率**。在对犬的实验性牙龈炎研究中，每天刷牙一次可有效恢复牙龈健康，而每周只刷牙一次，甚至每周刷牙三次都没有明显的预防效果（Tromp et al., 1986）。另一项研究表明，隔日刷牙不足以维持犬的临床牙龈健康（Gorrel and Rawlings, 1996a）。每天两次、使用人用的硬质尼龙牙刷为犬刷牙会导致创伤性牙龈损伤（Sangnes, 1976）。

唯一一篇已发表的、有关猫刷牙的研究论文表明，在为期 18 周的实验结束后，与未刷牙的牙齿相比，牙齿的一侧进行每天刷牙一次或两次，可减少 95% 的牙结石，一周刷牙一次可减少 76%（Richardson, 1965）。可惜的是，在这项研究中没有记录牙龈炎的发展情况。

基于上述研究，为了在动物的整个生命周期内建立且保持牙龈健康，目前的建议是每日刷牙。随着犬猫预期寿命的增加，口腔预防医学变得越来越重要。

**刷牙技术**。正确的刷牙方法不是唯一的，刷牙的目标是在不损害牙齿和牙龈的情况下有效地清除牙菌斑。具体的刷牙方法由个人偏好及灵活性和疾病不同阶段所发生的牙齿形态学变化决定。在大多数情况下，结合转动和轻擦技术可达到清洁目的。以打圈或左右移动的方式刷洗牙齿和牙龈边缘。牙刷与牙齿表面成 45° 角，以便刷毛进入齿龈沟（图 10.1）。绕

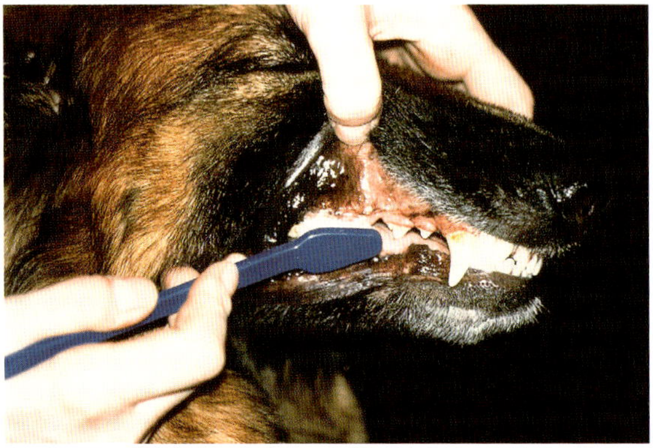

**图 10.1　刷牙技术**
龈下牙菌斑是龈上牙菌斑向根尖方向迁移的结果。为了从齿龈沟去除牙菌斑，牙刷与牙齿表面应成 45° 角，这使得刷毛能够进入齿龈沟。即使使用最佳的技术，刷牙也不能清洁超过牙龈边缘下方 1 ~ 2mm 的位置。因此，防止斑块积聚在龈沟中的最佳方式是严格控制龈上牙菌斑。

牙齿周围刷洗以确保牙齿周围的所有裂缝和空隙都清洁干净。

### 牙科处方食品和洁齿胶

使用旨在鼓励动物咀嚼的洁齿产品（牙科专用处方粮、咬胶和洁牙饼干），有助于减少食物沉积从而降低牙龈炎的发展速度，其结构特性被设计为可以最大程度地完成自我清洁。目前没有一个产品能够达到每日刷牙的效果。因此，在没有刷牙的情况下，它们的使用并不能达到或保持牙龈健康。

牙周病与饮食有关。几项研究已经调查了饮食对犬牙龈炎形成和发展的局部作用（Egelberg, 1965a, b）。粗粮可以减少牙菌斑堆积在某些牙齿和牙齿的某些表面上。尽管食用松软的食物可能会促进斑块积聚，但人们对干粮能有效清洁口腔的说法持怀疑态度。实际上，一项研究表明，喂食罐头食品与喂食干粮在牙菌斑和牙结石积累程度上效果相似（Boyce and Logan, 1994）。在一项大型的流行病学调查中，与食用湿粮的犬相比，食用干粮的犬的牙周健康并未得到持续改善（Harvey et al., 1996）。

长期及短期研究均显示，结构设计经特殊增强的食物（Jensen et al., 1995; Logan et al., 2002）与洁齿咬胶（Gorrel and Rawlings, 1996b; Gorrel et al., 1998, 1999; Gorrel and Bierer, 1999; Ingham et al., 2002 ）可以显著减少牙齿沉积物的积聚和牙龈的炎性反应。目前尚不清楚这种牙龈炎的降低程度是否足以防止牙周病的发展。这还需要更长时间的进一步研究。

在主人尽力确保每天为宠物刷牙以减少牙齿沉积物（牙菌斑和牙结石）的积聚时，同时强烈建议宠物主人通过饮食方法减轻牙龈炎的严重程度，不失为一种有效的辅助措施。在选择合适的牙科处方粮或洁牙咬胶时，我建议使用在同行评审出版物中已证明有效的产品或已获得兽医口腔健康委员会（VOHC）认证的产品。VOHC 认证系统可以检验并确定符合预防牙菌斑和牙结石（牙垢）积聚的预设标准的产品。它是一种产品效能识别系统，没有监管功能，仅限用于选择可控制牙菌斑和牙结石的产品设计。

### 化学菌斑控制

除了机械清除牙菌斑外，用化学方法控制牙菌斑也有助于牙周病的治疗。化学方法控制牙菌斑不用于预防和治疗牙龈炎。第 3 章已详细介绍了牙周病中谨慎使用抗生素和消毒剂的相关内容。

## 龋齿

犬龋齿较为常见。猫的龋齿暂无记录。第 8 章已详细介绍了龋病的病因、发病机制和临床特征。

简单来说，当牙菌斑中的细菌通过食物中的可发酵碳水化合物（特别是糖）获取能量时，龋齿便会出现。发酵副产物呈酸性并能使牙釉质脱矿化。因此可以通过去除细菌（刷牙）并去除其基质（糖和其他易发酵的碳水化合物）来预防龋齿。不应该给犬喂食人类的饼干和糖果，因为它们含糖量高。

## 过度损耗

第 8 章已详细介绍了牙齿磨损（相互接触的牙齿表面的磨损）与咀嚼磨耗（未相互接触的牙齿表面的磨损）。

很多因素可以导致牙齿的过度磨损，啃咬石头便是其中最常见的原因之一。另一种常见原因是动物在沙地上玩球。球表面沾上唾液并被沙砾覆盖，动物在咬球的过程中牙齿便会出现磨损。为避免这两种情况的发生，可限制动物接触石头，并在无沙砾等材料覆盖的环境中玩球。

由于疾病或创伤导致的牙齿缺失和咬合不正也可能导致过度磨损。如果磨损严重，以至于需要拔除大部分牙齿时，则必须预先评估牙齿拔除后引起的咬合问题，并根据情况采取预防措施。

人牙齿出现磨耗的最常见病因是牙刷使用不当。其他原因包括摄入强酸性的固体或液体，或由不正确的刷牙技术引起胃酸反流或呕吐，从而加大了对组织的破坏。犬出现磨耗的最常见原因是啃咬笼子。牙质逐渐损失，最终导致齿折（通常伴随着牙髓暴露）。主人须尽力帮助动物克服啃咬笼子的习惯。如果无法实现，那么动物就不适合关在笼中。

## 齿折

齿折的相关内容在第 8 章和第 12 章详细讨论。通过防止一些特定的行为（主人或宠物）可以减少齿折的发生率，特别是犬发生齿折的概率。应该劝阻主人不要采取以下行为，例如在投掷游戏或训练过程中使用石块甚至用石块击打脸部以训斥动物。如前文所述，应避免易导致牙齿过度磨损和牙齿变脆弱的情况和行为。尽量避免让动物咀嚼硬质骨头或玩具。我接诊的转诊病例中，因齿折而进行牙髓治疗的占很大比重，并且大部分都是犬因咬食硬骨头或玩具而导致的一颗或几颗牙齿出现齿折。软骨也要避免让动物啃咬。因软骨会被动物咀嚼并吞咽，常引起消化问题，甚至附着在牙齿上或牙齿之间。

## 咬合不正

咬合不正是常见现象，可能会引起疼痛 / 不适和严重的口腔病理变化。咬合评估是在动物清醒时进行基本口腔检查的一部分。为方便评估，医师需要识别不同物种和品种的正常咬合方式，并了解咬合不正的病因和发病机制。第 5 章已详细介绍了正常咬合和咬合不良的情况。一般情况下，治疗咬合不正最好由具备专业牙科技能的兽医来完成，即该兽医具有牙髓病与正畸学的专业知识。这么做还有可能防止某些类型的咬合不正进一步恶化。我建议全科兽医也加强专业牙科知识储备。

### 预防咬合不正

全科兽医可以执行的预防措施包括：

- 拔除滞留的乳齿。
- 阻断性矫治。
- 使用活动矫治器。

#### 拔除滞留的乳齿

应尽早拔除滞留的乳齿以防止咬合不正。黄金法则是指同一类型的乳齿和恒齿不应该同时存在。拔除滞留乳齿的最晚时间不应超过 12 ~ 14 周龄。第 13 章已介绍了拔除乳齿的流程。

### 阻断性矫治

阻断性矫治是指在恒齿萌出前拔除咬合位置不正的乳齿。这可以有效防止牙齿在生长过程中相互交错导致的咬合不正。若为骨源性咬合不正，阻断性矫治的作用就微不足道了，就算拔除滞留的乳齿，相继萌出的恒齿也会出现同样的交错式咬合。不过阻断性矫治仍可以避免动物出现不适等状况。一旦恒牙萌出，造成咬合不正，就需要进一步的治疗。

应在 6 ~ 8 周龄时，尽早拔除导致咬合不正的乳齿。这能够使上下颌骨形成交错咬合前各自发挥其全部的遗传潜能。

### 非固定式矫治器

下颌犬齿向舌侧移位是犬常见的正畸问题。发生这种咬合不正的原因可能是牙齿异常，也可能是骨骼异常，甚至是两者结合导致的。下颌犬齿冠尖与腭接触时经常引起动物的不适和疼痛，并且可能导致腭黏膜溃疡、感染且形成口鼻瘘。对于大多数的特定病例（幼犬，上下颌骨没有较大差异）使用可移动的正畸矫治器（“橡胶玩具”技术），可成功矫正 4 周龄内的咬合不正（Verhaert, 1999）。该技术也鼓励在治疗过程中增强主人与动物之间的牢固联系。与任何技术一样，正确的诊断是成功治疗的关键，不应出现较大的上下颌骨差异。上颌第 3 切齿与犬齿之间的空隙应足够宽，以在合适的位置容纳下颌犬齿。换句话说，唯一需要做的正畸治疗是将下颌犬齿向侧面移动，并且需要在上颌第 3 切齿和犬齿之间留有足够的空间，以便下颌犬齿进入合适的位置。圆形或椭圆形的玩具球最适合使用。球的大小很关键，尺寸合适的玩具可置于犬齿之间及其后方，并

**图 10.2　可移动的矫治器**

为了在狗玩耍时主要对犬的牙齿施加侧向压力，合适的玩具尺寸至关重要。如该照片所示，玩具需要大于下颌犬齿之间的距离，并且当狗将其保持在口中时，玩具应该位于犬齿之间和紧挨其后。一个太小的玩具将被放在嘴里更加靠后的地方，从而不会对犬齿施加侧向力。玩具太大可能会导致侵扰而不是侧向倾斜。

且大于下颌犬齿之间的距离（图 10.2）。因此在狗玩耍时，玩具主要对牙齿施加侧向压力。玩具太小，会含在口腔后方而无法向犬齿施加侧向压力。玩具太大反而干扰矫正。某些犬喜欢将玩具夹在裂齿而不是犬齿之间，此时需要一个尺寸较大的玩具才能起到矫正效果。其尺寸要非常大，以至于无法夹在裂齿之间。使用大尺寸玩具的缺点是会引起动物的下颌犬齿牙

尖向前方和侧方倾斜。

玩具的材质和相容性非常重要。它应该是能在咀嚼时稍微变形的硬橡胶。如果玩具太软，则不可能为下颌犬牙的侧向倾斜产生足够的压力。如果太硬，则会因磨损而导致牙齿损伤。玩具应具有光滑表面以避免出现过度磨损的情况。

建议每次最少玩 15 min，每天至少 3 次。可以增加玩耍的时间和次数，也建议主人尽可能地陪宠物玩耍，但要拿走其他玩具。假设为期 1 周的学习阶段完成后没有看到任何改善，就还需要再进行 2 周的额外训练。治疗 3 周后再检查咬合的情况，必要时每月检查一次。如果 3 周后没有发现明显的正畸效果，应考虑其他治疗方法。

建议在治疗前后均进行视诊及 X 线检查，方便评估治疗效果。然而很多主人并不愿意仅因这两项检查就对宠物进行麻醉。有一种折中的办法，对于大多数犬，可以在其清醒时使用硬质蜡咬片记录牙齿冠尖的位置。应该经常拍照片（吻侧、左侧和右侧），以记录治疗过程中咬合不正的程度。

一旦矫正成功，下颌犬齿位于合适的位置后，立即建立正确的犬齿交错关系以防止咬合不正复发。建议主人再继续给狗玩几个月玩具，而且这很少能让犬齿发生矫正过度（唇向移位）。

该技术适用于仍在萌出的牙齿以及完全萌出的牙齿。当牙齿完全萌出时，矫正所需的时间会延长。

## 总结

* 我们没有什么灵丹妙药可以喂给宠物，以达到预防牙周疾病的目的，每日刷牙仍然是使发炎的牙龈恢复且维持健康的有效方法。
* 主人可能不会完全遵从医嘱。
  目前在兽医牙科研究中还未对主人是否完全遵从医嘱进行严格的调查，但不难想象，很多因素都会妨碍主人为宠物进行正常的刷牙操作。这些因素包括缺乏技巧、对刷牙效果的疑虑、不喜欢刷牙或生活习惯的不便（缺乏时间）等。
* 一项研究评估了进行牙周治疗和家庭护理指导后 6 个月内主人的遵从性（Miller and Harvey，1994）。该研究报告称，接受调查的主人中有 53% 符合要求。但是，该报告基于电话调查，并未评估遵从性的临床效果。
* 我们的经验是，将客户教育、持续强化以及个别案例回访结合起来，可以产生令人惊喜的遵从效果。
* 可以通过刷牙和禁食含糖食物来避免犬出现龋齿。
* 通过改变游戏行为或动物的环境来防止机械磨损、咀嚼磨耗和牙齿齿折。
* 可以通过拔除滞留的乳齿、阻断性矫治以及使用适当的非固定矫治器来避免咬合不正。

# 参考文献


[1] Boyce, E.N., Logan, E.I., 1994. Oral health assessment in dogs: study design and results. Journal of Veterinary Dentistry 11 ( 2 ) , 64–74.

[2] Egelberg, J., 1965a. Local effects of diet on plaque formation and gingivitis development in dogs. III. Effect of frequency of meals and tube feeding. Odontologisk Revy 16, 50–60.

[3] Egelberg, J., 1965b. Local effects of diet on plaque formation and gingivitis development in dogs. I. Effect of hard and soft diets. Odontologisk Revy 16, 31–41.

[4] Gorrel, C., 1994. The effects of fluoride and its possible uses in veterinary dentistry. Proceedings of the World Veterinary Dental Congress, Philadelphia, USA.

[5] Gorrel, C., Bierer, T., 1999. Long term effects of a dental hygiene chew on the periodontal health of dogs. Journal of Veterinary Dentistry 16 ( 3 ) , 109–113.

[6] Gorrel, C., Rawlings, J.M., 1996a. The role of tooth-brushing and diet in the maintenance of periodontal health in dogs. Journal of Veterinary Dentistry 13 ( 3 ) , 139–143.

[7] Gorrel, C., Rawlings, J.M., 1996b. The role of a ‘dental hygiene chew’ in maintaining periodontal health in dogs. Journal of Veterinary Dentistry 13 ( 1 ) , 31–34.

[8] Gorrel, C., Inskeep, G., Inskeep, T., 1998. Benefits of a ‘dental hygiene chew’ on the periodontal health of cats. Journal of Veterinary Dentistry 15 ( 3 ) , 135–138.

[9] Gorrel, C., Warrick, J., Bierer, T., 1999. Effect of a new dental hygiene chew on periodontal health in dogs. Journal of Veterinary Dentistry 16 ( 2 ) , 77–81.

[10] Harvey, C.E., Shofer, F.S., Laster, L., 1996. Correlation of diet, other chewing activities and periodontal disease in North American clientowned dogs. Journal of Veterinary Dentistry 13 ( 3 ) , 101–105.

[11] Ingham, K.E., Gorrel, C., 2001. Effect of long-term intermittent periodontal care on canine periodontal disease. Journal of Small Animal Practice 42 ( 2 ) , 67–70.

[12] Ingham, K.E., Gorrel, C., Bierer, T.L., 2002. Effect of a dental chew on dental substrates and gingivitis in cats. Journal of Veterinary Dentistry 19 ( 4 ) , 201–204.

[13] Jensen, L., Logan, E.I., Finney, O., et al., 1995. Reduction in accumulation of plaque, stain and calculus in dogs by dietary means. Journal of Veterinary Dentistry 12 ( 4 ) , 161–163.

[14] Lindhe, J., Hamp, S.-E., L e, H., 1975. Plaque induced periodontal disease in beagle dogs. A 4-year clinical, roentgenographical and histometrical study. Journal of Periodontal Research 10, 243–255.

[15] Logan, E.I., Finney, O., Hefferren, J., 2002. Effects of a dental food on plaque accumulation and gingival health in dogs. Journal of Veterinary Dentistry 19 ( 1 ) , 15–18.

[16] Miller, B.R., Harvey, C.E., 1994. Compliance with oral hygiene recommendations following periodontal treatment in clientowned dogs. Journal of Veterinary Dentistry 11 ( 1 ) , 18–19.

[17] Richardson, R.L., 1965. Effect of administering antibiotics, removing the major salivary glands and toothbrushing on dental calculi formation in the cat. Archives of Oral Biology 10, 245–253.

[18] Sangnes, G., 1976. A pilot study on the effect of toothbrushing on the gingiva of a beagle dog. Scandinavian Journal of Dental Research 84, 106–108.

[19] Tromp, J.A., van Rijn, L.J., Jansen, J., 1986. Experimental gingivitis and frequency of tooth-brushing in the beagle dog model. Clinical findings. Journal of Clinical Periodontology 13, 190–194.

[20] Verhaert, L., 1999. A removable orthodontic device for the treatment of lingually displaced mandibular canine teeth in young dogs. Journal of Veterinary Dentistry 16 ( 2 ) , 69–75.

# 第 11 章

# 吸收性病变

## 简介

家猫的牙齿吸收较为常见。同样，在流浪猫（Verstraete et al., 1996; Clarke and Cameron, 1997）和野猫（Berger et al., 1996; Levin , 1996）中也可出现牙齿的吸收现象。其在犬（Arnbjerg, 1996）和毛丝鼠（Crossley et al., 1997）中也有报道。但本章将仅仅对猫的牙齿吸收问题进行讨论。

当牙根表面的硬组织被称作破牙质细胞的多核细胞活化破坏时，可发生牙根外吸收，进而导致吸收性病变（RLs）。被破坏的牙根表面被牙骨质样或骨样组织所取代。该吸收过程开始于牙骨质，随着疾病的发展，逐渐累及牙本质并沿着牙质小管蔓延，最终影响到牙冠和牙根的牙本质。外周牙本质对吸收有较强的抵抗力，因此牙髓仅在疾病晚期才会受到影响。该吸收过程通过牙冠的牙本质延伸，最终到达牙釉质处。牙釉质被吸收或者发生破裂，临床上可见明显的空洞（图 11.1，图 11.2A）。

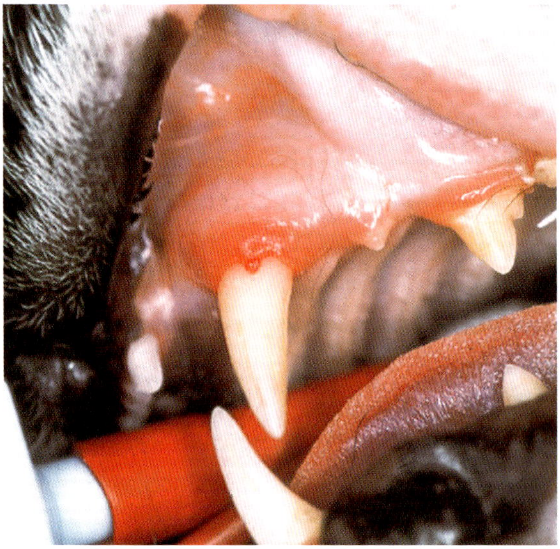

**图 11.1　猫吸收性病变的临床表现**
在临床上，首先表现出的病变部位位于牙冠部，通常表现为牙釉质骨质界（CEJ）出现空洞。该病变已延伸到牙本质中，并涉及牙釉质，在上颌犬齿齿龈缘的颊侧处的牙釉质可被吸收或发生断裂，露出充满肉芽状组织的小空洞。与普遍的看法相反，这是一个已发展到晚期的病变。

在没有进行 X 线片检查的情况下，当病变出现在牙冠时，通常表现为牙釉质骨质界处（CEJ）出现空洞。图 11.2B 描绘了图 11.2A 中所见的临床病变的 X 线片外观。因此，当 RLs 出现第一个临床表现时，已经属于晚期病变。在许多情况下，RLs 对牙本质的渐进性破坏可削弱和破坏牙冠，造成轻微创伤，例如，在咀嚼时，可导致牙冠断裂，使牙根置留在牙槽骨

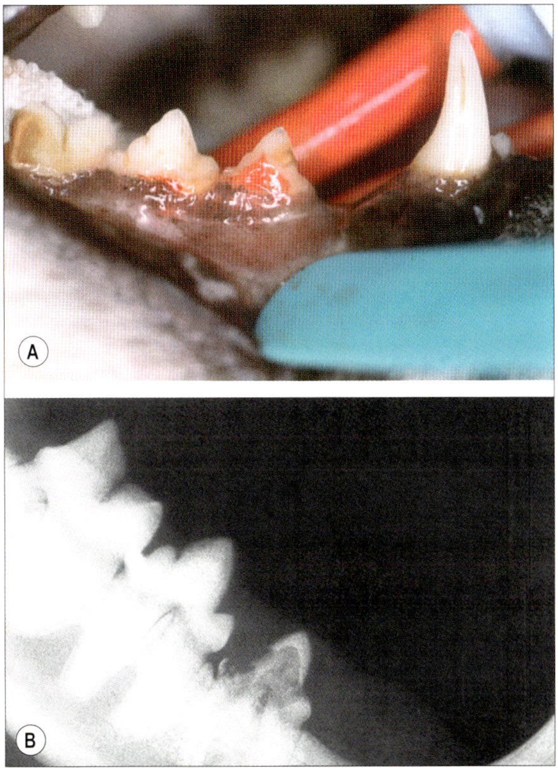


**图 11.2　吸收性病变的临床和影像学表现**
（A）临床表现：右侧下颌第三前臼齿在牙釉质骨质界处出现一个宽大的空腔。被破坏的牙本质和牙釉质已被结缔组织所取代。此外，这是一个已发展到晚期的病变。（B）X 线片表现：（A）中所示的右侧下颌第三前臼齿的 X 线片表现。两个牙根均出现大面积的吸收迹象，即明显的牙周韧带间隙丧失，牙齿物质被类骨样物质取代，牙冠的大部分牙本质被破坏。此颗牙需要进行治疗。

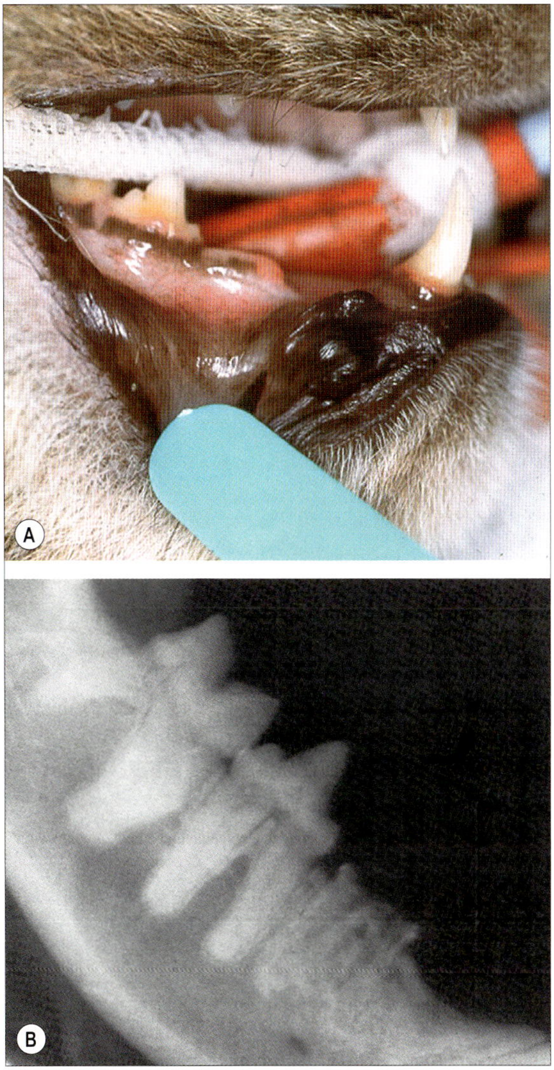


**图 11.3　伴有牙龈过度生长的牙齿缺失**
（A）临床表现：临床检查时右侧下颌第三前臼齿缺失，覆盖的牙龈未发炎。（B）X 线片表现：牙根残留在牙槽骨中，牙根部显示出持续吸收的迹象。所需的唯一治疗是临床和 X 线片监测，即不用拔除滞留牙根。

中。再吸收的牙根残余物通常可被完整的牙龈覆盖（图 11.3）。然而，在某些情况下，覆盖在上面的牙龈可能会发生炎症（图 11.4）。

临床上，由于通常可检测到的第一个病变位于 CEJ 处，因此该病也被称为猫牙颈部病变、牙颈线病变或猫龋齿。但是 RLs 不应与龋齿相混淆。早期龋齿是由于牙釉质的被动无机脱矿而造成的，而破牙质细胞型的吸收则是由于可吸收矿化组织的细胞活跃而对牙齿组织造成的主动渐进式破坏。

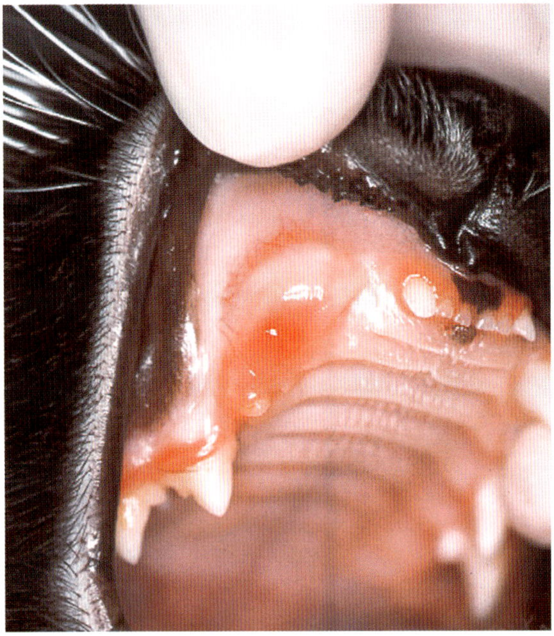

**图 11.4　伴有牙龈发炎的牙齿缺失**
在此病例中，渐进性牙本质破坏使得右侧上颌犬齿牙冠出现削弱和破坏。在此情况下，即使受到轻微创伤，例如在咀嚼时，就可导致牙冠断裂，从而使牙根部置留在牙槽骨中。覆盖残留牙根的牙龈出现发炎，置留的牙根残余需要被拔除。

## 硬组织的吸收

硬组织（骨、牙骨质、牙本质）通常可被其表层细胞所保护而避免被吸收（Lindskog and Hammarström, 1980; Verstraete et al., 1998）。牙根吸收可分为：

- 牙根内吸收。
- 牙根外吸收。

当成牙本质细胞层的完整性被破坏时，可发生牙根内吸收。因此牙根内吸收开始于牙髓表面并且朝向牙齿的外部延伸。牙根内吸收通常是牙髓炎症的结果。当牙周保护韧带（PDL）和成牙骨质细胞层受到损伤时，可能会发生牙根外吸收。因此，牙根外吸收是从牙根外表面开始并向牙齿内蔓延的。

牙根外吸收（Andreasen, 1988）可分为：

- 表面吸收。
- 替代性吸收。
- 炎症性吸收。

表面吸收具有自限性和可逆性。通常认为，无意识地啃咬硬物、磨牙症等引起的轻微创伤可导致 PDL 和成牙骨质细胞层的局部损伤并引发此类型的吸收性病变。遭受剥蚀的牙根表面可吸引破骨质细胞聚集，通常在受损后的几天内，破骨细胞活化因子即可在损伤部位释放，进而导致牙骨质的吸收。当吸收停止时，来自 PDL 的细胞将增殖并聚集在被吸收的区域，导致修复性牙组织的沉积（Lindskog et al., 1983, 1987）。大多数人类的牙齿表现出活跃或可恢复的表面吸收迹象。

替代性吸收导致牙齿硬组织被骨替代。替代性吸收的病因似乎与牙根面缺乏重要的 PDL 覆盖物有关（Andreasen, 1985）。可假定受损的 PDL 被来自邻近骨髓的祖细胞重新填充。这些细胞在被吸收的根表面上定植、生长，因此在牙齿硬组织上将直接形成骨（Andreasen and Kristerson, 1981）。这导致骨骼与牙齿发生融合，即牙齿固连。因此，替代性吸收可视为一种愈合形式：骨接受了牙齿硬组织作为其自身的一部分，并且牙齿参与了正常的骨骼更新，即在随后的骨重塑过程中，牙齿硬组织和骨将被再吸收（Hammarström et al., 1989）。

炎症性牙根吸收是邻近组织炎症的结果。其主要有两种形式，即外周炎性牙根吸收（PIRR）和外部炎性牙根吸收（EIRR）。

在 PIRR 中，破骨细胞活化因子由相邻牙周组织中的炎性损伤提供，它们可以让吸收过程持续进行（Andreasen, 1985; Gold and

Hasselgren, 1992; Ne et al., 1999）。PIRR 可立即由牙根尖蔓延至牙根的边缘部而导致吸收部位通常位于牙颈部。因此也被称为牙颈部牙根吸收。

另一方面，在 EIRR 过程中，感染坏死的牙髓会刺激吸收持续进行（Andreasen, 1985）。此类型的牙根吸收主要为牙齿受到创伤后的并发症。EIRR 开始于牙周韧带和成牙骨质细胞层联合受到创伤性损坏而产生的表面吸收。然而，牙髓同样可由于创伤而出现损坏，最终导致坏死。随着表面吸收向牙本质接近，坏死和可能受到感染的牙髓物质从暴露的牙质小管释放到 PDL 中。随后，坏死的牙髓物质在邻近的牙周组织中保持炎症过程，继而反向引发持续吸收。

在猫中常见的 RLs 为牙根外吸收，要么是 PIRR，要么是替代性吸收。换言之，在猫中观察到的 RLs 主要是由炎症或非炎症（置换）所引发的。只有一项研究发现由炎症引发的 RLs 与真正的自发性 RLs 之间没有区别（DuPont and DeBowes, 2002）。这使得该疾病难以得出有意义的结论。

## 流行病学

据报道，吸收性病变的发病率为 28.5% ~ 67.0%，并且发病率随着年龄的增长而增加（Coles, 1990; van Wessum et al., 1992; Verstraete et al., 1996; Lund et al., 1998; Lommer and Verstraete, 2000; Ingham et al., 2001）。在一些研究中也提出了品种易感性差异的观点，但是不同品种群体的平均年龄使比较的意义（显著性）值得怀疑。

患病率的巨大差异可以通过所研究的不同群体的猫（相对于牙科病患的随机抽样和混合抽样）以及用于诊断 RLs 的不同方法（临床与 X 线片）来解释。在对于猫的一项调查中发现，接受牙齿检查或治疗的猫，发病率通常高于随机抽样或混合抽样（即患有牙齿或其他问题）的猫种群。然而，在澳大利亚一项针对猫混合抽样的研究中发现，52% 的猫发病，平均每只患猫有 3.2 个病变部位（Coles, 1990）。

猫科动物所有类型的牙齿都可能发生 RLs，但是在某些牙齿中病变似乎更加常见（Ingham et al., 2001）。明显的病变往往可以通过视诊和触诊来进行临床诊断。之前提到，病变的牙齿通常在牙齿的 CEJ 处出现空洞。包括影像学方法等研究（Lindskog and Hammarström, 1980; Verstraete et al., 1998; Ingham et al., 2001）已经证明吸收可发生在牙根表面的任何地方，而不仅仅在 CEJ 处。临床方法只能检测出涉及牙冠部的病变，而 X 线片可检测出与牙根部相关的病变。因此，在进行 X 线片检查的研究中，RLs 的患病率更高。

在一项研究中（Ingham et al., 2001），通过临床检查和 X 线片检查相结合的方法，对 228 只临床健康猫（平均年龄为 4.92 岁）的 RLs 患病率进行了调查，发现总体患病率为 29%。下颌第 3 前臼齿（307，407）是最常患病的牙齿，并且大部分猫的 RLs 进展模式是对称的。研究发现，RLs 的患病风险随着年龄的增长而增加，牙齿缺少的猫更可能患有 RLs。是否绝育、性别、绝育年龄或平均全口牙龈炎指数并不影响 RLs 的发病率。

## 病因和发病机理

虽然已经详细描述了正在进行的或已完成的吸收过程（Hopewell-Smith, 1930; Okuda and Harvey, 1992; Shigeyana et al., 1996），但许多 RLs 的病因尚不清楚。

如上所述，目前至少有两种不同病因以及不同类型的吸收可表现出相同的症状。此结论被一项研究所支持，该研究调查了患有 RLs 猫的牙科 X 线片外观（DuPont and DeBowes, 2002）。在此项研究中，对 543 名患有 RLs 的猫的牙齿进行了 X 线片检查，并鉴定出两种类型的牙根。1 型牙根具有正常的透射密度和完整的 PDL 间隙（图 11.5），而 2 型牙根出现低密度阴影并且缺乏清晰的 PDL 间隙（图 11.6）。在所检查的 543 颗牙齿中，1 型牙根为 268 例（49.4%），2 型牙根为 275 例（50.6%）。1 型牙根中牙周炎占 72%，而在 2 型牙根中，其仅占 15.6%。基于这些结果，1 型牙根吸收似乎可能为炎症性的，并且与牙周病相关，而 2 型牙根吸收为真正的自发性吸收。

以前人们认为 RLs 代表了一种 PIRR 类型的病变并且与牙周病相关（Hopewell-Smith, 1930; Reichart et al., 1984; Gold and Hasselgren, 1992; Okuda and Harvey, 1992）。研究表明，组织学病变是一种非炎症性的替代性吸收，并可导致齿固连（Gorrel and Larsson, 2002），且牙龈炎指数不影响 RLs 的发病率（Ingham et al., 2001）。这些结果表明，尽管 PIRR 类型的病变确实存在，但它并不是唯一的牙根吸收类型。事实上，非炎症性替代性吸收同样常见。PIRR 型病变的原因是邻近组织的炎症，即牙周炎，而非炎症性替代性吸收的原因尚未可知，即真正的自发性吸收。

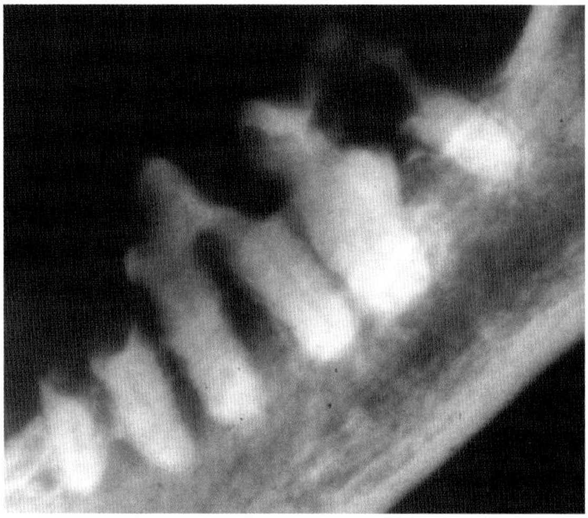

**图 11.5　1 型牙根**
牙周韧带清晰可见，牙根部透射密度正常。

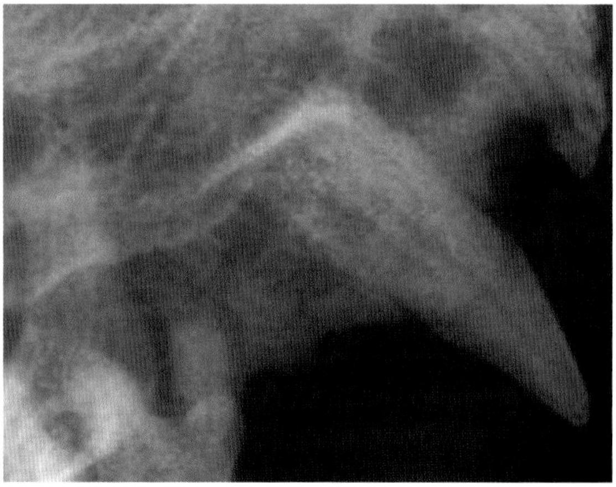

**图 11.6　2 型牙根**
牙周韧带间隙不明显，牙根透射密度降低。

在一项针对早期病变组织学特征的研究中发现（Gorrel and Larsson, 2002），表面 RLs 在牙根部的牙骨质中很常见。在已确定发生病变的牙根中，不同的牙根部位，病变程度不同，但其总是低于牙槽嵴的病变程度，并且与相邻 PDL 中的炎症无关。因此，这与文献中的一些数据相矛盾（Coles, 1990; van Wessum et al., 1992），此项研究未发现支持吸收开始于 CEJ

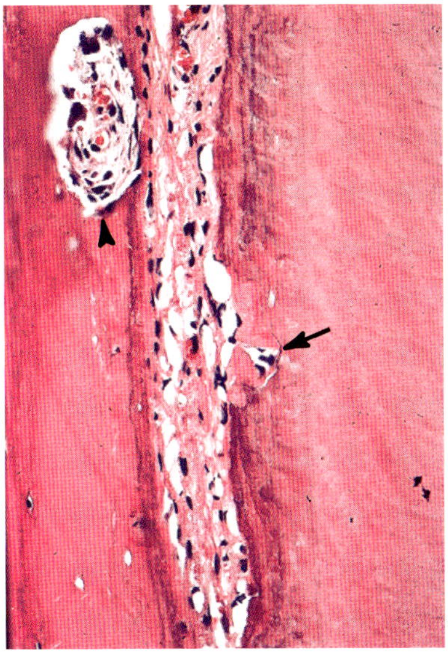

图 11.7　愈合中的表面吸收
牙骨质中存在一个浅表的局部吸收空洞（箭所指）。病变已开始表现出愈合的迹象，即其被修复性牙骨质样组织充满。邻近的牙槽骨也出现吸收（箭头所指）。牙周韧带未发炎，但是其水平纤维大量缺失。与图 11.10A 正常牙周韧带相比较（H & E×100）。

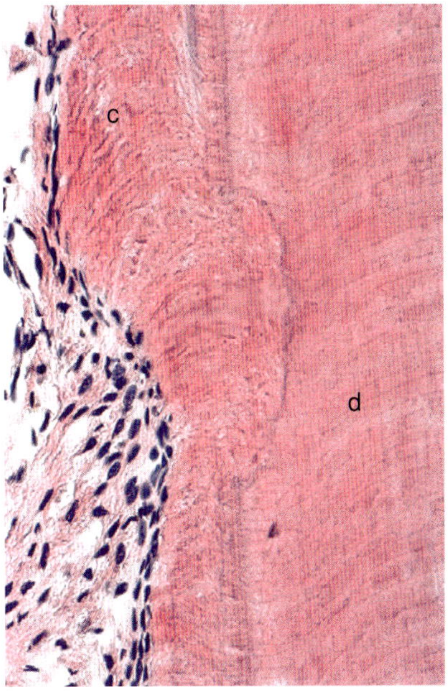


图 11.8　已愈合的表面吸收
切片显示已愈合的牙根吸收。该过程已完全穿透牙骨质（c）并进入牙本质（d），而且缺陷已充满修复性牙骨质（H & E×100）。

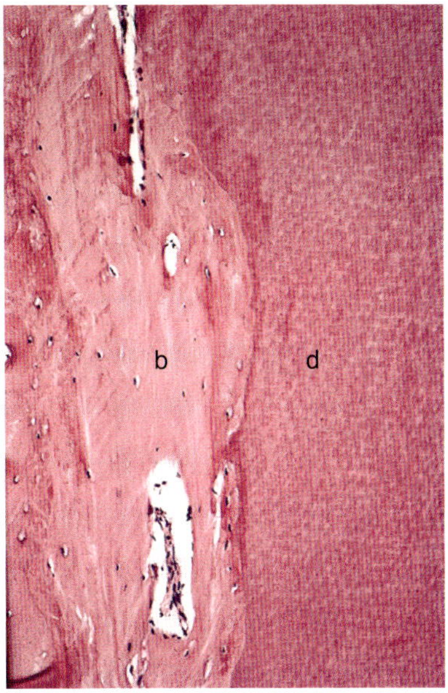


图 11.9　牙根吸收和牙固连
牙骨质和牙本质（d）吸收已被骨样组织修复（b）并与邻近的牙槽骨形成骨桥。此时牙齿和牙槽骨已相互融合。每当牙本质参与了吸收过程，就可能出现牙固连（H & E×50）。

或牙根颈部这一假说的证据。

某些牙齿中牙根牙骨质的表面 RLs 可显示愈合的迹象（图 11.7、图 11.8）。每当牙本质参与吸收过程时，也会出现牙固连的迹象（图 11.9）。与吸收空洞相关的 PDL 未出现炎症反应。但患有吸收病变牙齿的 PDL 不规则（伴或不伴有牙固连）。图 11.10A 是不受吸收影响的牙齿 PDL。未出现牙固连的患齿，PDL 比正常情况下窄，并且缺乏独特的纤维束（图 11.7、图 11.10B）。在患有吸收和牙固连的牙齿中，PDL 是疏松的血管结缔组织（图 11.10C）。笔者的结论是，有必要进一步研究以完全确定究竟是何种原因导致了自发性猫牙根外吸收类型的高发病率。由此，他们提出了几种病因学的解释模型（图 11.11），如下所示。

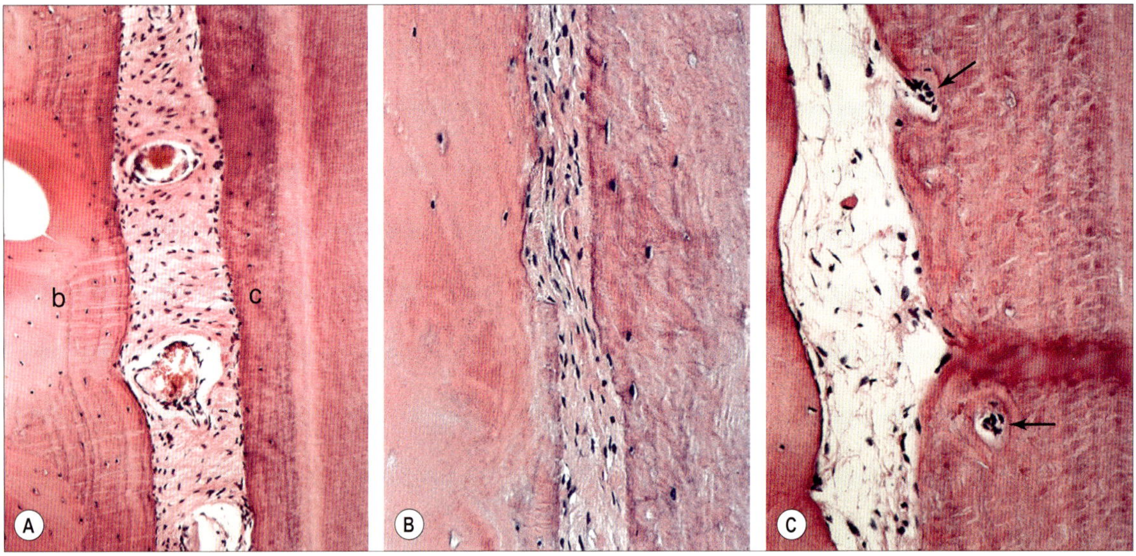


**图 11.10　牙周韧带（PDL）的外观**

（A）未患吸收病变牙齿的正常 PDL。PDL 填充牙槽骨（b）和牙骨质（c）之间的空间。纤维呈水平或倾斜排列。这是功能性 PDL 的特征。（H & E×25）（B）患有吸收病变且无牙固连的异常 PDL。韧带空间较正常情况狭窄，并且纤维沿垂直方向排列，而不是正常的水平或倾斜方向。（H & E×100）（C）患有吸收病变且牙固连的异常 PDL。该部分视野远离牙固连区域。PDL 缺乏正常的纤维体系结构。相反，其存在松散的血管和水肿外观。PDL 疏松血管的存在大概是对因牙固连引起牙齿活动性丧失的“功能适应”。注意牙骨质中的局部吸收通道（箭头所指）。（H & E×100）

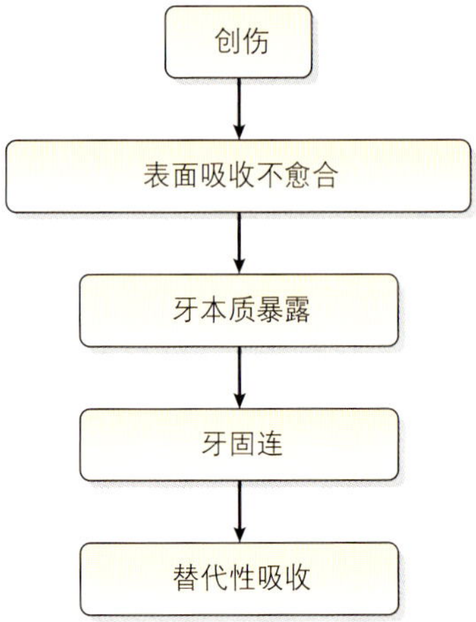


**图 11.11　“自发性”猫牙根外吸收可能的病因学模型**

首先，所有的猫都患有牙根表面牙骨质吸收，但当其发展为吸收性病变（RLs），则无法修复。修复失败可能是固有的牙骨质缺陷造成的。也可能与年龄有关，即随着年龄的增长，愈合过程慢于吸收过程，两个过程的平衡发生改变，表面吸收到达牙本质。一旦发生这种情况，RLs 形成和牙固连则成为不可避免的问题。或者，发展到 RLs 的猫可能在 PDL 和成牙骨质细胞层的保护性能方面存在缺陷。

首先，所有的猫都患有牙根表面的牙骨质吸收，但当发展为 RLs 时此类病变并不能愈合。愈合失败可能是固有的牙骨质缺陷造成的。这也可能与年龄有关，即随着年龄的增长，愈合过程慢于吸收过程，从而使两个过程的平衡改变，最终表面吸收到达牙本质。一旦发生这种情况，RLs 的发生和牙固连则不可避免。

或者，患有 RLs 的猫的 PDL 和成牙骨质细胞层的保护性能可能出现缺陷。这种假设可通过观察正常牙根的 PDL 与牙齿根部吸收的 PDL 解剖学差异得到间接证明。这些解剖学上的差异也可能引起怀疑，即对于患有 RLs 的猫，患齿的机械力不理想或不起作用，导致缺乏维持 PDL 功能完整性所需的刺激。众所周知，机能衰退（King and Hughes, 1999）或降低的咀嚼刺激（Andersson et al, 1985）可能导致牙固连。

在另一项研究中，对正常猫和患有 RLs 的猫的钙稳态进行了调查（Reiter and Mendoza, 2002）。事实上，已经有报道指出了 25- 羟基维生素 D 的循环水平升高与破牙质细胞型的 RLs 之间的联系（Reiter and Mendoza, 2002）。研究表明，长期过量摄入维生素 D 可能在破牙质细胞型 RLs 的发展中起重要作用。之后的研究（Zhang et al., 2006; Booij-Vrieling, 2009; Girard et al., 2010）并没有发现患有牙齿吸收的猫的 25- 羟基维生素 D 水平升高，结论认为血清维生素 D 水平升高是牙齿吸收的诱发因素这一观点不能被支持。

总之，在猫中观察到的一些 RLs 与邻近组织的炎症相关，通常是牙周炎，但大量病变是自发性吸收。

## 诊断

RLs 的诊断需要借助影像学方法。病变可以几种方法结合起来检查：

- 视诊。
- 使用牙科探针进行触诊。
- X 线片检查。

视诊和使用牙科探针进行触诊只能对晚期病变进行确诊，即病变已延伸至牙冠，并导致牙冠出现明显的空洞（图 11.1，图 11.2A）。X 线片将确诊牙槽骨内牙根部表面的病变（图 11.12），此类病变无法通过临床方法检测到。此外，只有在 X 线片的帮助下才能确定吸收过程的外观和程度（图 11.2B，图 11.12）。因此，最佳治疗方案的选择取决于 X 线片检查。事实上，对于所有接受牙科治疗的猫，建议进行一系列全口 X 线片（该技术已在第 7 章中介绍）

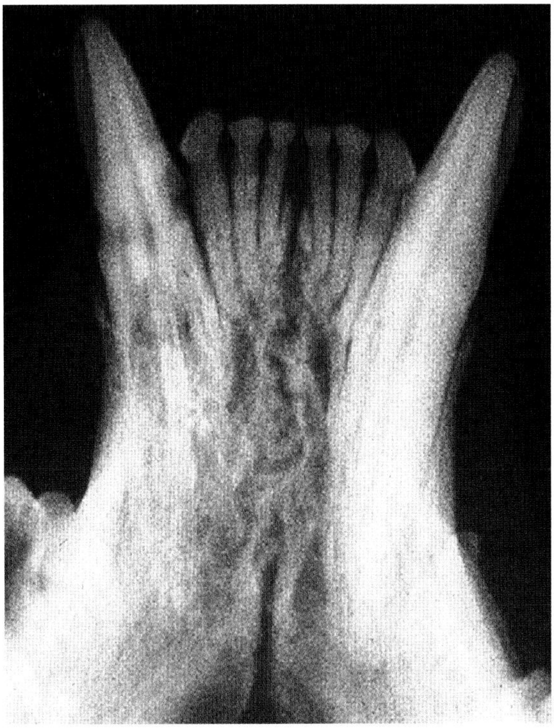

**图 11.12　X 线片在诊断和治疗选择中的价值**
X 线片将确诊牙槽骨内牙根部表面的病变，而临床基础检查则无法检测到此病变。因此，X 线片对于 RLs 的诊断是必需的。此外，只有借助 X 线片检查才能对吸收的程度进行评估。在所示的 X 线片中，左侧下颌犬齿的牙根患有吸收病变，但该吸收过程尚未延伸到牙冠的牙本质中。事实上，在此阶段的病变中，并没有出现 RLs 的临床症状。因此可以对左侧下颌的犬齿采取保守治疗。相反，在右侧下颌的犬齿中，该吸收过程已经累及牙冠，并且大部分的牙根已经被吸收并被骨样组织所代替。此时不可能拔牙，可以将牙冠截除术作为治疗方法。

检查。若无法完成一系列的全口 X 线片检查，例如经济条件的限制，则需要对下颌每颗前臼齿 / 臼齿区域进行全面检查。 下颌第 3 前臼齿是最常患病的牙齿。如果 X 线片显示这些牙齿已被吸收，那么必须进行全口 X 线片检查。研究（Heaton et al., 2004）表明， 在 10 只患有 RLs 的猫中， 有 9 只可通过这两个部位来确定病变。建议将此技术用作快速筛查测试。

## 治疗

任何治疗目的都是减轻疼痛，防止病情进一步加重和恢复受损的功能。关于 RLs 是否给患病的个体造成了不适或痛苦仍然存在争议。这主要是基于三个方面的考虑：牙髓炎发生在疾病晚期，病变似乎仅限于牙根表面，不与口腔环境连通的病变不表现症状。然而，一旦牙本质遭到破坏，并且病变已侵入牙髓和/或与口腔相连通（牙釉质已被吸收或发生断裂从而口腔中的牙本质暴露）时，导致牙髓发炎可能会使患病动物出现不适和/或疼痛。某些猫可能会表现出口腔不适或疼痛的临床症状，例如，偏食（比起硬质食物更喜食松软食物），或食量减少，但很多猫并不会出现这些症状。

迄今为止，还没有已知的治疗方法可阻止自发性 RLs 的发展和恶化。在不知道病理原因的情况下开展自发性 RLs 的治疗似乎不太可能。目前，治疗 RLs 的建议方法是：

- 保守治疗。
- 拔牙。
- 牙冠截除。

在过去，推荐采用修复牙齿表面来治疗已延伸到牙本质中但不涉及牙髓组织的病变，这是错误的。一些研究表明，在修复牙齿表面后，牙齿吸收会继续进行，并且修复体将丢失（Hopewell Smith, 1930; Okuda and Harvey, 1992; Shigeyana et al., 1996）。因此，不能建议将修复猫的 RLs 作为主要的治疗技术。

### 保守治疗

保守治疗包括对于病变的临床和 X 线片监测。对于在临床检查中不明显的病变，即只是在 X 线片上观察到病变，而未出现不适或疼痛的迹象，建议采用这种方法。但由于大多数的病变仅在病理变化严重时才得以确诊，所以通常情况下很少采用保守治疗。

在大多数情况下，会选择拔牙或截除患齿的牙冠。在拔牙时，清除整颗患齿为黄金标准。然而，当牙根已被彻底吸收时，通常不可能清除掉所有的牙齿物质（图 11.12），此时可采用牙冠截除。必须在术前拍摄 X 线片以便选择合适的治疗方案。

### 拔牙

众所周知，随着牙根吸收并被骨样组织替代，患有 RLs 的牙齿难以拔除。此外，在牙根表面还存在牙固连的区域，即沿着牙根表面，骨和牙齿物质相互融合。除需要术前 X 线片检查病变并确定合适的治疗外，还必须进行术后 X 线片检查以确保整颗牙齿已被拔除。第 13 章详细介绍了猫的拔牙术。

### 牙冠截除

如上所述，当牙根已经被彻底吸收时，通常不可能拔除所有的牙齿物质，此时需要进行牙冠截除。牙冠截除的适应证和预后已有详细报道（DuPont, 1995），建议使用该方法，但术后需定期进行 X 线片监测，以确保牙根部正在被吸收并且愈合良好。

牙冠截除技术（图 11.13）包括掀起颊侧和腭侧/舌侧的牙龈黏膜瓣，以暴露牙槽骨的边缘。使用球钻切除患齿的牙冠也可用牙钻清除少量的根部组织，但要确保有意保留的牙根位于牙槽嵴的顶端。最后将牙龈黏膜瓣复位并进行缝合。

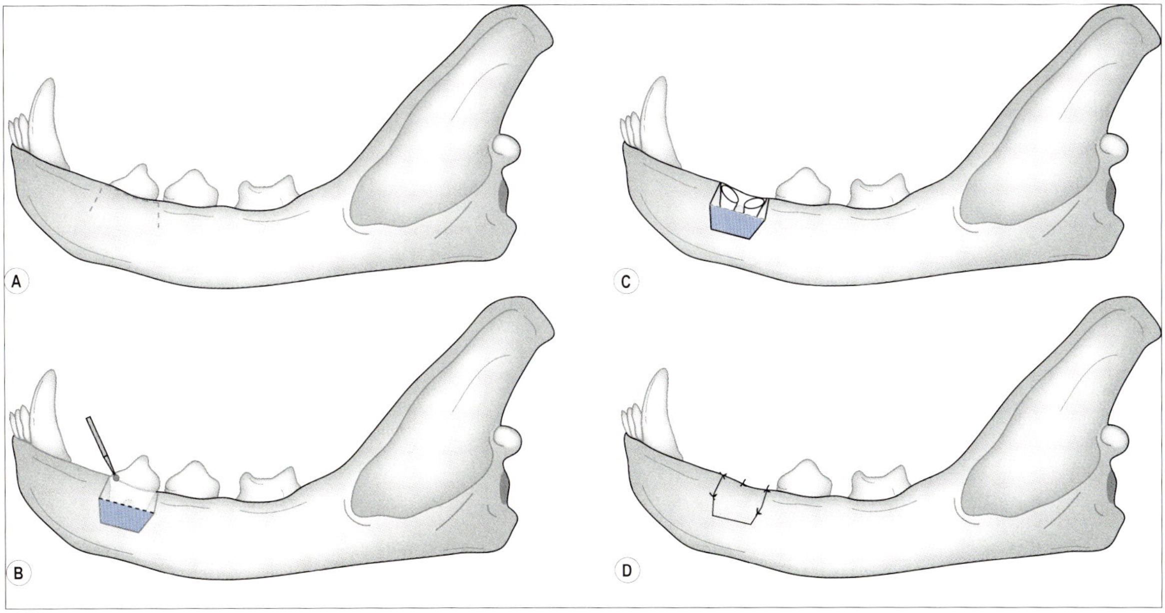


**图 11.13　牙冠截除**

（A）掀起牙龈黏膜瓣。制作两个短的游离切口（一个位于牙齿的近中侧，另一个位于牙齿的远中侧）延伸到或刚刚超过黏膜牙龈界以便掀起皮瓣。（B）掀起牙龈黏膜瓣并切除牙冠。使用骨膜剥离器掀起全层牙龈黏膜瓣，暴露颊侧的牙槽骨板。使用小型球钻截除患病牙齿的牙冠。（C）使用牙科钻头去除少量的牙根组织，但要确保有意保留的牙根处于牙槽嵴的顶端。（D）复位黏膜瓣。复位牙龈黏膜瓣，确保没有张力并缝合于正确位置。若出现张力，可以延长黏膜瓣游离切口使其越过黏膜牙龈界。

## 总结

* 猫的牙根外吸收很常见。
* 根吸收起源于炎症（牙周疾病）或是自发性吸收。
* 病变是渐进性的。
* 诊断需要 X 线片检查。
* 治疗目的是缓解不适或疼痛。在大多数情况下，拔牙或牙冠截除是较理想的治疗选择。
* 成功的拔牙和良好的愈合需要临床和 X 线片监测。

# 参考文献


[1] Andersson, L., Lindskog, S., Blomlöf, L., et al., 1985. Effect of masticatory stimulation on dentoalveolar ankylosis after experimental tooth replantation. Endodontics and Dental Traumatology 1, 13–16.

[2] Andreasen, J.O., 1985. External root resorption: its implications in dental traumatology, paedodontics, periodontics, orthodontics and endodontics. International Endodontic Journal 18, 109–118.

[3] Andreasen, J.O., 1988. Review of root resorption systems and models. Etiology of root resorption and the homeostatic mechanisms of the periodontal ligament. In: Davidovitch, Z.（Ed.）, Proceedings of the International Conference on the Biological Mechanisms of Tooth Eruption and Root Resorption. Ebesco Media, Birmingham, pp. 9–21.

[4] Andreasen, J.O., Kristerson, L., 1981. The effect of limited drying or removal of the periodontal ligament. Periodontal healing after replantation of mature incisors in monkeys. Acta Odontologica Scandinavica 39, 1–13.

[5] Arnbjerg, J., 1996. Idiopathic dental root replacement resorption in old dogs. Journal of Veterinary Dentistry 13（3）, 97–99.

[6] Berger, M., Schawalder, P., Stich, H., et al., 1996. Feline dental resorptive lesions in captive and wild leopards and lions. Journal of Veterinary Dentistry 13（1）, 13–21.

[7] Booij–Vrieling, H.E., 2009. Tooth resorption in cats: contribution of vitamin D and inflammation. PhD Thesis, Utrecht, the Netherlands. Clarke, D.E., Cameron, A., 1997. Feline dental resorptive lesions in domestic and feral cats and the possible link with diet. In: Proceedings of the 5th World Veterinary Dental Congress. Birmingham, UK, pp. 33–34.

[8] Coles, S., 1990. The prevalence of buccal cervical root resorptions in Australian cats. Journal of Veterinary Dentistry 7（4）, 14–16.

[9] Crossley, D., Dubielzig, R., Benson, K., 1997. Caries and odontoclastic resorptive lesions in a chinchilla（Chinchilla lanigera）. Veterinary Record 141, 337–339.

[10] DuPont, G.A., 1995. Crown amputation with intentional root retention for advanced feline resorptive lesions – a clinical study. Journal of Veterinary Dentistry 12（1）, 9–13.

[11] DuPont, G.A., DeBowes, L.J., 2002. Comparison of periodontitis and root replacement in cat teeth with resorptive lesions. Journal of Veterinary Dentistry 19（2）, 71–75.

[12] Girard, N., Servet, E., Hennet, P., et al., 2010. Tooth resorption and vitamin D3 status in cats fed premium dry diets. Journal of Veterinary Dentistry 27（3）, 142–147.

[13] Gold, S.I., Hasselgren, G., 1992. Peripheral inflammatory root resorption. A review of the literature with case reports. Journal of Clinical Periodontology 19, 523–534.

[14] Gorrel, C., Larsson, Å., 2002. Feline odontoclastic resorptive lesions: unveiling the early lesion. Journal of Small Animal Practice 43, 482–488.

[15] Hammarström, L., Blomlöf, L., Lindskog, S., 1989. Dynamics of dentoalveolar ankylosis and associated root resorption. Endodontics and Dental Traumatology 5, 163–175.

[16] Heaton, M., Wilkinson, J., Gorrel, C., et al., 2004. A rapid screening technique for feline odontoclastic resorptive lesions. Journal of Small Animal Practice 45（12）, 598–601.

[17] Hopewell–Smith, A., 1930. The process of osteolysis and odontolysis, or so–called ‘absorption’ of calcified tissues: a new and original investigation. The evidences in the cat. Dental Cosmos 72, 1036–1048.

[18] Ingham, K.E., Gorrel, C., Blackburn, J.M., et al., 2001. Prevalence of odontoclastic resorptive lesions in a clinically healthy cat population. Journal of Small Animal Practice 42, 439–443.

[19] King, G.N., Hughes, F.J., 1999. Effects of occlusal

loading on ankylosis, bone and cementum formation during morphogenetic protein-2-stimulated periodontal regeneration in vivo. Journal of Periodontology 70, 1125-1135.

[20] Levin, J., 1996. Tooth resorption in a Siberian tiger. In: Proceedings of the 10th Annual Veterinary Dental Forum, Houston, Texas, USA, pp. 212-214.

[21] Lindskog, S., Hammarström, L., 1980. Evidence in favour of an anti-invasion factor in cementum or periodontal membrane. Scandinavian Journal of Dental Research 88, 161-163.

[22] Lindskog, S., Blomlöf, L., Hammarström, L., 1983. Repair of periodontal tissues in vitro and in vivo. Journal of Clinical Periodontology 10, 188-205.

[23] Lindskog, S., Blomlöf, L., Hammarström, L., 1987. Cellular colonization of denuded root surfaces in vivo: cell morphology in dentin resorption and cementum repair. Journal of Clinical Periodontology 14, 390-395.

[24] Lommer, M.J., Verstraete, F.J.M., 2000. Prevalence of odontoclastic resorption lesions and periapical radiographic lucencies in cats: 265 cases ( 1995-1998 ). Journal of the American Veterinary Medical Association 217, 1866-1869.

[25] Lund, E.M., Bohacek, L.K., Dahlke, J.L., et al., 1998. Prevalence and risk factors for odontoclastic resorptive lesions in cats. Journal of the American Veterinary Medical Association 212, 392-395.

[26] Ne, R.F., Witherspoon, D.E., Gutmann, J.L., 1999. Tooth resorption. Quintessence International 30, 9-25.

[27] Okuda, A., Harvey, C.E., 1992. Etiopathogenesis of feline dental resorptive lesions. Feline dentistry. Veterinary Clinics of North America: Small Animal Practice. WB Saunders, Philadelphia, pp. 1385-1404.

[28] Reichart, P.A., Durr, U.-M., Triadan, H., et al., 1984. Periodontal disease in the domestic cat. Journal of Periodontal Research 19, 67-75.

[29] Reiter, A., Mendoza, K.A., 2002. Feline odontoclastic resorptive lesions: an unsolved enigma in veterinary dentistry. Veterinary Clinics of North America: Small Animal Practice 32, 791-837.

## 延伸阅读

[1] Gorrel, C., 2008. Root resorption. In: Saunders Solutions in Veterinary Practice - Small Animal Dentistry. Saunders/Elsevier, Philadelphia, pp. 105-128.

# 第 12 章

# 牙科急诊

## 简介

被认为是牙科急诊的状况通常是由面部和口腔的创伤引起的（图 12.1）。虽然它们并不会危及生命，但大多数会引起患病动物的不适，有些会造成受伤动物严重疼痛甚至全身并发症，所以应该尽快进行治疗。所有临床兽医都会遇到这种状况，此时需要快速诊断并及时进行处理，如有需要，可以咨询专家进行治疗。

其他文章已经涵盖了遭受严重创伤动物的基本处理原则。但记住，头部和整个身体是连在一起的，在受严重创伤的动物身上，牙齿和口腔疾病通常不是首要考虑的因素。

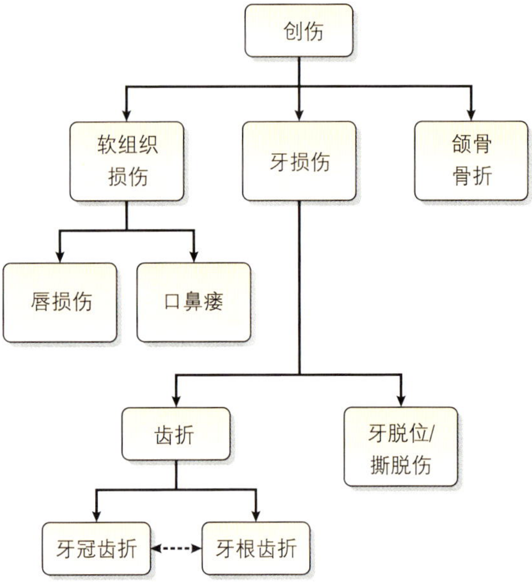


图 12.1　口腔急症

## 软组织创伤

伤口的处理原则与身体其他部位相同。因此，本章将只详细讨论唇损伤和口鼻瘘的处理。

最首要是控制出血而保证受伤区域的血液供应。伤口大多数都会受到感染，应及时采取措施以减少感染。用电解质平衡液温柔冲洗以去除颗粒状碎屑，只能使用非常低浓度的消毒液。伤口内的较大碎片可在手术探查时手动移除。严重感染的伤口可留置外科引流管。手术切除坏死组织（清创术）对促进早期肉芽生成至关重要。清创后，有几种选择可用来闭合伤口，分别是：

- Ⅰ期闭合。
- 延迟Ⅰ期闭合。
- Ⅱ期闭合。
- 移植术。

闭合技术的选择取决于：

- 伤口位置。
- 伤口大小。
- 受伤时间。
- 感染程度。

## 唇损伤

唇的解剖结构使其特别适合移植术，推进黏膜瓣、旋转和转移黏膜瓣（图 12.2）均有各自的适用范围。

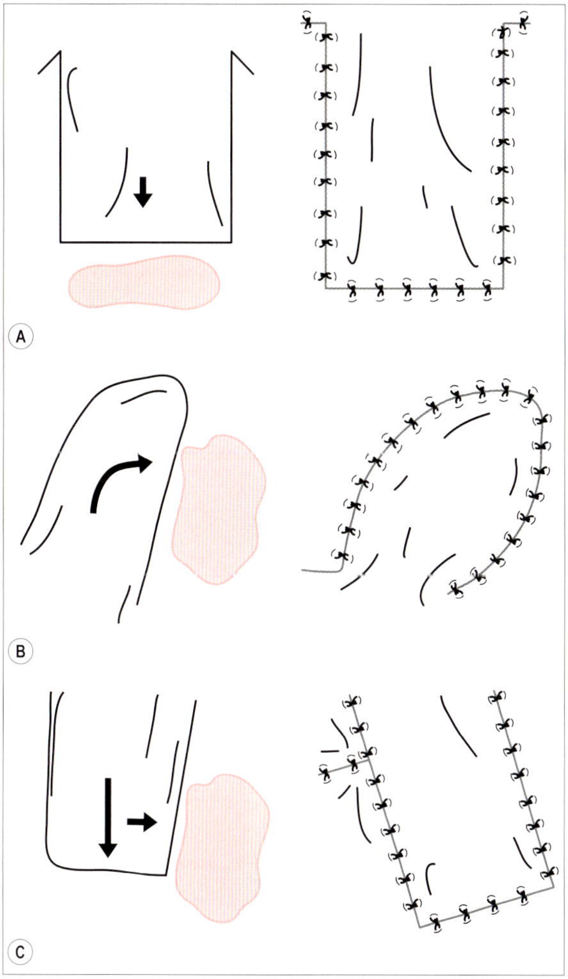


图 12.2　一些有效的移植技术
（A）推进黏膜瓣。（B）旋转黏膜瓣。（C）转移黏膜瓣。

在交通事故中受伤的猫经常发生下唇脱套伤。如果皮肤有活性，可以将皮肤向前拉并将犬齿作为锚定点进行缝合。如果皮肤没有活性，那么在清创后，可以通过制造推进黏膜瓣来覆盖暴露的骨头，将黏膜瓣向前拉并锚定到犬齿上。有时可能需要切开唇联合以调动足够大的推进黏膜瓣，最后将黏膜缝合到皮肤上以闭合唇联合。

前上颌骨损伤伴随部分鼻缺损时，也可通过推进、旋转或转移黏膜瓣进行修复。确保鼻孔的通畅。

有很多备用组织可用来覆盖缺损。黏膜瓣的设计要足够大，以确保在缝合时不受张力影响。

## 口鼻瘘

口鼻瘘是口腔和鼻腔之间的一种病理性连通。瘘管内衬上皮组织，因此无法愈合。两个最常见的部位是全层腭缺损以及上颌牙槽和鼻腔之间的连通。

### 硬腭

以下情况可能会导致犬猫的硬腭缺损：

- 道路交通事故。
- 电击。
- 异物穿透。
- 枪伤。
- 压迫性坏死。

已有几种处理硬腭裂的技术（先天性和后天性）可供选择。

硬腭修复技术的选择取决于：

- 缺损位置，即吻端或尾端。
- 缺损的大小和形状。
- 可用于皮瓣移植手术的组织量。

不贯通鼻腔但连通切齿骨的小范围吻端缺损不会导致鼻腔反流所以不需要进行修复。表 12.1 显示了修复不同类型硬腭缺损的技术选择建议。

表 12.1 根据缺损类型选择修复方法的建议

| 缺损类型 | 修复选项 |
| --- | --- |
| 狭窄缺损 | 单侧带蒂皮瓣旋转或移位以覆盖缺损 |
| 较大腭中线缺损 | 双侧带蒂皮瓣移植术<br>（Langenbeck 术或 veau-wardill 术）<br>双皮瓣重叠术 |
| 较大吻端缺损 | 前庭黏膜瓣移植术<br>腭假体移植术 |
| 环形或尾端缺损 | 硬腭旋转皮瓣移植术<br>软腭推进皮瓣移植术<br>腭裂 U 型皮瓣移植术<br>腭假体移植术 |

口腔手术的原则：

1. 黏膜瓣必须不受张力。应增大黏膜瓣以避免出现张力并确保黏膜瓣与相邻健康组织之间的重叠。

2. 必须保留黏膜瓣的血液供应。在腭瓣成形术中，识别和保留腭大动脉十分重要。该动脉在腭骨内侧距离上裂齿 0.5 ~ 1.0 cm 处（图 12.3）。腭黏膜瓣应为全层黏膜骨膜瓣，切口远离腭大动脉。对于前庭黏膜瓣，要寻找一个有大部分结缔组织附着的黏膜瓣。

3. 必须对受损的上皮边缘进行清理。

4. 确保将结缔组织表面或创缘缝合在一起，因为完整的上皮无法和任何其他组织的表面愈合。

5. 缺口处尽可能不留缝线。使用不对称黏膜瓣会有助于避免这种情况。

6. 胃管或经喉饲管不是必需的。如果动物不进食，应使用鼻饲管。仔细、轻柔地操作，

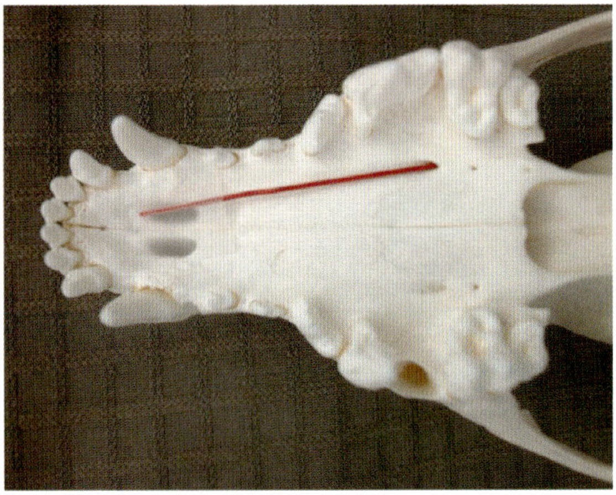

**图 12.3 腭大动脉**

腭大动脉位于上裂齿内侧 0.5~1.0 cm 处。在腭黏膜瓣成形术中，保护腭大动脉非常重要，因为它是黏膜瓣的主要血供。

制订好流程计划，使缝合边缘没有张力，可以更好地防止开裂。

可选用以下方法修复硬腭损伤：

- 各种带蒂黏膜瓣移植技术。
- Langenbeck 术。
- Veau-Wardill 术。
- 双重叠黏膜瓣移植技术。
- 腭裂 U 型黏膜瓣移植技术。
- 其他技术。
- 硅或丙烯酸假体移植技术。

**各种带蒂黏膜瓣移植术。**这些技术是以腭大动脉为基础的单侧黏膜瓣移植。黏膜瓣或旋转（图 12.2B）或转移（图 12.2C）来覆盖缺损。必须用手术刀切除缺损的上皮边缘，并确保黏膜瓣在没有张力的情况下缝合。这些技术适用于较窄的缺损。

**Langenbeck 术。**该技术本质上是一个双侧带蒂黏膜瓣移植术，适用于大的腭中线缺损。Langenbeck 术的主要缺点是可能会出现创口开裂和持续存在的吻端裂口。如图 12.4 所示。

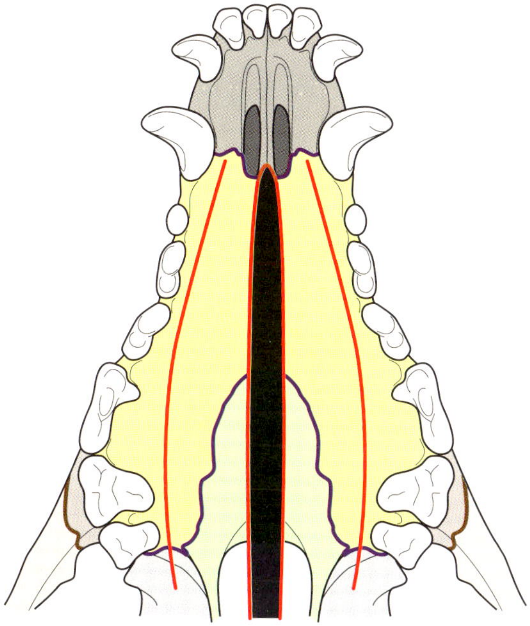

图 12.4　Langenbeck 术
这种双蒂黏膜瓣对于修复较大的腭中线缺损很有用。

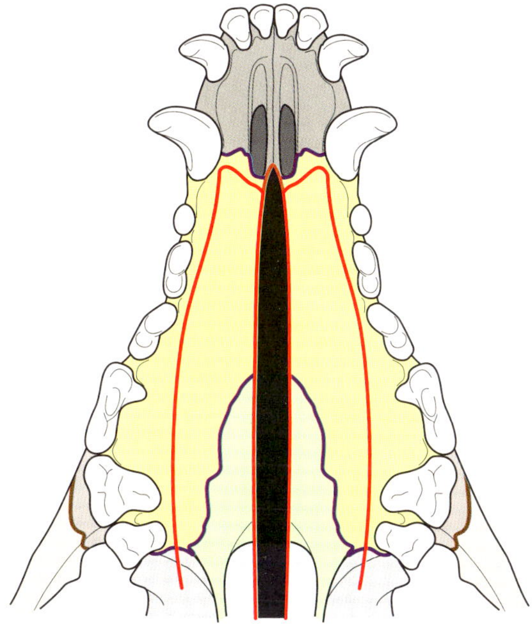

图 12.5　Veau Wardill 术
这种技术类似于 Langenbeck 术，不过同时还做了从齿缘两侧切口的吻侧延伸到腭中线的切口。这使得黏膜瓣既可以向尾端移动也可以侧向移动，从而可以减少闭合时的张力。适用于修复大的腭中线缺陷。

1. 用手术刀切除缺损的上皮边缘。

2. 在缺损任一侧的牙齿边缘处切开黏膜骨膜。小心不要切断腭大动脉。

3. 使用骨膜剥离器将黏膜骨膜从腭骨剥离，在缺损两侧掀起两条纵向黏膜骨膜瓣。

4. 将两条剥离的黏膜骨膜瓣拉到一起并在腭中线缝合，从而闭合裂口。

5. 保留齿缘两侧暴露的骨以使肉芽化和上皮化。

**Veau-Wardill 术**。该技术也是一种双蒂黏膜瓣移植术，可有效应用于较大腭中线的缺损。它类似于 Langenbeck 术，不过同时还做了从齿缘两侧切口的吻侧延伸到腭中线的切口（图 12.5）。这使得黏膜瓣既可以向尾端移动也可以侧向移动，从而可以减少闭合时的张力。

**双交叉黏膜瓣移植术**。该技术也被称为颠倒重叠黏膜瓣移植术。可有效应用于较大的腭中线缺损修复。使用这种技术可以降低吻端开裂的风险。如图 12.6 所示。

1. 用手术刀切除缺损的上皮边缘。

2. 沿缺损一侧切开黏膜骨膜，并在另一侧沿着齿缘做切口。

3. 用骨膜剥离器掀起黏膜瓣 a 和 b（图 12.6）。确保腭大动脉不被切断。

4. 折叠黏膜瓣 a 并缝合在黏膜瓣 b 下，使结缔组织表面接触。预留缝线做几个褥式缝合。黏膜瓣 a 的上皮细胞将形成鼻上皮，而黏膜瓣 b 则会促进口腔上皮的形成。

5. 暴露的腭骨再次肉芽化和上皮化。

**腭裂 U 型黏膜瓣移植术**。该技术特别适用于大的尾侧缺陷。该过程如图 12.7 所示。

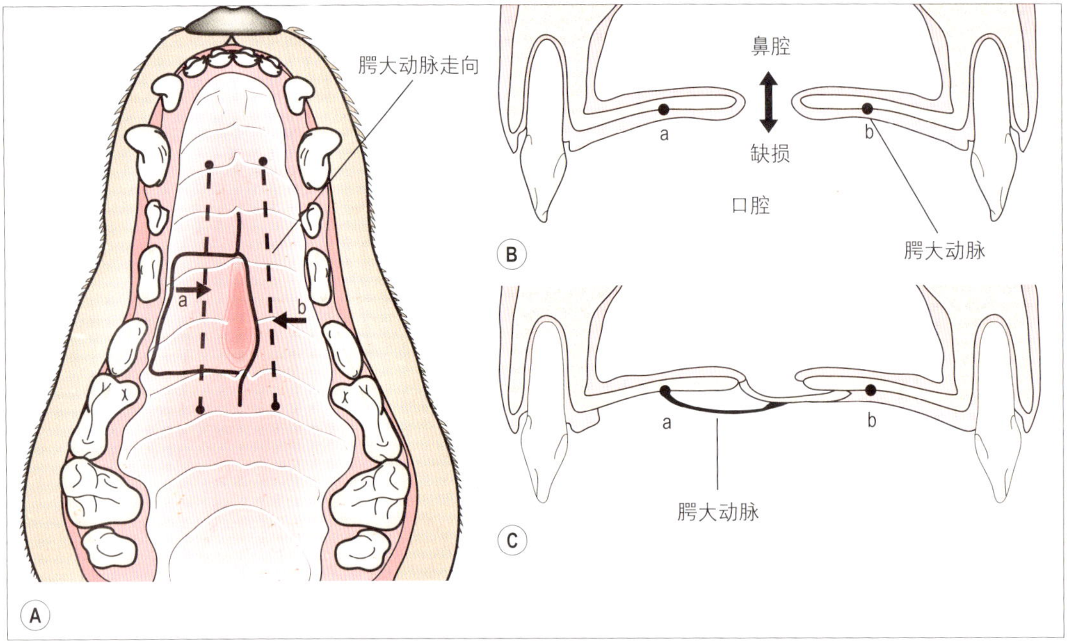


图 12.6　双叠瓣技术（A–C）
这种技术也叫作颠倒重叠黏膜瓣技术，可有效应用于较大的腭中线缺损修复。

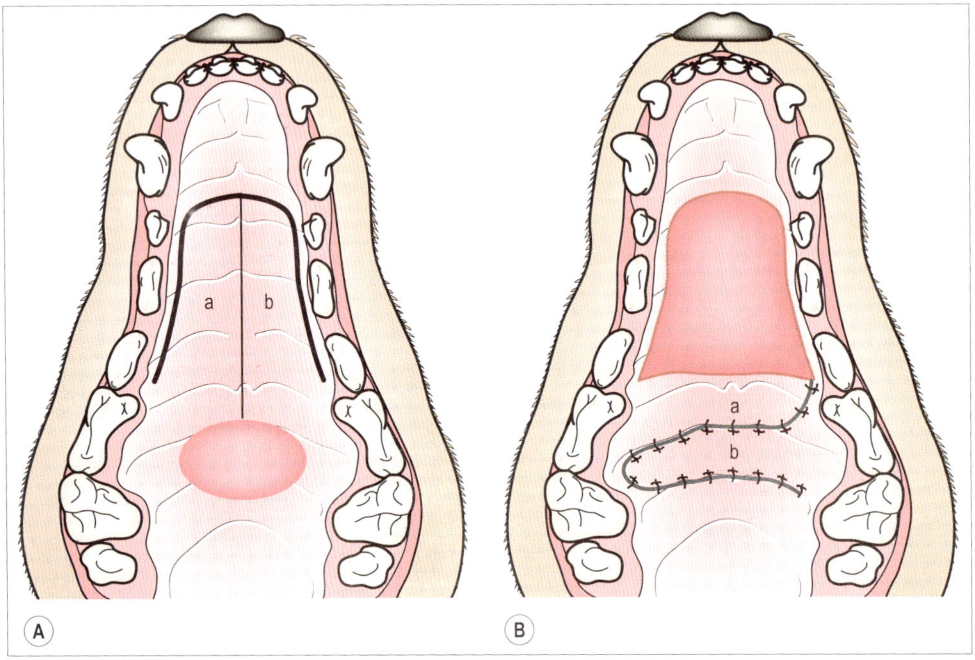


图 12.7　腭裂 U 型黏膜瓣移植术（A, B）
该技术特别适用于大的尾侧缺陷。

1. 用手术刀切除缺损的上皮边缘。

2. 用骨膜剥离器在缺损的吻侧做一个大的 U 型黏膜骨膜瓣。

3. 沿着掀起的黏膜瓣的中线作切口形成两个同等大小的黏膜瓣。

4. 90° 旋转黏膜瓣 a（图 12.7）并转置以覆盖缺损。

5. 黏膜瓣 a 的内侧面缝合于腭缺损的尾部，并将黏膜瓣的尖端缝合到腭缺损外侧。

6. 黏膜瓣 b 旋转 90°，转置于黏膜瓣 a 之前。

7. 黏膜瓣 b 内侧及尖端缝合于黏膜瓣 a 的边缘。

8. 保留腭骨的吻端以使肉芽化。

**其他技术。**对于大的吻端缺损，可以使用前庭黏膜瓣移植术。黏膜瓣上打孔，允许牙齿穿过，或根据需要拔除牙齿。

另外，也可以定制硅胶或丙烯酸树脂假体。这种技术至少需要进行两次麻醉。

### 软腭

软腭裂通常是先天性的而非外伤性或后天性的。软腭缺损闭合应使用双层修复（图 12.8）。沿上颚两侧的内侧边缘做切口。用钝剪将两侧的软腭组织分离成背侧和腹侧的黏膜瓣。两个背侧黏膜瓣以简单间断缝合形成鼻上皮，并将两个腹侧黏膜瓣缝合以形成口腔上皮。软腭闭合于扁桃体的尾部。

### 上颌牙槽

上颌犬齿是口鼻瘘最常见的形成部位，前臼齿最少见。在上颌齿槽和鼻腔之间形成口鼻瘘的三个最常见的原因是：

1. 牙周病。

2. 根尖周病变。

3. 医源性损伤。

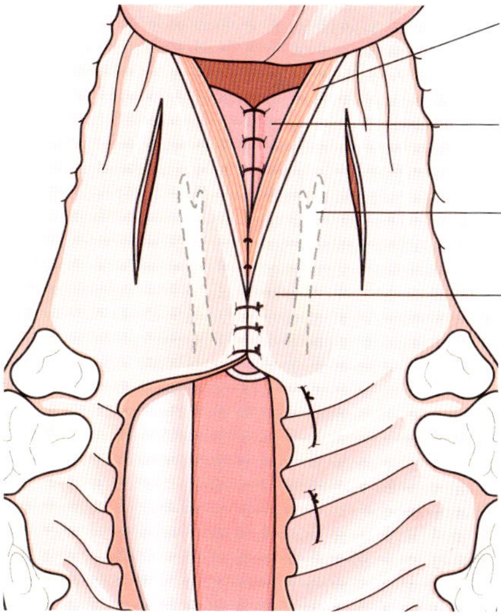


**图 12.8 双层软腭修补术**
软腭缺损闭合应使用双层修复。

犬齿区口鼻瘘的形成一般是由牙周病导致的，牙周病随着发展会穿透牙槽骨的内侧壁。

上颌犬齿和前臼齿的根尖病变也可引起牙槽内壁的穿孔，这种情况下可以将上颌犬齿的拔除。大的新鲜缺损或长期缺损引起的临床症状如鼻腔溢液、食物嵌塞和慢性感染，应该用手术进行修复。对于长期、慢性感染病例，在术前和术后都建议使用抗生素。理想的抗生素选择应基于药敏试验。

**单层修复。**单层修复是可选的手术方法。它在大多数情况下都很有效。调动足够的组织，以便进行完全无张力的修复是其重要步骤。这通常需要将黏膜瓣的范围延伸到颊前庭外，即将黏膜从颌骨上掀起并折转至颊内侧，从而形成颊黏膜。用刀切割缺损的边缘以去除上皮也是治疗的关键。

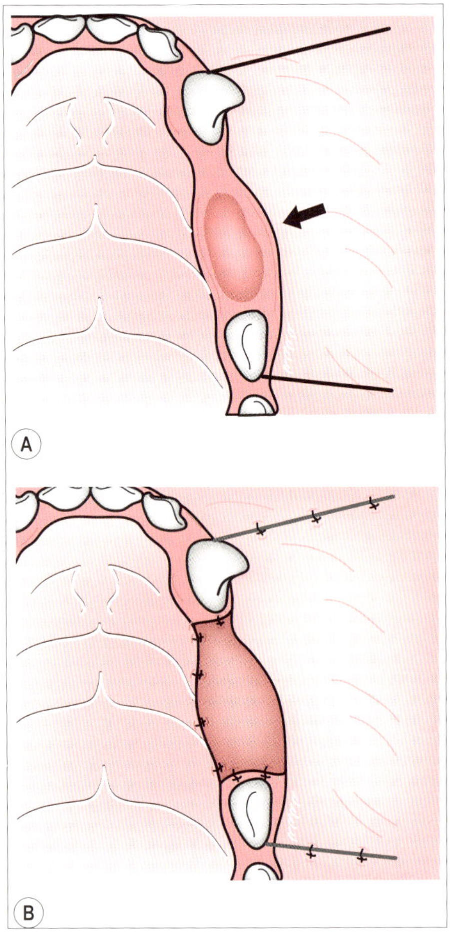


图 12.9 单层口鼻瘘修复术

该过程如图 12.9 所示。

1. 使用手术刀从第 1 前臼齿的尾侧沿缺损的颊侧边缘切割至上颌切齿的近中侧，切除上皮附着。

2. 在侧切齿的近中侧和第 1 前臼齿的远中侧作垂直切口。

3. 用骨膜剥离器掀起全层黏膜瓣。

4. 黏膜瓣要延伸超过牙龈黏膜界，这一点至关重要。即将齿槽黏膜从下方的齿槽骨上分离下来。

5. 继续分离齿槽骨黏膜，直到有足够的组织覆盖缺损为止。这可能需要将掀起的黏膜瓣延长到或超过颊前庭的高度。

6. 分离黏膜瓣底部的骨膜，使黏膜瓣完全活动。

7. 用手术刀划割口鼻瘘的边缘。

8. 将黏膜瓣向前推进覆盖缺损，并用可吸收缝线缝合至腭黏膜上。

9. 推荐术后 2 周内饲喂软食。

**双层修复**。如果单层修复失败，或者缺损过大或过长，可使用双层技术进行修复（图 12.10）。该技术可以根据牙龈萎缩或牙槽骨缺损情况作相应变化（图 12.10）。

## 创伤性牙损伤

创伤性牙损伤很常见，并且可能会引起齿折或牙周组织损伤。它们通常是由交通事故中脸部受到冲击或咀嚼硬物造成的。

如果要保留受伤的牙齿，通常需要进行根管治疗（见附录）。

### 齿折

齿折可能为牙冠齿折（图 12.12）、冠根联合齿折（图 12.13）或牙根齿折（图 12.14）。

#### 牙冠齿折

复杂牙冠齿折是指齿折线将牙髓暴露在口腔环境中，简单牙冠齿折是指牙髓没有暴露。牙冠齿折看起来很明显。但有时牙髓是否在齿折线处暴露难以确定，所以需要在全身麻醉状态下使用牙科探针和 X 线片进行检查。

复杂牙冠齿折必须进行治疗。暴露的牙髓会发炎，且最终可能会坏死。炎症会从牙髓蔓

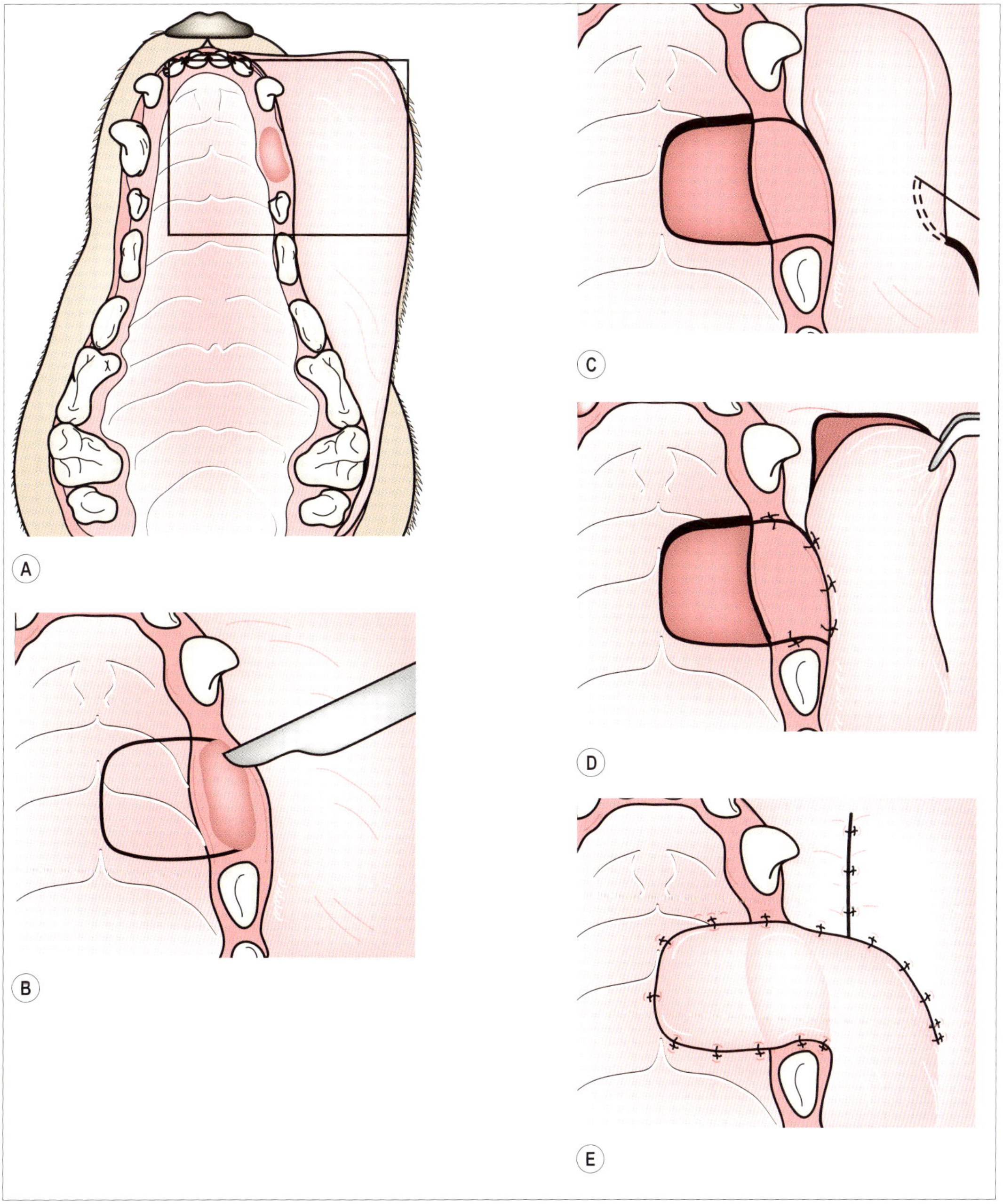


**图 12.10　双层口鼻瘘修补术**

（A）左侧上颌犬齿口鼻瘘。这个方框标出了切割区域。（B）掀起腭侧黏膜瓣，并划割口鼻瘘外侧边缘。（C）铺放无张力的腭黏膜瓣，并掀起指形颊黏膜瓣。（D）将腭瓣缝合到位。（E）将指形颊黏膜瓣旋转并缝合至腭黏膜上。

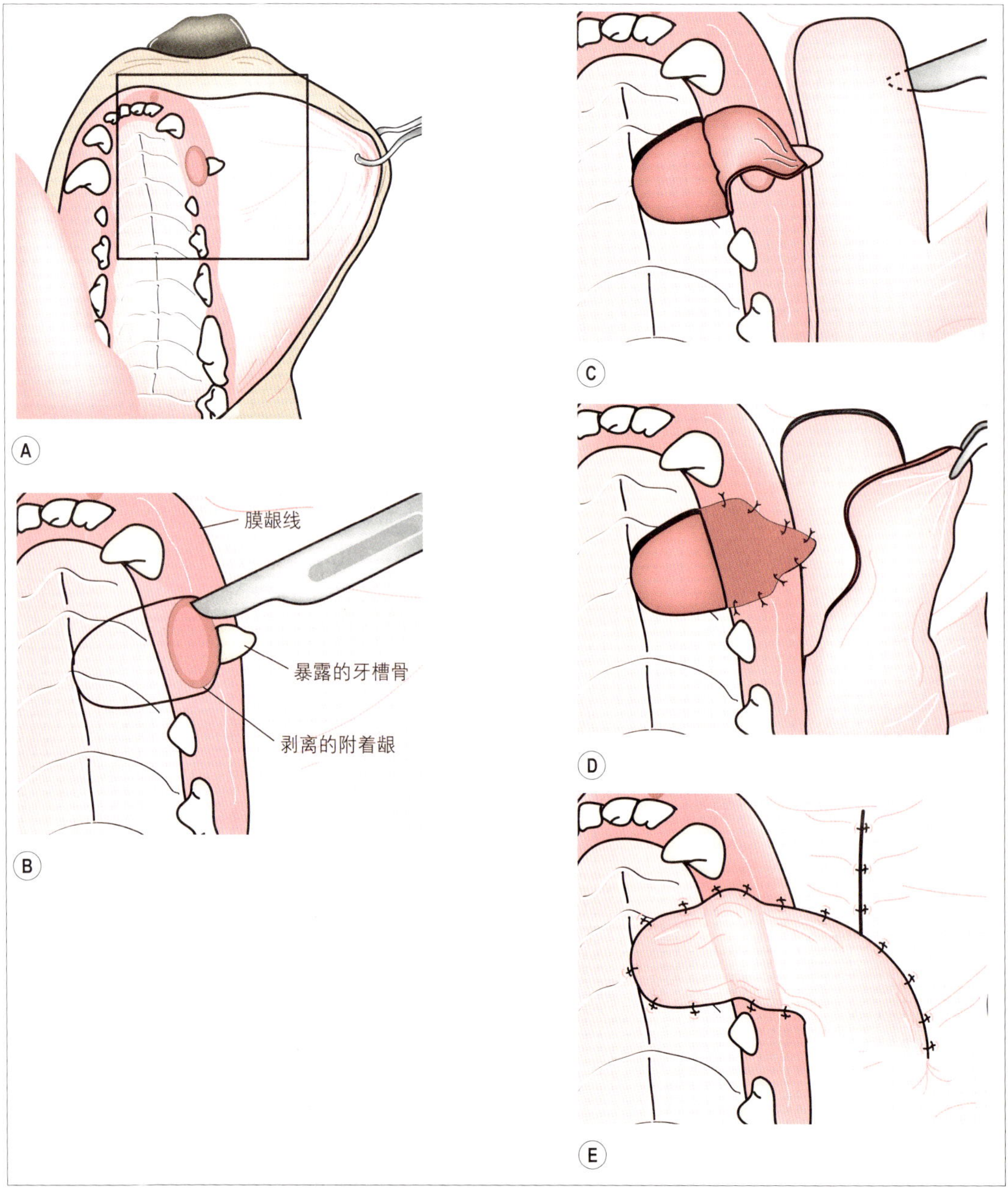


**图 12.11　牙龈黏膜退缩至牙龈黏膜界的复杂口鼻瘘修复**

（A）左侧上颌犬齿部位的口鼻瘘。这个方框标出了切割区域。（B）掀起腭黏膜瓣并剥离附着龈。（C）铺放腭黏膜瓣，并分离指形颊黏膜瓣。（D）将腭瓣缝合到位并提起指形黏膜瓣。（E）将指形颊黏膜瓣旋转并缝合至腭黏膜上。

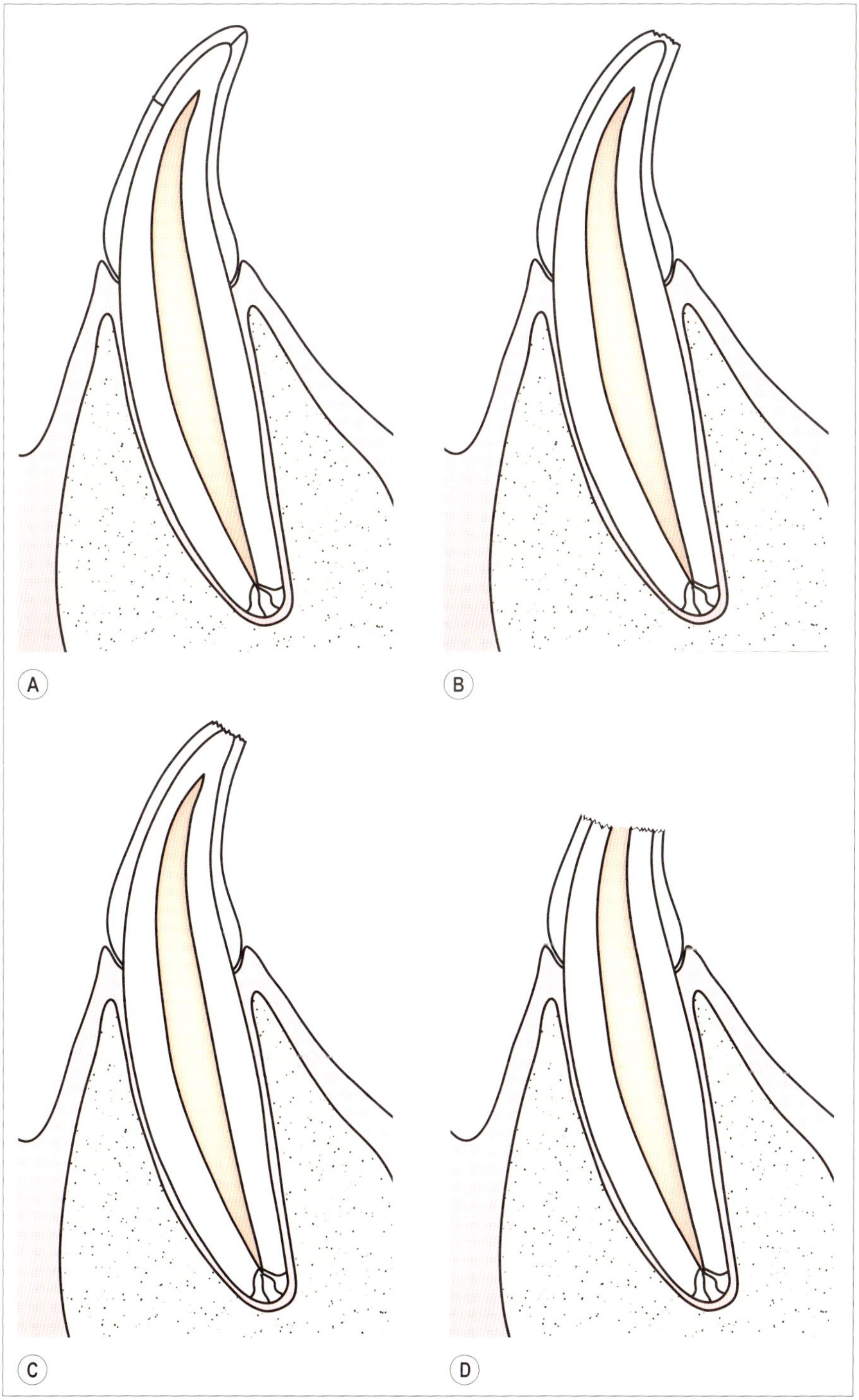


图 12.12 牙冠损伤的类型

（A）齿折线位于牙釉质，没有牙本质损失。齿折只延伸到牙釉质本质界。这种情况不需要治疗，但应监测牙齿是否有发生牙髓和根尖周病的迹象。（B）简单牙冠齿折仅影响牙釉质。治疗方法为磨平锯齿状的边缘。（C）简单牙冠齿折暴露出牙本质。需要进行修复，尤其是当齿折线接近牙髓时。（D）复杂牙冠齿折，即髓腔暴露。这是根管治疗的一个适应证。

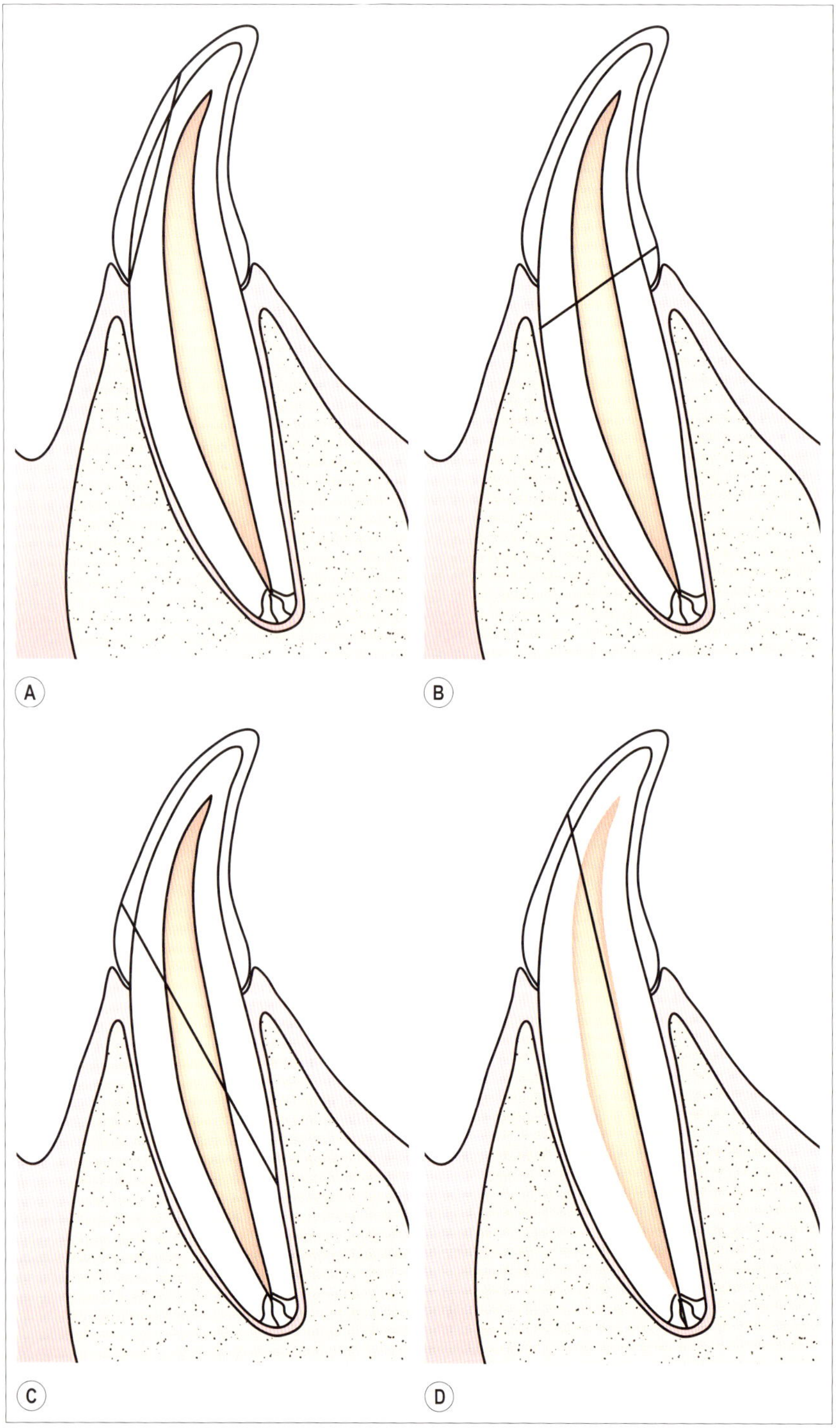


图 12.13 冠根联合齿折的类型

（A）简单冠根联合齿折。（B）复杂冠根联合齿折。（C）复杂冠根联合齿折，通常会损伤牙槽骨。（D）长轴冠根联合齿折。这是拔牙术的绝对适应证。

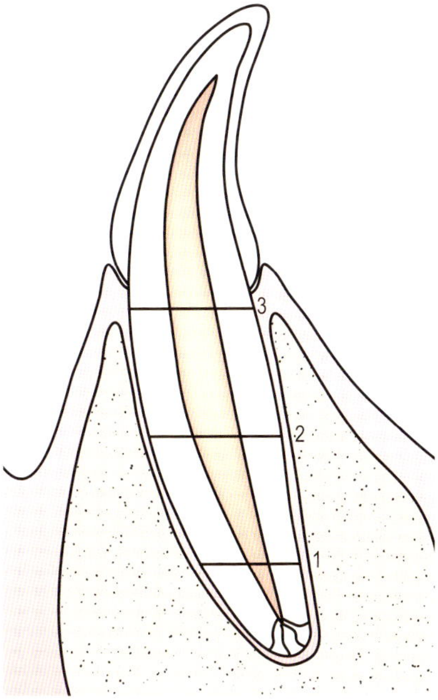


**图 12.14 横向牙根齿折**

（1）根尖部分牙根齿折。（2）中根齿折。1 和 2 都会通过固定而愈合。（3）靠近齿龈缘的冠根联合齿折。这种齿折不太可能痊愈，如果要保留牙根，则需要根管治疗。

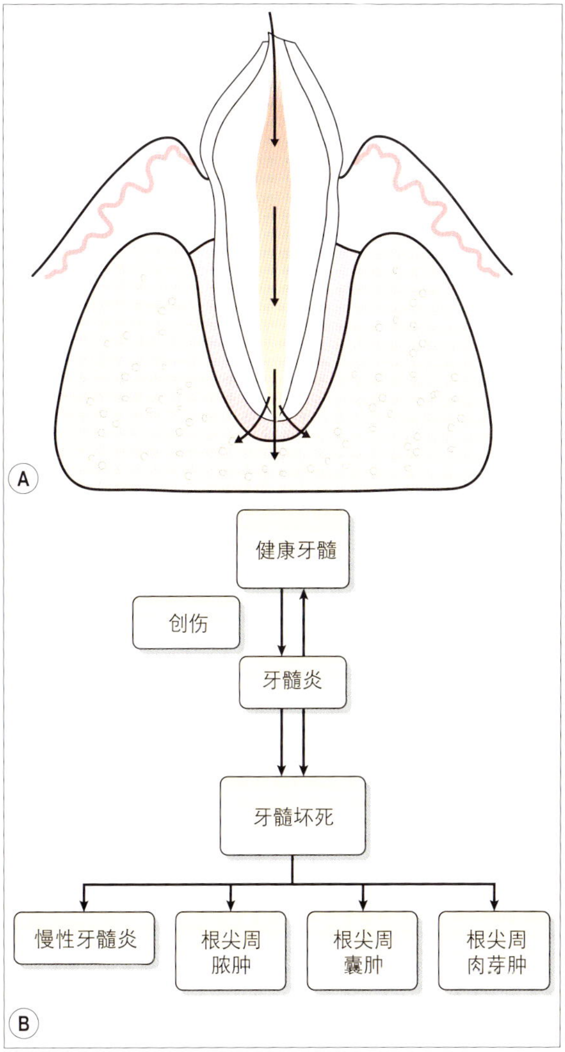


**图 12.15 牙髓和根尖周病**

(A) 暴露的牙髓会发炎并最终坏死，炎症可从牙髓扩散至根尖周区。(B) 根尖周区的病变类型包括牙根尖的局部反应（肉芽肿、囊肿、脓肿）和骨髓炎。

延至根尖周区域（图 12.15）。应拔除发生复杂牙冠齿折的牙齿，以免影响相邻恒齿发育。

如果不受牙周疾病的影响，恒齿可以进行根管治疗。如果牙齿有牙周病或齿折范围太大，则拔牙是首选治疗方案。事实上，对于复杂牙冠齿折，拔牙比不进行治疗更可取。

要充分考虑恒齿是否成熟，因为牙髓的活力对于牙根成熟是必需的（根尖的持续生长和闭合）。因此，如果牙髓还有活力，可以使用一种特殊的根管治疗，即牙髓部分去除和直接盖髓术。这个过程需要在受伤后尽快进行，最好是在几小时之内。它的目的是保留活髓，从而使牙齿继续发育。一旦牙齿成熟（尖端闭合并且牙根壁有足够的牙本质厚度），那么应该进行完全的根管治疗（牙髓去除术和根填充）。

牙髓坏死的未成熟牙一般应该拔除。有一种特殊的治疗技术称为根尖诱导成形术，可用于维持牙髓坏死的未成熟牙齿，但这一技术很少使用。需要牢记，如果发育过程中的恒齿因外伤导致牙髓坏死，那动物成年后很可能存在未成熟恒齿（图 12.16）。

简单牙冠齿折也可能需要治疗，因为暴露的牙本质小管使得牙髓和口腔环境之间可以相通，从而导致牙髓发炎或坏死。简单牙冠齿折通常仅需要很简单的治疗，例如用牙钻去除尖锐的边缘和用合适的衬垫或修复材料来封闭暴露的牙本质。然而，这种齿折需要定期监测（临床和影像学检查），以确保牙髓仍然有活力。如果发生了牙髓和根尖周病，则需要拔牙或根管治疗。

### 冠根联合齿折

同时涉及牙冠和牙根的齿折也分为复杂性和简单性，取决于齿折线是否使牙髓暴露。

冠根联合齿折的治疗取决于齿折线延伸到齿龈缘下方多远。如果齿折线不涉及牙髓并且在牙龈下延伸不超过 4 ~ 5 mm，则可以进行恢复性牙科治疗。如果牙髓暴露，则需要在修复前进行根管治疗。如果齿折线在牙龈下延伸超过 5 mm，并且其尖端延伸至牙槽骨边缘之下，则通常应该进行拔牙。

### 牙根齿折

牙根齿折可能是横向的或倾斜的。一般来说，横向牙根齿折的预后最好。牙齿长轴齿折是拔牙的绝对适应证。

一颗牙周健康的牙齿出现异常的横向或垂直移动，需要怀疑牙根齿折。牙根齿折的确切诊断主要依靠 X 线片。选择正确的治疗方法，

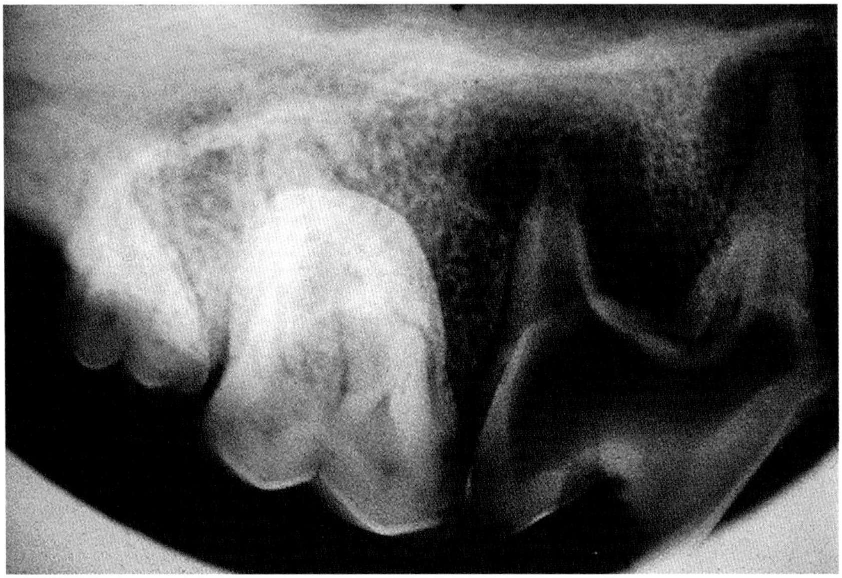

**图 12.16　一只 11 岁狗发育不完全的上颌第 1 恒臼齿**

在患病动物不到 1 岁时，牙齿遭受创伤，引起复杂齿折并伴随牙髓和根尖周病。

即固定或拔除，必须要基于一个明确的诊断。固定可使用结扎丝和丙烯酸树脂。需要对治疗结果进行影像学检查。

横向牙根齿折的高度决定了治疗方案的选择。根尖区域齿折的预后比靠近齿龈缘的齿折更好。在大多数情况下，牙根冠状部分的横向齿折是拔牙的适应证。如果进行牙固定，横向中根齿折和根尖齿折会愈合。横向牙根齿折可以通过牙本质 - 软组织愈合、结缔组织愈合、纤维结合或骨纤维结合来愈合（图 12.17）。如果牙冠齿折时牙髓坏死，齿折就不会愈合，需要进行牙冠部分的根管治疗。如果 X 线片显示没有根尖病变，则可以保留牙根尖。如果 X 线片显示有根尖病变，则应去除根尖段。这种牙齿需要长时间进行定期 X 线片监测。

## 根管治疗的常规技术

牙齿受到创伤导致牙冠齿折和牙髓外露，如果需要保留受损牙齿，需要及时进行根管治疗。根管治疗的原则和类型总结在附录中介绍。

根管治疗需要购买设备、器械和耗料。这些技术耗时耗力，需要不断练习和细致操作才能取得成功。失败的根管治疗会使动物痛苦和虚弱。在我看来，让全科兽医进行根管治疗是不切实际的，我的建议是将病例及时转诊给牙科专科兽医。

## 牙周损伤

创伤可能导致牙周组织损伤，使牙齿半脱位、脱位或从牙槽中脱落（图 12.18）。

### 半脱位

在半脱位时，牙周组织已经被损坏，使得牙齿在其牙槽内松动。牙齿活动性仅限于横向移动的增加，不会沿垂直方向移动。除了持续一星期饲喂软食和不给动物玩具以外，可不做任何治疗。受伤牙齿的牙髓活力需要进行 X 线片检查（诊断时进行 X 线片检查，6 个月后进行 X 线片复查），因为牙髓坏死是最常见的并发症。如果发生这种情况，受损牙齿需要拔除或转诊进行根管治疗（牙髓取出术和牙根充填）。

### 脱位

牙齿的脱位可以是竖向的（即深嵌或脱出）或者是横向的。

当牙齿被推向根尖方向时发生深嵌。牙齿被推入牙槽骨。由于牙齿牢固地深嵌入牙槽骨，通常不会异常活动。临床检查时，当牙齿被推入牙槽内时，要比邻牙短。X 线片上，显示其牙周隙比正常的窄。

当牙齿从牙槽内垂直脱位时发生脱出。牙齿在横向和垂直方向都可移动，并且比邻牙看起来更长。在影像学上，其牙周间隙增加。

当外力将牙冠部向腭 / 舌侧方向推动而将牙根向唇 / 颊侧推动，将发生横向牙脱位，反之亦然（图 12.19）。这种类型的脱位都是由于腭 / 舌侧或唇 / 颊侧牙槽骨骨折，使得牙齿发生脱位而不是齿折。

牙齿脱位后需要尽快进行复位和固定（使用结扎丝和丙烯酸树脂）。愈合后通常需要对受损牙齿进行根管治疗。复位和固定可以由全科兽医完成，但是根管治疗需要及时转诊给牙科专科兽医。

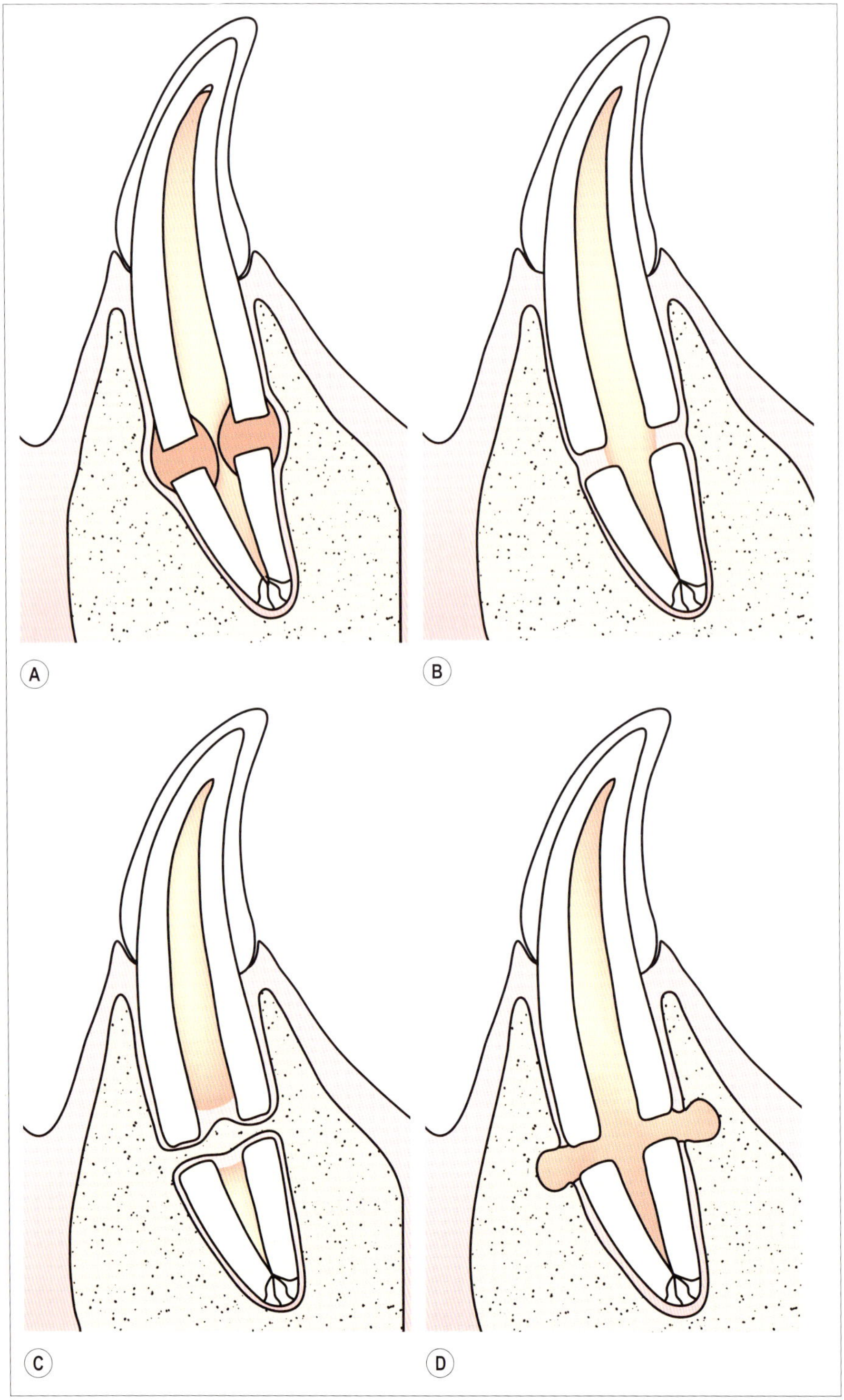


图 12.17　牙根齿折愈合的类型

（A）形成牙本质 - 软骨愈合组织。（B）结缔组织联合。（C）结缔组织 - 骨结合。（D）不结合：治疗一个不结合牙冠齿折的方法包括牙冠部分的根管治疗、拔除根尖部分和逆行根填充。

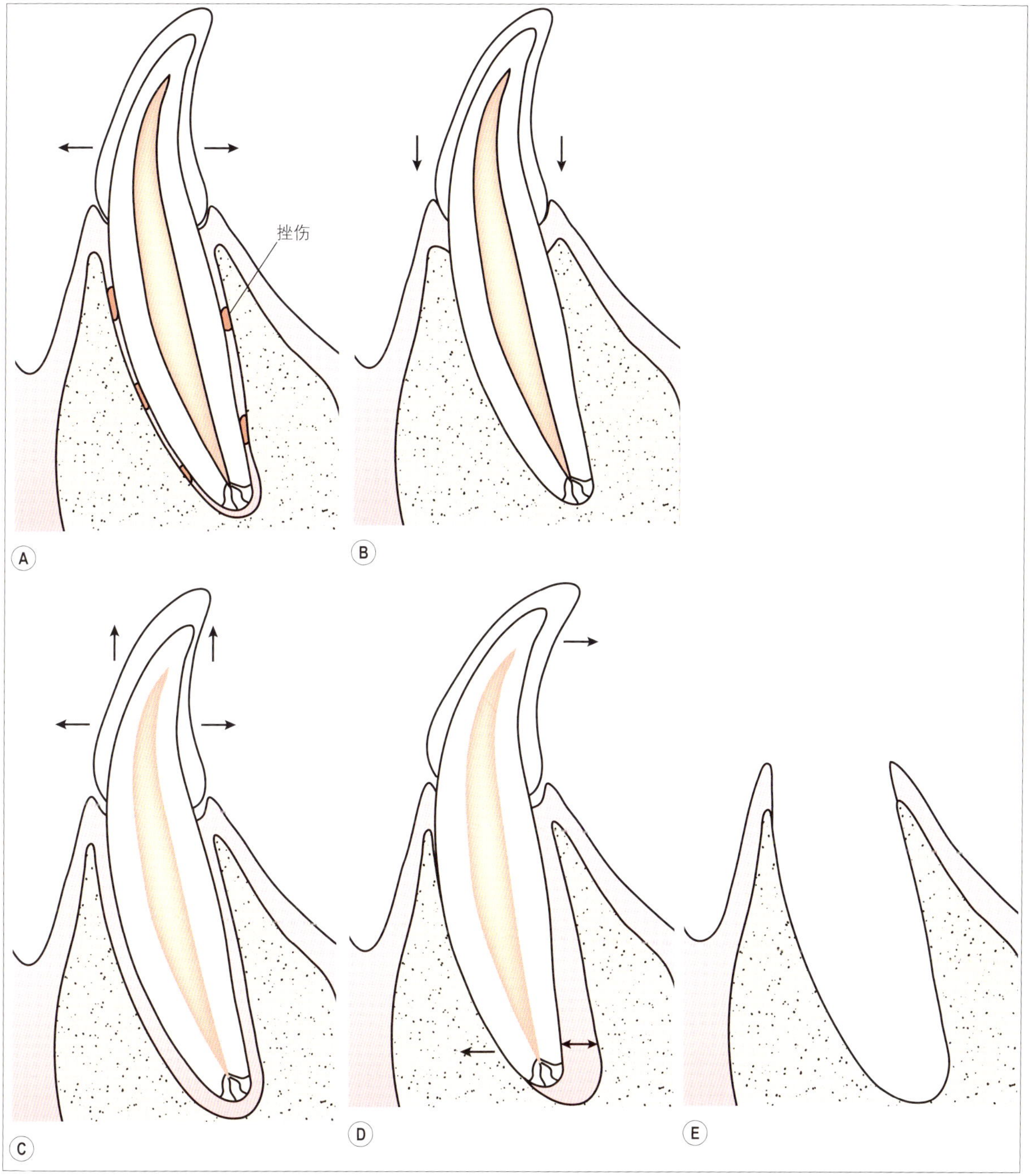


**图 12.18　牙齿半脱位、脱位和撕脱**

（A）半脱位。牙周损伤导致牙齿松动。横向移动增加，但牙齿不会在垂直方向上移动。（B）深嵌。牙齿已被推到底端。临床检查时，患齿比邻牙短，因为它已被推入牙槽。患齿牢牢嵌入牙槽骨而不能移动。（C）脱出。牙齿从牙槽垂直脱位。患齿可以在横向和垂直方向上移动，并且比邻牙看起来要长。（D）横向脱位。当外力将牙冠向一个方向推动而将牙根朝相反方向推动时，会发生这种情况。唇 / 颊侧或腭 / 舌侧牙槽骨的骨折使牙齿松动而不是齿折。(E）牙撕脱。由于外伤，牙齿已完全从牙槽中脱出。

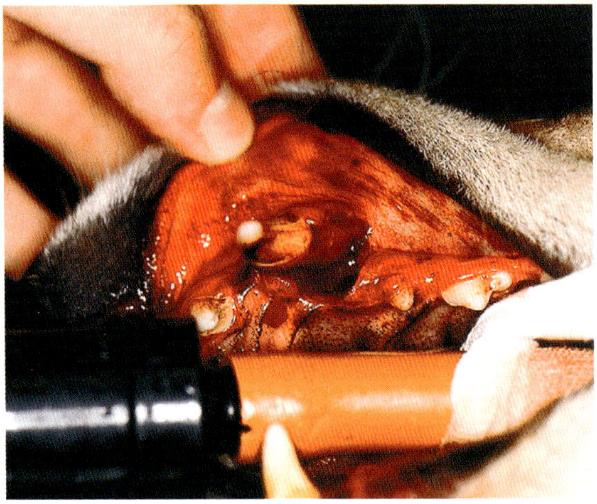

图 12.19 侧向牙脱位
创伤（犬只争斗）将上颌犬齿的牙冠向颊侧、牙根向腭侧挤推。

### 撕脱

牙齿撕脱时患齿会从其牙槽骨中完全脱出。需要将患齿复位回到牙槽窝中，并固定在正常位置。

复位和固定撕脱齿的禁忌证包括：

- 乳齿。
- 牙周炎。
- 广泛龋齿或吸收性病变。

决定治疗结果的两个最重要的因素是，撕脱牙脱离其牙槽窝的时间长短以及在此期间存放牙齿的介质。撕脱牙复位得越早则预后越好。如果牙齿在 30 min 或更短的时间内回到牙槽内，预后最佳。不能让撕脱的牙齿变得干燥，存放撕脱牙的最佳介质是生理盐水，如果没有的话可以用牛奶。撕脱的牙齿在其牙槽内愈合后需要进行根管治疗。

脱位和撕脱的牙齿需要及时复位和固定至其牙槽的原始位置，这可以由全科兽医来完成。受损牙齿需要进行根管治疗，因此需要转诊给牙科专科兽医。如前所述，根管治疗耗时耗力，且需要经验和特殊的设备及材料，将其纳入全科治疗并不可取。

## 治疗程序

### 再植术

只持握撕脱牙的牙冠非常重要。用无菌生理盐水轻轻冲洗，如果受到严重污染，可用沾有无菌生理盐水的湿纱布轻轻擦拭牙根。动作要轻柔！对牙根的处理应该保持在最低限度，因为过度操作会导致牙根外侧的牙周膜丢失。有活性的牙周韧带是愈合所必需的。

然后将牙齿置于其牙槽窝中，牙槽中的血凝块不要去除。将牙齿牢牢放置于其牙槽窝中的原始位置。

### 固定术

使用钢丝加以丙烯酸树脂或复合材料可以固定脱位或撕脱的牙齿（图 12.20）。固定装置不能影响咬合，也不能接触软组织，这点至关重要。动物在使用固定器时必须可以闭合口腔。

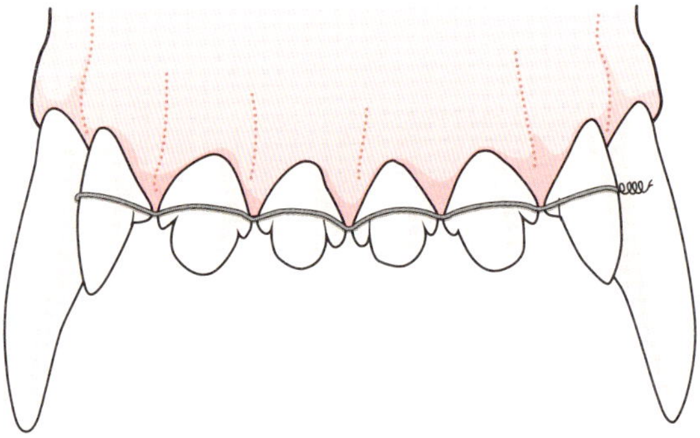

图 12.20 脱位 / 撕脱的上颌切齿的固定
对脱位或撕脱的牙齿进行复位，使用“8”字钢丝缠绕固定。这种装置可以通过丙烯酸树脂或复合材料夹板来进一步加固。必须确保此装置不妨碍咬合。

固定脱位或撕脱犬齿的流程如下（图 12.21）：

1. 将需要固定的牙齿进行刮治并抛光。

2. 测量要固定的区域并裁剪适当长度的结扎丝。

3. 将牙齿排列整齐，在上腭放置一个蜡片（为了在制作固定器时保护软组织并确保成品不会接触腭黏膜），使用结扎丝在腭部进行 8 字缠绕。用止血钳收紧“8”字形结扎丝，将产生的结放在复位犬齿的远中侧或腭侧。

4. 剪掉结扎丝末端，将尾结塞进去。

5. 酸蚀犬齿。

6. 放置丙烯酸或复合夹板并打磨光滑。

## 术后管理

用喷水器或弯头注射器冲洗夹板、牙齿和软组织之间的碎屑。术后前几周建议使用抗生素。

4 ~ 6 周后使用牙科钳或牙科高速手机将固定装置移除。此时，牙齿应该已经稳定或只有轻微的松动。应拍摄 X 线片。如果牙齿仍然松动，那么牙齿再植失败，应该被拔除。

撕脱牙的牙髓经常会发炎或坏死，所以在进行再植术 4 ~ 6 周后往往需要接受根管治疗（去髓术和根管充填），否则会发生根尖周疾病和牙根吸收。脱位牙经常发生牙髓坏死，所以应定期进行临床和 X 线片检查。牙髓病是根管治疗或拔牙的适应证，此时的征兆包括牙齿变色或在 X 线片上发现根尖周病变。

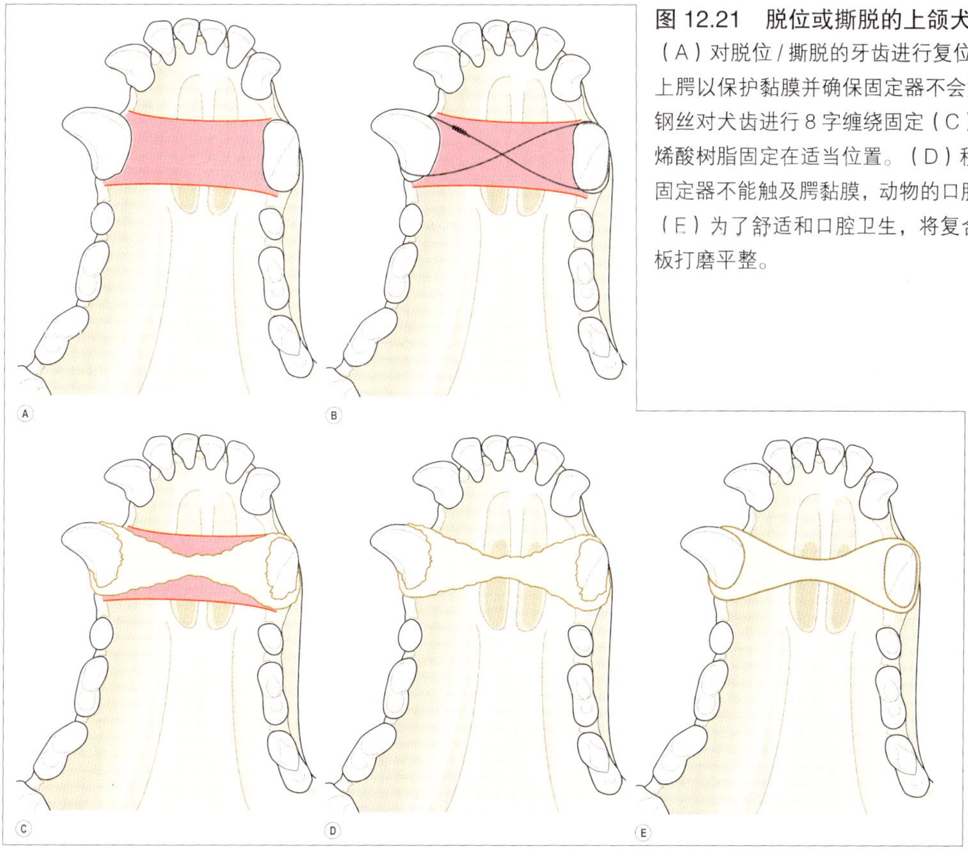


**图 12.21　脱位或撕脱的上颌犬齿的固定步骤**

（A）对脱位 / 撕脱的牙齿进行复位。将一块蜡片放置于上腭以保护黏膜并确保固定器不会触及黏膜。（B）使用钢丝对犬齿进行 8 字缠绕固定（C）钢丝用复合材料或丙烯酸树脂固定在适当位置。（D）移除蜡片并检查咬合。固定器不能触及腭黏膜，动物的口腔闭合不能受到影响。（E）为了舒适和口腔卫生，将复合材料 / 丙烯酸树脂夹板打磨平整。

## 颌骨骨折

颌骨骨折是小动物临床的常见疾病，大部分是由交通事故造成的。牙周病等疾病可能会导致严重的骨质流失，从而导致自发性颌骨骨折（图 12.22）。这种自发性骨折最常见的部位是下颌前臼齿区域，并且通常是双侧的。粗暴的拔牙术可能会导致本已变得脆弱的下颌骨发生医源性骨折（图 12.23）。拔牙术术前必须进行 X 线片检查。

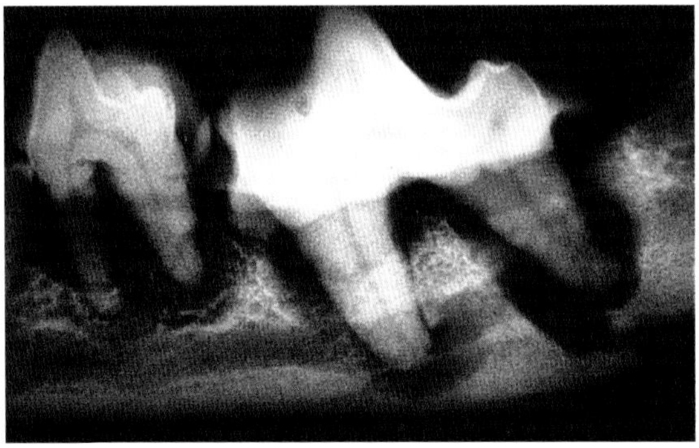

图 12.22　重度慢性牙周病导致的自发性下颌骨骨折

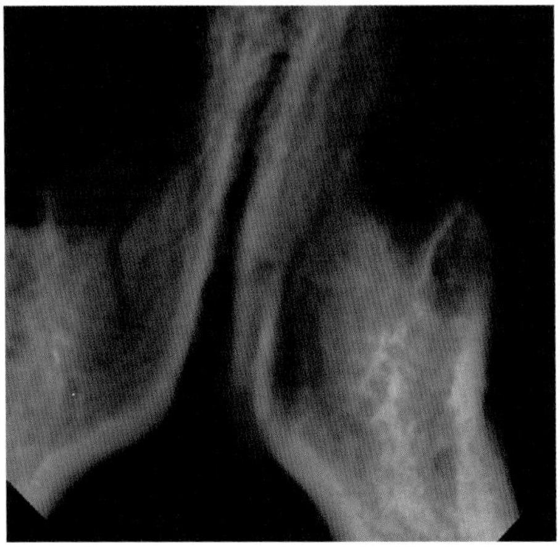

图 12.23　在拔除下颌犬齿时造成的医源性颌骨骨折
在左侧下颌骨的腹侧出现明显的完全骨折。骨折从拔牙窝的顶端部分延伸至下颌骨的腹侧并止于此。在右侧牙槽骨中，也出现一个不完全骨折。在拔除下颌犬齿的过程中，下颌骨医源性骨折是一个常发风险，特别是在由于牙周病而需要拔除牙齿时。笔者通常会在术前告知动物主人此类手术的风险。

外伤性颌骨骨折通常位于牙槽窝的齿状区域。大多数是复合式的，也有很多是开放性的。上颌由切齿骨、上颌骨和鼻骨组成。这些骨都是薄板骨，围绕着充满空气的空腔，因此被撞击时容易断裂。图 12.24 总结了犬猫常见下颌骨骨折的位置。犬猫的下颌骨骨折更常见（Umphlet and Johnson, 1988, 1990）。

### 颌骨骨折修复的生物力学

口腔打开实际上是被动的（只有二腹肌参与），而口腔关闭是主动的（翼状肌、咬肌和颞肌参与）。咬合的压力会推动上颌骨吻端向背侧、下颌骨吻端向腹侧移动。这些骨骼的尾端区域包埋在肌肉中，更加稳定。因此，上颌骨和下颌骨的咬合面都是张力面。上颌骨的受压侧是鼻腔，下颌骨的受压侧是其腹侧缘（图 12.25）。图 12.26A 描述了一个有利愈合的骨折，图 12.26B 描述了一个不利愈合的骨折。

### 骨折修复的适应证

许多骨折不需要手术固定，特别是那些骨折线包含在咀嚼肌附着区域内的骨折，因为在愈合期间肌肉将有效地夹紧骨折处。

尽管许多上颌骨骨折仅需要保守治疗，但有一些则很难处理。上颌由支撑牙齿和形成鼻腔的相对较薄的骨组成，这些薄板骨不好进行刚性固定。另外一个并发症是骨折可能导致鼻腔暴露。在上颌骨骨折后，经常会损伤鼻内结构，导致一段时间内通过鼻腔的气流减少或阻滞。

一般来说，如果上颌骨骨折导致以下情况发生时，需要进行修复：

- 咬合不正。

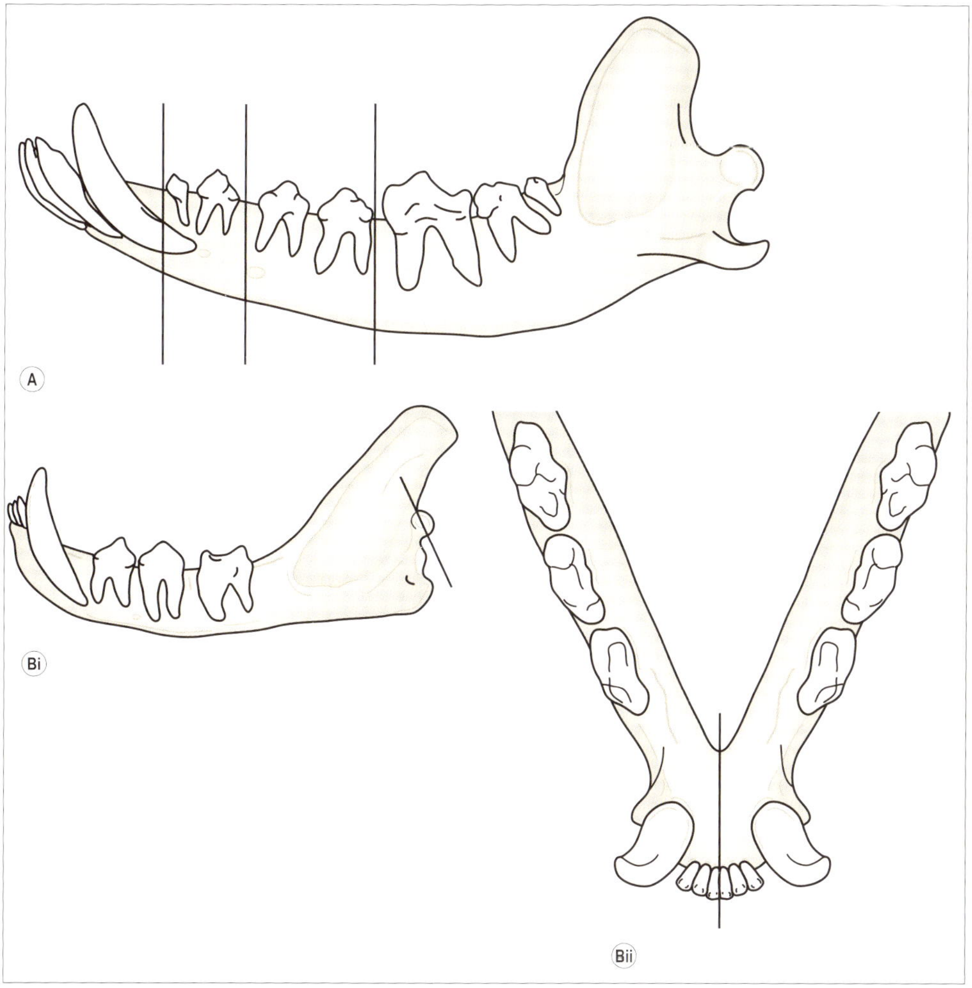


图 12.24　下颌骨骨折的常见部位（A）犬（B）猫

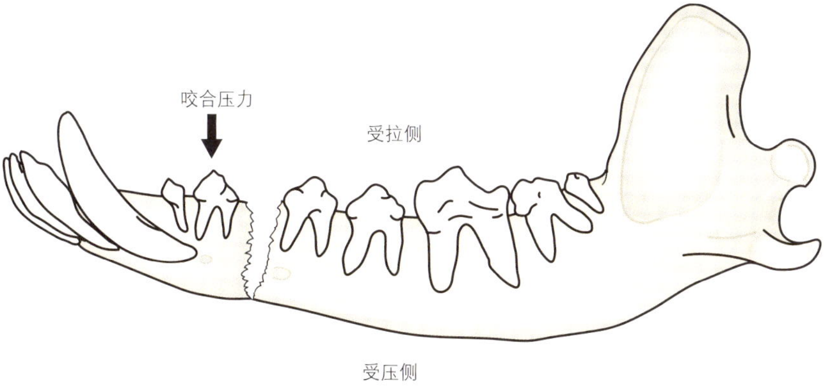


图 12.25　下颌骨的受压侧和受拉侧

对受拉侧进行固定可有助于受压侧的修复，此方法可以使骨愈合达到最理想的效果。

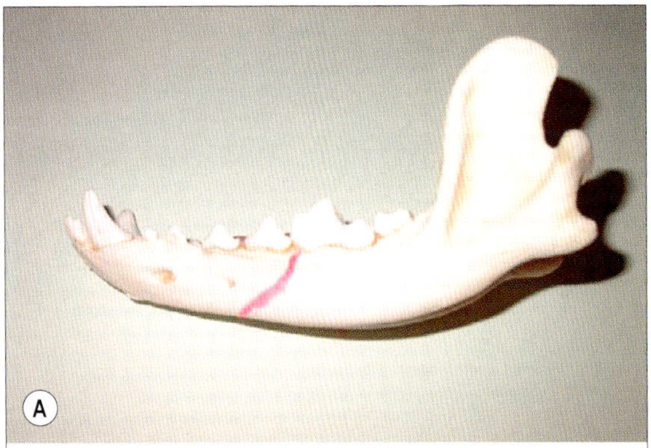


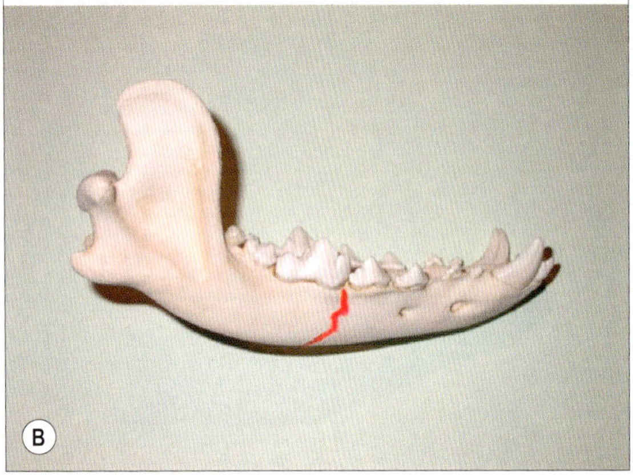


图 12.26 有利于愈合和不利于愈合的骨折线

（A）有利于愈合的骨折线。骨折线从咬合面向吻端方向延伸至下颌骨腹侧，对受拉侧不会造成太大的损害，因此被认为是有利于愈合的骨折线。（B）不利于愈合的骨折线。骨折线从咬合面向尾端方向延伸至下颌骨腹侧，由此导致受拉侧完全无法固定，所以被认为是不利于愈合的骨折线。

- 骨折处不稳定。
- 面部畸形。
- 口鼻瘘。
- 鼻腔阻塞。

如果下颌骨骨折导致以下情况发生时，需要进行修复：

- 咬合不正。
- 骨折处不稳定。

骨折处稳定但引起咬合不正，同样需要修复以重建正常的咬合方式。

### 颌骨骨折修复的原则

成功修复颌骨骨折的主要原则是：

- 简单的技术。
- 保留软组织附着。
- 尽可能小的植入物。
- 避开牙根和牙根尖周区域。
- 拔除患病牙齿。
- 恢复并维持正常的咬合方式。

确保正确的咬合方式非常重要，但当口腔中存在气管插管时可能无法实现。通过咽部切口插管（见第 2 章）可准确评估咬合方式。将舌头折叠至咽部，保证口腔内无阻塞物。

### 颌骨骨折的修复方法

颌骨骨折的修复技术可分为两类：传统（骨植入物）骨科技术和牙支抗装置。

一些传统的骨科技术，例如骨板和髓内针，不宜用于颌骨骨折的修复。由于颌骨解剖结构的特殊性，几乎不可能在不损伤牙齿（图 12.27）或其解剖结构的情况下放置骨板，而在下颌管内放置髓内针是非常残忍的。下颌管并不是一个髓腔。下颌管内存在支配和供应下颌骨、牙齿以及邻近软组织的神经、血管。在该结构中插入髓内针会引起剧烈的慢性疼痛，并且通常可导致诸如骨吸收、牙髓炎、牙齿脱落、神经瘤和骨折愈合不良等并发症。其他传统的骨科技术，如外固定支架和骨科钢丝固定，只要完成钢针和钢丝的安置同样可以实现上下颌骨的正常咬合和骨折固定，但必须在精确的 X 线片辅助下进行操作，以避免对牙根和其他解剖结构（如下颌管）造成损伤。

牙支抗式固定装置可通过牙齿来维持正常的咬合方式，从而稳定骨折断端并使其愈合。

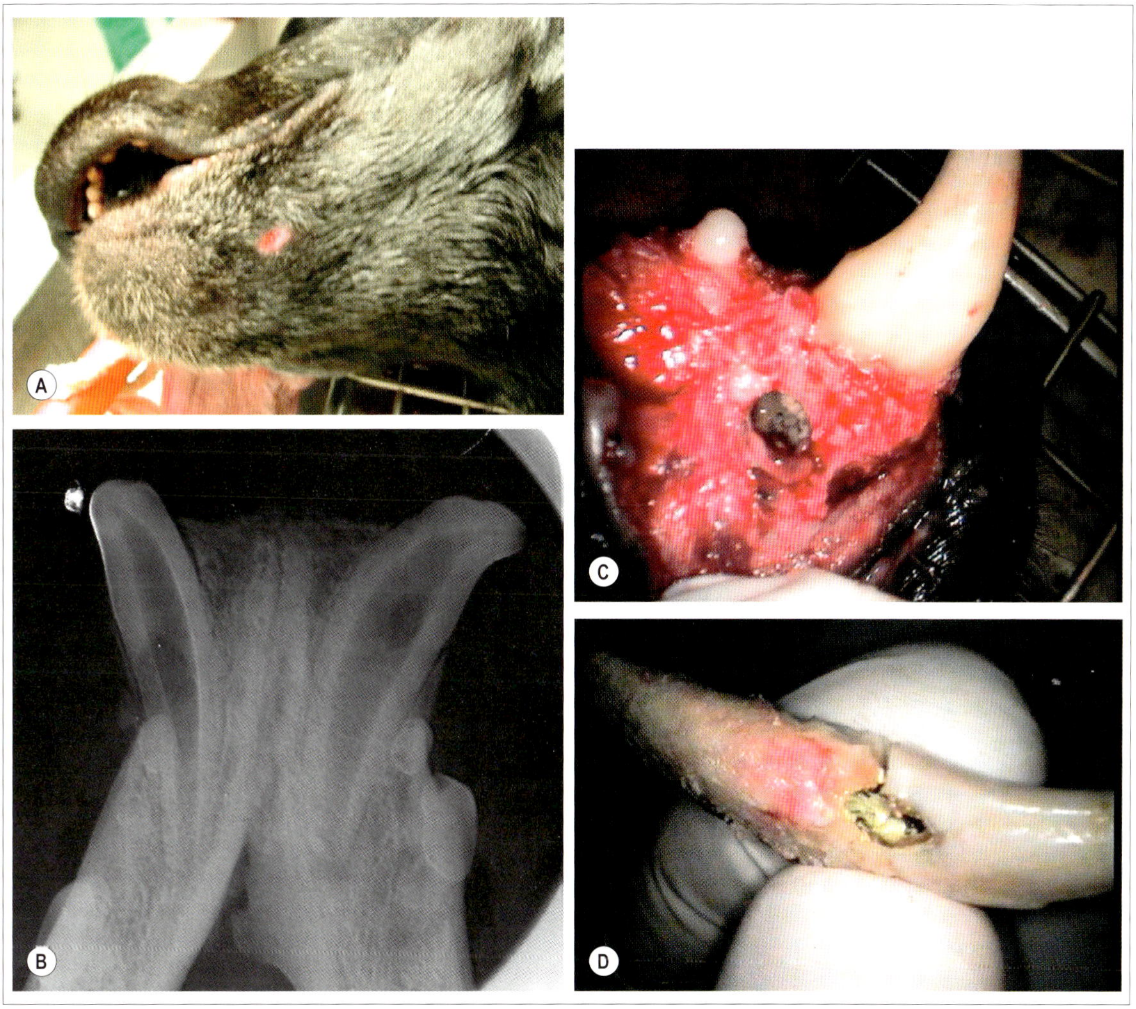

图 12.27　颌骨骨折修复导致的医源性损伤

一只 6 岁的患病动物左侧下颌骨出现增生以及左侧下颌骨腹侧边缘出现瘘管。（A）既往病史显示，患病犬在 9 月龄时接受过下颌骨骨折治疗。（B）X 线片显示犬齿未发育成熟，牙根尖闭合不完全。这些牙齿的发育阶段符合 1 岁龄以下犬的特征。因此，患病动物在 9 月龄时就应该患有牙髓炎和牙髓坏死（可阻止牙齿的进一步发育）。牙根尖周的 X 线低密度区域表明，304 的牙髓炎和牙髓坏死已经扩散到根尖周组织。左侧骨膜骨增生是由于 304 的牙髓和根尖周疾病所导致的。在 304 和 404 的牙根中部，同样出现明显的圆形低密度区域。这些症状与为修复下颌骨骨折而安置钢针或螺钉的钻孔相符合。对于此类牙齿，拔牙术是唯一可用的治疗方法。（C）404 拔除时的外观。（D）拔除的 304。

此类装置可通过齿间固定钢丝和 / 或齿间丙烯酸酯夹板来实现固定。

总而言之，对于全科兽医，最有效的颌骨骨折修复方法为：

1. 传统修复方式。

- 外固定支架。
- 固定钢丝。

2. 牙支抗式固定装置。

- 颌间固定。
- 单颌固定，即齿间固定。

颌间固定可进行刚性固定，例如对上颌和下颌犬齿进行树脂固定，也可进行半刚性和可移除性固定，例如口套。

无论采用哪种技术修复颌骨骨折，都必须保持正常的咬合方式。这意味着需要进行咽部切口插管（参见第 2 章），以此获得最佳的口腔通路，并且可对正常的咬合方式进行评估和维持。

## 有效的传统骨科技术

**矫形钢丝**。在牙间或骨折块间使用环扎/ 半环扎术或此类技术的组合，可修复某些颌骨骨折。使用钢丝线、张力钢丝或骨螺钉和钢丝可以实现切齿骨和上颌骨大骨折块的主要固定。术前和术中都需要拍摄X 线片，以避免损伤牙根和牙根尖区域。

大多数兽医对犬齿后环扎钢丝固定技术较熟悉，其可以固定下颌联合处的骨折（图 12.28）。图 12.29 介绍了一种可以避免在口腔内打结的新方法，此方法能够减少患病动物的不适。对于猫，可以使用尼龙缝线材料代替钢丝。骨折通常在 4 ~ 6 周内可愈合，需要通过 X 线片检查来确认愈合状态，愈合完全后移除固定钢丝。

环扎 / 半环扎术也可用于固定下颌骨水平支的骨折。根据涉及的力学大小，应使用 18 ~ 22 号钢丝。此类固定技术必须在精确的 X 线片监测下进行，以避免损伤牙根和牙根尖区域。术前和术中必须拍摄 X 线片。

使用钢丝固定技术的原则是：

- 固定钢丝必须垂直于骨折线。
- 所钻的孔距离骨折线至少 5 mm。
- 钻孔时需要朝向骨折处略微倾斜，以提高骨骼内侧的紧密度。

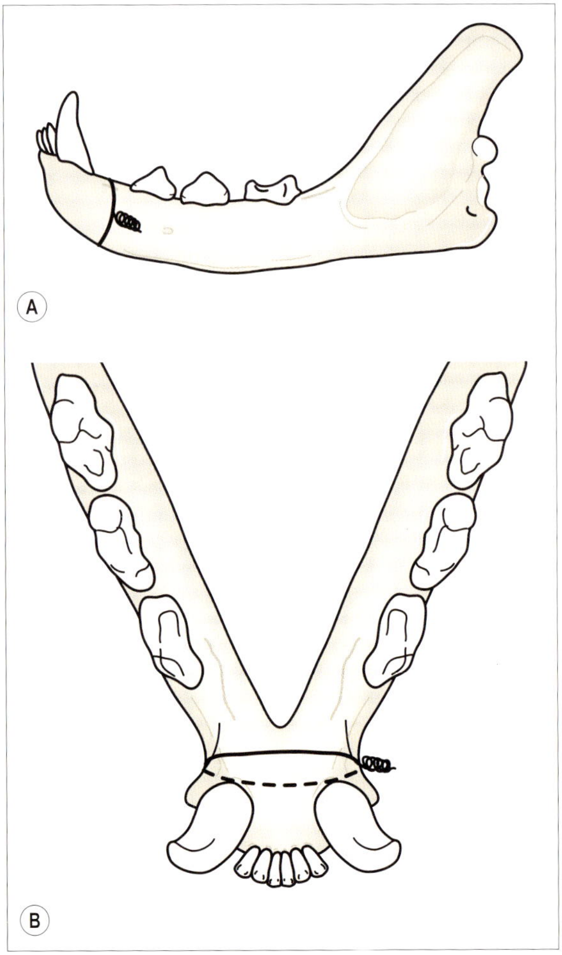


图 12.28　使用环扎钢丝固定法修复下颌联合处骨折

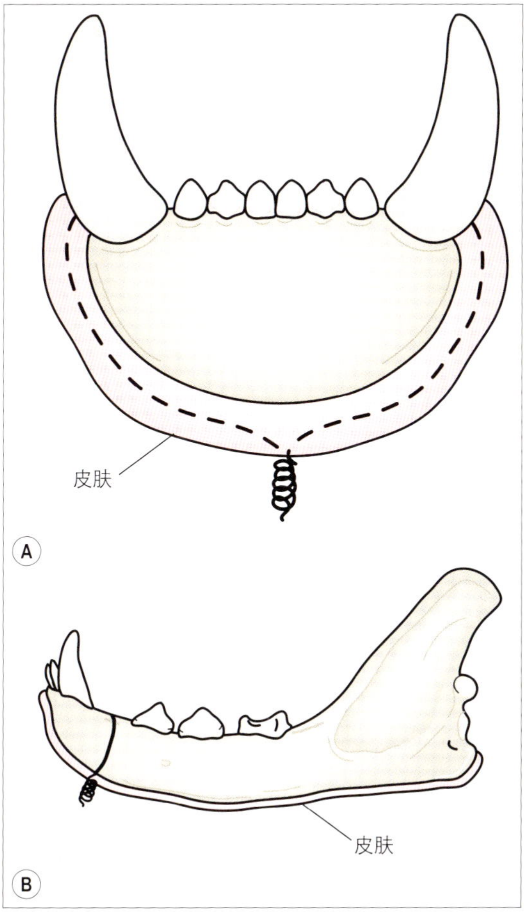


**图 12.29　用外科尼龙缝线（猫）或钢丝（犬或猫）修复下颌联合处骨折**
在（A）皮肤下（钢丝）或（B）口腔外的皮肤上（外科尼龙缝线）进行打结。

对于犬齿与第 1 前臼齿之间的水平支骨折（图 12.30），可以在靠近骨折的颊侧缘通过钢丝进行修复。穿钢丝的钻孔应该位于两牙根之间，并且在钻孔时不必做颊侧黏膜瓣。虽然固定钢丝系于黏膜上方可导致溃疡的发生，但移除固定钢丝后黏膜可快速愈合。为了提高稳定性，可通过皮肤切口进入下颌骨的腹侧缘，在骨折处的腹侧制作一个张力钢丝带可能会有用。

通过使用齿间环扎钢丝技术并配合接合骨折块的钢丝线，可以修复第 1 臼齿尾端水平支的骨折（图 12.31）。

不建议在下颌骨内使用骨螺钉和钢丝，因为几乎不可能在不损坏牙齿的情况下放置螺钉。

**外固定**。发生上颌骨骨折时，可以通过横向钢针和丙烯酸酯“保险杠”杠杆来进行固定，这种技术可以使骨折线正确对齐并保持正确的牙齿咬合方式。使用钢针固定骨折碎片时，钢针的末端可嵌合在位于鼻部的丙烯酸酯“保险杠”模型上。可使用柔性塑料管或沟槽管作为丙烯酸酯的模具。在使用丙烯酸酯杆将钢针固定在该位置之前，必须确保咬合方式的正常。

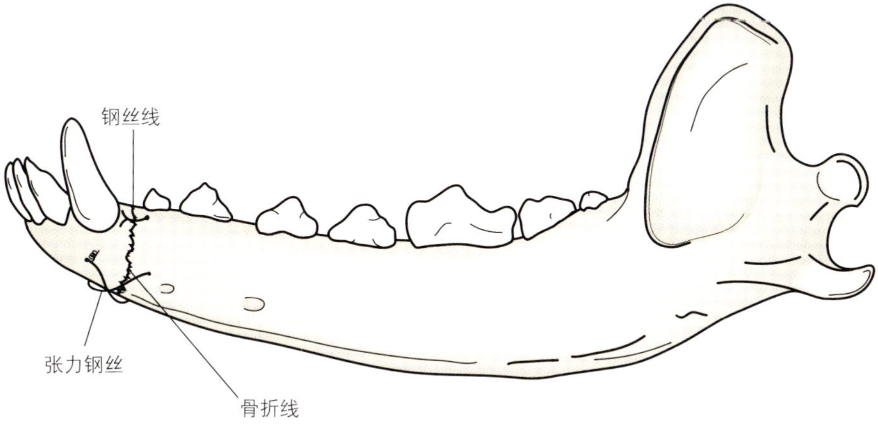


**图 12.30　下颌犬齿和第 1 前臼齿之间水平支骨折的修复**
X 线片可显示出牙根的状态和确切位置，从而可以避开牙根和牙根尖区域。

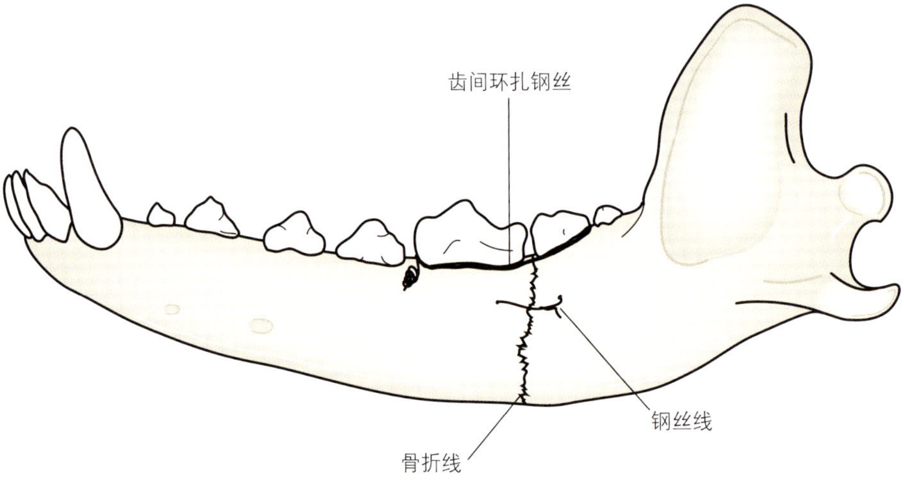


**图 12.31　下颌骨第 1 臼齿尾端水平支骨折的修复**
术前和术中都必须进行 X 线片的检查以避免损伤牙根。

需要再次强调的是，放置钢针时禁止对牙齿造成损害，这一点至关重要。

上述用于上颌骨骨折的“保险杠”杠杆技术同样适用于下颌骨骨折。将钢针横向穿过下颌骨，柔性塑料管连接到钢针处，作为丙烯酸酯杆的模具。必须确保咬合方式正常。在保持正常咬合的同时，将丙烯酸酯倒入塑料管中形成条状物，从而可将钢针固定于正确的位置上。钢针放置的位置应避免损伤牙根和牙根尖周区域。

## 牙支抗式固定装置

此类技术可用于上颌骨或下颌骨的骨折治疗。此类技术花费较少，易于学习，可实现正常的咬合和骨折的固定。最重要的是，它可以避免其他技术可能导致的医源性并发症。下面将介绍使用牙支抗式固定装置治疗颌骨骨折的建议治疗方案。

### 上颌骨骨折

上颌骨由不需要刚性固定的薄骨板组成。

- 口内牙合板（在上颌牙齿的颊面）。
- 联合上下犬齿（只要下犬齿处于正常的咬合状态）。

### 下颌骨骨折

- 有利的生物力学——口内丙烯酸酯夹板。
- 不利的生物力学——齿间钢丝和口内丙烯酸酯夹板。

## 颌间固定

颌间固定是通过对齐和锁紧上下颌而保持正常咬合。此术语具有误导性，因为颌间固定实际上是将上下颌黏合在一起；该技术可用于治疗上下颌骨骨折。颌间固定可进行刚性固定，例如将上下犬齿黏合在一起，也可以是半刚性且可移除的，例如口套。

口套。一般情况下，使用 3 ~ 4 周的口套可以为骨折愈合提供足够的稳定性。口套也可以用作临时支撑或作为其他固定方法的辅助手段。口套在长头型品种的动物上尤其有效。口套必须足够紧，以确保犬齿能够相互交错，犬齿的互相交错可防止颌骨的侧向移动，但同时需要留有 0.5 ～ 1.0 cm 的间隙以便动物进食和饮水。

适宜的市售软性口套值得一试，例如 Mickey 口套，但其可能只适合某些犬。或者可以自制一个口套，制作方法较简单（图 12.32），方法如下：

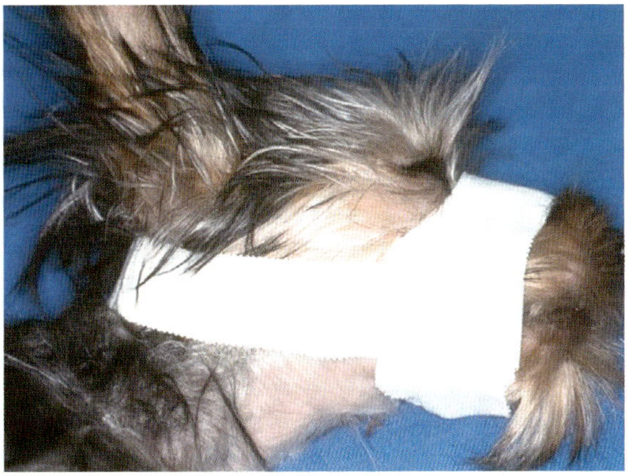

图 12.32　一副由胶带制成的口套

1. 剃毛。

2. 将宽胶带粘面朝外缠绕在口鼻周围（胶带 A）。

3. 测量从左侧上颌犬齿绕过耳后到右侧上颌犬齿的距离。

4. 准备一段长度为上述长度两倍的宽胶带（胶带 B）。

5. 将胶带 B 的中间放于耳朵后面，粘面朝外，并将其两末端粘到口鼻两侧的胶带 A 上。

6. 将另一条胶带粘面朝内，缠绕在胶带 A 的口鼻周围，固定胶带 B。

7. 将胶带 B 向后折叠，粘在胶带 B 上。

8. 测量从胶带 A 绕过前额到胶带 B 的距离。

9. 准备一段长度为上述长度两倍的胶带（胶带 C）。

10. 将胶带 C 粘面朝外，从胶带 A 的下方起，绕过前额以及胶带 B 的下方，然后折回粘于胶带 C 上。

### 上下犬齿的黏合

该技术的原理为，若将上下犬齿黏合在一起，就可以在骨折愈合过程中提供足够的稳定性，从而恢复正常的咬合方式并修复骨折。此技术可以用于治疗上 / 下颌骨骨折。动物对于上下犬齿黏合的耐受性非常好，但有些动物容易因此而感到不安，这可能需要拆除黏合材料。在使用该装置后的 3 ～ 4 周内，建议饲喂软性食物。

上下犬齿黏合的流程如下：

1. 对双侧的上下犬齿进行酸蚀（图 12.33A）。

2. 闭合口腔，使上下犬齿尖端保持 2 mm 的重叠。

3. 将丙烯酸酯覆盖于牙齿上，使上下犬齿相互交锁在一起（图 12.33B）。

4. 添加额外的丙烯酸酯层以加固交锁（图 12.33C）。

去除此装置：使用牙科钳围绕丙烯酸酯轻轻夹动，使其开裂，磨除多余的丙烯酸酯，小心不要损伤牙齿。要使用与牙齿颜色不同的丙烯酸酯。

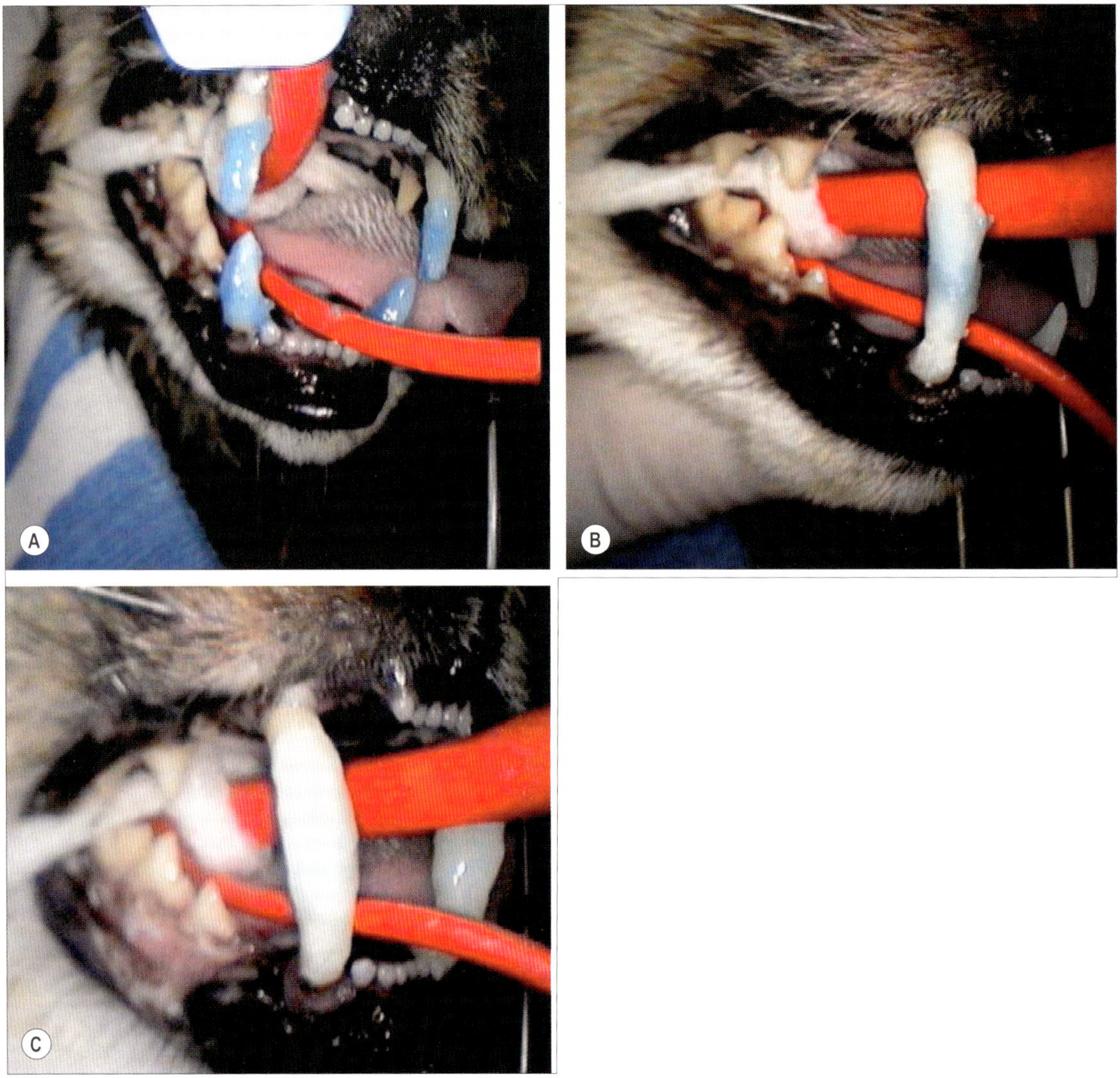

图 12.33　上下犬齿的黏合

（A）对双侧的上下犬齿进行酸蚀。（B）闭合口腔，使上下犬齿尖端保持 2 mm 的重叠，然后使用丙烯酸酯将上下犬齿交锁在一起。（C）添加额外的丙烯酸酯以加固交锁。

## 齿间固定

### 齿间结扎和齿间夹板

根据特定骨折的生物力学特性，可以只使用齿间结扎，或只使用丙烯酸酯夹板，更常见的是钢丝和丙烯酸酯相结合来进行修复和固定。此技术需要将舌向后折叠至咽部，以便在此操作过程中可以使动物闭合口腔。这项技术还需要咽部切口插管（见第 2 章）或静脉全身麻醉技术。

**口内丙烯酸酯夹板**。在制作夹板之前，应先缝合或覆盖所有的软组织损伤，以防止丙烯

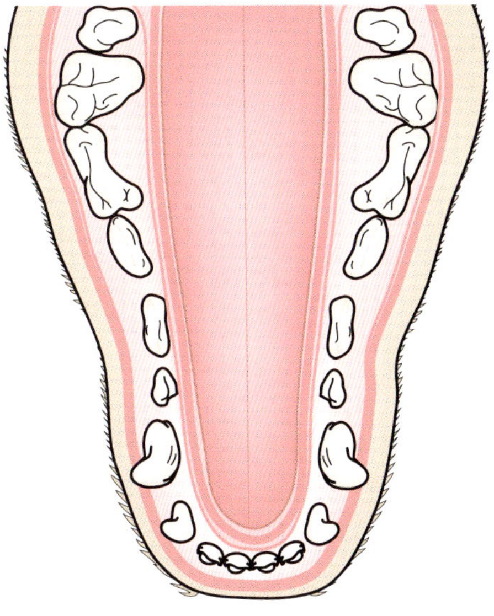

图 12.34 口内丙烯酸酯夹板可用于修复上颌骨骨折

酸酯污染伤口。该技术（图 12.34）是利用牙齿来固定骨折断端。其优点包括：

- 无侵入性。
- 可保持完美咬合。
- 在技术上容易做到。
- 可快速完成操作过程，只需要短时间的麻醉。

该技术的修复效果非常好，值得推广。

良好的丙烯酸酯应是冷固化的，即固化反应不放热。冷固化丙烯酸酯常用于重建义齿。光固化丙烯酸酯，例如三丙烯酸酯，是可用的最简单的材料。

对于基低材料，存在两种技术，即“调制”和“面团”技术。

下面介绍了在上颌骨中使用“调制”技术制作口腔丙烯酸酯夹板的流程。该技术同样适用于下颌骨，但需要将矫形钢丝置于牙齿的舌侧。使用钢丝的目的是为了增加稳定性，若骨折容易整复并且稳定性较好时则不需要使用。

1. 对牙齿进行刮治和抛光。
2. 根据颊侧的牙弓形状弯曲矫形钢丝。
3. 对牙齿进行酸蚀，30 ~ 60 s。
4. 使用空气 / 水喷枪清除酸蚀剂，30 s。
5. 使用空气喷枪干燥牙齿。
6. 在下颌牙齿上涂一层薄的凡士林（以防止在口腔闭合时丙烯酸酯与下颌牙齿黏合）。
7. 将围模蜡置于牙颈部的颊侧和舌侧上，以防止丙烯酸酯流到牙龈上。
8. 将钢丝置于牙龈冠状面处的颊侧牙齿表面。
9. 将丙烯酸酯粉末倒在由围模蜡覆盖的牙齿和钢丝上。在丙烯酸酯粉末中加入液体，闭合口腔以确保咬合方式正常。
10. 丙烯酸酯固化后，去除围模蜡。
11. 清除多余的丙烯酸酯，并修整粗糙表面使其光滑。此操作步骤可以在丙烯酸酯固化之前完成。

如果使用“面团”技术，前六步与上述步骤相同。随后，放置钢丝，将混合后的丙烯酸酯团块置于上颌牙齿，闭合口腔以确保咬合方式正确。对于光固化丙烯酸酯，其操作技术与“面团”技术相同，在口腔保持闭合的情况下对丙烯酸酯进行光固化。

该装置通常可以在 4 ~ 6 周后拆除。去除夹板最简单的方法：在钢丝和丙烯酸酯上多点钻孔，随后轻轻旋转碎块。

下颌齿间钢丝和丙烯酸酯夹板的固定流程如下：

1. 对牙齿进行刮治和抛光。
2. 通过 X 线片评估骨折状况。
3. 拔除病变牙齿。
4. 处理位于骨折线处的牙齿（拔牙，根管

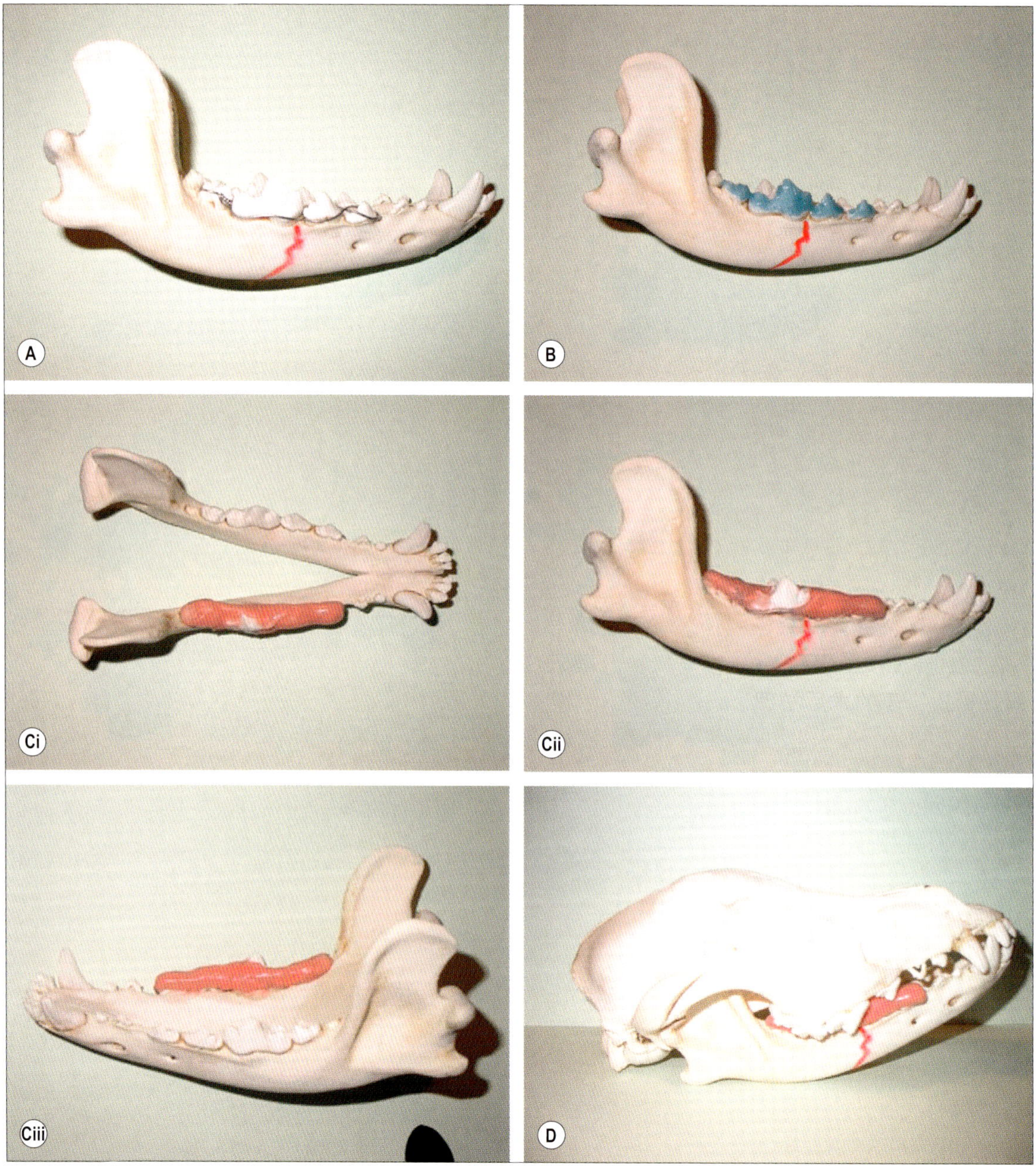


图 12.35 下颌齿间钢丝和丙烯酸酯夹板固定的步骤

（A）整复骨折并用钢丝固定。请记住闭合口腔并对钢丝进行检查以确保其不会妨碍咬合。（B）对牙齿进行酸蚀，彻底冲洗掉酸蚀剂并干燥牙齿。（C）将大部分丙烯酸酯（面团或三丙烯酸酯）置于牙齿的舌侧，以免妨碍咬合，若大部分丙烯酸酯置于牙齿颊侧，则会阻碍咬合。（D）闭合口腔，保持良好的咬合方式，让丙烯酸酯固化。记住将凡士林涂布于上颌牙齿，以防止丙烯酸酯黏合在上面。

治疗，原位保留）。

5. 对软组织创伤进行清创并缝合。

6. 整复骨折。

7. 使用钢丝固定骨折（如图 12.35A 所示）。

8. 闭合口腔以检查咬合情况。必要时调整钢丝，正确的咬合方式比骨折的紧密固定更加重要。

9. 打开口腔并对牙齿进行酸蚀（图 12.35B）；随后进行冲洗并干燥。

10. 将凡士林涂抹于上颌牙齿上。

11. 将大部分丙烯酸酯（“面团”或三丙烯酸酯）置于舌侧（图 12.35C）。

12. 闭合口腔，保持良好的咬合方式，让丙烯酸酯固化（图 12.35D）。

13. 如有需要，可以使用丙烯酸钻进行打磨。

### 颌骨骨折修复的术后护理

如果动物配合，每天使用氯己定溶液对口腔进行冲洗和清洁，可有利于恢复。

修复后的前 3 周应给予动物流食或软性食物。大多数动物不需要鼻饲或咽饲管饲喂。

- 所有开放性骨折病例均应进行全身抗生素治疗（有关抗生素使用的更多说明，请参阅第 3 章）。
- 在早期恢复阶段应该使用阿片类药物和非甾体类消炎药（关于镇痛药使用的更多说明，请参阅第 2 章）。

### 并发症

许多颌骨骨折可能发生的并发症与身体其他部位骨折的并发症相似，并且可以以相同的方式处理，其并发症主要包括：

- 软组织创伤。
- 不愈合。
- 畸形愈合。
- 感染。

颌骨骨折独有的两个并发症包括：

- 咬合不正。
- 牙髓疾病。

使用牙支抗式固定装置和对骨折线上的牙齿进行正确的处理可适当降低发生咬合不正和牙髓疾病的风险。

本书第 5 章对咬合不正的问题进行了讨论。受牙髓病和根尖周病影响的牙齿需要进行根管治疗，并且应该转诊给牙科专科兽医。

### 总结

* 大多数牙科急诊病例都是在面部或全身受到创伤后发生的。
* 应优先治疗并首先关注危及生命的问题或并发症。
* 对于所有口腔软组织损伤，应遵循良好的冲洗、清创，轻柔操作和无张力闭合（如果可能）的外科原则。
* 复杂的牙冠齿折（牙髓暴露）通常需要转诊给牙科专科兽医，进行根管治疗或拔牙。
* 牙根齿折可以通过固定（通常需要转诊）或拔除来进行治疗。
* 对于牙齿脱位和撕脱，如果要保留牙齿，则需要迅速转诊给牙科专科兽医。
* 颌骨骨折需要特殊考量。重点应放在修复期间保持正常的咬合方式以及尽量减少医源性创伤。
* 口内丙烯酸酯夹板对下颌骨骨折尤其有效。

## 参考文献

[1] Umphlet, R.C., Johnson, A.L., 1988. Mandibular fractures in the cat. A retrospective study. Veterinary Surgery 17, 333–337.

[2] Umphlet, R.C., Johnson, A.L., 1990. Mandibular fractures in the dog. A retrospective study of 157 cases. Veterinary Surgery 19, 272–275.

## 延伸阅读

[1] Gorrel, C., 2008. Malocclusion. In: Saunders Solutions in Veterinary Practice – Small Animal Dentistry. Saunders/Elsevier, Philadelphia, pp. 129–170.

[2] Gorrel, C., 2008. Pulp and periapical disease. In: Saunders Solutions in Veterinary Practice – Small Animal Dentistry. Saunders/Elsevier, Philadelphia, pp. 171–192.

# 第 13 章

# 拔牙术

## 简介

拔牙术在小动物临床中较为常见，但此手术往往耗时耗力，充满困难。所遇到的问题通常为缺乏适宜的设备器械，以及未能熟练掌握拔牙技术。本章的目的是帮助全科兽医对设备和器械做出最佳选择（另见第 1 章），并采用正确的技术以最小的创伤进行拔牙术。

## 适应证

拔牙术虽然存在一些绝对适应证（即无法用其他方法治疗），但也可通过一些替代疗法以保留受损牙齿（例如根管治疗和复杂的牙冠齿折修复）。对于恒犬齿和大的臼齿，建议选择替代疗法，但前提是其牙周组织健康。但是，相对于保留病变组织，更应优先选择拔牙术。

需要进行拔牙术的常见情况包括以下内容。

### 重度牙周病

牙周治疗并结合终生完善的家庭护理，或许可使一些牙周附着丧失的牙齿最终得以保留。但在许多情况下，当牙周破坏过度和/或动物主人无法进行家庭护理时，需要采取拔牙术。

### 牙体硬组织的广泛破坏

龋齿和成牙本质细胞再吸收可导致牙体硬组织的广泛性破坏。发生龋齿的牙齿，可单独进行修复，若牙髓同样受到侵害，可联合根管治疗进行治疗。但在重度龋齿中，大部分牙冠已被破坏，只有牙髓发炎或坏死的牙根留于牙槽骨中，这种情况下必须拔除这些牙齿的根部以避免发生牙根尖周病变。

第 11 章详细介绍了吸收性病变。目前，对于大多数受到吸收性病变侵害的牙齿，建议进行拔牙治疗。但如果 X 线片显示牙髓未受到侵害，牙根正在被替代性吸收，则可以进行牙冠截除术以及黏膜瓣闭合，但是此手术需要长期的术后 X 线片监测。

### 乳齿滞留

乳齿滞留，即当对应恒齿开始萌出时，乳齿仍然存在，使对应恒齿的正常萌出路径受阻，从而导致咬合不正。乳切齿和乳犬齿最易发生乳齿滞留。除了发生咬合不正的风险之外，也可能发生牙周疾病。动物的毛发和其他碎片夹杂在乳齿和对应的恒齿之间时，可加速由牙菌斑导致的牙周破坏。

一般应在动物幼龄时（理想时间为相应恒齿萌出的时间段）拔除滞留乳齿，可减少咬合不正的发生并预防牙周疾病。

### 咬合不正

正畸技术可通过矫正 / 修整恒齿齿列的咬合不正来减少动物的疼痛。但是多数动物主人无法负担正畸手术多期治疗的费用。此外，患病动物可能也不适合多次麻醉。在决定咬合不正的最佳治疗方案时，需要进行伦理方面的考虑。在多数情况下，拔除咬合不正齿和 / 或其阻生齿可恢复动物正常的牙齿功能。

在对应恒齿萌出之前（即 6 ~ 8 周龄），应拔除导致咬合不正的乳齿。此治疗方法称为“阻断正畸”。在恒齿形成交错式咬合之前，它可以让上、下颌骨完全按照其遗传潜力自由生长。阻断正畸可以防止牙齿在发育阶段由于交错咬合引起的咬合不正。但如果发育过程中的咬合不正是骨源性的，那么恒齿都将形成相同形式的异常交错咬合，这时阻断正畸就没有意义了。

### 创伤性牙损伤

创伤性牙损伤较常见，可能包括齿折或牙周组织损伤。第 12 章详细介绍了恒齿损伤的处理方法。尽管可以通过根管治疗和修复来治疗多数牙冠齿折病例，但对于发生冠根联合斜向齿折的牙齿，必须进行拔牙术。

乳齿的牙髓和根尖周疾病（由于创伤性损伤）可能会对发育中的对应恒齿造成损害。因此，乳齿发生创伤性损伤必须进行拔牙。

### 拥挤 / 多生牙

骨性咬合不正通常可导致牙齿过度拥挤，这种动物易患牙周病，例如，上颌或下颌骨太短而不能使全部牙齿有足够的空间进行正常咬合。这种情况下，选择性地拔除几颗牙齿可以对维持其他牙齿的牙周健康有所帮助。应拔除可导致牙齿过度拥挤和牙周病的多生牙。

### 颌骨骨折线上的牙齿

受颌骨骨折线影响的牙齿，根据所采用的颌骨骨折修复方法，可能需要拔除。

## 禁忌证

拔牙术没有绝对的禁忌证，但应对出血性疾病或凝血障碍进行诊断，因为在此情况下，患病动物可能由于出血而危及生命。

## 拔牙术的类型

两种基本的拔牙术，即：

1. 封闭式（非手术方法）。

通过简单的方法使牙齿松动和 / 或挺出，无须去除牙槽骨。拔牙窝可保持开放，通过肉芽组织来愈合，或通过缝合缺损处的牙龈，封闭拔牙窝，实现一期愈合。

2. 开放式（手术方法）。

此方法是通过剥离黏膜骨膜瓣，从而暴露牙槽骨。通常移除覆盖在牙根颊侧面的牙槽骨以便于拔牙。还原并缝合黏膜骨膜瓣以闭合拔牙窝，实现一期愈合。

## 拔牙术的选择

封闭式或开放式拔牙术的选择取决于几个因素，最重要的包括：

1. 牙齿形态。
2. 现有病变。
3. 术者偏好。

术前必须拍摄 X 线片来评估牙齿的形态和病变程度。

必须采取开放性拔牙术的情况（即技术上无法使用封闭式方法拔除牙齿，必须移除牙槽骨以暴露牙根部）包括：

- 特殊的牙根形态，如弯曲状或螺旋状。
- 广泛的牙根吸收 ± 牙固连。
- 牙周健康的上、下犬齿（牙根弯曲，牙釉质本质界的下方比上方更宽）。

选择开放式拔牙术可能有利的情况包括：

- 牙根碎片残留。
- 牙周健全的多根齿，即没有牙槽骨缺失（开放式拔牙术可以直达牙根分叉和每个牙根）。
- 猫的牙齿。

笔者通常使用开放式拔牙术，它可以提供更好的牙周视野（器械操作可以更精确，对邻近组织的创伤更小），愈合更加容易，但受严重牙周病侵害的牙齿除外。在人医临床中，开放性拔牙术的术后不适感低于封闭式拔牙术，对于动物可能也是如此。

## 拔牙技术

### 总论

虽然在口腔中无法实现无菌环境，但拔牙术作为一种外科手术，在术前应对口腔进行清洁，所有的牙齿都应进行刮治和抛光，并用氯己定溶液冲洗口腔。

明确口腔的正常解剖结构以防止医源性损伤非常重要，例如，在治疗过程中由于切断神经和血管结构而导致的感觉障碍和出血。良好的视野会极大地简化手术操作，其中，良好的光源必不可少。此外，在手术过程中，需要使用三用枪频繁地清洁口腔。用水或气雾清除碎片，然后喷气使组织干燥。为避免软组织出现气肿，应谨慎使用强力喷气，强烈建议使用吸引器。如果能够清楚地观察到牙周韧带间隙，并在正确的位置上使用器械，拔牙其实很容易。与普遍看法相反，拔牙术实际并不需要太大力量，其最好的方法是通过正确并有计划地使用器械，仔细切断牙根周围全部的牙周韧带，从而拔出牙齿。

如上所述，术前必须拍摄 X 线片以评估牙齿的病变程度并鉴别异常形态。临床观察与术前 X 线片相结合可以为每颗牙齿选择最佳的拔除方法。如果手术过程中无法按计划进行操作，推荐拍摄术中 X 线片。牙齿拔出后还要拍摄 X 线片确定是否拔除干净。

第 1 章详细介绍了拔牙术的器械和仪器要求。近来，一种称为“拔牙器”的新型拔牙器械（图 13.1）面世。拔牙器的设计符合犬猫的牙根形状，在操作时可以不用很吃力。拔牙器可在牙根尖施加压力并切断牙周韧带，也可以以杠杆的方式发挥作用。拔牙器既可以当拔牙刀用（沿牙根尖方向切割），也可以当牙挺用（施加水平杠杆力）。除此之外，拔牙器侧缘锋利，可用于横向切割，可以围绕牙齿滑动以切断牙周韧带，这种使用方式是拔牙器所独有的。

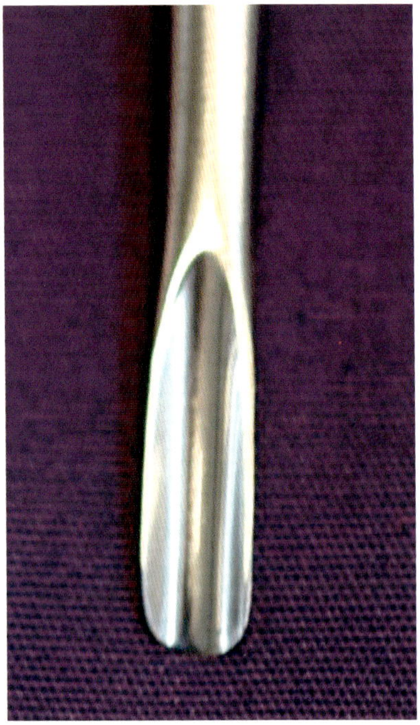

图 13.1　拔牙器
该器械专门用于犬猫的拔牙术（由瑞典 Accesia 公司研制）。如果操作正确，使用拔牙器可以在合理时间内以最低程度的创伤拔除牙齿。

只有正确使用拔牙器才能成功实施拔牙术。拔牙器是对拔牙刀和传统牙挺的改进，将在本章中详细介绍。正确使用拔牙器通常需要截断牙冠以使拔牙器可紧贴在牙根表面。如果操作正确，使用拔牙器可以在合理时间内以最低程度的创伤拔除牙齿。

拔牙刀、牙挺和拔牙器的使用指导：

- 根据牙根大小选择合适尺寸的器械。
- 所需器械的尺寸可能会随着牙齿的松动而改变。与拔牙开始时相比，在切断牙根尖部牙周韧带时需要更小尺寸的器械。
- 为防止损坏拔牙刀的精细工作尖，禁止以杠杆方式使用拔牙刀。
- 牙挺和拔牙器可在牙根尖施加压力并结合杠杆方式发挥作用。
- 拔牙前，切断牙冠有助于拔牙刀和牙挺的使用。
- 如果使用拔牙器，必须在拔牙前切断牙冠。
- 拔牙器也可进行横向滑动以切断牙周韧带。

## 封闭式拔牙术

### 单根齿

此技术适用于任何单根齿。例如犬猫的切齿、犬的第 1 前臼齿、猫的上颌第 2 臼齿，以及犬的下颌第 3 臼齿。此技术也可以用于由于严重牙周病而导致大量骨缺失的犬齿。

流程（使用拔牙刀和牙挺）：

1. 使用 11 号或 15 号手术刀或锋利的拔牙刀（图 13.2）切断整个牙齿周围的牙龈附着。

2. 选择适当尺寸的拔牙刀，其凹面应该与被拔牙齿牙根部的弯曲度相同，但通常比预估的稍大。用手掌握紧手柄，食指贴在杆上，手指尖靠近工作尖（图 13.3）。若发生滑脱，可通过手指尖紧急制动，避免对周围组织造成医源性损伤。

普通大小的手握持拔牙刀时，手柄末端会抵在手腕上，可以用其他手指握住拔牙刀，自肘部发力，防止手柄末端抵在掌心时可能用力过大。

3. 将拔牙刀稍倾斜于牙齿推进到齿龈沟内，即沿着牙齿表面，进入牙周韧带间隙（图 13.4）。若不按照此方式将拔牙刀插入齿龈沟中，它就可能滑过牙槽骨的边缘，将牙龈从牙槽骨上掀起，导致牙龈撕裂，而不是切断牙周韧带纤维！

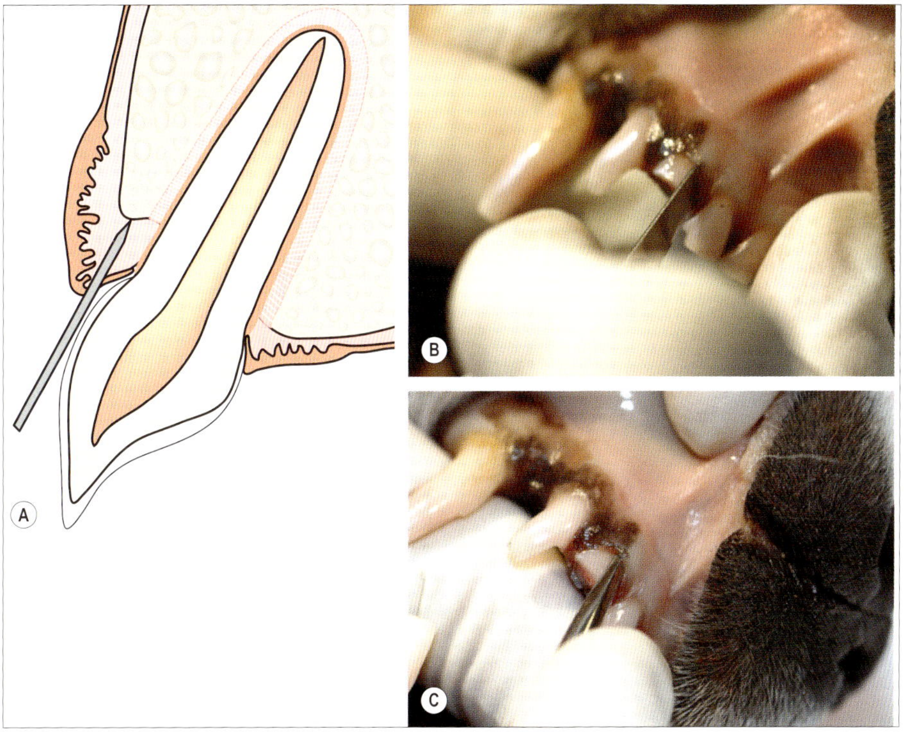


图 13.2　切断牙龈附着

任何拔牙技术，无论是封闭式还是开放式，第一步都需要切断整个牙齿周围的牙龈附着，（A）此阶段没有进入牙周韧带间隙，目的只是为了释放牙龈附着，可以使用手术刀片（B）或锋利的拔牙刀或拔牙器（C）来切断牙龈附着。将锋利的器械插入齿龈沟直至器械接触牙槽骨的边缘。使用此方法切断牙齿周围的全部牙龈附着。

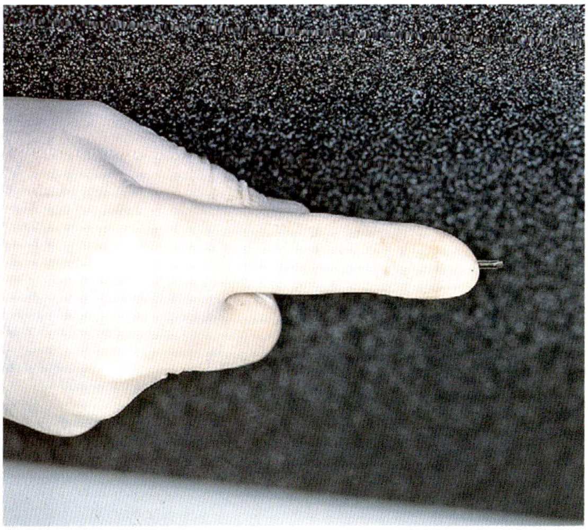

图 13.3　拔牙刀、牙挺和拔牙器的正确握持方式

用手掌握住器械手柄，食指贴在杆上，指尖靠近工作尖。若发生滑脱，可通过手指尖紧急制动，避免对周围组织造成医源性损伤。

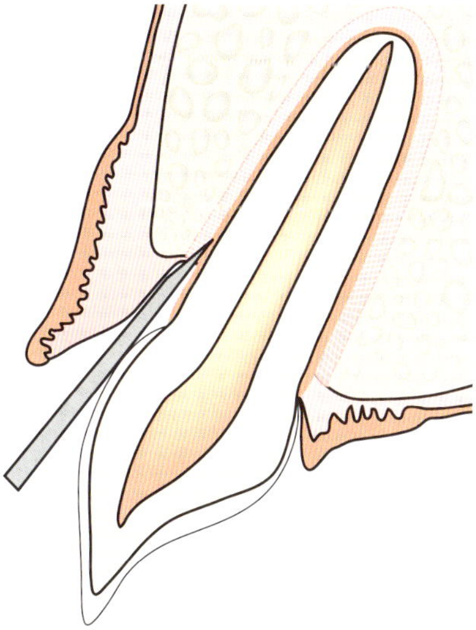

图 13.4　将拔牙刀、牙挺或拔牙器插入牙周韧带间隙

将拔牙刀、牙挺和拔牙器稍倾斜于牙齿，紧贴牙齿表面，进入齿龈沟，插入牙周韧带间隙中。

4. 使用拔牙刀在围绕牙齿的牙周韧带间隙轻轻施加压力（图 13.5）。锋利的拔牙刀将切断牙周韧带纤维，一旦在牙齿和牙槽骨之间形成了足够的空间，就可以使用牙挺继续操作。一些临床医生倾向于使用大尺寸的拔牙刀进行整个拔除过程，即不切换使用牙挺，只要以正确的方式使用拔牙刀，也可以向牙根尖方向通过非旋转力来切断牙周韧带纤维。在拔牙术的操作过程中，禁止旋转拔牙刀，否则会损坏器械精细的工作尖。

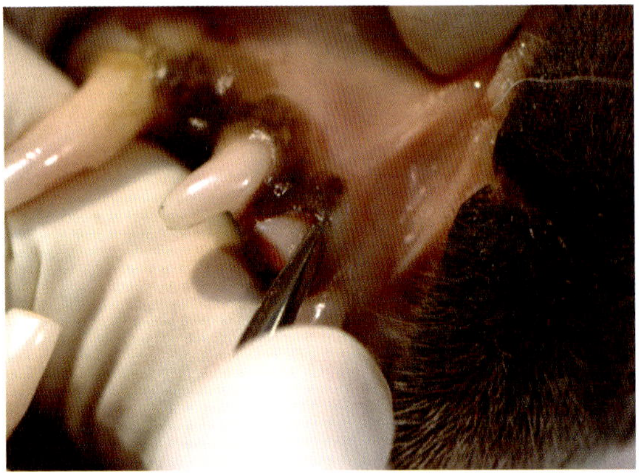

**图 13.5　使用拔牙刀、牙挺和拔牙器**

围绕牙齿使用这些器械，用拔牙刀对牙根尖轻轻施加压力，而牙挺和拔牙器可以在每个位置施加稳定轻微的旋转压力并持续 10~15 s 以分离更深处的牙周韧带纤维。此外，可以使用拔牙器围绕牙齿滑动，施加侧向压力作侧向切割。

5. 将牙挺（以与拔牙刀相同方式握持）环绕牙齿进行操作，在每个位置保持稳定而轻微的旋转压力 10 ~ 15 s 以切断更深处的牙周韧带纤维。此过程可导致出血，血液会增加分离牙周韧带纤维的液体压力。

另一只手支撑下颌骨，防止对下颌骨施加任何不必要的压力，拇指和食指应放在被拔除牙齿牙根的颊侧和腭 / 舌侧（被拔除牙齿的牙槽周围）。此动作可以得到触觉反馈，在牙挺打滑时，使医源性损伤最小化。当牙周韧带纤维断裂且牙齿开始松动时，可以将牙挺向牙根尖方向推进并旋转，此操作必须围绕整个牙周韧带间隙进行。使用牙挺在牙齿最松动处进行操作似乎很正确，但事实并非如此，应进行相反的操作，即在牙齿松动度最小的位置进行操作。由于牙齿在牙槽中松动，所以很想继续发力来更快拔除。应尽量避免此情况的发生，因为这通常会导致牙根部发生断裂，一旦牙根断裂还需要进一步清除牙根。

6. 当牙齿松动时，可以用手指或拔牙钳将其从牙槽中拔出。根据笔者经验，不推荐使用拔牙钳，它通常会导致牙根尖部发生折断。如果要使用拔牙钳，应确保拔牙钳尽可能多地夹在牙根部，并且沿着牙齿的长轴反复施加轻微的旋转力。

流程（使用拔牙器）：

1. 使用 11 号或 15 号手术刀片（图 13.2B）或锋利的拔牙器（图 13.2C）切断整个牙齿周围的牙龈附着。

2. 在牙釉质本质界切除牙冠。

3. 选择适当尺寸的拔牙器，其凹面应该等于被拔牙齿牙根部的近中和远中表面的曲率，这通常比预估的大。拔牙器的握持方式与拔牙刀和牙挺相同（图 13.3）。

4. 拔牙器稍倾斜于牙齿，紧贴牙齿表面，进入齿龈沟，插入牙周韧带间隙中（图 13.4）。

5. 拔牙器在牙根的近中和远中表面向牙根尖方向施加轻微的压力，进入牙周韧带间隙（图 13.5），或在颊侧和腭 / 舌侧滑动（图 13.6），切断牙齿周围的牙周韧带纤维。勺形拔牙器的尖端和其部分侧翼都很锋利，可轻易

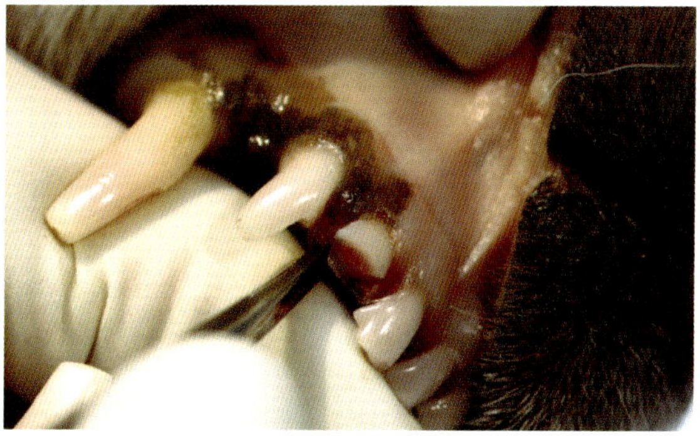

**图 13.6 使用拔牙器进行侧切**
拔牙器可以在颊 / 腭侧滑动。

地在颊侧和腭 / 舌侧滑动。同时，拔牙器具有足够的金属厚度可进行一些旋转（与拔牙刀不同）。

6. 当牙周韧带纤维断裂并且牙齿开始松动时，拔牙器可以进一步向牙根尖方向推进，做更多的旋转，此操作必须围绕整个牙周韧带间隙进行。

7. 当牙齿松动时，使用手指或小心地使用拔牙钳将其拉出牙槽骨。

### 多根齿

将多根齿分割成单齿根单位，使得每个单位可以作为单根齿拔除。分割的原因在于多根齿的牙根彼此分开，使其在口腔中具有更大的稳定性，正因如此，无法将其一次性整颗拔除。可以将牙周组织良好的上颌第 4 前臼齿更加直观地比作嵌入混凝土中的三脚架。因此，在拔除过程中，每个牙根需要以与临根不同的角度拔除。患有严重牙周病的牙齿例外，因为它们缺乏牙槽骨的支撑，已经出现松动，所以在仔细分离其残余的牙周韧带纤维之后可以整颗拔除。不过笔者仍然建议分割牙冠以避免发生医源性牙根齿折。

猫的上颌第 4 前臼齿、犬的上颌第 4 前臼齿，以及上颌第 1、第 2 臼齿都为三根齿，其他的多根齿都为双根齿。值得注意的是，多生的牙根很常见。术前 X 线片可以诊断出多根齿，应对其进行最佳切割。下文介绍了切割多根齿的不同方法。在图 13.7 至图 13.9 中以图片形式展示了笔者首选的切割方法，用于切开犬的上颌第 4 前臼齿和第 1 臼齿以及犬猫的下颌第 1 臼齿。

流程：

1. 如前文所述切断牙龈附着。

2. 使用“蜡刀”型圆头骨膜剥离器掀起牙龈以显现牙根的分叉部，除非牙龈退缩已经暴露分叉部。使用改良的执笔式方法握持骨膜剥离器，也可使用前文所述的拔牙刀或牙挺的握持方式。笔者偏向使用后者，因为它可以最大限度地减少因意外滑脱造成的潜在创伤。将骨膜剥离器插入牙龈和牙齿之间的缝隙中，直到与牙槽骨的边缘接触。骨膜剥离器向前推进并轻轻旋转，将牙龈从下方牙槽骨上剥离，掀起全层牙龈黏膜瓣。保持骨膜剥离器紧贴牙槽骨，以确保牙龈黏膜瓣完整。用另一只手的拇指和食指固定牙槽骨周围有助于骨膜剥离器紧贴牙槽骨，并在器械滑脱时将潜在的创伤降至最低。

3. 使用低速或高速牙科手机将牙齿分割成单根单元（图 13.10）。习惯上，推荐使用 701 锥形裂钻来切割，将其插入分叉部，然后向牙冠作切口（即朝向咬合面）。但是笔者发现，除非牙根分叉已经暴露，否则裂钻很难达到此目的，因为裂钻的尖端不能进行有效切割（裂钻的切割面是其侧面）。根据笔者的经验，更好的方法是使用球钻（尺寸：猫 4 ~ 6 号，狗 6 ~ 8 号），因为球钻可以先在牙根分叉下方的

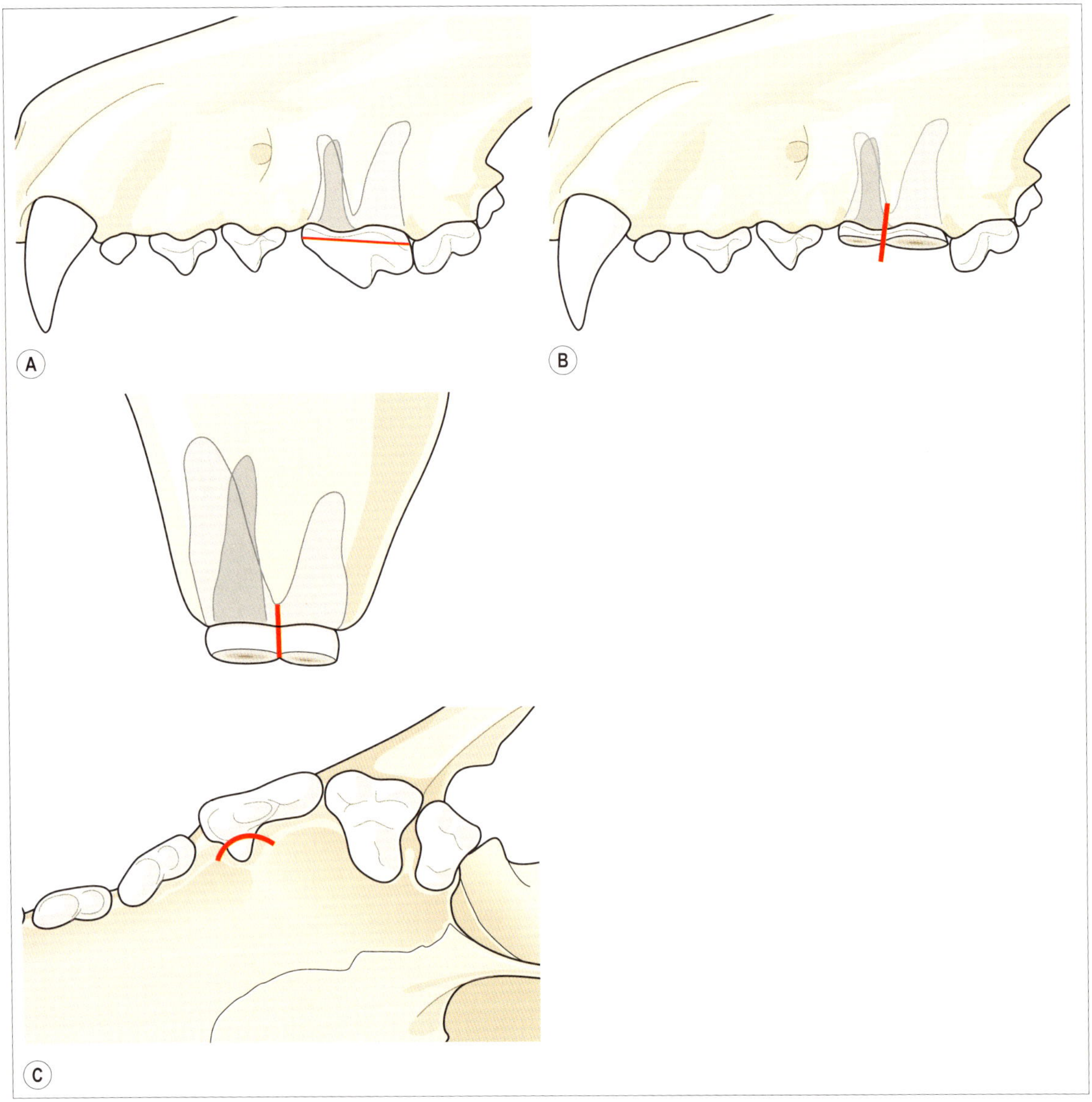


图 13.7　牙齿分割 – 上颌第 4 前臼齿

（A）使用裂钻或球钻将牙冠截短（横向切断）以接近牙根的分叉部。（B）确定近中颊侧牙根和远中牙根之间的分叉。在牙根分叉处插入球钻并钻通牙根分叉，在分叉下方的牙槽骨处形成一个通道，切入牙冠，将牙齿分成两个单位。（C）在牙周组织良好的牙齿中，可能难以清楚地识别近中颊侧牙根和近中腭侧牙根之间的分叉部，需要从咬合面朝向分叉区域钻孔来进行分割，有可能错过分叉。另一种选择是在将近中侧牙齿切割成两个冠根单位之前先拔除远中冠根单位。当远中单位被移除时，可视性将得到极大改善。随后将两个近中牙根的分叉钻通，再将切口延伸穿过牙冠。

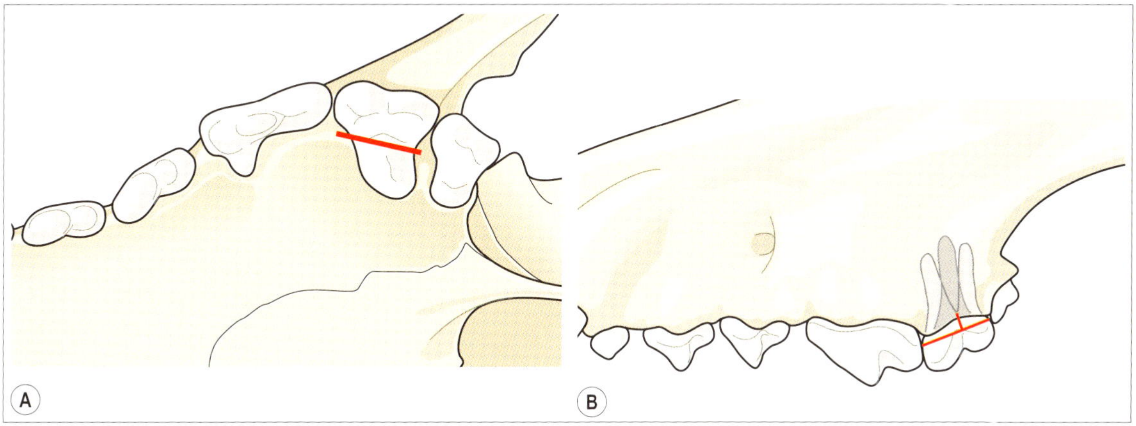


**图 13.8　牙齿分割 – 上颌第 1 臼齿**

（A）截短牙冠。确定牙齿颊侧单元（包含近中侧和远中侧牙根）和腭侧单元（包含腭侧牙根）之间的分叉部。在冠状方向上从分叉处钻孔将牙齿分成两个部分。（B）确定近中侧和远中侧牙根之间的分叉部，并从分叉部钻穿牙冠以分离近中侧和远中侧的冠根单位。上述流程的顺序并不绝对。在大多情况下，首先分离近中侧和远中侧的冠根单位可能更加容易。使用最具可重复性的技术，可使组织创伤降到最小。

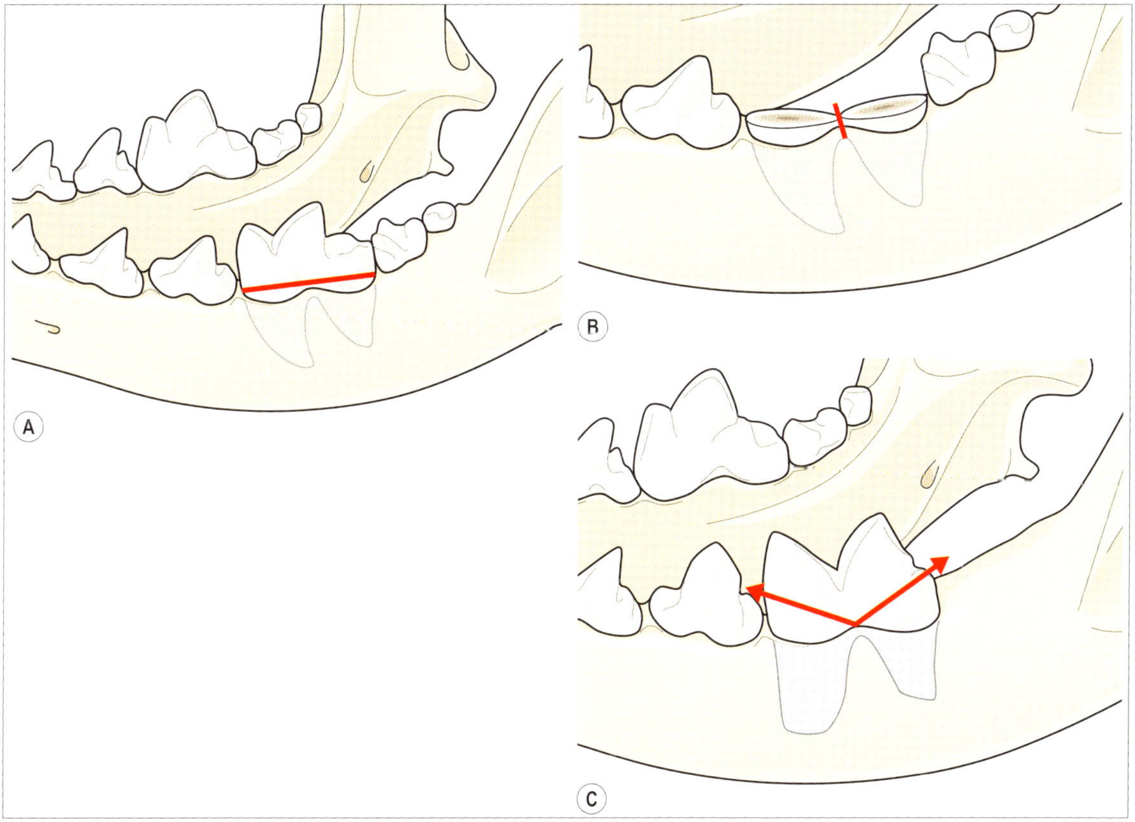


**图 13.9　牙齿分割 – 下颌第 1 臼齿**

双根齿有两种分割方法。（A）和（B）介绍了第一种方法，（C）介绍了第二种方法，也是笔者通常使用的方法。（A）截短牙冠。（B）确定近中侧和远中侧牙根之间的分叉部，并从分叉部钻穿牙冠以分离近中侧和远中侧的冠根单位。（C）确定分叉部，并从齿龈缘向近中侧和远中侧分别作切口。此类操作都可把双根齿分成两个单根单元，并去除大部分牙冠。

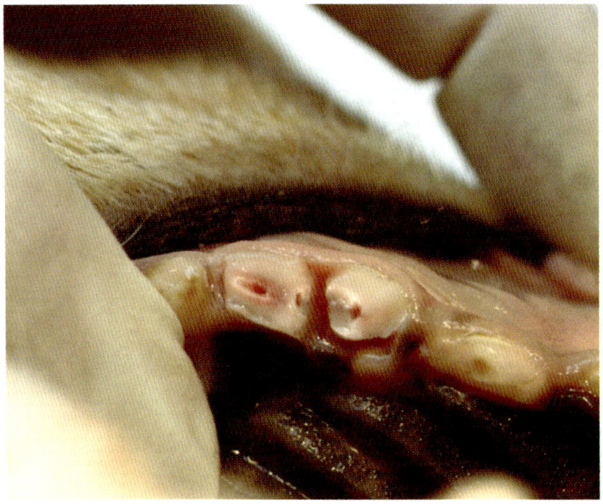

**图 13.10　分割完成的上颌第 4 前臼齿**
右侧上颌第 4 前臼齿被分成三个单根齿。

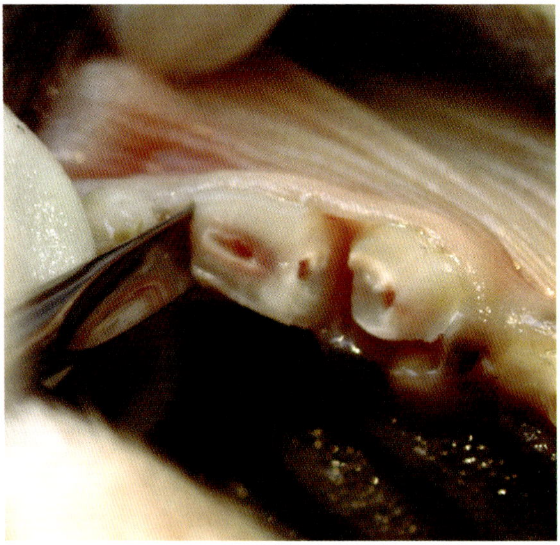

**图 13.11　拔除远端牙根**
将尺寸合适的拔牙器插入远中牙周韧带间隙，破坏远中根的所有牙周韧带纤维进而拔除牙齿。建议始终优先拔除远中牙根。远中牙根被拔除后，比较容易正确地切开两个近中根，为方便拔牙需除去分叉部的牙槽骨。

牙槽骨上打开通道，然后再切割牙冠。使用球钻通常可以形成比使用裂钻更大的裂隙，这有助于在所创建的两个冠根单位之间插入拔牙刀和牙挺。在任何时候，水流冷却对于防止钻头对周围组织造成热损伤都是必不可少的。可选择 331L 型梨形钻代替球钻，其尖端和侧面都可以进行切割。

4. 松弛并拔除单根单元的方法与上文所述相同（图 13.11）。除了沿牙根尖方向上使用牙挺外，还可以将牙挺横向插入牙根和牙槽骨之间，通过旋转，将牙根从牙槽窝中挺出（图 13.12）。如果使用拔牙器，则先在牙釉质本质界切断牙冠，以确保拔牙器的尺寸与牙根匹配良好。除了在向牙根尖方向上使用拔牙器之外（进入牙周韧带间隙的近中和远中表面，然后向颊侧和腭侧 / 舌侧滑动），也可以将拔牙器水平插入牙根和牙槽骨之间，通过旋转，将牙根挺出牙槽窝。

确保拔牙器厚的金属部分插入牙根和牙槽骨之间（图 13.12B），即不要使用精细的尖端进行水平杠杆操作。

5. 用球钻或咬骨钳修整锋利的骨边缘。用塑料压舌板保护游离的牙龈。

6. 除非拔牙后牙龈平贴在牙槽骨上，否则应考虑缝合拔牙窝以加速愈合，预防感染，并减少术后疼痛。拔除多颗下颌前臼齿和臼齿后，牙龈容易从拔牙部位剥落，暴露出牙槽骨，因此必须进行缝合。需要掀起足够的牙龈瓣，使缝合无张力，否则伤口必然会开裂。

## 开放式拔牙术

所有牙齿均可使用开放式拔牙术。在开放式拔牙术的操作过程中，通过掀起黏膜骨膜瓣（通常在牙齿的颊侧）暴露牙槽骨。通常在初始切口的一端或两端作游离切口（从牙龈边缘

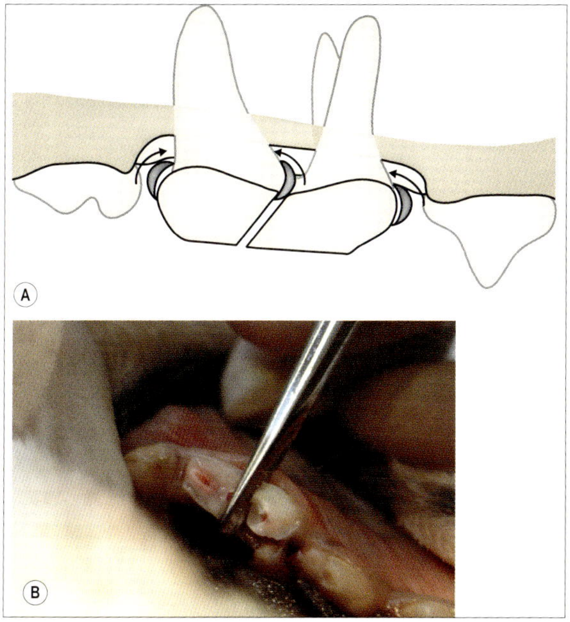


**图 13.12 横向使用牙挺或拔牙器的方式**

除了沿牙根尖方向上使用牙挺外，还可以将牙挺横向插入牙根和牙槽骨之间（此处显示其横截面），然后轴向旋转以便切断牙周韧带，松动牙根。此技术也可用于牙齿的近中侧和远中侧，此时应将牙槽骨边缘作为支点，而不是相邻近的牙齿。（B）将拔牙器插入分开的牙齿之间并轻轻旋转。值得注意的是，必须使用拔牙器较厚的金属部分来进行横向杠杆操作，而不是其精细的尖端。

至黏膜牙龈线以上），掀起的黏膜瓣超过黏膜牙龈线，从而暴露大部分颊侧牙槽骨。切口应位于牙槽骨上。所作切口的数量、长度和位置取决于进行拔牙术时所需的暴露量。掀起的黏膜瓣需要足够大，以便获得良好的视野，并留出足够的空间确保在移除牙槽骨时不损伤黏膜瓣。大黏膜瓣的愈合速度与小黏膜瓣相同，笔者的建议是先大后小，即在操作不熟练的情况下，制作大黏膜瓣，随着经验和技巧的增加，可制作小黏膜瓣。黏膜瓣要进行缝合来闭合拔牙窝，因此在手术过程中，保护黏膜瓣的完整性非常重要。

使用塑料压舌板或牙龈牵开器保护黏膜瓣完整，此步骤由助手操作可使拔牙更容易、更快速地完成，并且可以防止黏膜瓣的医源性损伤。

拔除牙齿后，将黏膜瓣复位，并与腭 / 舌侧黏膜进行缝合，闭合拔牙窝。缝合处不可有张力，如果有张力，伤口愈合会受到影响，且可能导致黏膜瓣撕裂。如有必要，可直接朝唇缘剥离黏膜下层，以获得更多的组织。另外，在牙槽骨与软组织之间轻轻插入骨膜剥离器，确保腭 / 舌黏膜边缘游离。修低牙槽骨的边缘也有助于减小张力。如果无法在没有张力的情况下完全闭合黏膜瓣，可留置一个减张口，这比在张力条件下闭合更可取！减张口会通过肉芽组织愈合。

下面将以上颌犬齿为例来说明开放式拔牙术的具体操作。其他牙齿拔除的细节差异会根据需要突出显示。

### 上颌犬齿

流程：

1. 切断犬齿周围所有的牙龈附着（图 13.13A）。然后使用 11 号或 15 号手术刀片将切口向远中延伸至第 2 前臼齿的近中侧或远中侧，包括切断第 1 和第 2 前臼齿的颊侧牙龈附着。

2. 在最初切口的吻侧垂直作切口（从龈缘延伸至刚刚超出黏膜牙龈线），即犬齿的近中侧（图 13.13A，图 13.14A）。使切口平行或角度稍向外倾斜使黏膜瓣的基部比龈缘更宽，保证黏膜瓣的血液供应。

3. 用骨膜剥离器从犬齿牙根颊侧的牙槽骨上掀起牙龈和黏膜（图 13.13B，图 13.13C，图 13.14B）。如果需要更大的通路，可以延长吻

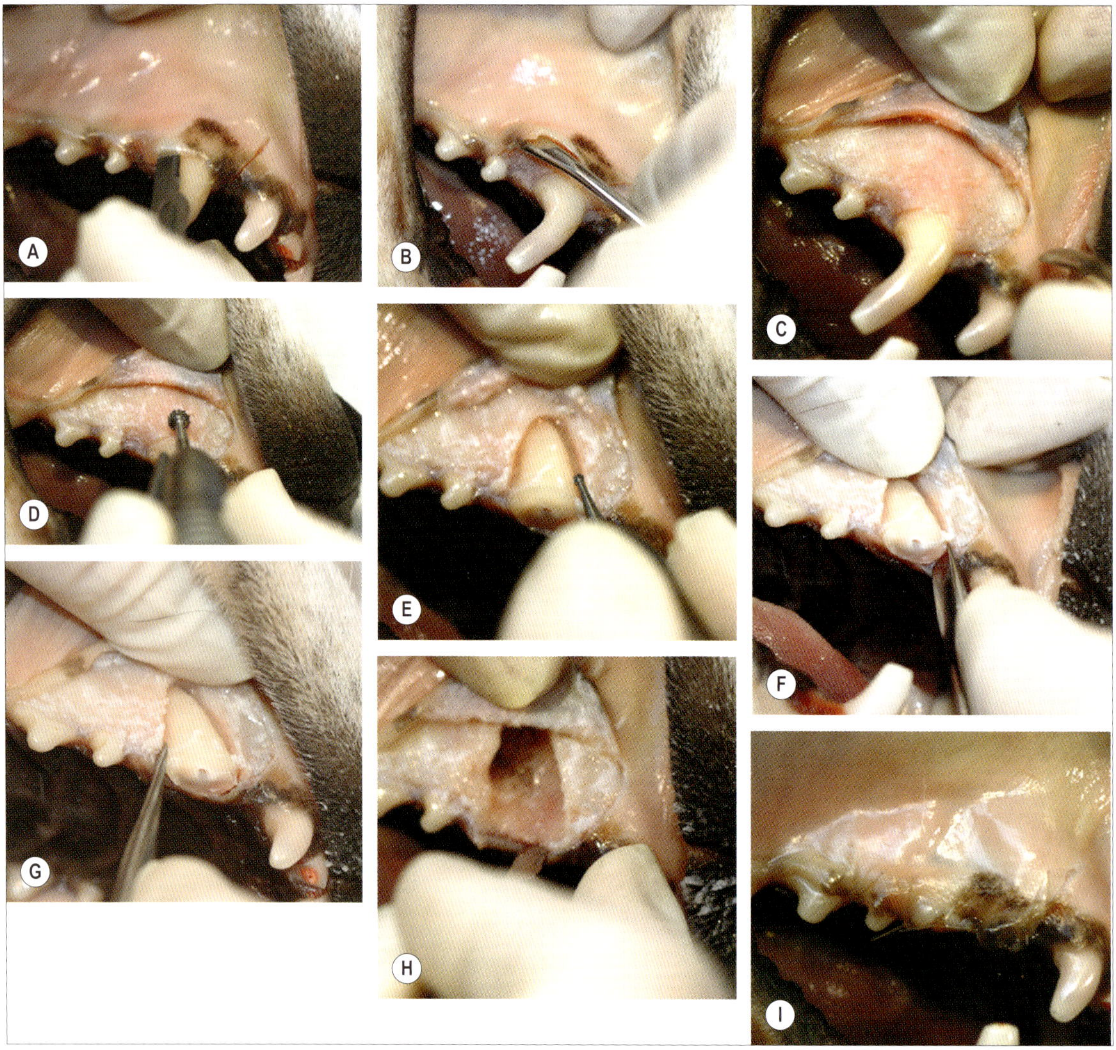


图 13.13　开放式拔牙术 – 上颌犬齿（临床图片）

（A）切割牙龈附着。在吻端作一垂直切口。（B）从牙龈切口向牙根尖方向作龈缘至牙龈黏膜界处的全层黏膜瓣。（C）掀起全层黏膜瓣，暴露大部分颊侧牙槽骨板。（D）使用低速牙科手机去除颊侧牙槽骨。（E）覆盖在牙根上三分之二的颊侧牙槽骨已被移除，牙根尖处三分之一的牙槽骨未被除去。另外，在牙齿的近中侧和远中侧均已经形成了牙槽骨与牙齿之间的沟槽。（F）将适当大小的拔牙器置入近中侧牙根表面的牙周韧带间隙内，并向牙根尖方向施加压力。（G）将适当尺寸的拔牙器置入远中牙根表面的牙周韧带间隙内，并向牙根尖方向施加压力。在近中和远中处交替进行，沿腭侧方向滑动并朝着牙根尖方向深入，直至牙齿松动到可以用手指拔出。（H）确保腭侧黏膜边缘已经游离。图中正在使用手术刀刀片来完成这一操作。另一种分离腭侧黏膜的办法是在牙槽骨和软组织之间插入骨膜剥离器。（I）黏膜瓣已被复位并与腭侧黏膜进行缝合，完成了拔牙窝的闭合。缝合时不能有张力。

侧的切口。笔者通常从牙龈切口沿牙根尖方向使用骨膜剥离器进行剥离。操作轻柔，特别是在黏膜牙龈联合处，防止骨膜剥离器撕裂黏膜瓣。时刻牢记，此组织是闭合拔牙窝所必需的。

4. 将牙根颊侧的牙槽骨打磨掉（图 13.13D）。通常没有必要将牙根尖处的牙槽骨一并去除，只需去除牙根长度的三分之二即可。猫选择 2 ~ 4 号牙钻，犬选择 6 号牙钻，大型犬选择 8 号牙钻。使用小型球钻在牙根和颊侧牙槽骨之间磨出浅槽或沟（图 13.13E）。为防止牙槽骨的热损伤，必须用水冷却牙钻。笔者更喜欢用低速手机去除牙槽骨，以减少发生热损伤和皮下气肿的风险。用牙钻非常轻柔地点触，可以在不损伤牙体的情况下移除牙槽骨。牙槽骨与牙齿很容易进行区分：牙槽骨呈灰色并且会出血，牙骨质 / 牙本质为白色且无血管。

5. 在牙釉质骨质界切除牙冠（图 13.14C）。由于牙冠的颈部隆起可使器械朝错误的方向运动，因此需要在牙釉质骨质界切除牙冠（图 13.14C），这对于使器械（拔牙刀、牙挺或拔牙器）在正确位置发挥作用非常有利。请牢记，拔牙刀、牙挺和拔牙器是依照牙根形状设计的。

如果使用拔牙器：

6. 使用适合近中和远中牙根表面轮廓的拔牙器尺寸。将拔牙器插入近中牙根处的牙周韧带间隙，并向牙根尖方向施加压力（图 13.13F）。同时轻轻地向腭侧滑动，切割该表面上的牙周韧带（图 13.14D）。在牙齿的远中侧重复此步骤（图 13.13G）。在近中和远中处交替朝向腭侧滑动并向牙根尖方向施加压力，直至牙齿松动到可以用手指拔出。

如果使用拔牙刀和牙挺：

7. 将牙挺放置在其中一个沟槽中，轴向旋转牙挺，分离腭侧牙根和牙根尖的牙周韧带纤维，但避免将根尖撬入鼻腔。旋转牙挺以分离韧带纤维，每次保持 10 ~ 30 s，两边交替重复，直至牙齿松动到可以容易地拔除。也可以使用拔牙刀切割颊侧牙根尖的牙周韧带纤维。

所有技术接下来的步骤是：

8. 使用牙钻修整牙槽骨的边缘。如果拔牙窝充满碎屑，则应在闭合前轻轻冲洗干净。确保拔牙窝中可形成干净的血凝块（图 13.14E）。

9. 将黏膜瓣复位并与腭侧黏膜进行缝合，闭合拔牙窝，任何一处的缝线都不应该有张力。确保腭侧黏膜的边缘已经游离（图 13.13H）。如有必要，可直接朝唇缘剥离黏膜下层，以获得更多的组织。使用可吸收缝线进行简单间断缝合（图 13.13I，图 13.14F）。作切口时应确保修复时所有边缘均有牙槽骨支撑。如果无法在没有张力的情况下完全缝合黏膜瓣，可以留置一个减张口，这比在张力下缝合要更加可取！减张口会通过肉芽愈合。

### 下颌犬齿

拔除牙周组织完好的下颌犬齿很困难，需要耐心和轻柔的技术。此牙齿在拔除时分为颊侧或舌侧通路。如果使用颊侧通路，则要小心避免在掀起黏膜瓣时损伤穿出颏孔的神经血管束。也可选择舌侧通路，但是其视野差。

笔者的首选方法为颊侧和舌侧通路的结合，如下所示：

1. 制作颊侧黏膜瓣的方式与上颌犬齿相似。

禁止切断颏孔（通常是中间颏孔）的大神经血管束。可以将其暴露后小心地进行钝性分离，以便与黏膜瓣一起复位（图 13.15）。

2. 同时，在牙齿的舌侧作一牙龈瓣（图

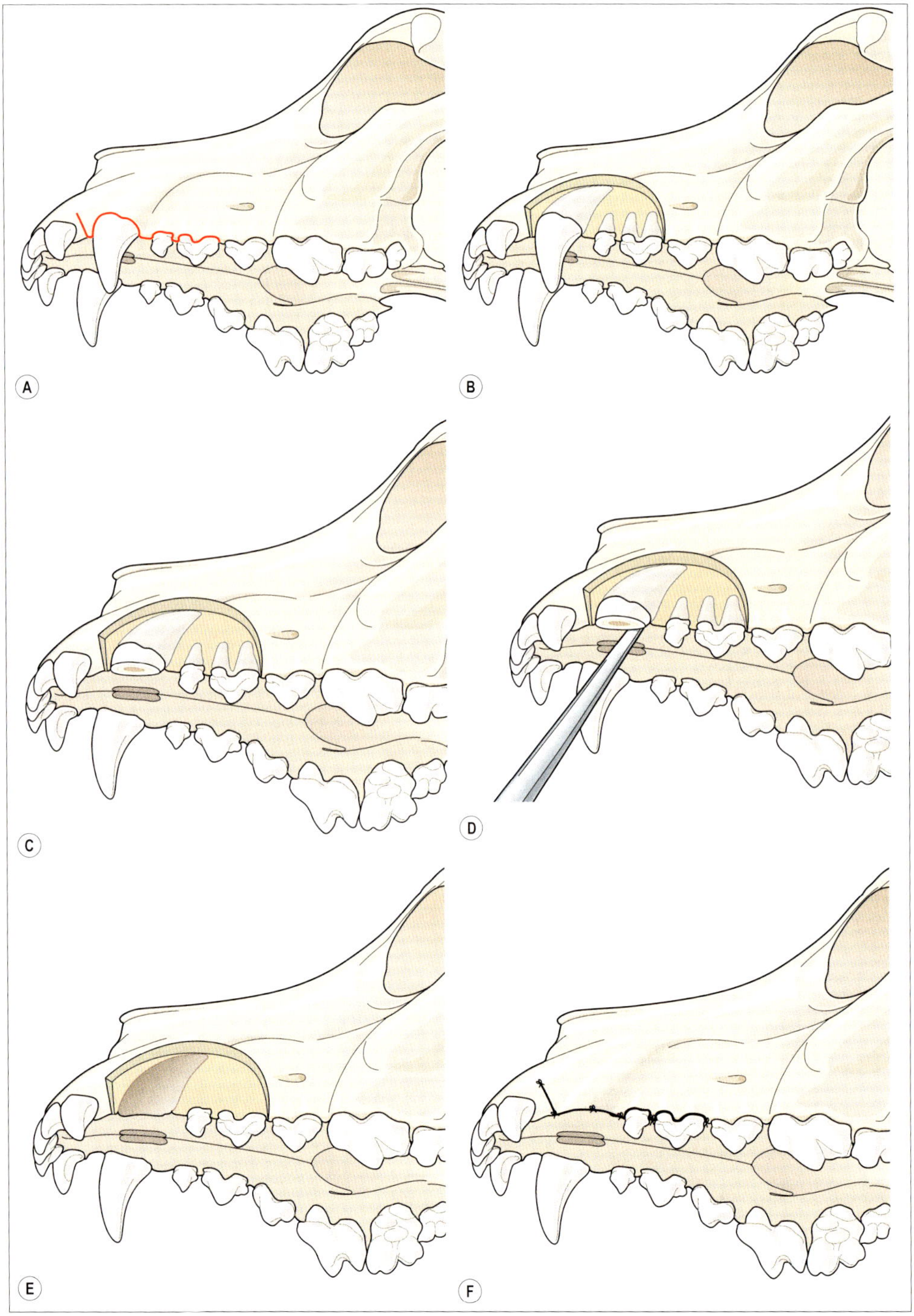


**图 13.14 开放式拔牙术－上颌犬齿（示意图）**

（A）作初始切口和远中黏膜瓣切口。（B）掀开黏膜瓣并翻起。（C）在牙釉质骨质界或其下方切除牙冠。（D）移除颊侧牙槽骨，在牙槽骨与牙齿之间的近中和远中制造沟槽。从近中和远中交替向腭侧滑动拔牙器，同时向牙根尖方向发力。如果使用牙挺进行操作，将其插入近中和远中的沟槽中，并施加轴向旋转力，破坏牙周韧带纤维。（E）确保拔牙窝中可形成干净的血凝块。（F）无张力下缝合黏膜瓣。

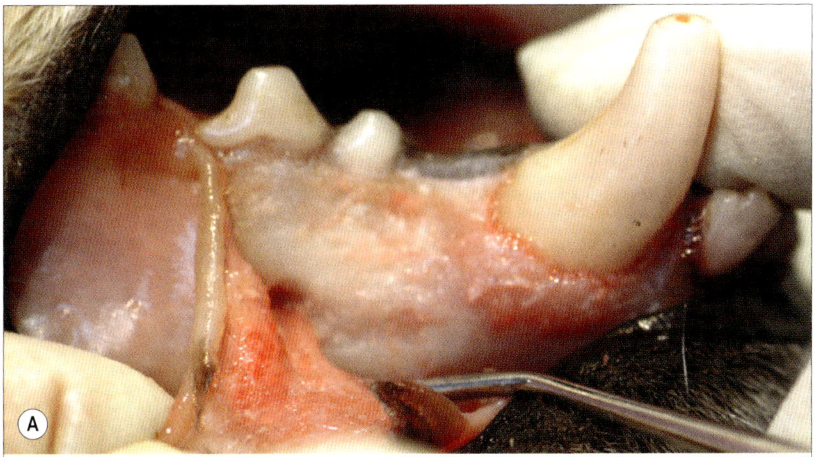


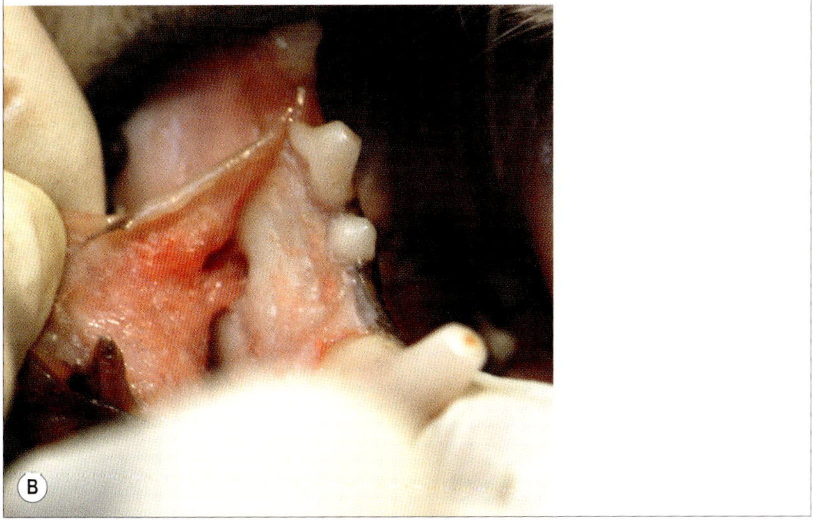


**图 13.15 开放式拔牙术 – 下颌犬齿**

下齿槽神经、动脉和静脉从中间颏孔穿出，将其暴露（A）并且小心地分离（B），以便与颊侧黏膜瓣一起复位。

13.16），其需要足够大以提供进入舌侧牙槽骨的通路。如有需要，可以在犬齿舌侧远中作一短的游离切口。

3. 去除大约 30% 的颊侧牙槽骨板。将牙槽骨朝根尖方向去除至牙根的最宽处。

4. 在牙釉质骨质界（用球钻或裂钻）正上方切除牙冠，以便于进入舌侧。

5. 磨除大约 20% 的舌侧牙槽骨板。确保黏膜瓣不会受到牙钻的损伤。

6. 正如在上颌犬齿拔除中的描述一样，在牙根颊侧近中和远中与牙槽骨之间制造沟槽。

7. 正如拔除上颌犬齿一样，为了松动牙齿，在颊侧近中和远中沟槽中使用牙挺或拔牙器进行牙周韧带纤维的分离。拔牙器非常有利于操作，其具有横向的切缘，可从近中或远中端向舌侧滑动。同时，可以使用拔牙器切断颊侧根尖牙周韧带纤维。如果没有拔牙器，则应使用拔牙刀切断颊侧和舌侧的根尖牙周韧带纤维，

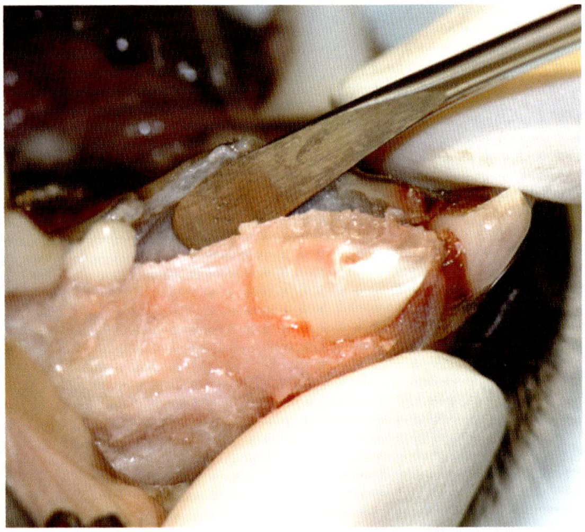

图 13.16　开放式拔牙术 – 下颌犬齿
掀起的舌侧黏膜瓣。

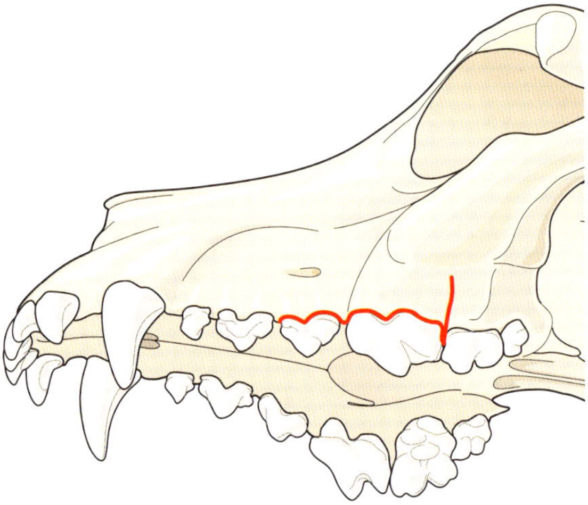

图 13.17　开放式拔牙术 – 上颌第 4 前臼齿
图中描绘了用于上颌第 4 前臼齿的开放式拔牙术的黏膜瓣设计。只作第 1 臼齿远中的游离切口，以避免损伤从第 3 前臼齿背侧的眶下孔中穿出的神经血管束。

应使用尺寸稍大的牙挺以制造足够的空间。以此方式操作时，牙根周围的牙周韧带被逐渐切断，直至牙齿松动并且可以用手指拔除。

8. 有时需要去除额外的，尤其是舌侧的牙槽骨。但应尽量保留尽可能多的牙槽骨以保持下颌骨的强度。

9. 通过将颊侧黏膜瓣复位，并与舌侧黏膜瓣缝合以闭合拔牙窝。缝线处不能有张力。

### 犬的上颌第 4 前臼齿和上下颌臼齿

若牙齿的牙周组织损伤，可在分割牙齿后使用封闭式拔牙术。若牙齿的牙周健全，建议采用开放式拔牙术。

上颌第 4 前臼齿的黏膜瓣从第 3 前臼齿的近中侧延伸至第 1 臼齿的远中缘。在切断上颌第 4 前臼齿周围全部的牙龈附着后，将切口吻端延伸至上颌第 3 前臼齿的近中侧，尾端延伸至第 1 臼齿的远中缘。在第 1 臼齿的远中作一延伸至刚超过牙龈黏膜界的游离切口（图 13.17）。只作第 1 臼齿远中的游离切口，以避免损伤从第 3 前臼齿背侧的眶下孔中穿出的神经血管束。

上颌第 1 臼齿的黏膜瓣需要从第 4 前臼齿的近中颊侧延伸至第 2 臼齿的远中侧，通常不需要做垂直游离切口，如果需要更大的通路，可以在第 2 臼齿的远中侧作游离切口。

上颌第 2 臼齿的黏膜瓣要从第 1 臼齿的近中颊侧延伸到第 2 臼齿的远中侧。通常不需要作游离切口。

下臼齿黏膜瓣通常只需延伸到相邻的牙齿，在两端作游离切口，并延伸至牙龈黏膜界。

在使用开放式技术拔牙时，所有牙齿都要去除颊侧牙槽骨以暴露牙根分叉部，并且将牙齿分割成单独的根冠单位。进一步去除牙槽骨（从约 30% 的牙槽骨板开始）有助于拔牙术的完成。如有必要，例如牙固连，可以去除所有颊侧牙槽骨。但是，在移除大量颊侧牙槽骨时必须小心，要明确患病动物的解剖结构，例如，上颌第 4 前臼齿的近中颊侧牙根靠近眶下管，下颌第 1 臼齿牙根尖靠近下颌管。

切除牙齿的牙冠可使在不受牙釉质凸起干扰的情况下正确放置拔牙刀、牙挺或拔牙器。在使用拔牙器时，必须切除牙冠。

为了减少缝合线上的张力，可将腭 / 舌侧牙槽骨上的黏膜游离。

### 乳齿

封闭式或开放式拔牙术都可用于拔除乳齿。术前必须进行 X 线片检查，以便提供关于乳齿牙根吸收的位置和范围，以及相邻恒齿的位置和发育阶段。

当牙根几乎完全被吸收时，可以选择封闭式拔牙术。在其他大多数情况下，良好术野将有助于手术操作，笔者会选择开放式拔牙术。拔牙流程的具体步骤与拔除恒牙相同，但要小心以避免损坏邻近的恒齿列。

## 猫牙齿的特殊注意事项

猫需要拔牙的最常见疾病是吸收性病变、牙周病和由于创伤性牙齿损伤而导致的牙髓暴露。

### 小的单根齿

猫的切齿、上颌第 2 前臼齿和上颌臼齿是小的单根齿，通常可以使用封闭式拔牙术进行拔除。方法与上文所述犬的拔牙术相同，但动作要轻柔，并确保所使用的拔牙刀、牙挺或拔牙器的尺寸适合于猫的牙齿。

### 犬齿

与上文所述犬的拔牙术相同，除非受严重牙周病的影响，否则猫的犬齿需要采用开放式拔牙术。

### 多根齿

猫的上颌和下颌第 3、第 4 前臼齿以及下颌臼齿为多根齿，这些牙齿是每个牙科兽医的“噩梦”，它们在被拔除时容易发生折断。这可能导致有或没有牙冠碎片附着的牙根残留，必须将其移除。有些兽医可能企图将这些残留牙根置之不理，希望它们能够被吸收或者被生长的牙龈覆盖，此做法是手术过程中的一个失误，应该尽一切努力清除此类残留的牙根。如果在技术上无法做到，则必须告知动物主人牙齿没有被完全拔除。必须在术后进行临床和 X 线片监测。虽然一些残留牙根可能会被吸收，但有些可能会导致炎症的发生。出现后一种情况时，应该进行第二次尝试，拔除残留牙根。

封闭式或开放式拔牙术都可以用于猫多根齿的拔除。封闭式拔牙术与犬中的操作相同。手术过程中，轻柔的操作是必不可少。此外，确保所选择的器械尺寸适宜，以避免发生医源性骨折。在下一段中将对一些修改建议进行讨论。无论采用何种拔牙技术，多根齿都需要被分割成单根部分。

对于猫，笔者喜欢采取开放式拔牙术，除非猫患有严重的牙周病并且牙齿已非常松动。

一种改良过的用于拔除猫多根齿的技术，可简化操作步骤并保留牙槽骨。下文介绍了猫下颌牙齿的拔除方法，该方法同样适用于拔除上颌多根齿。

1. 在颊侧和舌侧均掀起牙龈瓣。

2. 移除足够的牙槽骨以暴露牙根分叉（图 13.18A）。

3. 通常使用 2 号小型球钻，从牙根分叉处以 45° 角分别向近中和远中方向进行两次切割（图 13.18B）。此操作可移除大部分牙冠，每

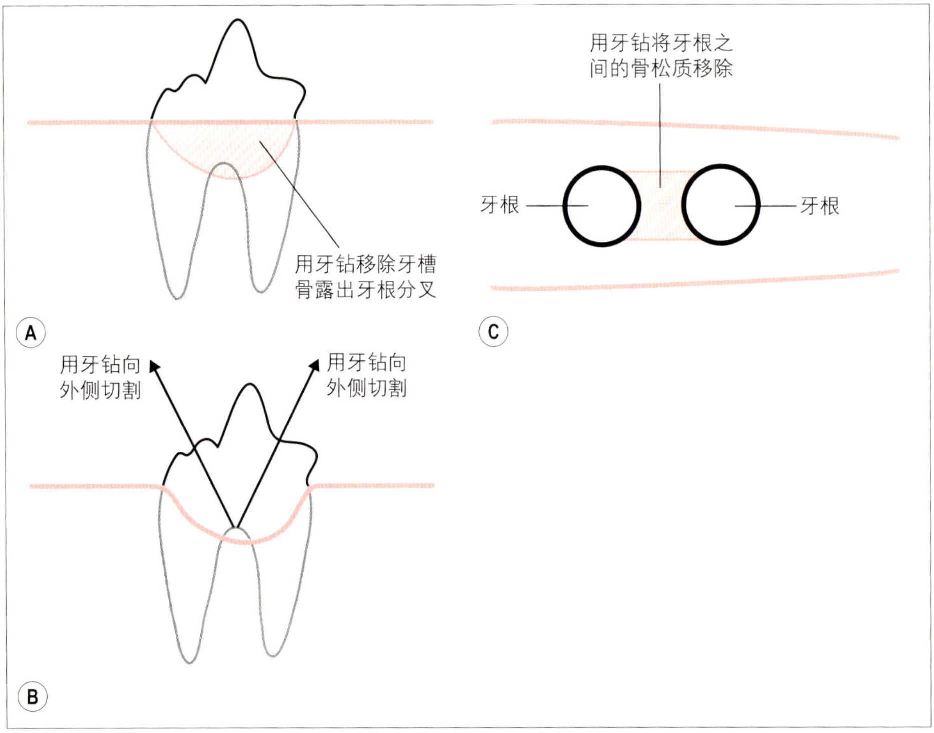


**图 13.18　猫下臼齿的拔除**

（A）掀起牙龈黏膜瓣后，移除阴影部位的牙槽骨。切除足够多的颊侧牙槽骨以清楚地暴露牙根分叉部。（B）从分叉处以 45° 角分别向远中和近中方向进行两次切割，从牙根分叉处向牙冠的咬合面进行切割。此切口可将牙齿分成两个单根单元，并移除大部分牙冠。（C）（下颌骨俯视图）清除两牙根之间的松质骨，深度应与牙根长度相同，小心不要进入下颌管。

个单独的牙根只残留小部分牙冠。

4. 使用 2 号或 4 号球钻移除两牙根之间的松质骨。深度应与牙根的长度相同，但不可进入下颌管（图 13.18C）。如果无法确定位置，可以根据 X 线片测量距离。

5. 每个牙根只由三面牙槽骨支撑，此时可以将一个小型号的拔牙刀、牙挺或拔牙器放入由牙钻制造的空间中（两牙根之间），将牙根松动并移除。

6. 如有必要，切除额外的颊侧牙槽骨。

7. 修整尖锐的牙槽骨边缘。

8. 将颊侧黏膜瓣复位，与舌侧黏膜瓣缝合到一起。

## 拔牙术的并发症

### 骨组织热损伤

使用牙钻（无论是高速还是低速手机）时必须有足够的水流冷却。过热会导致软组织和骨骼受损。骨的热坏死通常会导致死骨片的形成，需要二次手术来清除。

笔者更倾向于使用低速手机切除骨组织。这会更加精确，并且可以降低发生热损伤的风险，提高安全性，且其与高速手机的切除速度相同。

### 齿折

拔除牙齿时可能会导致牙冠或牙根的折断。牙冠折断通常是由于使用牙挺或拔牙钳用力过大。如果牙根是一个整体并且能够充分暴露，则应使用小号拔牙刀、牙挺或拔牙器切断剩余的牙周韧带纤维。使用小号（2 mm）拔牙刀或者拔牙器最为有利。术野良好对于能够将器械放入牙周韧带间隙至关重要。手术过程中，可以通过喷水去除血液。

如果发生牙根折断，则需要使用X线片检查来评估残留牙根的大小和位置。根据X线片结果，可以制订拔除计划。可能需要采用开放式拔牙术才能拔除残留牙根。如果残留的牙根尖不能移除，必须告知动物主人，并且需要对受影响的颌骨进行临床和影像学监测，以观察是否发生病变。

### 口鼻瘘

拔牙术可能会导致上颌牙槽骨和鼻腔之间产生瘘管。产生的瘘管表面为上皮细胞，不会自发愈合。涉及上颌牙槽骨区域的三种最常见的口鼻瘘形成原因是：

- 严重的牙周疾病。
- 牙根尖周病变。
- 医源性损伤。

犬齿区域的口鼻瘘通常是牙周疾病引起的，其可导致牙槽骨内侧骨壁的破坏。上颌犬齿和前臼齿的牙根尖周病变也可引起牙槽骨内侧骨壁穿孔。使用不正确的技术拔除上颌犬齿也可能导致内侧骨壁穿孔。对于小的医源性穿孔，制作牙龈黏膜瓣并缝合可能会使其愈合。如果大的穿孔或长期缺损导致了如鼻塞、食物嵌塞和慢性感染等临床症状，应该进行手术修复。第12章对有持续症状的口鼻瘘修复进行了介绍。

### 皮下气肿

如果使用高速气动手机时发生倾斜，可将气体吹入牙槽骨和软组织中，从而导致皮下气肿的发生。使用高速手机的风险之一是发生皮下气肿，因此最好避免用高速手机切除牙槽骨。连续的空气干燥，尤其是将空气直接吹进牙槽骨，也可导致皮下气肿的发生。猫的鼻子和前额的基部特别容易发生皮下气肿。触诊肿胀处有明显的捻发音，或者口腔底部也会发生肿胀。此状况通常会在几小时或几天内消失，但动物主人经常会为此担心，所以最好避免此类情况的发生。

### 舌下水肿

对舌黏膜造成损伤可能会导致舌下水肿。如果情况严重，可能需要使用抗炎药物和利尿剂进行治疗。在手术过程中，动作轻柔可以避免舌黏膜发生损伤。

### 颌骨骨折

下颌牙齿周围的牙周疾病会削弱下颌骨本身，从而可能导致下颌骨骨折。老年动物和小型品种最容易出现这种情况，应特别注意。第12章对颌骨骨折修复的原理和技术进行了介绍。

### 出血

在牙齿被完全拔除之前，凝血缺陷可能不明显，有时出血在几分钟后就会停止，但有时持续大量的出血可能会危及生命。缝合牙龈并用止血纱布塞入牙槽窝可能会对止血有所帮助。

## 总结

* 如果要将患病动物的发病率降至最低，则拔牙术需要合适的设备、器械和外科技巧及技能。
* 应该为拔牙程序分配足够的时间。
* 在X线片监测下进行拔牙术，包括在术中出现状况时进行X线片检查。
* 可以选择封闭式（非手术）和开放式（手术）拔牙术，不过通常后者导致的问题更少，并且在良好操作时可带给患病动物更高的舒适度。
* 每颗牙齿的拔除应使用该位置规定的方法来拔除。
* 使用黏膜骨膜瓣时，应注意选择使用合适的缝合材料和技术以确保闭合无张力。

## 延伸阅读

[1] Gorrel, C., Robinson, J., 1995. Periodontal therapy and extraction technique. In: Crossley, D., Penman, S.( Eds. ), BSAVA Manual of Small Animal Dentistry. BSAVA, Cheltenham, pp. 139–149.

[2] Holmstrom, S., Frost, P., Eisner, E., 2004. Exodontics. Veterinary Dental Techniques. WB Saunders, Philadelphia, pp. 291–338.

[3] Mulligan, T., Aller, M., Williams, C., 1998. Atlas of Canine and Feline Dental Radiography. Veterinary Learning Systems, Trenton.

# 第 14 章

# 兔形目动物和啮齿目动物牙科疾病

## 简介

人们越来越喜欢将兔形目动物和啮齿目动物作为宠物。但这些“口袋宠物”具有很高的口腔/牙科疾病发病率，因此需要全科兽医有能力去辨认和处理。大多数的牙科问题都与它们的牙齿解剖学特性和不恰当的饲喂方式有关，例如喂食非磨损性的食物而导致的磨损异常和咬合不正。

虽然兔形目动物和啮齿目动物在牙齿类型、口腔/牙齿状况和治疗选择方面有许多相似之处，但也存在显著差异。此外，啮齿目动物之间也存在着差异。

本章将对兔形目动物和啮齿目动物的牙齿正常解剖结构和常见的口腔/牙齿状况进行描述。与其他物种一样，明确何为正常结构对于确定所患疾病至关重要。本章末尾将详细介绍牙科手术，例如牙齿修整和拔牙术。

### 牙齿的类型

牙齿的两种基本类型包括：

- 低冠齿。
- 高冠齿。

低冠齿的冠根比低，牙齿有真正的牙根。一旦牙齿成熟，根尖闭合，牙齿进一步生长的潜能就会消失。人类、犬、猫和雪貂的牙齿都为低冠齿。

高冠齿在解剖学上具有长牙冠和相对较短的牙根。位于牙龈下的部分牙冠被称为保留牙冠。

高冠齿一般分为有齿根型和无齿根型。具有齿根的高冠齿最终会形成一个真正的牙根。在动物生命中的大部分时间，牙齿都会持续生长，但是在生命的后期，牙根尖闭合，牙齿停止生长。马和牛的牙齿为有齿根型高冠齿。无齿根型高冠齿永远不会形成真正的牙根，并且牙齿终生持续生长。兔、豚鼠、毛丝鼠和八齿鼠均为无齿根型高冠齿。所有啮齿目动物的切齿都是无齿根型高冠齿，而颊齿根据物种，则为无齿根型高冠齿或低冠齿。

如果不断进行的牙齿萌发受到阻碍，例如由于咬合不正引起的机械性阻碍而导致的咬合力异常，牙齿的持续生长将造成牙槽骨的破坏和明显的牙根尖生长，这可能导致下颌骨的皮质骨穿孔。晚期阶段，牙齿的根尖端部分可能出现严重的变形。

# 牙齿解剖

## 兔形目动物

兔形目动物包括家兔、野兔、棉尾兔和鼠兔，所有的兔形目动物都是无齿根型高冠齿，它们的上颌有四颗切齿，可以明显地将它们与在上颌仅有两颗切齿的啮齿目动物区分开来，兔形目动物没有犬齿（专栏 14.1）。

**专栏 14.1**

＊ 兔形目动物的齿列：

2×{I 2/1 : C 0/0 : P 3/2 :M 3/3}

上颌的四颗切齿呈两排排列，两颗较大的切齿位于唇侧，两颗较小的已退化的切齿（钉齿）位于腭侧。在咬合时，下颌切齿牙冠顶端位于上颌的两排切齿之间。在静止时，切齿处于咬合状态，颊齿处于非咬合状态（Crossley, 1995a）。图 14.1 描述的是一个相对正常的兔头骨。

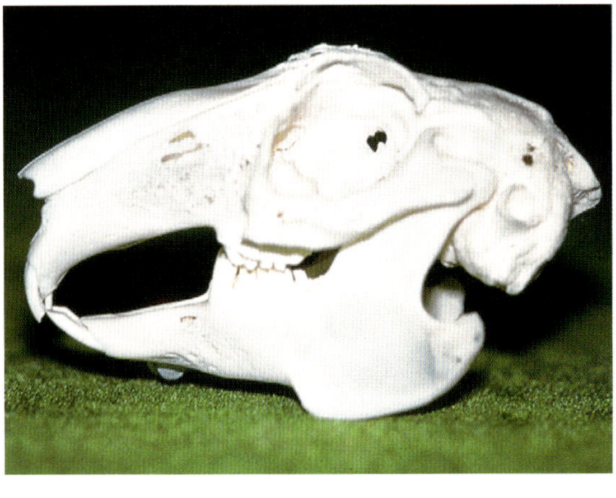

**图 14.1　正常的兔头骨**

静止时，切齿处于咬合状态，颊齿处于非咬合状态。

兔不会像啮齿目动物一样啃咬，除非存在颊齿问题而妨碍正常的咀嚼（Crossley, 1995a）。切齿主要用于侧向切割，所以它们可以将食物或多或少地切成小的碎片。上颌大切齿平均每周增长 2.0 mm，下颌切齿每周增长 2.4 mm（Wiggs and Lobprise, 1995）。切齿咬合正常的兔，如果吃干草、青草和新鲜蔬菜等具有磨损性的食物，牙齿会以近似的速度磨耗。切齿在唇侧有较厚的白色牙釉质，而在腭 / 舌侧几乎没有牙釉质，较软的牙本质磨损要比较厚的牙釉质快，因此正常的牙齿磨耗可导致牙齿呈楔形。

切齿与颊齿（前臼齿和臼齿）的牙间隙较大。

上颌比下颌宽（上、下颌不等），当没有颊齿问题，且没有其他因素影响，如切齿过度生长时，兔通常采用横向运动（从一侧到另一侧）咀嚼食物。

## 啮齿目动物

啮齿目动物是哺乳动物中最大的一类，体量从 4~50 kg 不等。所有的啮齿目动物都是“啃噬者”，它们的颞下颌关节可沿头尾方向做大范围活动，以及为此种动作设计的持续生长的楔形切齿。它们虽也同样是上、下颌不等，但与兔形目动物相反，它们的下颌骨比上颌骨宽。

啮齿目动物的切齿是无齿根型高冠齿，但根据物种不同，它们的颊齿可以是无齿根型高冠齿或低冠齿。严格的草食性动物的食物非常粗糙，其颊齿为无齿根型高冠齿，例如豚鼠、毛丝鼠和八齿鼠；而吃低磨损性食物的物种，例如小鼠、大鼠、仓鼠和草原犬鼠的颊齿为低冠齿。

啮齿目动物的齿式因物种不同而不同（专栏 14.2），牙齿数量范围从 16~22 颗不等。但是所有啮齿目动物都有四颗切齿（每个象限各一颗），而没有犬齿。切齿与颊齿之间存在牙间隙。

**专栏 14.2　啮齿目动物齿式**

* 豚鼠、毛丝鼠、八齿鼠：2×{I 1/1 : C 0/0 : P 1/1 : M 3/3}
* 小鼠、大鼠、沙鼠、仓鼠：2×{I 1/1 : C 0/0 : P 0/0 : M 3/3}
* 草原犬鼠：2×{I 1/1 : C 0/0 : P 2/1 : M 3/3}
* 仓鼠：2×{I 1/1 : C 0/0 : P 0/0 : M 3/3}

啮齿目动物在不咀嚼时（图 14.2A），下颌骨处于尾侧，切齿处于非咬合状态（Crossley, 1995b）。啃咬期间，切齿处于咬合状态（图 14.2B）。

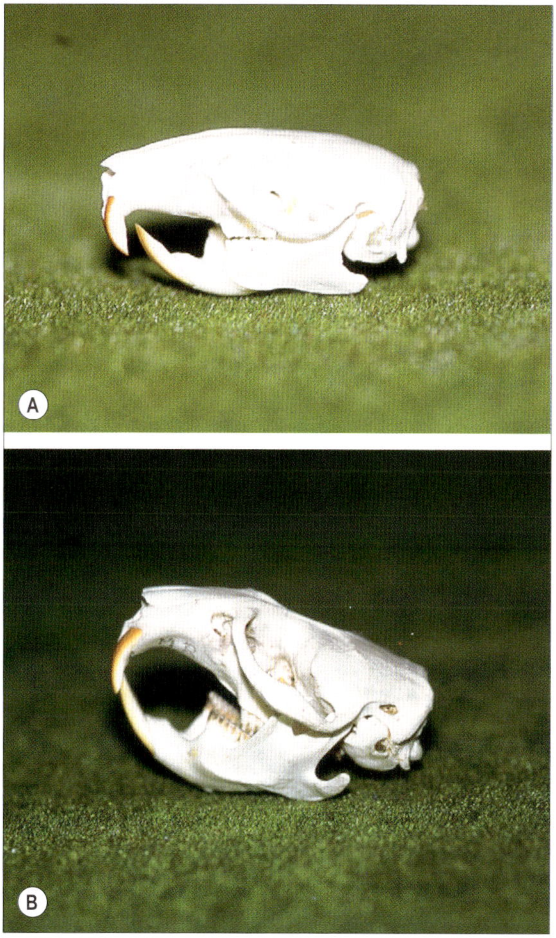


**图 14.2　正常大鼠头骨**
（A）不咀嚼时，下颌骨处于在尾侧。切齿处于非咬合状态，颊齿处于咬合状态。（B）为了啃咬，下颌向前移动，从而使切齿处于咬合状态。

啮齿目动物和兔形目动物一样，切齿的牙釉质层在唇侧最厚，腭 / 舌侧几乎没有牙釉质层，切齿通过磨耗形成楔形。牙釉质通常呈橙黄色，但豚鼠的牙釉质呈白色。

## 饲养

兔最常见的牙齿问题为牙齿过度生长。虽然由于遗传因素引起的骨性咬合不正会导致切齿过度生长，但是导致切齿过度生长最常见的原因是由于饲喂非磨损性食物，如“只饲喂颗粒状干饲料”而导致持续生长的牙齿不能充分磨耗。患病动物通常在晚期时才会表现症状。在许多情况下，当患病动物表现出症状时，疾病已发展到无法治疗并且需要进行安乐死的程度，而这本来是可以预防的。强烈建议每周对口袋宠物进行称重。若出现体重减轻则需要进行临床检查，以此来更早地发现疾病并进行治疗。

对于严格的草食性口袋宠物，理想食物的主要成分为草和粗干草，同时可以补充新鲜蔬菜和颗粒状干饲料，颗粒状干饲料应该只占总饲喂量的 10%。此类饮食不仅有助于预防牙齿过度生长，而且有助于胃肠系统的健康。所有的啮齿目动物都需要可供啃食的材料。

豚鼠需要补充维生素 C（Flecknell, 1991; Schaeffer and Donnelly, 1997）。建议日常活动量下的单日剂量为 10 mg/kg；在应激情况下（例如环境改变、怀孕、生病、刚开始饲养时）应该增加剂量（增加至 30 mg/kg）。市售的维生素 C 滴剂、粉剂和片剂可以添加到食物或水中。但由于维生素 C 不稳定（容易被光线和空气氧化），因此，在食物中添加比在饮用水中添加更可取。

### 牙齿过度生长的并发症

牙齿过度生长通常会导致咬合不正。咬合不正的并发症包括：

- 过度生长的牙齿对口腔软组织（颊、舌）的损伤。
- 上颌牙齿根尖过度生长，导致上颌齿根进入眼窝和/或鼻窦。
- 下颌牙齿根尖过度生长，导致下颌牙槽骨腹侧边缘被穿透。
- 眼球后方和/或面部脓肿。
- 无法闭合口腔。
- 无法咀嚼（兔形目动物的横向咀嚼动作；啮齿目动物的啃咬动作）。

随着疾病的发展，动物不能进食，体重减轻。口腔不适通常伴随着唾液分泌过多（流涎），从而容易引发湿疹性皮炎（湿赘肉）。

## 检查

### 总则

应该记录完整病史。需要知道饲养的细节（生活环境、饮食），需要进行全面的全身检查以评估身体状况和麻醉风险。可能由牙科疾病引起的症状包括：

- 挑食。
- 食物从口中漏出。
- 厌食。
- 眼分泌物黏稠。
- 流鼻分泌物。
- 持续性磨牙。
- 流涎，下巴潮湿，前肢变脏。
- 梳理行为改变。
- 肛门周围的盲肠便积聚（易引发“蝇蛆病”）。

必须强调的是，其他疾病也会引起上述症状。厌食症在晚期口腔疾病中是非常常见的病症，但也几乎是所有疾病的病症，兔和啮齿目动物在疼痛时通常不会进食，相对于牙齿疾病，磨牙更常见于腹部不适。

由于患有口腔/牙齿疾病的动物在病程后期才会表现出症状，通常会出现消瘦、脱水和便秘等。此外，它们由于长期的不适/疼痛可产生严重应激。必须慎重地选择药物（抗生素、抗炎药、止痛剂和输液治疗），因为许多药物对兔形目动物和啮齿目动物具有敏感性和毒性，本章不讨论这些药理学问题。关于兔药理学的一些优秀文章涵盖了大量的药物信息，鼓励读者阅读参考这些内容。

麻醉前可能需要对患病动物进行保定。虽然一些医生建议动物住院以达到治疗目的，但根据我们的经验，长期住院治疗对这些容易应激的动物是不明智的。对于应激的常见反应是厌食。如果需要住院治疗，则应尽量减少应激，即该区域应保持安静，尽可能无异味，并提供一个隐蔽的区域。

## 面部和口腔检查

接下来是对面部和口腔进行视诊和触诊（专栏 14.3）。

**专栏 14.3　视诊和触诊的核查表**

**视诊**

* 流涎（下巴潮湿，前肢变脏）。
* 眼分泌物黏稠。
* 流鼻分泌物。
* 眼球突出。
* 静止时的咬合状态（兔形目动物的切齿应处于咬合状态，啮齿目动物切齿应处于非咬合状态）。
* 切齿过度生长，楔形磨耗消失，咬合平面偏离水平面。
* 切齿结构：出现水平凹槽、螺纹，变色。

**触诊**

* 上颌和 / 或下颌骨肿胀、畸形。
* 触诊时疼痛或不适。
* 对眼睛施加压力以确定是否有潜在的眼球后脓肿。

动物清醒时进行口腔检查，可以获得有价值的信息。虽然不能打开口腔，但使用检耳镜或鼻内窥镜可以获得合适的视野。唾液过多、颊齿过度生长、舌撕裂伤和颊黏膜创伤可以通过这种方式确诊，但不太严重的疾病无法通过这种方式确诊。

与其他物种一样，彻底的口腔内检查需要全身麻醉。口袋宠物的镇静和麻醉在其他文献中有介绍，在此处不再赘述。打开口腔必须使用开口器和颊扩张器等辅助工具。对于兔形目动物，通常不使用开口器，而使用颊部扩张器（图 14.3）；对大多数其他物种，通常使用轻型开口器，如果口腔打开过度会导致牙齿损伤和颞下颌关节损伤。

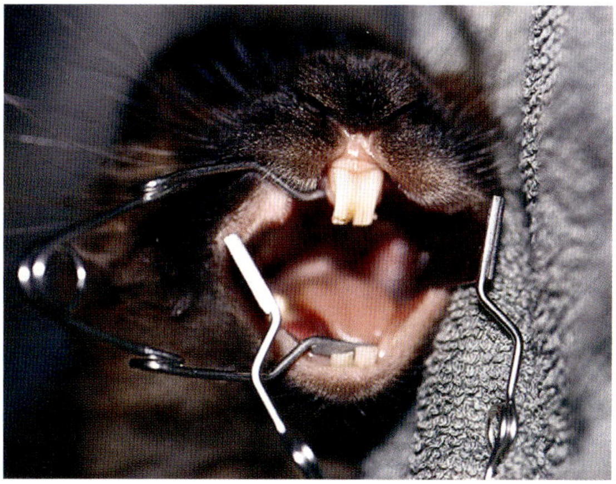

图 14.3　打开口腔

颊部扩张器可以用来打开兔的口腔。兔很少使用开口器。这种方法提供了良好的视野并容易操作，即使在拔牙时也可以使用。

还可使用压舌板等其他工具压住舌头或将舌头推到一侧。良好的照明是必不可少的，这可通过使用笔灯或头灯来实现，但通常不容易操作。使用硬式内窥镜进行检查有助于识别细微病变（Capello et al., 2005a）。应注意并记录是否患有牙冠过长、牙齿尖刺、舌和口腔黏膜损伤，以及牙齿缺损。应使用牙周探针检查每颗牙齿的齿龈沟，以确诊病理性牙周袋。即使在全身麻醉下，大约只能检查出 50% 的病变（Crossley, 2000）。也就是说，麻醉下的口腔检查需要辅以影像学检查（对脓肿进行 X 线或 CT 扫描、超声和 MRI 检查）。

## X 线片检查

必须进行 X 线片检查，以确定病变的类型和程度。如果没有这些信息，就无法进行准确的诊断和恰当的治疗。

在进行 X 线片检查时，需要采取三个基本的投照方式，即侧位、背腹位和头尾位。其中，侧位片提供的信息是最丰富的。对于大多数患病动物，还需要额外的倾斜侧位。如果可以，建议额外采用口腔内拍摄以避免相邻结构的重叠。口内放射技术详见第 7 章。X 线片中的细节很重要，所以需要使用无增感屏的牙片。

兔、豚鼠和毛丝鼠的建议曝光时间如下：

- 标准 X 光机：15 mA 和 75 kV；起始焦距为 50 cm。
- 头尾位视图需要更高的曝光。

使用牙科 X 光机时，曝光时间可以参照中大型犬（根据动物大小）犬齿的 X 线片的曝光时间来设定。

### 进一步检查

即使进行了 X 线片检查，也可能会忽视许多病变。即使由经验丰富的检查人员进行 X 线片解读也只能找到约 85% 的病变（Crossley, 2000）。CT 扫描可以提供更多的信息，尤其是检测早期的颊齿病变（Crossley et al., 1998; Van Caelenberg et al., 2010）。其他可能需要的检查包括超声检查（检查眼球后脓肿）和 MRI（检查软组织病变）。

## 兔

### 健康口腔

#### 切齿

- 上颌切齿在唇侧有竖直的凹槽。
- 静止时，保持咬合状态（下颌切齿牙冠顶端位于上颌两排切齿之间）。
- 咬合面水平。
- 楔形磨耗。

#### 颊齿

- 上颌颊齿几乎与牙龈齐平。
- 下颌颊齿的牙冠仅露出几毫米（取决于兔的大小）。
- 咬合面几乎是水平的（10°）。
- 所有牙齿都没有尖。

#### 正常的 X 线片图像

#### 侧位视图（图 14.4）

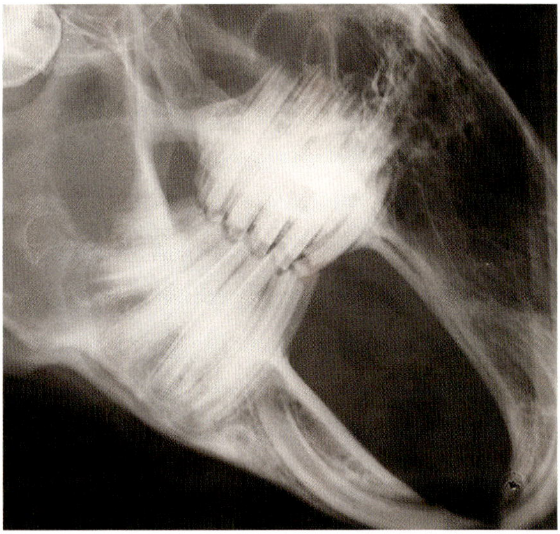

图 14.4　正常兔侧位 X 线片
腭突和下颌骨的背侧边缘向吻侧聚拢。

- 腭突和下颌骨背侧缘向吻侧聚拢。
- 理想情况下，当切齿处于咬合状态时，颊齿应处于非咬合状态，此情况在宠物兔中很少见到。只要两者都处于咬合状态，说明颊齿有一定程度的过度生长。但是，只要上颌骨和下颌骨向吻侧聚拢，则不能看作是一个临床问题。
- 下颌骨腹侧边缘平滑。
- 根尖周组织 X 线透射率正常。
- 上颌切齿的牙根尖未穿入腭突。

- 上颌切齿的牙根尖位于牙间隙中间。
- 下颌切齿的牙根尖位于下颌第一颊齿的水平面，或者位于下颌第一颊齿的前端。

### 背腹位视图

- 骨骼轮廓光滑，只有面部结节突出。
- 眼眶边界光滑清晰。

### 头尾位视图

- 咬合面：几乎水平。
- 没有可见尖刺。
- 无倾斜的牙齿。

兔的背腹位视图通常不会提供太多额外信息，经常选择忽略。

## 切齿过度生长

兔常发生切齿过度生长，根据病因的不同，可分为原发性和继发性。先天性切齿过度生长发生在幼龄阶段（1 岁龄内），是遗传性骨骼性咬合不正（上颌发育不良导致下颌前突）的后果。相反，继发性切齿过度生长发生在成年以后（通常超过 1 岁龄），是颊齿过度生长所导致的。原发性切齿过度生长可视为过度诊断。大多数表现出需要对切齿过度生长进行治疗的病例，通常是继发于颊齿过度生长而导致的。

原发性切齿过度生长见于幼龄动物。它通常发生在个体较小的兔上。由于颌长差异（即下颌骨相对于上颌骨过长），未建立起正常的切齿咬合，咬合时下颌切齿与上颌唇侧大切齿吻合，或在上颌大切齿前端，这会导致正常的切齿磨耗无法完成。上切齿可能会向口腔内卷曲（图 14.5A）或者向两侧伸展（图 14.5B），而下颌切齿则会从口腔中向外突出。如果上颌切齿的萌出受阻，例如由于异常的咬合力导致的机械性阻碍，那么牙齿将向牙根尖方向生长，并可能导致腭板穿孔。当切齿咬合极度不正常时，动物不能正常闭合口腔，随着时间的推移，会继发颊齿过度生长。原发性切齿过度生长的 X 线片特征如图 14.6 所示。如果病症在早期，即在严重的继发性颊齿过度生长之前就被发现，通过适当的治疗可以得到相对较好的预后效果。

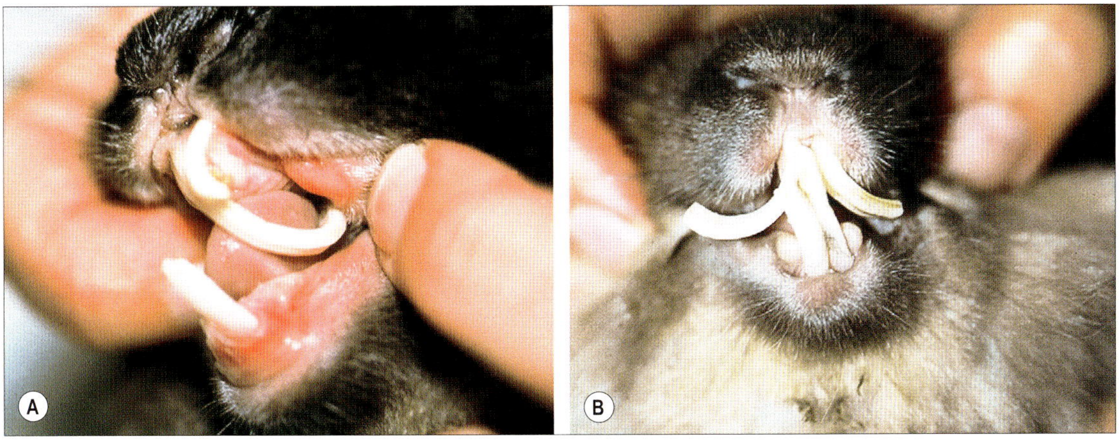


**图 14.5 兔 – 切齿过度生长（临床表现）**
（A）上颌切齿向口腔内卷曲。（B）上颌切齿向两侧展开。

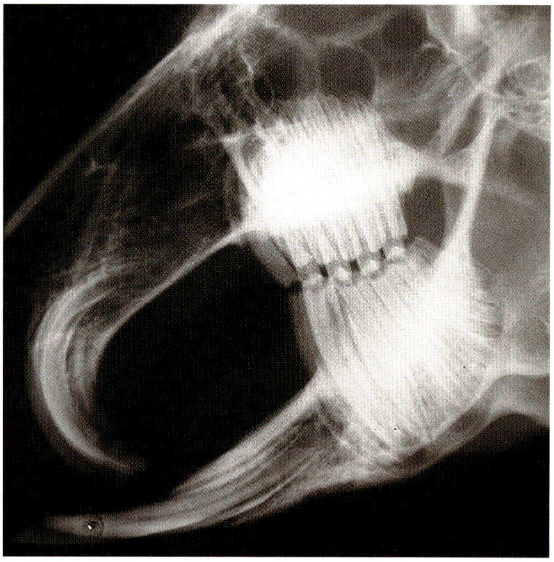

**图 14.6　兔 – 原发性切齿过度生长（侧位 X 线片）**

颊齿有轻微的过度生长，导致髁突和下颌骨的背缘平行，而没有向吻侧聚拢。

无论是原发性还是继发性，治疗切齿过度生长的第一步都应该是矫正颊齿过度生长。应将过度生长的颊齿缩短至正常水平，颊齿缩短之后，有两种选择来处理切齿，可以进行切齿拔除，或者每 3~5 周修整一次。必须制定可确保牙齿获得足够磨耗的饲喂方法。如果拔除了切齿，由于兔无法通过切齿咬碎食物，需要将食物切成小块饲喂。

## 颊齿过度生长

颊齿异常在宠物兔中很常见。如上所述，大多数切齿过度生长而需要治疗的兔，其切齿过度生长通常是继发于颊齿过度生长，即颊齿过度生长是主要原因。尽管钙和维生素 D 缺乏可能会导致颊齿过度生长（Harcourt-Brown and Baker，2001），但主要病因是饲喂磨损性不足的食物（Crossley，1995a；Redrobe，1997）。

在不麻醉的情况下拍摄的 X 线片上，不能明显观察到早期颊齿过度生长。这时切齿仍可能正常咬合和磨耗。因此，颊齿过度生长的动物通常在疾病后期才表现出症状。事实上，当动物无法闭合口腔，已经继发了切齿过度生长以及咬合不正后，动物主人才会寻求治疗。动物主人会认为这仅仅是切齿的问题，因此和动物主人的沟通以及教育至关重要。

颊齿过长的后期诊断很容易。用检耳镜进行专门的口腔检查时，通常可以清楚地看到严重过度生长的颊齿。上颊齿向颊部扩张（图 14.7A），引起颊部溃疡和损伤。下颊齿在舌侧出现尖刺（图 14.7B），通常会导致舌部损伤。在这个阶段，兔无法正常地进行横向咀嚼，这可能导致兔食欲不振，但如果仍然可进食，也只能食用不需要太多咀嚼的食物，如柔软新鲜的或干性的食物。

图 14.8 展示了许多严重颊齿过度生长的 X 线片图像（专栏 14.4）。观察到的异常越多，预后越差。颊齿的过度生长可能会并发一颗或多颗牙齿的脓肿，从而加重病情，导致预后极差（图 14.9）。

一旦牙槽骨穿孔，病情就无法治愈，但在某些情况下也可以得到控制。当牙槽骨穿孔后，缓解疼痛是最重要的。在很多情况下，这种情况确实超出治疗范围，对动物进行安乐死是唯一的人道治疗方式（图 14.8、图 14.9）。

颊齿过度生长的治疗是尽可能地重建正常咬合。颊齿应该进行彻底的修整。治疗结束后，髁突和下颌骨背侧缘应该再次向吻侧聚拢。切齿也要进行修剪，并创建一个楔形的咬合面。喂养方式的改变对于预防或至少减缓疾病的进一步发展至关重要。

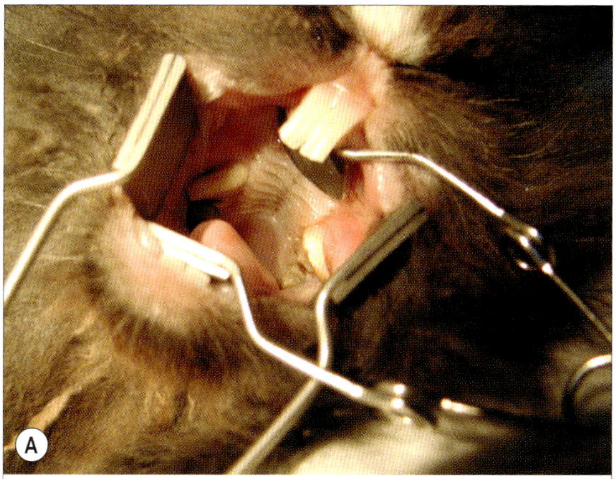

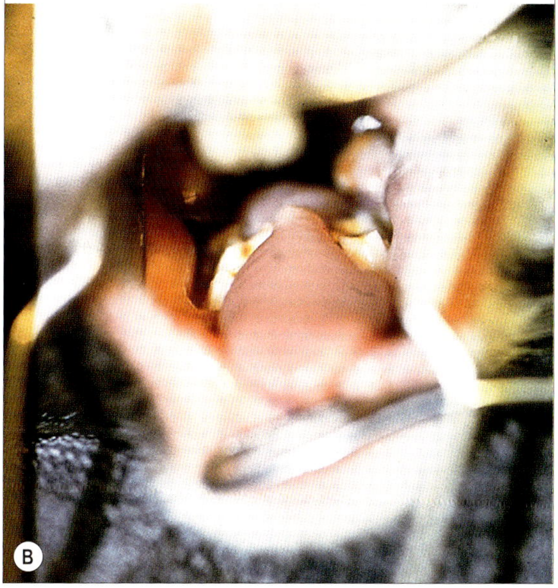

图 14.7　兔 – 颊齿过度生长（临床表现）
（A）上颌颊齿向颊侧扩张，对颊部的软组织造成创伤。
（B）下颌颊齿形成尖刺，向舌侧生长，这可能会损伤舌。

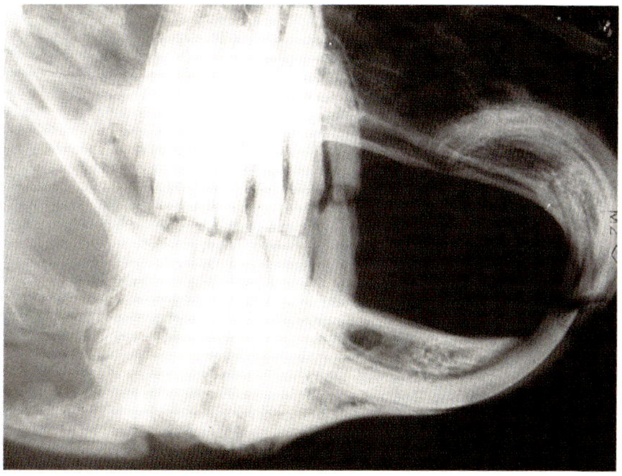

图 14.8　兔 – 严重的颊齿过度生长（侧位 X 线片）
这只兔患有严重的颊齿过度生长。腭突和下颌骨背侧缘平行，颊齿的根部严重变形，下颌骨的腹侧边缘已经被穿透，患有继发性切齿过度生长和咬合不正（水平咬合）。腭突几乎已被穿透。一旦牙槽骨穿孔后将无法治愈，不过通过适当处理，在某些情况下也可以控制病情。对于患有这种严重疾病的动物，应该考虑进行安乐死，也许安乐死是最人道的选择。

**专栏 14.4　颊齿过度生长：侧位 X 线片观察要点**

* 切齿的位置和长度。
* 切齿的牙根尖区域。
* 腭突和下颌骨背侧缘应该向吻侧聚拢，但是经常是平行的或者在吻侧分散。
* 颊齿咬合：直线或锯齿形（“阶梯齿”，波浪齿）。
* 颊齿可能会表现为吸收、弯曲、广泛的根尖透明。
* 下颌骨腹侧边缘变薄。
* 下颌骨腹侧边缘穿孔。

## 面部脓肿

兔常发生面部脓肿，这通常是由牙齿疾病引起的（图 14.9），但也可能是由牙齿过度生长（牙尖刺）、异物（如秸秆）或外部伤口导致的黏膜穿孔所引起。由牙齿过长、异物或外伤引起的黏膜损伤而导致的脓肿容易治疗，而由于牙齿疾病引起的脓肿则较难处理。

“牙源”脓肿可能是牙髓源的（牙髓疾病）或牙周源的。后者中，异物（食物）嵌入牙周韧带导致牙周组织的破坏，有时可能会严重到影响牙髓系统。诊断时病灶往往比较大，完全治愈的可能性很小，事实上，这常常提示需要进行安乐死。

脓肿在临床上表现为腭骨的扩大，这一般受颊齿的影响，但有时也和切齿相关。后一种

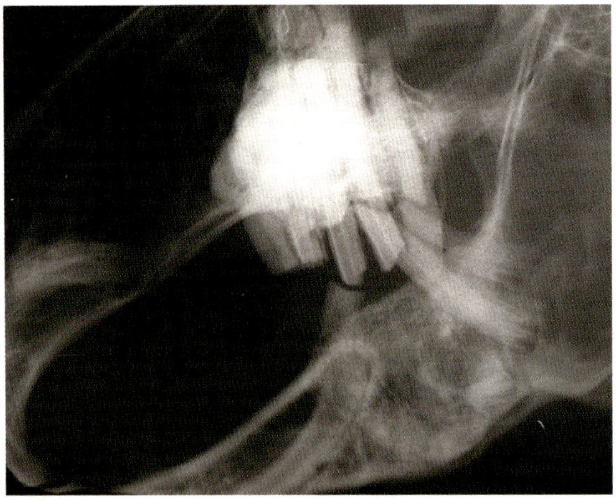

**图 14.9　兔－严重的牙齿过度生长和脓肿(侧位 X 线片)**
这只兔患有严重的牙齿过度生长（颊齿和继发的切齿）。腭突和下颌骨背侧边缘平行。上颌颊齿表现出明显的牙根延长，并伴有脓肿形成。上切齿几乎穿透了腭突。下颌颊齿的大部分牙根都已被吸收。下颌切齿也表现出明显的牙根延长。安乐死可能是对于这种患病动物最人道的选择。

情况中，用指甲剪剪切过度生长的切齿是常见原因，使用指甲剪会暴露牙髓，并常常导致可延至牙龈下的纵向齿折，由此产生的牙髓病变可能会引起根尖周脓肿。由于切齿牙根尖位置的原因，究竟是切齿病变导致脓肿还是颊齿病变导致脓肿很难鉴别。必须拍摄 X 线片，以确定病变牙齿并评估脓肿的精确位置和范围。

治疗能否成功取决于确诊和消除病因，即发现病变牙齿，并结合手术切除脓肿。如果发生眼球后脓肿，通常还需要摘除眼球。拔牙很难操作。通常情况下，受到脓肿影响但自身没有发生病变的牙齿也需要拔除。此外，通过手术完全切除脓肿可能在技术上并不可行，使用全身性抗生素可能有所帮助，抗生素的选择应基于分离培养和药敏试验的结果。样品应该从脓肿壁上采集，而不是从脓液中采集。致病菌主要为厌氧菌。兔形目动物抗生素的使用方法可以查阅其他文献。

之前报道了多种方法可以治疗 / 控制脓肿。包括在脓肿壁局部应用抗生素（Brown and Rosenthal, 1997b），将浸泡了葡萄糖溶液的引流管插入脓腔，或用氢氧化钙填充脓腔（Remeeus and Verbeek, 1995）。但由于这些方法治愈率低，并且氢氧化钙会导致组织过度坏死，这些方法已经过时，我们并不推荐。

下面介绍两种常用的技术。

1. 拔牙并手术清除尽可能多的脓肿后，在该区域填充抗生素浸珠（Klaus and Bennett, 1999; Bennett, 2007b）并缝合。浸珠由聚甲基丙烯酸甲酯（Surgical Simplex P Radiopaque Bone Cement; Howmedica Inc, Rutherford, NJ）制成。在加入液态单体之前将抗生素与多聚体粉末充分混合，并且在混合物还是稀软状态时吸入注射器内，将混合物挤到无菌布上，并用手术刀切成小块。制备浸珠的具体方法可以参考 Klaus and Bennett（1999）。对于是否需要移除浸渍珠目前还没有统一的意见，但根据我们的经验，通常需要将其移除，监测治疗结果可能有助于决定留置还是移除。

2. 在拔牙及对脓肿进行积极的手术清创后，使用袋形缝合术缝合，尽可能久地保持脓腔的开放，从而可以持续引流（Capello et al., 2005b）。局部应用抗菌药物（例如抗生素或抑菌软膏），每天冲洗伤口，并定期进行清创术。

这两种方法中的第二种成功率较高。将全身抗生素治疗作为外科手术的辅助治疗，有助于获得更好的治疗效果，尤其是在脓肿不能完全清除的情况下。对于兔，每 3~4 天联合使用苄星青霉素和普鲁卡因青霉素一次，有很好效果。但据报道，此抗生素使用方案，引起肠毒血症的风险比较高（Harcourt-Brown, 2002）。

牙源性脓肿的分离培养显示，细菌主要来自牙周组织，常用的抗生素如恩诺沙星和强化磺胺类药物通常无效，青霉素对此具有更高的敏感性（Tyrrell et al., 2002）。为了防止应激导致胃肠道运动弛缓，必须在术中和术后进行良好的镇痛。动物应尽快开始进食，必要时强制饲喂商品粮（如 Oxbow Crit Care）。

### 其他牙科疾病

兔的牙周疾病，即牙菌斑诱导的牙周组织炎症，不像犬猫那么常见（Wiggs and Lobprise, 1995）。但是，兔确实会得牙周病，可能只是未被诊断出来。应该用牙周探针对所有牙齿的齿龈沟进行探查。治疗方法与其他物种的治疗类似，即专业的洁治术和拔除严重受损的牙齿。兔牙周附着的丧失通常是由食物挤压导致牙周组织破坏而引起的，而不是由牙菌斑的积聚产生刺激而引起（Redrobe, 1997）的。

通常情况下，牙周的破坏是很严重的，并能蔓延至牙髓系统，往往会导致根尖周脓肿的形成。一旦发生这种并发症，预后会很差，往往需要对患病动物进行安乐死。如果尝试治疗，可进行拔牙和脓肿处理，详见上一节。

兔的龋齿和牙根吸收已有大量报道。当病变范围很小时，很快就会磨耗掉，大范围的病变需要拔除受损牙齿或进行牙齿修复，后一种选择需要转诊给牙科专家。

## 豚鼠

豚鼠是严格意义上的草食性啮齿目动物，颊齿为无齿根型高冠齿。

### 健康口腔

- 切齿牙釉质为白色（与其他大多数啮齿目动物相比）。
- 切齿磨耗成楔形。
- 切齿咬合面水平。
- 静止时，下颌骨保持在尾侧位置，切齿处于非咬合状态。
- 下颌骨比上颌骨宽。
- 颊齿倾斜（上颌颊齿的颊侧高，下颌颊齿的舌侧高）。
- 颊齿的咬合平面呈 30° 角（图 14.10）。
- 腭突和下颌骨的背侧边缘向吻侧聚拢。
- 颊齿的牙冠几乎与牙龈齐平。

### 切齿过度生长

原发性切齿过度生长比较罕见。切齿过度生长通常继发于颊齿过度生长，也可能继发于面部创伤。

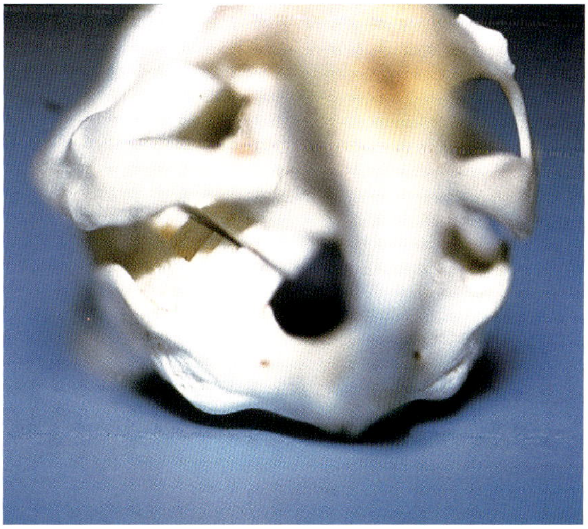

**图 14.10　正常豚鼠的头骨**
颊齿的咬合平面呈 30° 角。

## 颊齿过度生长

大部分宠物豚鼠都有一定程度的颊齿过度生长，并且在很多情况下，它会在生命的某个阶段造成严重的问题。这些问题包括：

- 下颌颊齿夹住舌头（图 14.11）。
- 上颌骨牙齿生长过度时，牙齿尖刺可造成颊黏膜的损伤。
- 切齿过度生长、异常磨损和咬合不正（图 14.12）。
- 颊齿的牙根尖过度生长导致牙槽骨穿孔。

豚鼠颊齿过度生长的 X 线片特征见图 14.13。豚鼠头尾位 X 光视图会提供有价值的信息。

颊齿过度生长与维生素 C 缺乏有关（Klaus and Bennett, 1999; Brown and Rosenthal, 1997a）。胶原蛋白是牙齿固定在牙槽骨中所必需的，维生素 C 缺乏常导致胶原蛋白缺乏，从而引起牙齿倾斜和 / 或出血问题，最终加重病情（Schaeffer and Donnelly 1997; Brown and Rosenthal, 1997a）。

豚鼠的牙齿问题往往继发于其他器官系统疾病，例如尿石症、卵巢囊肿或胃肠道疾病，因此患有牙科疾病的豚鼠必须进行全身检查。豚鼠通常在疾病后期才表现出症状，预后通常较差。应尝试恢复正常咬合，上颌颊齿应该几乎与牙龈齐平，并以 30° 的角度进行修剪，以使颊侧的牙冠最短。下颌颊齿同样也应以 30° 角修剪，从而使舌侧的牙冠最短。下颌的牙齿应该修短至不会夹住舌头，即几乎与牙龈平齐。每颗牙齿的舌侧牙尖都不应该触及舌头，所有牙齿的尖刺都需要找到并清除。

最重要的是要查问饲养情况，以确保动物可摄入足够的磨损性食物。补充维生素 C 通常对豚鼠是有益的。

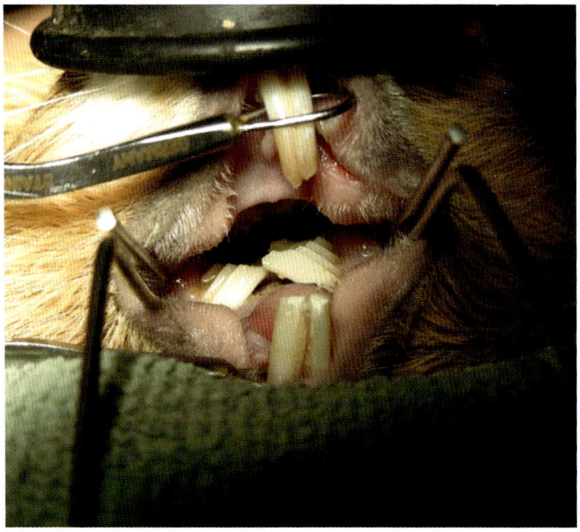

**图 14.11　豚鼠 – 严重的颊齿过度生长（临床表现）**
舌头被困在下颌颊齿之间。

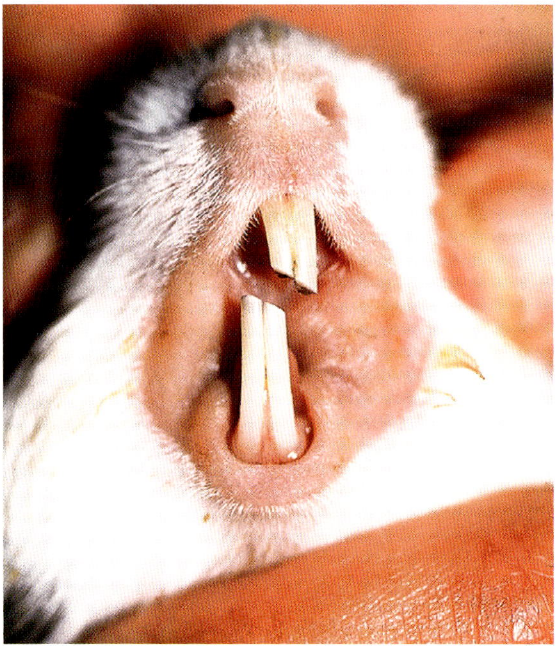

**图 14.12　豚鼠 – 切齿不均匀磨耗（临床表现）**
切齿不均匀磨耗是由颊齿过度生长引起的。

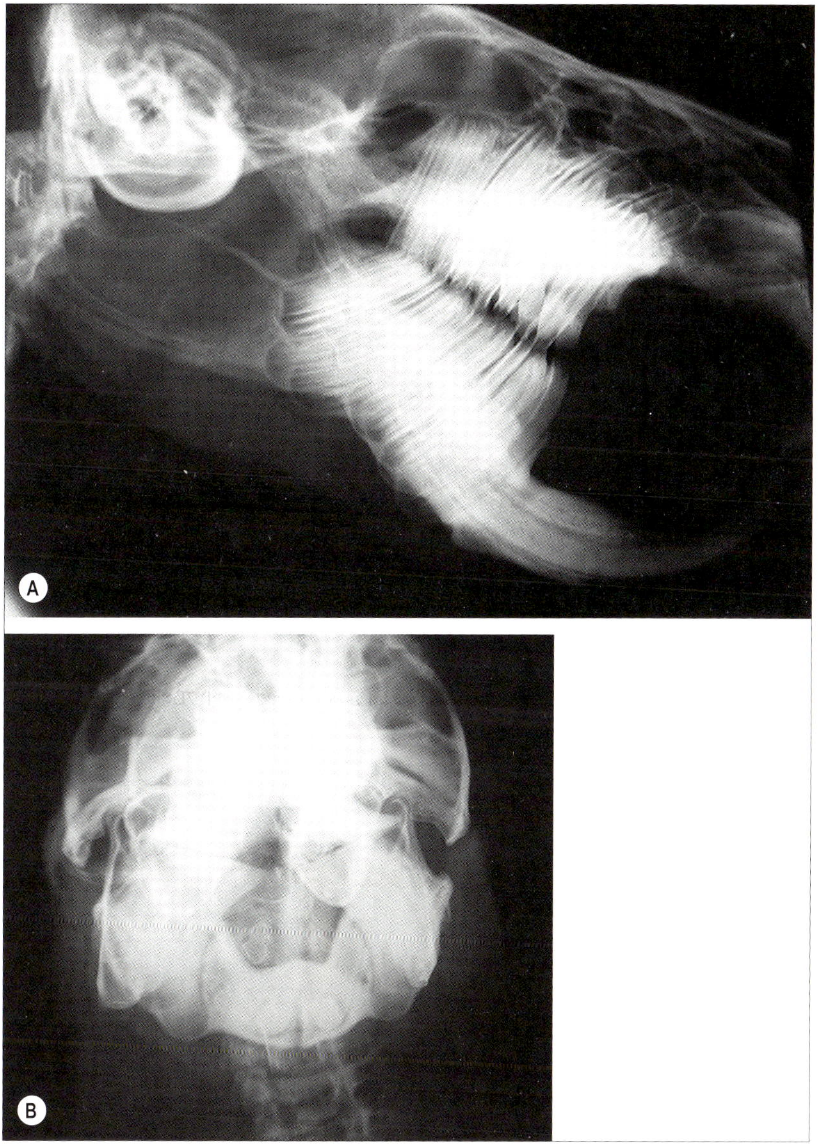

图 14.13　豚鼠 – 颊齿过度生长（X 线片特征）

（A）侧位视图。颊齿的过度生长迫使口腔张开，下颌骨被推向吻侧。（B）头尾位视图。此视图对豚鼠牙齿疾病的诊断非常有用，它可以使牙齿尖刺充分暴露并显示出倾斜的牙齿，同时，此视图还可较好地显示颞下颌关节。

## 毛丝鼠

毛丝鼠是草食性啮齿目动物，牙齿为无齿根型高冠齿。毛丝鼠的牙齿疾病非常普遍，一份报告表明，35%的外表健康的毛丝鼠能够检查出颊齿延长（Crossley, 2001a）。

### 健康口腔

- 切齿牙釉质为橙黄色。
- 切齿磨耗成楔形。
- 切齿咬合面水平。
- 静止时，下颌骨保持在尾侧位置，切齿处于非咬合状态。
- 下颌骨比上颌骨宽。
- 颊齿直立，不像豚鼠那样倾斜。
- 颊齿咬合面水平。
- 腭突和下颌骨背侧边缘向吻侧聚拢。
- 颊齿的牙冠几乎与牙龈齐平。

一只齿列及咬合正常毛丝鼠的 X 线片特征如图 14.14 所示。

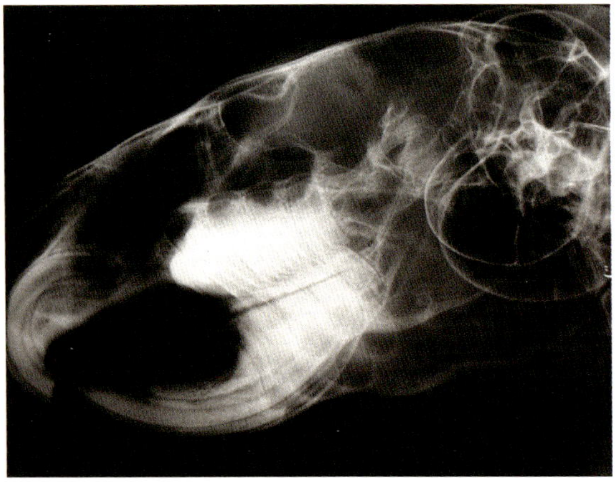

图 14.14 毛丝鼠 – 临床健康（影像学特征）
具有短牙冠和牙根的颊齿，以及平滑的咬合平面。

### 切齿过度生长

毛丝鼠的原发性切齿过度生长极为罕见。在一项以研究该物种牙齿疾病发病率为目的大样本量调查中（700 多只毛丝鼠接受了检查），只有一只毛丝鼠由于上颌过短而出现切齿过度生长（Crossley, 2001a）。相反，继发性切齿过度生长则很常见。

### 颊齿过度生长

大多数宠物毛丝鼠都有一定程度的颊齿延长。只要咬合面上没有形成牙齿尖刺，并且没有因为并发牙周病而使病情复杂化（Crossley, 2001a），那么单纯的颊齿延长是可以治愈的。

由于颊齿直立生长，即使牙冠的可视部分轻度生长过度，也会使咬合力超过牙齿生长力，牙冠的可视部分将停止生长。相反，牙齿将朝向牙根尖方向（逆向萌发）持续生长，并导致明显的牙根延长。颊齿向齿根方向过度生长而导致的下颌骨肿胀，即使轻度生长过度，也很容易在下颌骨的腹外侧边缘触摸到，这是毛丝鼠和豚鼠之间的主要区别，在下颌骨腹侧边缘触摸到肿胀，表明毛丝鼠发生了早期的颊齿过度生长，而在豚鼠中，这种临床症状在疾病的晚期才会出现。

随着颊齿过度生长，上颌骨和下颌骨的结构发生了巨大变化（图 14.15，图 14.16）。上颌颊齿根部延长可能在临床上表现为溢泪和/或眼球突出。下颌颊齿牙根延长时可能会破坏密质骨，导致下颌骨穿孔。由于牙齿向根尖方向生长是过度生长的早期反应，所以在口内检查时观察到牙冠可视部分明显延长之前，病变就已发生。

颊齿过度生长的 X 线片特征包括：

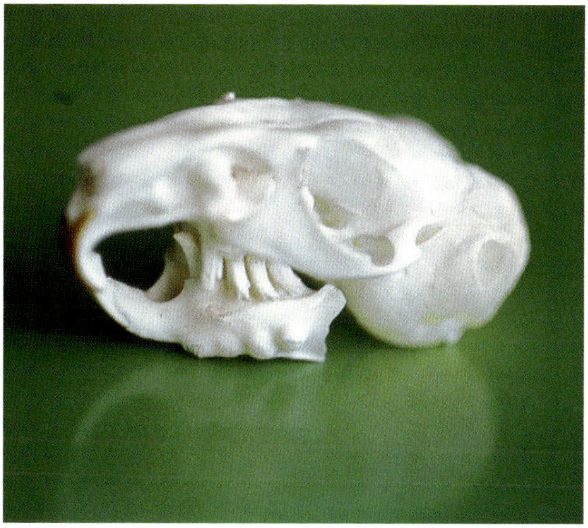

**图 14.15　毛丝鼠头骨 – 严重的牙齿过度生长**
此病例已发展至晚期。

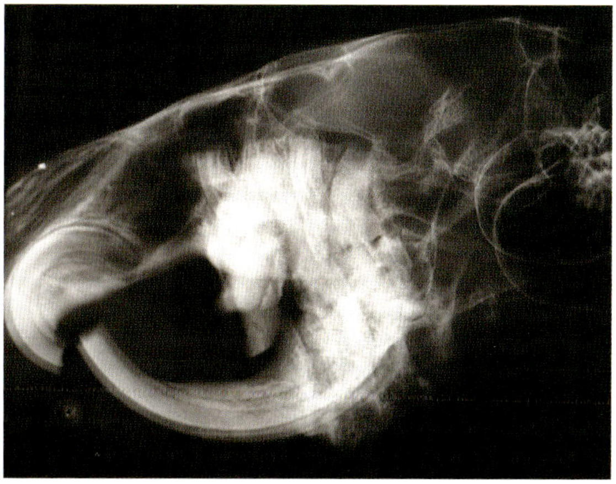

**图 14.16　毛丝鼠 – 颊齿病变晚期（侧位 X 线片）**
颊齿疾病晚期牙根和牙冠延长，咬合面呈“波浪”型。彻底截短颊齿牙冠，改变饲喂方案，可治愈此疾病并使体重增加。两年后，这个动物因患牙齿疾病而表现出体重减轻，由于治疗无效而进行了安乐死。

- 咬合不正。
- 明显的牙根延长。
- 临床牙冠过度生长。
- 继发性切齿牙冠延长。

治疗方法是将颊齿截短至与龈缘齐平。由于颊齿过度生长发病隐蔽，许多毛丝鼠在治疗时，病变已经变得广泛且不可逆转了，对于这些动物，进行安乐死是唯一的选择（Crossley, 2001a）。

### 其他牙科疾病

牙周附着的丧失通常是由食物挤压导致牙周组织破坏而引起的，而不是由牙菌斑的积聚产生刺激而引起的。

已有报道表明毛丝鼠可发生龋齿和牙根吸收（Crossley, 2001a; Crossley et al., 1997）。淀粉和糖是宠物毛丝鼠饮食中的重要组成部分，相对于野生毛丝鼠，这些食物对牙齿的磨损更少。因此，咬合面的初期龋齿不会像野生毛丝鼠那样被磨耗掉。

## 草原犬鼠

草原犬鼠属于啮齿目、松鼠科、草原犬鼠属。家养草原犬鼠最常见的两种牙齿疾病为低冠齿型颊齿的牙周病和切齿的假性牙瘤（图 14.17）。所谓的假性牙瘤是指一块发育异常的牙齿组织，可能是由于切齿反复遭受创伤，例如啃咬笼条、齿折、不正确的牙齿修整和对切齿的牙胚组织产生异常应激而引起（Bennett, 2007a; Capello, 2011）的。最终，假性牙瘤会导致切齿出现严重的根尖发育不良和萌出停止。在上颌骨中，其表现为钙化的占位性组织块阻塞鼻腔，进而导致呼吸问题。在口腔内，可发现硬腭存在隆起的肿块。在下颌骨中，与正常动物相比，切齿呈畸形侵入性生长、出现折叠齿的结构，与最后一颗臼齿的距离更远。最好的治疗是选择手术拔除切齿，但这是一个非常复杂且具有挑战性的手术。可在患病动物

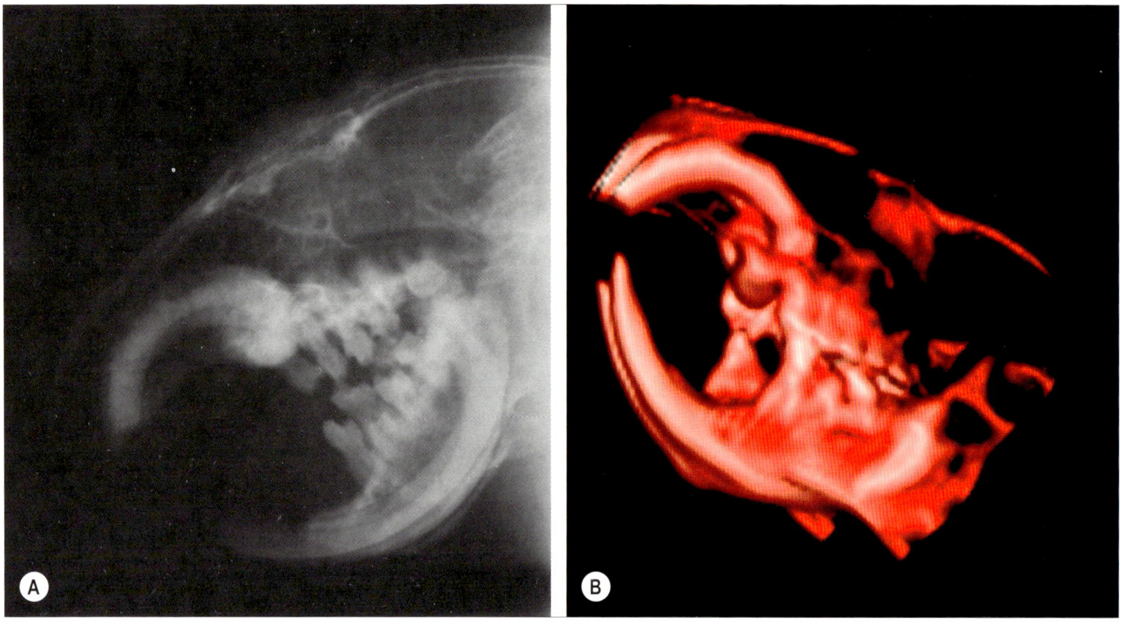


**图 14.17 草原犬鼠：假性牙瘤**
（A）侧位 X 线片：上颌切齿的龈下牙冠极度不规则并出现弯折，在“牙根尖”部位，可见大块发育异常的牙齿组织，可以看到将鼻腔阻塞并使硬腭变形。下颌切齿也表现出明显的异常结构，尤其是在牙根尖部分，出现向下颌骨的侵入性生长。
（B）CT 三维重建。在假性牙瘤的部位可以看到上腭的缺损，还可看到由于下颌切齿的侵入性生长导致下颌的骨扩张。（由比利时根特大学医学影像科和小动物骨科 CT–MR 部提供）

肿块尾侧放置鼻腔造瘘管以改善呼吸，但我们认为这是一种不人道的治疗方式，因为此治疗没有对畸形的牙齿及其在骨骼内产生的压力做任何处理。若此疾病发展到晚期，进行安乐死可能是唯一的人道处理方式。

## 大鼠、小鼠、仓鼠和沙鼠

大鼠、小鼠、仓鼠和沙鼠的颊齿都为低冠齿型，相较于豚鼠和龙猫，它们不会发生严重咬合不正的问题。

由于给这些动物提供的食物不需要费力啃咬，所以它们的切齿过度生长（图 14.18）一般是由缺乏啃咬引起的，通过改变饮食并进行专业的牙齿修剪即可治愈。在饲养这些动物时，需要为其提供能够啃咬的材料，例如为小型动物提供无毒的树枝，像果树的枝条，为较大的动物提供整颗带壳坚果。

在文献资料中，关于这些动物是否容易发生由牙菌斑导致的牙周病的说法相互矛盾。有些笔者认为这种情况相对不常见（Wiggs and Lobprise, 1995），而有些笔者认为在实验室饲养的动物中很常见（Miles and Crigson, 1990）。根据我们的经验，啮齿目动物的牙周病很常见，这最终会导致受损牙齿脱落。其治疗方法与犬猫相同，即专业的牙周治疗，包括龈上和龈下的刮治术、抛光，以及将严重受损的牙齿拔除。

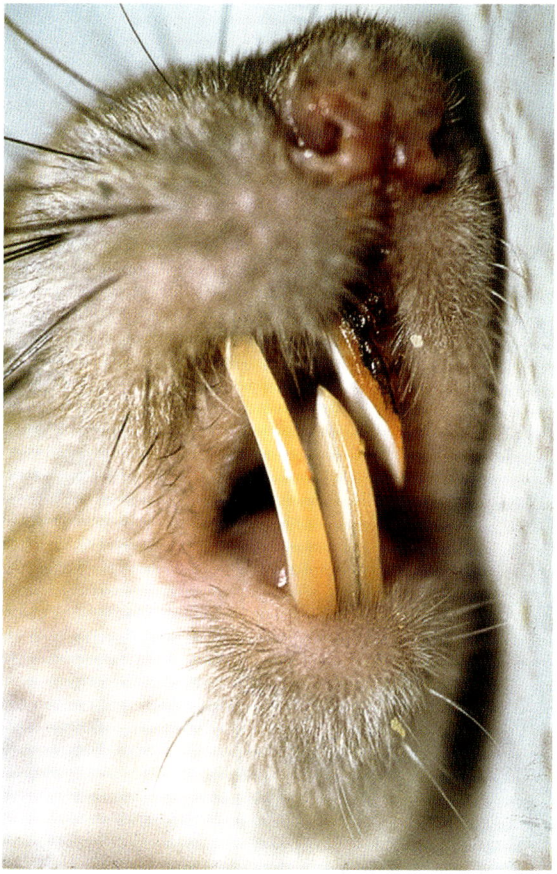

**图 14.18 大鼠－切齿过度生长（临床表现）**
由于缺乏磨耗而引起的切齿过度生长。一颗上切齿由于过度生长而折断。

## 创伤性牙损伤

"创伤性牙损伤"的最常见原因是使用指甲剪（剪刀）来剪除过度生长的切齿。除了在操作时可对宠物造成不适之外，指甲剪还可导致齿折，它可能会延伸到龈缘之下，齿折常常会暴露牙髓，可能导致严重的牙髓炎，进而发生根尖周脓肿，这需要进行充分的治疗。指甲剪不应该用来（不论是动物主人还是兽医）剪除过度生长的切齿。

尽管牙齿损伤的最常见原因是医源性的，但所有口袋宠物的牙齿都很容易受到创伤性损伤。这些动物通常是给孩子们的，但孩子们并不会像你想象的那样小心地对待它们，事实上，不小心将这些动物掉落在地上很常见，这种类型的创伤常常导致齿折（通常是切齿），有时会伴有颌骨骨折。

对于单纯的牙冠齿折（即牙髓未暴露于外部环境），除了修整所有的尖锐边缘之外，不需要其他治疗。如果发生复杂的牙冠齿折（即牙髓暴露），需要用可固化的氢氧化钙牙水泥（例如 Dycal）和一层中间临时修复材料覆盖暴露的牙髓，这种患病动物最好转诊给牙科专家。受损牙对侧颌的一颗或多颗牙齿需要定期修剪以补偿磨耗不足，直到折断的牙齿可以重回咬合状态。在某些情况下，外伤会对牙根尖周的牙胚组织造成损伤，受伤的牙齿可能会停止生长或朝错误的方向生长，并有可能出现变形。在这种情况下，需要拔除受损牙及其对侧颌的牙齿。另一种选择是定期修剪（通常每 3 ～ 5 周一次），但这对于主人和宠物来说更有压力，从长远来看，这种治疗方式对于宠物主人来说也更加昂贵。

## 牙齿修整

牙齿修整是兔形目动物和啮齿目动物最常用的牙科手术，其目的是重新创建正常或接近正常的咬合方式。因此，明确每种动物的正常咬合方式至关重要。改善饲养方式，即饲喂适当的具有磨损性的食物，使牙齿保持正常的磨耗，将有助于维持正常的咬合方式。

牙齿修整是一个困难且耗时的过程，应该

在全身麻醉下进行。虽然在没有全身麻醉的情况下可以进行切齿修整，但是无法检查和修整颊齿。所有切齿和颊齿的咬合都需要评估，只需要修整切齿的情况是很少见的，事实上，出现问题的原因常常是颊齿的不正常咬合。

掌握牙齿修整的技巧需要练习，即使有经验的人也可能出现失误。牙齿修整的可用操作空间有限，一个“滑脱”就可能造成致命的后果，例如不小心切断主要血管。对于牙齿修整，良好的照明至关重要，必须使用精密器械，要始终保护软组织。

设备和器械的要求（图 14.19，图 14.20）包括：

- 良好的照明。
- 开口器。
- 颊扩张器。
- 用于保护软组织的压舌板。
- 低速直柄手机。
- 高速牙科手机。
- 低速钻头的选择（不同尺寸的 HP 裂钻和丙烯酸钻头）。
- 高速钻头的选择（不同尺寸的裂钻或梨形钻）。

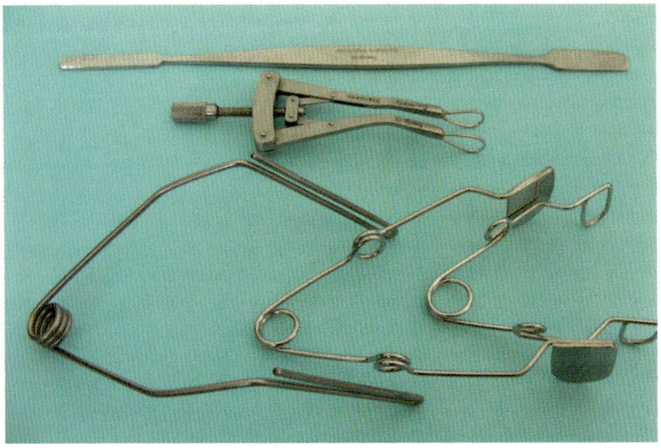

**图 14.19　器械 1– 开口器和颊扩张器**

从上到下：钝头压舌板；轻型开口器；不同类型的颊扩张器。

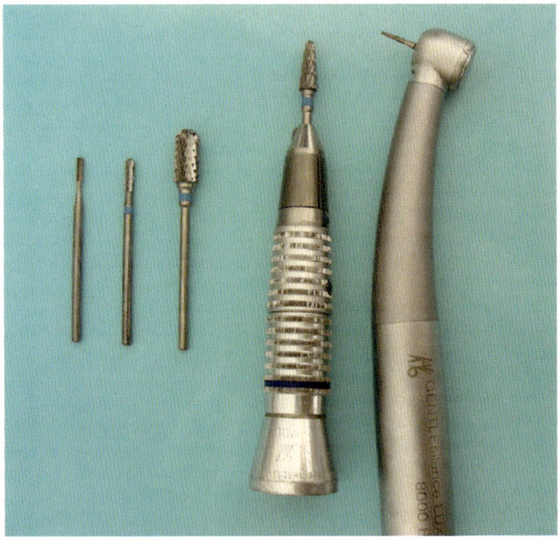

**图 14.20　器械 2– 钻头和手柄**

从左到右：HP 裂钻；两种类型的 HP 丙烯酸钻头；带丙烯酸钻头的低速手机；带 FG 裂钻的高速手机。

## 切齿

切齿最好使用高速手机以及裂钻进行修整。根据我们的经验，金刚石圆锯片对操笔者和患病动物都有潜在危险（软组织损伤），不应当使用。也可以在低速手机上使用裂钻来修整切齿，但这需要更长的时间。修整过程中，应该保护唇和舌以避免出现软组织损伤。

高速手机在牙齿上工作时会产生大量热量，导致牙齿和相关结构的热损伤。因此，黄金法则是在没有水冷却的情况下，绝对不能使用高速手机。此外，钻头在高速运行时变得干燥，在几秒钟内就会变钝。因此，如果使用高速手机修整切齿，不要关闭水冷却开关。也有人提出，如果使用“华尔兹节奏”（钻头与牙齿接触 1 s，然后离开牙齿 2 s 使其冷却）就可以关闭水流，但这种方法缺乏安全性证据。如果使用此方法，我们建议间歇性地将水滴在牙齿上以保持其湿润。

可咬合的切齿、应恢复楔形磨耗形状。对于原发性切齿过度生长（即上颌相对下颌前突）的患病动物，由于牙齿本身处于非咬合状态，所以不需要恢复正常的磨耗模式。原发性切齿过度生长的患病动物需要终生进行定期修整（通常每 3 ~ 5 周一次）。拔除切齿对于这些患病动物来说可能是最佳治疗方法。

牙髓暴露是修整延长切齿的一种常见并发症。一项研究表明，虽然正常切齿牙髓腔的尖端不会延伸到齿间乳头的水平线以上，但如果切齿延长牙髓会延伸至牙龈以上（Crossley, 2001b）。如果牙髓暴露，需要用可固化的氢氧化钙牙水泥和中间临时修复材料进行覆盖。

### 颊齿

必须将口腔大幅度打开并遮挡颊部，才能够到颊齿。颊扩张器通常太短，不能保证颊黏膜免受伤害。在颊部和颊扩张器之间使用一个钝头压舌板，即使在最后臼齿处，也可遮挡黏膜，同时，使用另一个压舌板以保护舌头。也可使用钻头保护器，但它们会使操笔者产生虚假的安全感。而且其边缘尖锐，可能造成软组织损伤，尤其是当黏膜已经溃烂时，因此我们通常不会使用钻头保护器。

需要彻底截短过度生长的颊齿，以使其几乎与牙龈齐平。此外，应重新建立咬合面的正常倾斜度（在兔和毛丝鼠中几乎是水平的，在豚鼠中为 30° 角）。为某种动物重建正常的咬合倾斜度称为“咬合平衡”。使用低速直柄手机，钻头的选择取决于动物的大小和操笔者的偏好。我们的首选是丙烯酸钻头（不锈钢）或 HP 颊齿钻头（碳化钨，直径 6 mm）。润湿牙齿，例如用湿棉签擦拭牙齿，有助于牙钻的顺利工作。另外，擦去牙釉质和牙本质碎屑，可以改善视野。

应避免软组织的损伤和随之而来的出血。最后一颗臼齿远端的舌和颊黏膜如果受到损伤会大量出血。在修整时，很容易将兔的舌下黏膜卷入牙钻中，并导致严重出血且很难进行止血。通常需要持续按压进行止血。由于口腔狭长，缺乏空间，缝合撕裂的组织极为困难。

修剪后，应清洁口腔（以避免吸入碎屑）并重新检查。

## 拔牙术

严重受损的牙齿需要拔除。在口袋宠物中，很少有替代疗法。更重要的是，拔牙术可能比每几周进行一次修整更可取。

拔牙术的基本原理与其他物种相似。第 13 章介绍了犬猫的牙拔除术。

### 无齿根型高冠切齿

最常见的切齿拔除适应证：

- 原发性切齿过度生长。
- 根尖周脓肿。

评估整个口腔并处理所有颊齿疾病至关重要。应拍摄术前侧位 X 线片，以评估牙根的结构和病变程度。

拔牙是一项手术操作，应使用无菌器械，在清洁的口腔中进行。

此类动物的拔牙需要专用器械（图 14.21）。随着越来越多的兔形目动物和啮齿目动物成为受欢迎的宠物，现在已有专用器械（如 Crossley 拔牙刀）供兽医使用。对于非常

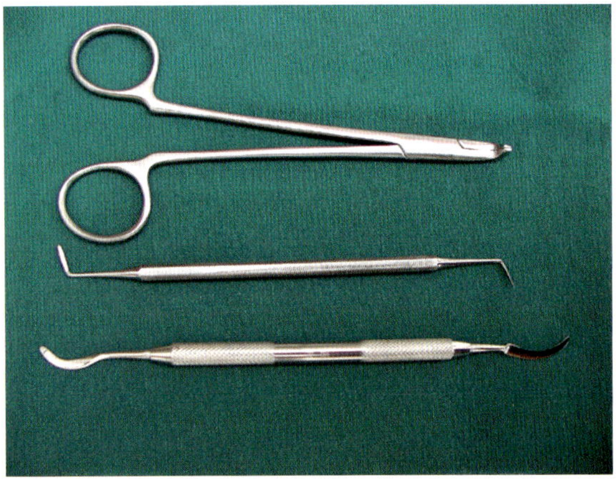

图 14.21　器械 3 拔牙器械
从上到下：臼齿拔牙钳；Crossley 臼齿拔牙刀；Crossley 切齿拔牙刀。

小的动物，可通过将合适尺寸的注射器针头折弯来自制器械。

可以使用封闭式拔牙术（即不用为了暴露牙槽骨而制作牙龈黏膜瓣）或开放式拔牙术（即制作牙龈黏膜瓣以暴露牙槽骨）来拔除牙齿。在大多数情况下我们使用封闭式技术。流程如下：

1. 使用 11 号手术刀或锋利的拔牙刀将附着的牙龈切断至与牙槽骨边缘齐平。

2. 将微创拔牙刀轻轻地插入牙周间隙，或者在牙齿的近中和远中进行轻微旋转，并保持张力，每次 10 ~ 20 s，以拉伸和撕裂牙周韧带。由于最强的附着位置在牙齿的近中和远中面，因此不在牙齿的颊侧和腭 / 舌侧使用拔牙刀。

3. 在近中面和远中面交替使用拔牙刀，每次都向牙根尖方向用力，直到牙齿在牙槽骨内松动。在操作时支撑下颌骨非常重要，用力过大很容易导致下颌骨骨折。

4. 牙齿一旦出现较大的松动，就可以使用拔牙钳进行纵向牵拉，直至牙齿脱出。

5. 用勺形刮匙彻底清理拔牙窝（特别是牙根尖端部分），以破坏牙根尖端的所有萌发组织，从而降低牙齿拔除后再生的可能性，即完全拔除牙齿并刮除根尖萌发组织。但拔除牙齿后也会偶尔发生牙齿再生，在拔牙术开始之前，应向动物主人告知该风险。

6. 可以使拔牙窝处于开放状态，通过肉芽组织愈合，或者可用牙龈黏膜瓣闭合拔牙窝并实现一期愈合。如果要闭合拔牙窝，应确保缝合没有张力。我们通常将龈瓣跨过牙槽骨缝合，这有助于控制出血并将血凝块保留在拔牙窝内。

我们不建议在拔牙窝内填充止血材料，因为它们可能会延迟愈合。除非有术前感染的征兆，术后一般不建议给予全身抗生素，但术后必须进行良好的镇痛。

如果拔牙期间发生牙齿折断，存在两个基本的处理方法，方法的选择取决于拔牙的原因。如果拔牙的原因是感染，则必须除去牙根残留以实现愈合。此时需要进行开放式拔牙术，方法如下：

1. 掀起牙龈瓣以暴露牙槽骨。

2. 移除牙槽骨（在高速或低速手机上使用小型球钻）。

3. 按上一节所述的方式继续使用拔牙刀，进行封闭式拔牙。

4. 拔除牙齿后，对拔牙窝的牙根尖部分进行清理。

5. 使牙龈瓣回归原位并缝合以闭合拔牙窝。

如果拔牙的原因不是感染，例如为了避免频繁修整牙齿而选择拔牙，那么处理的最佳选择是保留残余牙根，并等待几周时间，使牙齿再生。一旦牙齿重新长出，可进行第二次拔牙术。

## 颊齿

### 低冠齿

具有低冠型颊齿的口袋宠物不会出现由牙齿过度生长引起的病变。根据我们的经验，拔牙术最常见的适应证是牙菌斑引起的牙周病。

第 13 章介绍了犬猫的低冠齿拔除术，大鼠、小鼠、沙鼠和仓鼠可使用相同的技术。不同的是，这些动物所需要的器械很小，注射器针头可以作为牙挺，由于空间有限，只有松动的牙齿才容易拔除。

### 无齿根型高冠齿

颊齿拔除最常见的适应证是动物患有由牙髓或牙周疾病引起的牙根尖周脓肿。

这些牙齿很难拔除。它们的龈下牙冠很长，如果患有牙根延长或畸形，那么拔牙过程会更加复杂。拔除颊齿时，可以使用口内通路或口外通路或两种通路的组合。

当牙齿失去了牙周的主要支持并且可以活动，可使用口内通路。使用的器械必须是薄的、有一定角度并且尖端锋利。市面上提供了很多选择。弯曲的注射器针头也可以用作牙挺。口内通路是一种封闭式拔牙术，将牙挺插入牙周韧带间隙，并围绕整颗牙齿进行工作，直至牙齿松弛。有时，可能没有足够的空间把长牙整颗拔出，因此当把牙冠从牙槽骨中移除时，可以将其横向切成小块。

如果牙齿没有松动，通常需要口外通路或口外和口内通路相结合，建议转诊给牙科专家。尽管颊切开术有助于牙拔除，但同时也存在诸多缺点，例如严重出血，愈合困难。除非在该部位有需要进行手术的病变（通常是脓肿），否则我们不建议通过颊切开术进行拔牙。通过下颌骨腹外侧切口可进行下颌牙齿的拔牙术，将牙齿推入口腔中，或通过手术切口拔除。

颊齿拔除后，需要长期监测患病动物并定期修整对侧颌的牙齿，因为这些牙齿不会得到适当的磨耗。

## 总结

* 兔形目动物和啮齿目动物中的牙齿问题非常普遍。
* 大多数情况与不正确的饲养和饮食有关，这些问题必须作为治疗的一部分加以解决。
* 这些物种通常在疾病晚期才会表现症状，因此预后较差。
* 彻底的口腔检查需要全身麻醉和影像学检查。即使在最理想的条件下，也可能会错过一些病变。
* 切齿过度生长的兔、豚鼠、毛丝鼠和八齿鼠，通常会患原发性颊齿过度生长。除幼龄兔（小于 1 岁龄）外，原发性切齿过度生长很罕见。
* 豚鼠的维生素 C 缺乏会加剧牙齿问题。通过触诊豚鼠下颌骨腹侧边缘的隆起可以及早发现牙齿问题。
* 切齿过度生长的大鼠、小鼠和仓鼠，通常是没有给予适合于啃咬的食物或材料。
* 禁止用指甲剪剪短切齿。由于牙齿问题通常与颊齿过度生长有关，因此需要全身麻醉。
* 口袋宠物需要合适的设备和器械，以进行安全有效的牙齿修整。
* 切齿的封闭式拔牙术是常规手术，但颊齿的拔除可能会出现一些状况，应考虑转诊。

# 参考文献


[1] Bennett, R.A., 2007a. Odontomas in Prairie Dogs. Small Animal and Exotics. Proceedings of the North American Veterinary Conference, Orlando, USA, pp. 1628–1629.

[2] Bennett, R.A., 2007b. Rabbit abscesses and PMMA beads: the do' s and don' ts. Small Animal and Exotics. Proceedings of the North American Veterinary Conference, Orlando, USA, pp. 1612–1615.

[3] Brown, S.A., Rosenthal, K.L., 1997a. Self Assessment Colour Review of Small Mammals. Manson, London, pp. 77–78.

[4] Brown, S.A., Rosenthal, K.L., 1997b. Self Assessment Colour Review of Small Mammals. Manson, London, pp. 63–74.

[5] Capello, V., Gracis, M., Lennox A., 2005a. Endoscopy. In: Rabbit and Rodent Dentistry Handbook. Zoological Education Network Inc, Lake Worth, pp. 101–107.

[6] Capello, V., Gracis, M., Lennox A., 2005b. Surgical treatment of periapical abscessation. In: Rabbit and Rodent Dentistry Handbook. Zoological Education Network Inc, Lake Worth, pp. 249–273.

[7] Capello, V., 2011. We are not smaller rabbits, either. Dentistry of other rodent species and ferrets. Small Animal and Exotics. Proceedings of the North American Veterinary Conference, Orlando, USA, pp. 1681–1684

[8] Crossley, D.A., 1995a. Clinical aspects of lagomorph dental anatomy: the rabbit (Oryctolagus cuniculus). Journal of Veterinary Dentistry 12 (4), 137–142.

[9] Crossley, D.A., 1995b. Clinical aspects of rodent dental anatomy. Journal of Veterinary Dentistry 12 (4), 131–135.

[10] Crossley, D.A., 2000. Rodent and rabbit radiology. In: DeForge, D.H., Colmery, B.H., III (Eds.), An Atlas of Veterinary Dental Radiology. Iowa State University Press, Ames, pp. 247–259.

[11] Crossley, D.A., 2001a. Dental disease in chinchillas in the UK. Journal of Small Animal Practice 42 (1), 12–19.

[12] Crossley, D.A., 2001b. The risk of pulp exposure when trimming rabbit incisor teeth. Proceedings of the 10th European Veterinary Dental Society Annual Congress, Berlin, Germany.

[13] Crossley, D.A., Dubielzig, R.R., Benson, K.G., 1997. Caries and odontoclastic resorptive lesions in a chinchilla (Chinchilla laniger). Veterinary Record 141 (27), 337–339.

[14] Crossley, D.A., Jackson, A., Yates, J., et al., 1998. Use of computed tomography to investigate cheek tooth abnormalities in chinchillas (Chinchilla laniger). Journal of Small Animal Practice 39 (8), 385–389.

[15] Flecknell, P.A., 1991. Guinea pigs. In: Beynon, P.H., Cooper, J.E. (Eds.), Manual of Exotic Pets. BSAVA, Cheltenham, pp. 52.

[16] Harcourt–Brown, F.M., Baker, S.J., 2001. Parathyroid hormone, haematological and biochemical parameters in relation to dental disease and husbandry in rabbits. Journal of Small Animal Practice 42 (3), 130–136.

[17] Harcourt–Brown, F.M., 2002. Therapeutics. In: Textbook of Rabbit Medicine. Elsevier Science, Oxford, pp. 94–120

[18] Klaus, P., Bennett, R.A., 1999. Management of abscesses of the head in rabbits. Proceedings of the North American Veterinary Conference, Orlando, USA. Miles, A.E.W., Crigson, C., 1990.

[19] Colyer's Variations and Diseases of the Teeth of Animals, revised edn. Cambridge University Press, Cambridge, pp. 567–569.

[20] Redrobe, S., 1997. Surgical procedures and dental disorders. In: Flecknell, P. (Ed.), Manual of Rabbit Medicine and Surgery. BSAVA, Cheltenham, pp. 129–133.

[21] Remeeus, P.G.K., Verbeek, M., 1995. The use of calcium–hydroxide in the treatment of abscesses in the cheek of the rabbit resulting from a dental periapical disorder. Journal of Veterinary Dentistry 12 (1), 19–22.

[22] Schaeffer, D.O., Donnelly, T.M., 1997. Disease problems in guinea pigs and chinchillas. In: Hillyer,

E.V., Quesenberry, K.E. ( Eds. ) , Ferrets, Rabbits and Rodents: Clinical Medicine and Surgery. WB Saunders, Philadelphia, pp. 260–281.

[23] Tyrrell, K.L., Citron, D.M., Jenkins, J.R., et al.; Veterinary Study Group, 2002. Periodontal bacteria in rabbit mandibular and maxillary abscesses. Journal of Clinical Microbiology 40 ( 3 ) , 1044–1047.

[24] Van Caelenberg, A., De Rycke, L., Hermans, K., et al., 2010. Comparison of radiography and CT to identify changes in the skulls of four rabbits with dental disease. Journal of Veterinary Dentistry 28 ( 3 ) , 172–181.

[25] Wiggs, B., Lobprise, H., 1995. Dental anatomy and physiology of pet rodents and lagomorphs. In: Crossley, D.A., Penman, S. ( Eds. ) , Manual of Small Animal Dentistry. BSAVA, Cheltenham, Ch. 7, pp. 68–73.

# 附　录

## 牙髓病学

为完全说明牙髓病学，特以此附录作补充说明。但是，笔者不建议由普通全科兽医进行此手术的操作，理由如下：

- 需要对专业设备进行巨大的投资。
- 需要专业的知识和经验才能够顺利完成手术。
- 除非经常进行练习，否则此手术非常耗时。
- 对于没有经验的人，手术操作成功的可能性不大。
- 手术失败可使动物产生痛苦以及出现潜在的严重后果，这将导致需要进一步的治疗。

如果普通全科兽医对牙髓病的治疗产生兴趣，那么其在对病患进行任何牙髓病的治疗之前，必须接受以实践为基础的课程培训。

牙髓病学是对牙髓（牙齿内部）进行治疗。

对牙髓病的治疗，存在三种治疗方法，每一种都有其特殊的适应证。

1. 盖髓。
2. 局部牙髓摘除术，直接盖髓术。
3. 根管治疗。

常规根管治疗是最常用的牙髓治疗方式。其包括彻底清除牙髓组织，即总牙髓摘除术，清洁并填充牙根管，随后对牙齿进行修复。

当成熟的恒齿存在或可能存在不可逆的牙髓病理（泛化性牙髓炎或牙髓坏死，通常伴有牙根尖周受损）时，应进行根管治疗。未成熟的恒齿可作特殊的考虑，进行单独处理。

常规根管治疗的目标是：

- 对牙髓腔及根管进行清洁与消毒。
- 使用无刺激性、抗菌的材料对根管进行填充，从而封闭牙根尖。
- 用合适的修复材料封闭开髓通路。

在根管的预备和填充中，存在多种不同的方法。简而言之，根管治疗包括摘除牙髓，使用惰性材料替换牙髓，以及修复牙齿。使用特殊的器械清除发炎或坏死的牙髓。牙髓被清除后，立即清洗根管，清洗时，不仅要使用器械进行物理清洗，也要使用消毒剂进行化学消毒。对根管进行清洗和消毒后，以惰性材料填充根管，使用合适的修复材料修复牙冠。被治疗的牙齿不可恢复到原来的形状和大小，因为犬的咬合力比人的咬合力要大得多，如果企图恢复原来的大小和形状，其可能导致修复失败。

整个手术过程应在全身麻醉和精确的X线监测下进行。此手术过程非常耗时，因为每一步的操作步骤都需要精确细致地执行，从而才可确保手术成功。

常规根管治疗的结果应在术后6 ~ 12个月内进行X线监测。此过程也需要全身麻醉。此时若存在牙根尖周围出现病变的迹象，表明需要进一步的牙髓治疗或拔除牙齿。进一步的牙髓治疗通常包括重新进行根管治疗，其经常与手术性牙髓病的治疗同时进行（通常拔除牙根尖并从此方向封闭牙根管）。

## 未成熟牙齿的特殊注意事项

对于刚出现的牙齿冠部折断，并且使未成熟牙齿的牙髓暴露，建议采用局部牙髓摘除术以及直接盖髓术。未成熟牙齿的牙本质壁较薄，牙根尖开放，可使牙髓获得充足的血液供应。此治疗的目的是保留存有活力的牙髓，因为其是牙根持续发育所必需的。

如要保留已发生坏死的未成熟牙齿，必须接受牙髓治疗。该操作方法是对成熟牙齿常规牙根治疗步骤的改进。将坏死的牙髓组织轻轻清除，彻底清洁牙髓腔和根管。在此过程中，清除所有的坏死组织至关重要，通过X线片检查可发现，坏死组织通常可稍延伸出牙根尖。将无菌的氢氧化钙粉末状或糊状物填充于根管中，并延伸出牙根尖。此操作可以实现一定程度的牙根发育（正常牙根生长和牙根尖发育）或根尖形成（治疗刺激引起的牙根闭合）。使用修复材料密封暴露部位。

密切监测牙齿，大约每6个月更换一次氢氧化钙敷料，因为新鲜敷料能更有效地促进牙根发育和根尖形成。当通过X线片检查，未能发现进一步的牙根发育，并且牙根尖闭合时，则应该进行常规的根管治疗。常规根管治疗只能在牙根尖闭合的情况下进行。如果牙根尖仍然保持开放，而反复使用氢氧化钙敷料无法刺激其闭合时，则可以通过手术方法来进行牙根尖密封，并以逆行的方式放置牙根填充物。

必须注意的是，在此治疗过程中，需要进行多次的全身麻醉，因此，在大多数情况下，拔除伴有牙髓坏死的未成熟牙齿是最好的治疗方法。如上所述的抢救程序实际上只是针对已具有一定成熟度的关键恒齿。

还应注意的是，如果在发育过程中外伤导致了牙髓坏死，那么在发育成熟的动物体内很可能存在未成熟的牙齿。无论动物的实际年龄如何，此类牙齿的治疗方法与任何未成熟的恒齿是相同的。

# 术 语

## A

Abrasion 磨损

不是由牙齿相互接触而引起的齿面磨损。

Acrylic 丙烯酸酯

甲基丙烯酸甲酯和聚甲基丙烯酸甲酯的总称。一种用于修复牙齿、夹板治疗和正畸矫正的高分子材料。

Alveolae bone 牙槽骨

形成牙槽窝的骨。

Alveolar mucosa 牙槽黏膜

覆盖在牙槽突上的口腔黏膜。

Alveolar septum 牙槽间隔

分隔毗邻牙齿齿槽的密质骨。

Alveolus 牙槽窝

一颗牙齿通常所处的骨与软组织的窝。

Ameloblast 成釉细胞

来源于口腔外胚层的形成釉质的细胞。

Ameloblastoma 成釉细胞瘤

牙源性上皮细胞分化的良性的局部浸润性肿瘤。

Anelodont 有齿根型高冠齿

牙齿发育成一个真正的牙根结构，发育成熟后不会持续生长。

Anisognathism 上下颌不等

上下颌宽度不相同。对于许多物种来说是正常的。

Ankylosis 牙固连

（希腊语“固定的”）牙齿沿牙根表面与牙槽骨发生融合。

Anodontia 先天性无牙症

牙齿先天性缺失。

Anterior 前面的

位于前面。该术语常用来表示切齿和犬齿或口腔前部的区域。

Anterior crossbite 前牙反牙合

一颗、几颗或全部切齿的反向剪式咬合。

Apatite 钙羟基磷灰石

化合物 $Ca_{10}(PO_4)_6(OH)_2$，是牙齿硬组织的主要矿物成分。

Apex 顶点

如牙根等锥状物体的顶点或尖端。

Apexifcation 根尖诱导形成术

刺激治疗根尖的闭合。

Apexogenesis 牙根发育

正常根长和根尖的发育。

Apical 根尖的

朝向根尖或远离切齿和咬合面的方向。

Apical delta 根尖三角区

许多犬齿与猫科动物的牙根尖处有供神经、血管和淋巴管通过的细分支通道。

Apical foramen 根尖孔

在根尖上一个单独开口的并供神经、血管和淋巴管通过的小孔。

Aradicular 无根齿

无牙根的牙齿。

Aradicular hypsodont 无根型高冠齿

齿列中牙齿牙冠部较长，没有真正的齿根结构，齿冠可以持续生长（如兔形目动物、豚鼠、栗鼠）。

Attached gingiva 附着龈

从游离齿龈缘延伸到牙槽黏膜处的紧密附着的牙龈。

Attachment epithelium 附着上皮细胞

连接牙齿与牙龈的细胞。

Attrition 咬合磨耗

牙齿咬合面的异常或过度磨损。

Avulsion 撕脱

牵拉造成牙齿与牙龈的分离。牙齿从牙槽窝中脱离。

## B

Bifurcation 分叉

对任何双根齿来说，牙根分成两个部分或分支。

Bisecting angle 角平分线技术

通过光束垂直射向牙齿长轴与胶片形成夹角的平分线以减少畸变的 X 线影像技术。

Biting force 咬合力

咀嚼肌收缩时对牙齿施加的压力。

Body of the mandible 下颌骨主体

下颌骨的水平骨部分，不包括牙槽部分。

Brachycephalic 短头颅动物

头骨短，例如京巴犬、斗牛犬。

Brachygnathism 短颌

下颌短。

Brachyodont 低冠齿

牙齿冠部较短，有牙根，但齿冠高度等于或小于齿根长度的牙齿。

Bruxism 磨牙症

牙齿磨合异常。

Buccal 颊侧

脸颊或朝向脸颊的。

Buccal surface 颊面

后部牙齿紧贴脸颊的一面。

Bur 钻头

用于切割与塑造牙齿、骨骼或金属等的可旋转的工具。

## C

Calcifcation 钙化

有机组织因其内部的钙盐沉积而变硬的过程。从字面上看，该术语表示矿物质盐的沉积可致使组织硬化和成熟。

Calcium hydroxide 氢氧化钙

可直接或间接用于牙髓填充的碱性粉末，或与糊剂和水门汀混合使用。

Calcium hydroxide cement 氢氧化钙糊剂

一种常用于填充龋洞的碱性牙齿糊剂。

Calculus 牙结石

积聚在牙齿上的硬质沉积物、矿化斑、牙垢。

Canines 犬齿

见尖牙。

Caries 龋齿

牙齿结构在细菌的酸和酶的作用下逐渐溶解。龋齿在人中较为常见，犬少有发生，猫不患龋齿。

Carnassial teeth 裂齿

上下颌中最大的用于剪切（磨碎）食物的牙齿（犬猫的上颌第 4 前臼齿和下颌第 1 臼齿）。

Caudal 尾部

朝向尾巴的方向，远离鼻子 / 头。

Cavity 齿洞

牙齿表面的异常孔洞或凹陷，如龋齿的龋洞或猫科动物中再吸收病变造成的凹陷。

Cementoblasts 成牙骨质细胞

形成牙骨质的细胞。

Cemento-dentinal junction (CDJ) 牙骨质 - 牙本质界

牙骨质和牙本质接触的部位。

Cemento-enamel junction (CEJ) 牙釉质骨质界

牙根与牙冠之间的线，位于牙釉质末端，与覆盖在牙根上的牙骨质相连。该术语通常用于描述低冠齿。

Cementoid 类牙骨质

该术语用于描述像牙骨质的结构。

Cementum 牙骨质

类似于骨质的结缔组织，常覆盖于牙根表面，有时还附着在牙冠上。由 65% 的矿物质（钙羟基磷灰石）、23% 有机物质（主要是胶原蛋白）和 12% 的水组成。

Cervical 牙颈部的

牙颈部的或靠近牙颈部的。牙根与牙冠连接的那一部分。

Cervical line 牙颈线

低冠齿牙根与牙冠连接的釉质骨质界。

Cervix (neck) 牙颈部

牙齿牙冠与牙根交界处的狭窄或收缩的部位。

Cheek teeth 颊齿

作为功能齿，并表示食草动物的前臼齿和臼齿的术语。

Cheilitis 唇炎

嘴唇的炎症。

Chlorhexidine 洗必泰

用于控制牙菌斑的化学消毒剂。也可用葡萄糖酸盐或醋酸酯。

Cingulum 牙齿的舌面嵴

人与犬科动物的切齿的腭或舌面的隆起部分或未发育完全的尖端。

**Cleft lip 唇裂**

在胎儿发育期间出现的上唇出现缺损或缺口。

**Cleft palate 腭裂**

软腭与硬腭未完整连接。

**Clinical crown 临床牙冠**

突出于牙龈缘上的那部分牙齿。

**Clinical root 临床牙根**

牙龈下的那部分牙齿。

**Closed apex 闭合顶点**

牙尖的自然收缩闭合。

**Closed curettage 封闭刮除术**

浅的牙周袋下的牙根刮治和根面平整可以使用手动器械向根尖方向操作。

**Cold-cure acrylic 冷固化丙烯酸酯**

丙烯酸酯可在不用加热的情况下使胺激活引发剂，从而导致固化、自固化。

**Condyloid process 下颌骨髁突**

下颌骨垂直分支的一部分，构成颞下颌关节的一部分。

**Congenital 先天的**

从出生就存在的。

**Contact point 接触点**

两个相邻的牙齿接触的点。

**Coronal 牙冠的**

朝向牙冠的或与牙冠相关的部分。

**Coronally positioned flap 单纯冠向复位瓣手术**

齿龈瓣置于原始位置的一个点上。

**Coronoid process 冠突**

下颌骨的下颌支末端有两个凸起，为颞肌附着处。

**Cortical plate 皮质板**

牙槽骨外颊侧和舌侧面的致密骨。

**Crown 1 牙冠 1**

牙齿的这一部分通常位于口腔内或牙槽骨上方，外有牙釉质覆盖。

**Crown 2 牙冠 2**

修复受损牙冠部位的假体。

**Curette 刮匙**

用于去除牙根的龈下表面的牙菌斑和牙结石的牙科器械，也可以用于根面平整。

**Cusp 牙尖**

齿冠的凸起或尖部。

**Cuspids (canine teeth, fang teeth) 尖牙（犬齿、尖牙）**

四颗尖牙分别位于上下腭的每一侧，紧靠角落或外侧切齿的远中侧。

**Cyst 囊肿**

由上皮细胞排列形成的液体囊袋。囊肿大小不等。

## D

**Deciduous teeth 乳齿**

上下齿列（双套牙列的）中会正常脱落或可被替换的牙齿，如临时牙，幼犬、小猫、牛犊和婴儿的乳齿。

**Deglutition 吞咽**

吞咽的动作。

**Dental abrasion 机械磨损**

因外部施加的摩擦力导致的牙齿磨损，如刷牙。

**Dental attrition 咀嚼磨耗**

由于正常咀嚼产生的压力而导致牙齿物质的磨耗或损失，如相互接触的牙齿间的磨损。

**Dental luxator 牙科拔牙刀**

可用于切割牙周间隙的牙周韧带附着，切割刃比牙挺更宽也更精细的器械。

**Dentigerous 含牙的**

包括牙齿或与牙齿有关的结构，如含牙囊肿（在未萌发的牙齿周围形成的囊肿）。

**Dentine (dentin) 牙质**

大部分牙齿的主体由硬结缔组织构成。由 70% 的矿物质（钙羟基磷灰石）、18% 有机物质（主要是胶原蛋白）和 12% 水组成。

**Dentino-enamel junction (DEJ) 牙釉质本质界**

牙冠上牙釉质与牙本质的连接处。

**Dentition 齿列**

该名词用来表示牙齿的特征、排列和功能，如肉食性、草食性和杂食性。

**Developer 显影剂**

使曝光的 X 线胶片上的潜影可见的溶液

**Developmental 发育的**

形成的，或有形成有关的，如发育沟（牙齿表面的一种线状凹陷，通常是在牙齿发育过程中因原本分离的结构发生融合造成的）。

**Diastema 牙间隙**

牙齿间的自然间隙或空隙。例如兔形和啮齿动物中切齿与颊齿之间的空隙，以及食肉动物上颌切齿与犬齿之间的空隙。

Dilaceration 弯曲齿

牙根或牙冠变形。通常指牙根高度变形（出现角度）。

Diphyodont 一换性齿

一组牙齿（乳齿）脱落，替换为第二组牙齿（恒齿）。

Disclosing agents 牙菌斑显色剂

一种能够显示牙菌斑的有机染料。

Disinfectants 消毒剂

去除或杀死微生物的药剂。

Distal 远中的

距中线最远。指牙弓上远离颌中线的部位。实际的方向随着牙弓方向的变化而变化。

Distal surface 远中面

沿牙弓曲线远离颌中线的牙齿的表面。

Dolichocephalic 长头的

头骨较长的动物，粗毛牧羊犬和杜宾犬。

Dysplasia 发育不良

发育异常，如牙釉质发育不良。

## E

Elodont 高冠齿

在动物的整个生命过程中牙齿持续生长。多为无齿根型高冠齿。

Enamel 牙釉质

人与食肉动物牙冠上非常坚硬的外表层。由 96% 的矿物质（钙羟基磷灰石）、2% 蛋白质（釉蛋白）和 2% 水组成。

Enamel hypoplasia 牙釉质发育不全

牙釉质层受损或变薄。

Endodontic 牙髓的

关于或属于牙齿内部组织的，即牙髓 / 牙本质单位。

Endodontic flling materials 牙髓填充材料

用于摘除或消毒操作后封闭牙髓腔的物质。

Endodontic sealers 牙髓封闭材料

用于牙髓填充材料与牙髓腔壁之间密封的物质。

Endodontics 牙髓病学

关于牙髓的研究和治疗的学科。

Epiglottis 会厌软骨

帮助覆盖喉部开口的有黏膜包被的软骨。

Epulis 齿龈瘤

临床描述术语，指牙龈肿块。

Eruption 萌出

牙齿从周围组织中长出的动作，该过程中临床牙冠逐渐变长。

Exfoliation 乳齿脱落

乳齿的脱落或损耗。

External resorption 外吸收

从牙根外表面开始的对牙齿硬组织的破坏。

Extirpation 摘除

通过外科手术操作完全切除某部分组织，如牙髓。

Extract 拔除

拔出或移除。

Extrusion 挤出

牙齿从齿槽中过度突出或延伸出来。

## F

Facet 咬合面

磨损牙齿上的扁平表面，通常是与另一颗牙齿相接触的而导致的。

Facial 面侧的

朝向外面的牙齿表面，如唇侧面和颊侧面。

Fauces 咽喉

左右腭扁桃体之间的空隙，即腭舌褶壁的内侧。

Filling 填充

见 P219 修复 1。

Filling materials 填充材料

用于填塞龋洞的修复材料，如移除龋齿后保留的材料。

Fissure 裂隙

一种发育过程中的缺陷，如牙齿咬合面或颊面上的深褶皱或裂隙。

Fixer solutions 定影剂

用于保存和增强 X 线胶片上的潜影。

Fluorapatite 氟磷灰石

羟基磷灰石的耐酸形式。

Fluoride agents 氟化剂

适于口腔中使用的含氟试剂。

Follicle 滤泡

小的囊泡或囊肿。

Follicular cyst 滤胞囊肿

未萌出或受影响的齿冠周围有含齿囊肿或膨胀的滤泡囊肿。

Fossa 窝

一种浅的凹陷，如某些切齿的舌面隆凸与切割缘之间的凹陷。

Frenectomy 系带切除手术

系带的切除。

Frenoplasty 系带矫正术

切除部分系带以改变其轮廓。

Frenulum 系带

牙槽黏膜褶皱，在嘴唇与牙龈之间形成明显的附着脊。

Frenum 下系带

可限制器官活动的皮肤或黏膜组织的褶皱（如舌下组织）。

Fulcrum 支点

牙齿旋转的中心，通常位于牙根中部与顶端的三分之二处。

Functional occlusion 功能性咬合

在咀嚼和吞咽过程中牙齿频繁接触，也称为动态咬合。

Furcation 根分叉

分叉或分支点。二分叉或三分叉。

Fusion 牙融合

在保留其自身结构的情况下，两颗或两颗以上的牙齿结合在一起。

## G

Gemination 双生齿

表现为一个牙根，但有两个完全或不完全分离的齿冠。

Gingiva 齿龈

包围在牙齿周围的一层口腔黏膜。

Gingival 齿龈的

属于齿龈的，或与齿龈相关的。

Gingival crest 齿龈嵴

牙龈的大部分咬合或切割范围

Gingival fibers 牙龈纤维

牙龈结缔组织中的牙周纤维。

Gingival fluid 龈沟液

通过龈沟上皮渗透出的组织液。

Gingival hyperplasia 牙龈增生

指牙龈的组织增生。

Gingival margin 齿龈缘

牙齿周围的牙龈顶端。

Gingival papilla 齿龈乳头

两颗相邻牙齿之间呈乳头状凸起的牙龈组织。

Gingival pocket 齿龈袋

从齿龈沟向牙根延伸的异常病理区域。

Gingival sulcus 齿龈沟

在游离龈和牙齿表面间的空隙或潜在空间。

Gingivectomy 齿龈切除术

切除过多的牙龈组织以产生新的齿龈缘。

Gingivitis 牙龈炎

牙龈组织的炎症。

Gingivoplasty 牙龈成形术

牙周外科手术，用于矫正与齿龈袋无关的牙龈畸形。

Gnathic 颌的

与下巴有关的，一般指下颌的。

Groove 沟槽

牙齿表面的浅的线性凹陷。有两种常见的类型：

1.Developmental groove 发育沟

在牙生长发育时，两个牙尖相连处形成的浅沟，并显示牙齿主要部分间的分离界限。

2.Supplemental groove 副沟

模糊的线性凹陷，除发育沟以外的任何沟，范围和方向不规则，不划分牙齿的主要部分。

Gum 齿龈

见 Gingiva，用法相同。

## H

Halitosis 口臭

令人难受的呼吸气味。

Hard palate 硬腭

口腔内由软组织包被的骨质穹窿。

Hemisection 牙齿半切术

沿牙根分叉将牙齿切成两半。

Hereditary 遗传的

用于描述从祖先获得的特殊特征表现。

Heterodont 异型齿列

由不同形状和功能的牙齿组成的齿列。

High-speed 高速的

用于描述空气驱动的涡轮机械性能，其转速可超过10 万 rpm 的转速。标准的高速手柄以 30 万 rpm 的转速旋转。

Homodont 同型齿

所有牙齿的形状或类型都相同，但大小可能有所差异，如鱼类、爬行动物和鲨鱼的牙齿。

Horizontal fibers 水平纤维

牙槽嵴周围地从牙骨质延伸到牙槽嵴的牙周韧带纤维，用以限制牙齿横向运动。

Horizontal ramus 水平分支

下颌的一部分，由下颌骨体及其联合部分组成。

Hydroxyapatite 羟基磷灰石

磷酸钙的一种形式，是牙釉质、牙本质和牙骨质的基本矿物质。见磷灰石。

Hypersialism 唾液分泌过多

过度流涎或流口水。

Hypocalcifed enamel 钙化不全型牙釉质

牙釉质钙化程度不足或形成钙化的牙釉质减少。

Hypodontia 牙发育不全

部分牙齿缺失。

Hypoplastic enamel 牙釉质发育不全

牙釉质层较薄，常伴有牙釉质低钙化。

Hypsodont 高冠齿

牙列中小牙根或无牙根的长冠状齿。

## I

Impacted tooth 阻生牙

因与其他牙齿等障碍物接触而不能萌发或不能完全萌出的牙齿。

Incipient caries 初期龋齿

白垩色斑块是牙釉质脱矿的初期症状。

Incisal 切缘

朝向或位于切齿冠部。

Incisal bone 切齿骨

上颌骨前部及喙端的大部分区域，容纳上颌切齿，完全由鼻内凸形成，也称为原生板。

Incisor 切齿

位于牙弓中间的牙齿，主要用于切断食物。

Infrabony pocket 骨下牙周袋

基部定点位于牙槽嵴的牙周袋，也称骨内牙周袋。

Interceptive orthodontics 阻断性矫治

通常指因拔除或修复（修剪牙冠）引起恒齿齿列排列问题的乳齿或恒齿。

Interdental 牙齿间的

位于相邻牙齿之间，如牙齿间的连接。

Interdental papillae 齿间乳头

牙龈在牙齿间突出的部分。

Interdental septum 牙槽间隔

相邻牙齿根部间的骨骼。

Internal resorption 牙内吸收

牙本质结构从内部丢失。

Interproximal 邻间的

毗邻齿的相邻面。

Interproximal space 邻面间隙

相邻牙齿之间的空隙。

Interradicular fbers 牙根间纤维

多根牙从根尖牙槽嵴到牙骨质的牙槽嵴牙周韧带纤维。

Intraradicular septum 牙根间隔

多根齿齿根之间的骨骼。

Intrusion 深嵌

牙齿向牙槽窝深处移动。

Irreversible pulpitis 不可复性牙髓炎

无法解决的牙髓炎症，导致牙髓死亡。

Isognathism 等颌

颌面宽度相等的情况，此时上下颌的前臼齿和臼齿相对排列，形成一个咬合面。

## J

Junctional epithelium 牙龈结合上皮

在齿龈沟底部起黏膜固定作用的上皮细胞。

## L

Labial 唇的

嘴唇的、朝向嘴唇的或与嘴唇相关的。

Labial surface 唇面

紧靠嘴唇的前牙的表面。

Lamina dura 齿槽骨板

指表示筛状板、束状骨和围绕牙根的致密牙槽骨的放射学术语。

Level bites 水平咬合

上下颌切齿边缘相接处，或上下颌前臼齿与臼齿的牙尖相互咬合。

Lingual 舌的

舌或与舌相关的，或朝向舌的方向的。

Lingual surface 舌面

紧靠舌的牙齿表面。

Low-speed 低速的

可达 3 万 rpm 转速的牙科电机或电动手机。

Luxation 脱臼

关节脱位，牙齿与牙槽间的部分或完全分离。

## M

Macrodontia 巨齿

指超过正常大小的牙齿。

Malar abscess 颧部脓肿

牙源性面部脓肿。

Malocclusion 咬合不正

牙齿错位。

Mandible 下颌

下巴。

Mandibular 下颌的

与下巴有关的。

Mandibular condyle 下颌髁突

下颌骨的圆形顶部，衔接下颌窝。

Mandibular symphysis 下颌联合

两侧下颌突于中线处融合，形成下颌骨。

Mastication 咀嚼

咀嚼或磨碎食物的动作。

Maxillae 上颌骨

上颌成对的主要骨头。

Maxillary 上颌骨的

有关上齿弓的。

Medial/median 中间的，正中的

朝向 / 位于身体的中线。

Mental foramen 颏孔

位于下颌骨外侧，前臼齿下方的孔。

Mesial 近中的

沿牙弓方向朝向正中面。

Mesial surface 近中面

沿牙弓曲线朝向中线的牙齿表面。

Mesocephaly 中型头

介于长头和短头之间的一种均衡的面部轮廓，如德国牧羊犬的头部。

Microdontia 过小牙

牙齿比正常的小。

Milk teeth 乳齿

通常情况下会自然脱落并经恒齿替换的牙齿。如乳齿，暂牙，幼犬、小猫或婴儿的牙齿。

Mixed dentition 混合牙列

牙弓上同时存在乳齿与恒齿。

Molars 臼齿

用来研磨食物或将其分解成小块的有咬合面的牙齿。

Monophydont 单齿列

只有一套齿列，如只有恒齿。

Mucogingival junction 黏膜牙龈界

连接牙龈和口腔黏膜之间的界线。

## O

Occluding 咬合

相对的牙齿相接触。

Occlusal 咬合的

咬合面的或指向咬合面的，与相对颌的牙齿相接触，例如，臼齿的咬合面。

Occlusal equilibration 咬合平衡

重塑牙齿咬合面异常以改善牙齿功能，这对持续不断生长的食草动物牙齿是必须的。

Occlusal surface 咬合面

前臼齿或臼齿齿脊边缘内的表面，在闭合后牙时，可接触到对面牙齿相应的表面。

Occlusal trauma 咬合创伤

由咬合不正引起的创伤。

Occlusion 咬合

牙齿接触在一起。上下颌牙齿的相互关系。

Odontoblast 成牙质细胞

起源于牙乳头的牙本质形成细胞。

Odontoclasts 破牙质细胞

负责破坏牙骨质、牙本质和牙釉质的多核细胞。

Odontogenic cysts or tumors 牙原性的囊肿或肿瘤

发育中的牙齿细胞成分引起的病变。

Odontoma 牙瘤

含有上皮细胞和间质细胞的混合牙源性组织肿瘤。

其可能为混合型( 无规则的团块 )或复合型( 混有齿体 )。

Oligodontia 少牙畸形

由于发育异常导致牙齿数目较正常少。

Open bite 开牙合

牙齿无法处于咬合状态，当下颌闭合时，两相对牙齿之间存在异常的间隙。

Open curettage 开放性刮除术

通过牙龈翻瓣获得更好的视野，以对暴露的区域进行根面平整术和治疗。

Operculectomy 龈盖去除术

为促使进一步的牙齿萌出和牙冠暴露，对龈盖进行切除。

Operculum 龈盖

在部分甚至全部膨出的牙齿上持续存在的纤维状厚牙龈。

Oral epithelium 口腔上皮

由复层鳞状上皮组成的口腔衬膜。

Oral mucosa 口腔黏膜

从嘴唇边缘到扁桃体区域的复层鳞状上皮，形成口腔内衬，也称之为口腔黏膜层。

Oropharynx 口咽部

扁桃体和舌根之间的部分。

Orthodontics 口腔正畸学

关于恢复牙齿位置和颌部关系正常的研究和治疗。

Osteoblasts 成骨细胞

可形成骨的细胞。

Osteoclasts 破骨细胞

负责破坏骨质的多核细胞。

## P

Palatal 上腭的

和上腭或口腔顶部有关的。

Palatal surface 腭面

上颌牙齿的舌（内侧）面。

Palate 上腭

口腔的顶部。

Peg teeth 钉状齿

兔形目动物上颌第二列小的切齿，位于上颌第一列大切齿后方。

Pellicle 牙菌膜

附着在裸露于口腔中牙齿表面的唾液蛋白和糖蛋白的无定形涂层。

Periapical 牙根尖周的

位于牙根尖周围的组织。

Periodontal 牙周的

围绕牙齿和其牙根部的组织，包括牙周组织或与牙周组织相关的组织。

Periodontal disease 牙周病

牙菌斑引起的牙周炎症。

Periodontal membrane or ligament 牙周膜或牙周韧带

附着在牙根和牙槽骨上的胶原纤维，作为牙齿与骨骼的连接物。

Periodontitis 牙周病

牙菌斑引起的牙周组织炎症，导致牙周韧带和牙槽骨的不可逆转损伤。

Periodontium 牙周组织

环绕并支持牙齿和牙根的组织，包括牙槽骨、牙周韧带、牙骨质、牙龈。

Permanent teeth 恒齿

最终的或持久的牙齿，具非常耐用和持久的特性( 与乳齿相对）。

Physiologic mobility 牙齿生理活动性

正常程度的牙齿移动。

Pit 牙凹

一种常见的牙齿咬合面的小的发育缺陷。

Plaque 牙菌斑

积聚在牙齿表明上的生物膜，由黏蛋白、食物残渣、脱落的上皮细胞、白细胞、细菌，以及其含有黏多糖的产物所构成。

Posterior 后部的

位于后面的，如前臼齿和臼齿。

Posterior crossbite 后牙反合

在一个牙弓中，后牙（前臼齿，臼齿）的牙尖在颊侧或舌侧超过了对侧牙弓的正常尖角关系。一颗或多颗乳臼齿或者恒前臼齿与对侧臼齿在不正常的颊舌向位置咬合。

Pre-eruptive stage 萌出前阶段

牙冠的发育阶段。

Premaxilla 前颌骨

上颌骨的区域，包括切齿的牙槽嵴，以及在灵长类动物中，紧挨着切齿牙槽嵴的区域。

Premolars 前臼齿

替换乳臼齿的恒齿，可像尖牙一样用来帮助支撑和运载食物，像臼齿一样把食物分解成小块，也称为两尖齿。

Primary teeth 乳齿

非永久性牙齿。

Prognathism 凸颌

某侧颌骨更长或突出，例如下颌前突。

Proxima 近端

接近或靠近中心或中线。

Proximal surface 邻面

一颗牙齿朝向相邻的牙齿的表面（例如，近中侧和远中侧表面都是邻面）。

Pseudopockets 假性牙龈袋

尽管没有真正的牙周附属组织丢失，但由于增生而引起的牙龈高度增加，可导致牙周袋深度增加。

Ptyalism 多涎症

过度的唾液分泌，通常是口腔内过量地流口水。唾液分泌过多，通常伴有过多的口水从口中流出（流涎）。

Pulp 牙髓

牙齿内的软组织；包含成牙质细胞、神经、血管、淋巴管和结缔组织。

Pulp canal 牙髓管

根管，牙根内从牙根尖到牙冠管的空隙。

Pulp cavity 牙髓腔

牙根管和牙冠管。

Pulp chamber 牙冠管

牙冠内被牙髓组织占据的空间

Pulp–dentine unit 牙髓 – 牙本质单位

牙齿的敏感组织。

Pulp dressin 牙髓敷料

含氢氧化钙的糊剂和水门汀被用作牙髓敷料和保护剂。当根管预备后牙本质只剩下很薄的一层时，其可作为间接的牙髓封盖剂。硬固的水门汀可以作为表面修复下的衬层。

Pulpal exposure 牙髓暴露

在病理或机械作用下，牙髓腔非自然地开放。

Pulpal necrosis 牙髓坏死

部分或全部的牙髓死亡。

Pulpectomy 牙髓摘除术

摘除整个牙髓。

Pulpitis 牙髓炎

牙髓组织的炎症，可能是由热、化学、感染或创伤性损害引起的。

## R

Radicular 牙根的

牙根的，或与牙根有关的。

Radicular ankylosis 牙根固连

部分或全部的牙周韧带缺失，导致牙根牙骨质和牙槽骨发生融合。

Radicular hypsodont 有根型高冠齿

具有长牙冠以及短而明显的闭合牙根结构的齿列：可持续萌出但不持续生长（例如，马）。

Ramus of the mandible 下颌支

下颌骨的垂直部分。

Ranula 舌下囊肿

位于舌下的唾液潴留囊肿（涎腺囊肿），由舌下管或舌下腺阻塞而引起的。

Recession 牙龈萎缩

牙龈嵴向牙根尖方向移动，远离牙冠。

Reparative dentine 修复性牙本质

牙本质由于牙髓受到创伤或刺激而发生沉积。第三期牙本质形成。

Resorption 吸收

组织或机体产物的生理性去除，如乳齿的根部或恒牙脱落后的牙槽突。

Restoration 1 修复 1

已放置修复材料，即填料。

Restoration 2 修复 2

放置修复材料的行为，例如，填充牙窝洞。

Restorative agent 修复剂

一种用于填充空腔或重建牙齿结构的材料（汞合金、复合材料、玻璃聚合物等）。

Restorative dentistry 修复牙科学

研究或治疗，包括修复牙齿结构的缺失。

Root 牙根

该部分牙齿通常位于牙槽窝中。

Root bifurcation 牙根分叉部

牙根主干在此点分成两个独立的分支。

Root exposure 牙根暴露

因牙周组织丧失而使牙根表面暴露。

Root planing 根面平整术

磨平牙根处牙骨质的过程。

Root trifurcation 牙根三根分叉部

牙根主干在此点分成三个独立的分支。

Rostral 喙侧

朝向鼻子，远离尾巴。

Rugae 腭褶皱

在硬腭前端向外侧延伸的小脊状组织。

## S

Scaler 刮治器

用于去除牙冠牙菌斑和牙结石的牙科器械。分手动、超声波、声波刮治器。

Scissor bite 剪式咬合

上颌切齿与下颌切齿的正常重叠关系，下颌切齿的切缘位于或靠近上颌切齿舌侧面的齿带。

Secondary dentine 继发性牙本质

牙齿萌出后的牙本质沉积。

Self-cure acrylic 自固型丙烯酸酯

丙烯酸酯在化学物质的作用下发生固化，无须外部加热。

Self-curing flling materials 自固型填充材料

在化学物质的作用下发生固化，而非光固化的填充材料。

Slobbers 垂涎

口水分泌过多导致口部、下颌和颈部周围的毛发潮湿和缠结，尤其是丝毛鼠。

Soft palate 软腭

从硬腭向后延伸，无腭骨支撑的软组织。

Stomatitis 口腔炎

指口腔或口腔软组织的炎症。

Subgingival curettage 龈下刮治术

移除牙周袋内的病变软组织。

Subluxation 半脱位

关节不完全脱位，如颞下颌关节或牙齿

Submandibular 颌下腺

指位于下颌骨下方的区域；下颌腺周围的一组淋巴结。

Supernumerary teeth 赘生牙

超过正常数量的额外牙齿。常见于短头犬的切齿区域和长头犬的前臼齿区域。

## T

Tartar 牙石

见牙结石。

Temporary teeth 乳齿

非永久性牙齿。

Temporomandibular joint 颞下颌关节

下颌骨垂直支的髁突与颅颞骨的下颌窝形成的关节。

Tertiary dentine 第三期牙本质形成

由于牙髓受到损伤或刺激而造成牙本质堆积。修复性牙本质。

Toothbrushing 刷牙

机械去除牙菌斑的方法。

## V

Version 转位成角度转位

向颊侧、舌侧、唇侧和腭侧的转位。一颗或多颗牙齿的牙冠朝向颊侧、舌侧、唇侧和上腭成一定角度。

Vestibule 前庭

位于牙齿和嘴唇 / 面颊之间的口腔区域。

## W

Wet dewlap 湿垂肉

由于咬合不正、口炎或其他口腔炎症引起涎分泌过多而导致的兔腹侧颈部湿性皮炎。垂涎。

## X

Xerostomia 口干症

由于唾液分泌不足而引起的口干。

# 索 引


## A

Abbreviations 缩写 61, 61t

Abrasion 磨损 80–82, 84f

  preventive dentistry 预防口腔医学 114

Abscesses 脓肿

  facial 面部 189

  periapical 根尖周 195

  periodontal 牙周 2

Actinomyces viscosus 黏性放线菌 92

Adrenaline 肾上腺素 17

Advancement flap 推进黏膜瓣 135f

Air polishing 空气抛光 7

Airway obstruction 气道阻塞 18

Airway security 气道安全 15

Allodynia 异常性疼痛 19

Alveolar bone 牙槽骨 40

  destruction 炎性损伤 93

American Veterinary Dental College 美国兽医牙科学院 49

Amino-alcohols, substituted 氨基醇，取代的 34

Amoxicillin 阿莫西林 32

Amoxicillin-clavulanic acid 阿莫西林 – 克拉维酸 32

Ampicillin 氨苄西林 31

Analgesia 镇痛 18–27

  pain pathway 疼痛通路 19

  see also Local anesthesia（LA）同局部麻醉（LA）

Anesthesia 麻醉 15–18

  brachycephalic patients 短头患病动物 18

  geriatric patients 高龄患病动物 18

  long periods 长时间 16

  maxillofacial trauma 颌面部创伤 18

  patient monitoring 患病动物的监测 17

  principles 原则 15

Ankylosis 固连 126–127, 127f–128f

Anodontia 先天性无牙症 77

Anterior crossbite 前牙反牙合 46f, 47, 49

Antibiotics 抗生素 31

  delivery 给药 33–34

  impregnated beads 浸渍珠 194

  periodontal disease 牙周病 32–34

  preventive use 预防性给药 31–32

  therapeutic use 治疗性给药 32

  principles 原则 32

Antimicrobial agents 抗菌药物 33

Antiplaque agents 抗牙菌斑药物 34

Antiseptics 消毒剂 34

Aradicular hypsodont teeth, extraction 无齿根型高冠齿，牙拔除术 185–186, 195, 198, 205

Attachment loss 牙周附着丧失 91, 94, 96f

Attrition 磨耗 81–82, 82f

Autoimmune disorders 自身免疫系统紊乱 90t

Autologous transfusion 自体输血 17

Avulsion 撕脱 149f–150f, 150–151

## B

Bacteremia, treatment-induced 菌血症，医源性 31

Bactericidal antibiotic 杀菌药 31

Benzathine penicillin 苄星青霉素 194

Biofilms 生物膜 33

Bisecting angle technique 水平投照法 63, 70, 71f, 75b
Bite 咬合
level 水平 46
mandibular brachygnathic 下颌过短 44
mandibular prognathic 下颌前突 44f–45f, 46–47, 49–50
reverse scissor 反剪式咬合 45
see also Crossbite 同反咬和
Blood loss 失血 16–17
Brachycephalic breeds 短头品种 42
anesthesia 麻醉 15–18
Brachyodont teeth 低冠齿型齿 191
extraction 拔除 210
'Bumper bar' technique "保险杆"杠杆技术 158
Bupivacaine 丁哌卡因 20
Burs 牙钻 10, 10f
Butorphanol 布托啡诺 18

C

Calcification, pulp 钙化，牙髓 84, 84f
Calculus 结石 93
forceps 手术钳 6
Canine teeth 犬齿 42, 42f
bonding upper/lower 上 / 下融合 159, 160f
extraction 拔除 180
fixation 固定 151, 152f
maturation 成熟 37f
occlusion 咬合 48, 48–49f
malocclusion 咬合不正 47
Carbide blades 硬质合金刀刃 5
Caries 龋齿 82–84, 83f
Cats 猫
chronic gingivostomatitis（CGS）慢性龈口炎 107–110
occlusion, normal 咬合，正常的 41–47, 42f–47f
radiographic views X 线片视图 73
record sheets 记录表 57–58, 58f–60f, 61–62
resorptive lesions（RL）吸收性病变 122–123, 125–130, 128f
tooth extraction 拔牙术 181–182
upper airway obstruction 上呼吸道阻塞 18
see also Dentition 同齿列
Cemento-enamel junction（CEJ）牙釉质骨质界 96f, 97
Cementum 牙骨质 39–40
Central hypersensitivity 中枢性敏化反映 20
Cerclage/hemicerclage techniques 环 / 半环扎术 156
Cheek teeth 颊齿
extraction 拔除 203–205
rabbits 兔 195
trimming 修整 204
Cheek teeth overgrowth 颊齿过度生长
chinchillas 毛丝鼠 202–204, 204f
guinea pigs 豚鼠 201, 201f–203f
lagomorphs/rodents 兔型目 / 啮齿目动物 185, 188, 201, 203, 205b
rabbits 兔 196–198, 198f–200f, 199b
Cheeks, examination 颊部检查 58b
Chemical plaque control 化学去除牙菌斑 124
Chews, dental hygiene 咀嚼，口腔卫生 123–124
Chinchillas 毛丝鼠 198–199
cheek teeth overgrowth 颊齿过度生长 192, 199
dental conditions 牙齿状况 199
healthy mouth 健康口腔 198
incisor overgrowth 切齿过度生长 198
Chlorhexidine gluconate 葡萄糖酸氯己定 33
mechanical plaque control 机械去除牙菌斑 32, 34
Chronic gingivostomatitis（CGS）慢性龈口炎 107–110
clinical signs 临床症状 115
diagnosis 诊断 114
dogs 犬 110–111
treatment 治疗 110–111
Cleaning, hand instruments 清洁，手持器械 13
Cleanliness, degrees of 清洁度 2
see also Hygiene, oral 同卫生，口腔
Client education 主人须知 114
Clinical attachment level（CAL）牙结石附着程度 55
Columbia curettes 哥伦比亚刮匙 6
Common conditions 常见情况 84
caries 龋齿 82–83, 83f
eruption/shedding disorders 牙齿萌出 / 脱落异常 81

hard tissue wear 牙体硬组织的磨损 81, 82f
oral tumours 口腔肿瘤 92f–93f, 93–94
osteomyelitis 骨髓炎 86
pulp/periapical disease 牙髓 / 根尖周病 86
root resorption 牙根吸收 88
Compressed air driven units 气动工作站 9
care 保养 13
Compressors, care of 压缩机，保养 13
Congenitally missing teeth 先天性牙齿缺失 76, 76f
Coronal amputation 牙冠截除 130–131, 131f
Crossbite 反牙合
anterior 前牙反牙合 46f, 46–47
posterior 后牙反牙合 46, 46f
Cross-matching blood 交叉配血 17
Crown fractures 牙冠齿折 140, 143f, 145–147
root and 牙根齿折 140, 145f, 146–147, 148f
Curettes 刮匙 4, 5f–6f, 6
sharpening 打磨 11, 11f–12f
Cysts, periapical 根尖周囊肿 85

## D

Debridement, subgingival 龈下清创术 103f
closed 闭合式 102, 104, 104f
open 开放式 102–103, 105, 105f
Degrees of cleanliness 清洁度 2
Dental prophylaxis 牙病预防 99
Dentine 牙本质 38
Dentistry and Oral Surgery Service, Veterinary Medical Teaching Hospital, University of California 加利福尼亚大学兽医教学医院牙科和口腔外科服务 31
Dentition, dogs/cats 齿列，犬 / 猫 37, 38b, 38t
anatomy 解剖 36f, 37–38
permanent 恒齿 50–51
see also Primary dentition 同乳齿齿列
Developmental disorders 发育障碍 76
number/size/shape anomalies 数量 / 大小 / 形状异常 76
structural anomalies 结构异常 76, 78
Diets, dental 饮食，牙科 117
Digital radiography 数字化成像 64–68, 64f–65f, 67f, 69f
direct 直接式 67, 69f–70f, 70–71, 73f
indirect 间接式 64, 64f, 66, 68, 69f
Dilators 颊扩张器 202f
Dogs 犬
caries 龋齿 82–84, 83f
chronic gingivostomatitis （CGS） 慢性龈口炎 107–110
occlusion, normal 咬合，正常的 41
prairie 草原犬鼠 199, 200f
record sheets 记录表 58f–60f
tooth extraction 拔牙术 181–182
see also Dentition 同齿列
Dolichocephalic breeds 长头品种 49
Double overlapping flap technique 双叠瓣技术 138f
'Dough' technique “面团”技术 161

## E

Ectodermal dysplasia 外胚层发育不良 77
Elective tracheotomy 选择性气管切开术 27
Elevators 牙挺 8, 168, 169f, 170, 175f, 177
periosteal 牙骨膜的 8, 8f
sharpening 打磨 11, 11f–12f
Emergencies 急症 134–163
conditions 状况 134
soft tissue trauma 软组织创伤 141–147
Emphysema 气肿 183
Enamel 牙釉质 36–37
Enamel hypoplasia （dysplasia） 牙釉质发育不全（发育不良） 77f, 78–80, 80f
Endodontic lesions, combined periodontic 牙周牙髓联合病变 86
Endodontic treatment 根管治疗 143f, 145f, 145–147, 148f, 150–151, 163
Endotracheal intubation 气管插管 2
brachycephalic patients 短头患病动物 18
maxillofacial trauma 颌面部创伤 18
Endotracheal tubes 气管插管 16
Enzymes, mechanical plaque control 酶，机械去除牙菌斑 32, 34
Epulis 牙龈瘤 86

Equipment 设备 1–4, 7–10, 13
ergonomic considerations 人体工程学考虑 1, 1f
extraction 拔牙术 7–8
maintenance 维护 2, 8, 10, 13
operator considerations 操作者注意事项 1
oral/dental examination 口腔 / 牙科检查 3
patient considerations 患病动物注意事项 2
periodontal therapy 牙周治疗 4, 6
radiography X 线片 63–68, 70, 72–75
tooth trimming 牙齿修整 201–202
Eruption disorders 萌出异常 81
Esophagostomy tubes 饲管 28
Essential oils, mechanical plaque control 精油、机械去除牙菌斑 32, 34
Ethical considerations 道德考量 51
European Standard （EN）, Document 556 （cleanliness）欧洲标准（EN），556 号文件（无菌的）2
European Standard （EN）/International Organization for Standardization
（ISO）欧洲标准（EN）/ 国际标准化组织（ISO）
Document 14937 （cleanliness）
14937 号文件（无菌）2
Document 15883 （cleanliness）
15883 号文件（清洁）2
European Veterinary Dental College（EVDC）欧洲兽医牙科学院（EVDC）49, 61
Explorers 探针 3f, 3–4
External fixation 外固定 157
External root resorption 牙根外吸收 88f, 122, 124
inflammatory （EIRR） 炎症（EIRR） 124–125
Extraction 拔牙术 165–184
aradicular hypsodont teeth 无齿根型高冠齿 185–186, 195, 198, 205
closed 封闭式 166–168, 169f, 180–181, 184
complications 并发症 182
contraindications 禁忌证 166
equipment 设备 7–8
forceps 拔牙钳 8
indications 适应证 165
lagomorphs/rodents 兔型目 / 啮齿目动物 185, 188, 201, 203, 205b
open 开放式 166–167, 174–175, 180–184, 178f–180f
persistent primary teeth 滞留乳齿 118
resorptive lesions（RL） 吸收性病变（RL） 122, 125–130
techniques 技术 165–168, 177, 180–181, 183
types 类型 166
Extraktor 拔牙器 7, 7f–8f, 167–168, 168f–171f, 170–171, 175f, 177
sharpening 打磨 11, 11f–12f
Eye protection 眼睛的保护 16

## F

Facial abscess, rabbits 面部脓肿，兔 193
Faucitis 咽喉炎 109, 109f
Feeding tubes 饲管 28
Feline calicivirus （FCV） 猫杯状病毒（FCV） 108–111
Feline immunodeficiency virus( FIV ) 猫免疫缺陷病毒 108-109
Feline leukemia virus （FeLV） 猫白血病病毒 108–109
Fixation, wire 固定，钢丝 150–151, 150f
Fluoride 氟化物
mechanical plaque control 机械去除牙菌斑 32, 34
topical application 局部涂抹 80
Foramina, radiography 小孔，X 线片 75
Forceps 拔牙钳
calculus 牙结石 6–7
extraction 拔牙术 7–8
Fractures see Jaw fractures; Teeth, fractures 断裂参见颌骨折；齿折
Full mouth radiographs 全口 X 线片 73, 73f
Furcation involvement 根分叉病变 57, 57f, 57t
Fusion 融合 77–78
Fusobacterium spp 梭杆菌属 92

## G

Gags 开口器 202f
Gemination 双生牙 77–78
General anesthesia 全身麻醉 2

oral examination 口腔检查 53–54, 54b
Gerbils 沙鼠 200
Geriatric patients, anesthesia 高龄患病动物，麻醉 18
Gingiva 牙龈
anatomy 解剖结构 38
hyperplasia 增生 91f, 95, 95f, 106, 106f
index 牙龈指数 54–55, 55t
inflammation 炎症 124
overgrowth 过度生长 123f
recession 萎缩 56–57, 61t.93–94, 96f, 97, 140
Gingivitis 牙龈炎 90, 93
antibiotics 抗生素 32–33
assessment 评估 55f
calculus 结石 93–94
clinical signs 临床症状 94–95
consequences 后果 95, 98
diagnosis 诊断 96–98
etiology 病因 91
pathogenesis 发病机理 91, 93
plaque 牙菌斑 91
with stomatitis 伴有口腔炎的 108, 108f
treatment 治疗 98–100, 99b–100b
see also Periodontal disease 同牙周病
Gingivoplasty 牙龈成形术 106, 106f
Gracey curettes Gracey 刮治器 4, 5f
Grafting techniques 移植技术 135f
Granuloma, periapical 根尖周肉芽肿 85
Guinea pigs 豚鼠 195–196, 196f–197f
cheek tooth overgrowth 颊齿过度生长 195–196, 196f–197f
healthy mouth 健康口腔 198
incisor overgrowth 切齿过度生长 198
vitamin C 维生素 C 188

## H

Halothane 氟烷 18
Hamsters 仓鼠 200
Hand instruments 手持器械
cleaning/sterilization 清洁 / 灭菌 13
extraction 拔牙术 7–8
scaling 结牙术 4
Hard palate, examination 硬腭，检查 54, 54b
Hard palate defects 硬腭缺损 135–136
repair options 修复选项 136t
surgery, principles 手术，原则 135–136
Hard tissue 硬组织
resorption 吸收 122–125
treatment 治疗 165
wear 磨损 81–82
Hemicerclage techniques 半环扎术 156
Hemorrhage 出血 17
extractions 拔牙术 183–184
Hemostasis 止血 17
Horizontal bone loss 水平骨吸收 91f, 97f, 97
Hygiene, oral 卫生，口腔 114–115
dental chews 动物咀嚼 117–118
Hyperalgesia 敏感性疼痛 20
Hypersensitivity 超敏反应 90t
central 中枢 20
peripheral 外周 19–20
Hyperthermia 体温升高 16
Hypodontia 牙齿发育不全 77
Hypothermia 体温降低 16
Hypsodont teeth 高冠齿 185
aradicular, extraction 无齿根型，拔牙术 203–205

## I

Iatrogenic injuries 医源性损伤 155f
Idiopathic feline external root resorption 自发性猫牙根外吸收 127, 128f
Incisor teeth 切齿
aradicular hypsodont 无齿根型高冠齿 185–186, 195, 198, 205
occlusion 咬合 44, 48, 48f
malocclusion 咬合不正 47
overgrowth 过度生长 191–192, 191f–192f, 195–196, 201f
rabbits 兔 195
scissor bite 剪式咬合 42, 42f
trimming 修整 201–203

Indwelling nasogastric intubation 留置鼻饲管 28
Infiltration anesthesia 浸润麻醉 20–22, 22f–24f
Inflammatory diseases, oral 炎症疾病，口腔 90t
pain 疼痛 19–20
root resorption 牙根吸收 124–125
Infraorbital nerve block 眶下神经阻滞 24, 25f
Instrumentation see Equipment 仪器 参见 器械
Interceptive orthodontics 阻断性矫治 118
Interdental fixation 齿间固定 156, 160
ligature/splints 结扎固定 / 夹板固定 160
Interferon 干扰素 109–111
Interlock, dental 交错式，咬合 48f
Interlock–induced abnormalities, dental 交错咬合引起的异常 51
Intermaxillary fixation 颌间固定 156, 158
Internal root resorption 牙根内吸收 124
International Organization for Standardization see European Standard （EN）/International Organization for Standardization（ISO） 国际标准化组织参见欧洲标准（EN）/ 国际标准化组织（ISO）
Intraoral acrylic splints 口内丙烯酸酯夹板 158, 160, 161f, 163b
Intravenous fluid therapy 静脉输液 16
Intubation techniques 插管技术 27–28
feeding tubes 饲管 28
Isoflurane 异氟烷 18

## J

Jaw fracture 颌骨骨折 152, 152f–153f, 154, 155f, 156, 158, 161f, 163
biomechanics 生物力学 152
complications 并发症 163
extractions 拔牙术 183
indications 适应证 152
interdental fixation 齿间固定 156, 160
intermaxillary fixation 颌间固定 156, 158
orthopedic techniques 骨科技术 154, 156
postoperative care 术后护理 163
repair 修复
methods 方法 153f, 154, 156
principles 原则 154
tooth–borne appliances 牙支抗式固定装置 158
Jaw length 下颌长度 43f

## L

Lagomorphs/rodents 兔形目 / 啮齿目动物 185, 188, 201, 203, 205b
dental anatomy 牙齿解剖 185–186
examination 检查 188–190
face/oral cavity 面部 / 口腔 189
further scans 进一步检查 190
radiographic X 线片 189–190
extraction 拔牙术 203–205
husbandry 饲养 187–188
prairie dogs 草原犬鼠 199, 200f
rats/mice/hamsters/gerbils 大鼠 / 小鼠 / 仓鼠 / 沙鼠 200
tooth trimming 牙齿修整 207–202
tooth types 牙齿的类型 185
traumatic tooth injuries 创伤性牙损伤 201
see also Chinchillas; Guinea pigs; Rabbits 同毛丝鼠；豚鼠；兔
Langenbeck technique, Langenbeck 术（腭裂修复术）136–137, 137f
Lidocaine 利多卡因 21
Lips 唇
examination 检查 54b
injuries 损伤 134f, 134–135
L–noradrenaline 肾上腺素 21
Local anesthesia （LA）局部麻醉（LA）20–22, 25–27
complications 并发症 26, 28
indications 适应证 27
Löe and Silness gingival index Löe–Silness 牙龈指数 55, 55t
Lower canines, medial displacement 下颌犬齿，内侧移位 46
Luxation 脱位 147, 149f–150f, 150
Luxators 拔牙刀 7, 7f, 168, 169f, 170–171, 176
sharpening 打磨 11, 11f–12f

## M


Malignant neoplasms 恶性肿瘤 86
Malocclusion 咬合不正 44, 46
classification 分类 49
dental 牙齿 41, 46, 47
extraction 牙拔除术 166
lagomorphs/rodents 兔形目 / 啮齿目动物 185, 188, 201, 203, 205b
mandibular canines 下颌犬齿 45f, 47
maxillary canines 上颌犬齿 47–48, 47f
persistent primary teeth 滞留乳齿 47
skeletal 骨骼 41, 46
Mandible, narrow 下颌骨，狭窄 45, 45f
Mandibular brachygnathic bite 下颌过短型咬合 44, 44f
Mandibular canal 下颌管 64f, 75
malocclusion 咬合不正 46–47
Mandibular fracture 下颌骨骨折 152, 153f, 154, 155f, 158, 160
horizontal ramus 水平支 164, 164f–165f
symphyseal 联合处 156, 156f–157f
Mandibular molars, extraction technique 下颌臼齿，拔牙术 180–181
Mandibular nerve block 下颌神经阻滞 20, 25, 26f
Mandibular prognathic bite 下颌前突型咬合 44–45, 47f
Maxillary alveolus 上颌牙槽 139
Maxillary canines 上颌犬齿
malocclusion 咬合不正 47, 47f
rostral displacement 吻侧移位 46
Maxillary molars, extraction technique 上颌臼齿，拔牙流程 181
Maxillary premolars, extraction technique 上颌前臼齿，拔牙流程 181
Maxillofacial trauma 颌面部创伤 18
Mechanical scaling instruments 机械洁牙器 6
Membrane-stabilizing agents 膜稳定剂 21
Mental nerve block 颏神经阻滞 26, 26f
Mepivacaine 甲哌卡因 21
Metronidazole 甲硝唑 31
Mice 小鼠 200
Micromotor unit 微电机 9
Mirrors 牙镜 4
Missing teeth, congenitally 牙齿缺失，先天性 76, 76f
Molar teeth 臼齿
extraction 拔除术 180–181, 187f
mandibular 下颌臼齿 180–181, 187f
maxillary 上颌臼齿 180–181
occlusion 咬合 43
malocclusion 咬合不正 47, 47f
premolar relationship 前臼齿关系 42, 43f
Monocryl® sutures 单乔 ® 缝线 12
Morphine 吗啡 18
Mouth 口
floor, examination 口底，检查 54b
full mouth radiographs 全口 X 线片 72, 72f
gags 开口器 16
Mucous membranes 黏膜
examination 检查 54b
ulceration 溃疡 96f
extraction procedure 拔牙流程 181


## N


Nail cutters 指甲剪 201
Nasogastric intubation, indwelling 鼻饲管，留置 28
Neoplasms, oral 肿瘤，口腔 86, 88, 88f
malignant 恶性 88
Neuropathic pain 神经病性疼痛 19
Nonspecific plaque hypothesis 非特异性牙菌斑假说 92
Non-steroidal anti-inflammatory drugs 非甾体抗炎药（NSAIDs） 20
Nutrient canals, radiography 营养管，X 线片 64f, 74


## O


Occlusal equilibration 咬合平衡 203
Occlusion 咬合 41
classification 分类 49
evaluation 评估 47, 4849b, 53
normal 正常 41–44, 50f
see also Malocclusion 同咬合不正

Odontoma 牙源性肿瘤 87
Oligodontia 先天性牙齿缺失 76
Opioids 阿片类药物 18
Oral examination 口腔检查 53–54
conscious 清醒时 53
equipment 器械 2–4
general anesthesia 全身麻醉 54, 54b
periodontium 牙周组织 54, 55
Oral neoplasms 口腔肿瘤 88, 88f
malignant 恶性 86
Oronasal communication 口鼻瘘 183
Oronasal fistulae
口鼻瘘 134–135, 134f, 139–140, 140f–141f
single layer repair 单层修复 139–140
double layer repair 双层修复 139–140, 139f
Oropharynx, examination 口咽部，检查 54, 54b
Orotracheal intubation 气管插管 27
Orthodontic devices 矫治器 118–120, 119f
Orthodontic movement 正畸牙移动 51
Orthopedic techniques, traditional 骨科技术，传统的 156
Osteomyelitis 骨髓炎 86
Overcrowding/supernumerary teeth 拥挤 / 多生牙 166
Overgrowth, tooth 过度生长，牙齿 190
cheek teeth 颊齿 190–195, 192f–195f, 193b
incisor teeth 切齿 190–195, 192f, 201f
'Overshot' "天包地" 44
Oxygen 氧气 16
Oxygenating agents, mechanical plaque control 氧化剂，机械去除牙菌斑 34
Oxymorphone 羟吗啡酮 18

## P

Pain pathway 疼痛通路 19
Pain relief 疼痛缓解
non-pharmacologic methods 非药物性方法 27
see also Analgesia 同镇痛
Palatine artery 腭大动脉 136
Parallax effect 视差效应 72
Parallel technique 水平投照法 70, 71f
radiographs X 线片 97
Pedicle flaps 带蒂黏膜瓣 136
Pellicle 薄膜 92
Penetration, oral mucosa 穿透，口腔黏膜 2
Peptostreptococcus spp 消化链球菌属 92
Periapical lesions 根尖周病变 79, 80f, 82, 83f, 85f, 85–86, 139, 145f–146f, 151, 165, 183
Periodontal attachment level（PAL）牙结石附着程度（PAL）57, 96–97
Periodontal disease 牙周病 90–113
antibiotics 抗生素 32–34
diagnosis 诊断 94, 96–98
etiology 病因 91
oral examination 口腔检查 94
pathogenesis 发病机制 91, 93
professional therapy专业牙周治疗 99–100, 99b–100b, 114
surgery 外科学 107, 113–114
treatment 治疗 98–99
see also Chronic gingivostomatitis（CGS）同慢性龈炎（CGS）
Periodontal ligament （PDL） 牙周保护韧带（PDL）126–128, 128f
Periodontal probe 牙周探针 3, 3f
probing depth （PPD） 牙周探针深度（PPD） 56, 56f, 96, 96f
Periodontal therapy, equipment 牙周治疗，器械 4–7
Periodontitis 牙周病 95–99
advanced 重度牙周病 165
antibiotics 抗生素 33
clinical signs 临床症状 95
consequences 结果 92
diagnosis 诊断 94, 96–98
etiology 病因 91
jaw fracture 颌骨骨折 152f
treatment 治疗 98–100, 99b–100b
with vertical bone loss 伴随骨垂直丢失 91f
see also Periodontal disease 同牙周病
Periodontitis-associated genotype（PAG） 牙周病相关基因 PAG） 94

Periodontium 牙周组织
anatomy 解剖 36f, 37–38
damage 损伤 147, 149f
procedure 治疗程序 159
oral examination 口腔检查 53–54, 54b
Periosteal elevators 骨膜剥离器 8, 8f
Peripheral hypersensitivity 外周性敏化反应 20
Peripheral inflammatory root resorption（PIRR）外周炎性牙根吸收（PIRR） 124–126
Permanent dentition, malocclusion 恒齿齿列，咬合不正 51
Persistent primary teeth 滞留乳齿
extraction 拔牙术 165–167
malocclusion 咬合不正 46
maxillary canines 上颌犬齿 45f
Pharyngeal packing 咽部填塞物 2, 2f, 16
Pharyngotomy 咽切开术 27
Photostimulatable phosphor plate 磷化物感应板 64f, 66
Plaque 牙菌斑 90, 91, 92f
control 去除 114–117, 116f
mechanical 机械性 32–34
treatment 治疗 92b
Polishing 抛光 7, 105, 106f
Porphyomonas spp 卟啉单胞菌属 92
Posterior crossbite 后牙反牙合 46, 46f
Power equipment 电力设备 2
care 保养 13
scalers 洁牙器 101–102, 102f
Prairie dogs 草原犬鼠 199, 200f
Premolar teeth 前臼齿
interdigitation 交错 42, 42f, 44, 46–49
maxillary 上颌 180–181, 180f
occlusion 咬合 43, 48, 48f
malocclusion 咬合不正 47, 47f
Preventive dentistry 预防口腔医学 114
caries 龋齿 117
excessive wear 过度磨损 118
malocclusion 咬合不正 118–120
periodontal disease 牙周病 114–115, 117
tooth fracture 齿折 118
Prevotella spp 普氏菌属 92
Primary dentition 乳齿列 58
extraction 拔牙术 181
malocclusion 咬合不正 49–51
Procaine hydrochloride 盐酸普鲁卡因 21
Procaine penicillin 普鲁卡因青霉素 194
Prophy paste 抛光膏 7
cup/brush 杯 / 刷 7
Prosthesis（silicone/acrylic）假体（硅胶/丙烯酸树脂） 139
Pseudo–odontoma 假性牙瘤 199, 200f
'Pseudopocketing' "假性龈袋" 56, 56f
necrosis 坏死 146
reactions 反应 84

## Q

Quaternary ammonium compounds, mechanical plaque control 季铵化合物，机械去除牙菌斑 32, 34

## R

Rabbits 兔 190–195
cheek tooth overgrowth 颊齿过度生长 192，193f，193b，195
dental conditions 牙科疾病 195
facial abscess 面部脓肿 193
healthy mouth 健康口腔 190
incisor overgrowth 切齿过度生长 191–192, 191f–192f
radiographic features X 线片特征 195, 196f
skull 头骨 186f, 187f
Radiography X 线片 67–80
anatomical landmarks 正常解剖结构 74
diagnostic view 诊断图像 64f
non–diagnostic view 非诊断性视图 63f
equipment/materials 设备 / 材料 64–66，64b
full mouth 全口 73f
interpretation 解读 19, 190
intraoral techniques 口腔 X 线拍摄 65
lagomorphs/rodents 兔形目 / 啮齿目动物 185, 188, 201, 203, 205b
Rats 大鼠 200
incisor overgrowth 切齿过度生长 201f

skull 头骨 187f
Records 记录
oral examination 口腔检查 53–54, 54b
record sheets 63f–65f
Regional blocks 局部阻滞麻醉 24
Reimplantation 再植术 150
Replacement resorption 替代性吸收 124
Resorptive lesions （RL）吸收性病变（RL）122–131
diagnosis 诊断 130f, 135, 135f
epidemiology 流行病学 122–125
etiology/pathogenesis 病因学 / 发病机理 126
surface 表面 127, 127f
treatment 治疗 130
Rinn box Rinn 箱 67f
Roots 牙根
abnormalities 畸变 / 异常 78, 78f
planing 根面平整 102
type 类型 143f
Root fractures 牙根齿断 145f, 146
crown and 冠根折 147, 149, 151f
Root resorption 牙根吸收 88, 88f
external 外部 88f
Ropivacaine 罗哌卡因 21
Rotation flap 旋转黏膜瓣 135f
'Rubber toy' technique "橡胶玩具"技术 117

## S

'Salt and pepper' technique "调制和面团"技术 161
Sanguinarine, mechanical plaque control 血根碱，机械去除牙菌斑 32，34
Scalers, sharpening 刮治器，打磨 6f, 10
Scaling 洁牙术
equipment 器械 / 设备 1–4, 7–10, 13
subgingival 龈下 101，102–103f
supragingival 龈上 108–109, 109f
Scissor bite, reverse 剪式咬合，反式 42
Seal of acceptance system （VOHC®） r 认证系统（VOHC®）117
Sensors 传感器 63, 64b, 66
Sevoflurane 七氟烷 18
Shedding disorders 脱落异常 81
Sickle scaler 镰刀形刮治器 5f
Single–rooted teeth 单根齿 168，181
Skeletal malocclusion 骨性咬合不正 43
Skull 颅骨
chinchilla 毛丝鼠 198f
guinea pig 豚鼠 197f
rabbit 兔 194f
rat 大鼠 187f
SLOB rule （Same direction Lingual, Opposite direction Buccal）SLOB 规则（与舌同向，与颊反向）73
Soft muzzles 软性口套 159
Soft palate defects 软腭缺损 139f
double layer repair 双层修复 139f, 140
Soft tissue trauma 软组织创伤 134, 161
Sonic scalers 超声波洁牙器 5–6, 102
Specific plaque hypothesis 特异性牙菌斑假说 92
Spirochetes 螺旋体 92
Splints, intraoral acrylic 夹板，口内丙烯酸酯 160, 161f
Split palatal U–flap technique 腭裂 U 型黏膜瓣移植术 137, 138f
Sterilization, hand instruments 灭菌，手持器械 13
Stomatitis 口腔炎 108, 108t
with gingivitis 伴有牙龈炎 108, 108f
see also Chronic gingivostomatitis （CGS）同慢性龈口炎
Streptococcus sanguis 血链球菌 92
Subgingival scaling 龈下刮治 102
scalers 刮治器 6f, 10
Sublingual oedema 舌下水肿 183
Subluxation 半脱位 147, 149f
Substituted amino–alcohols, mechanical plaque control 取代氨基醇，机械去除牙菌斑 32, 34
Suction 抽吸器 12, 16
Sulcular lavage 龈沟冲洗 106
Supernumerary teeth 多生齿 77, 77f, 166
Supragingival scaling 龈上洁刮技术 101
scalers 刮治器 6f, 10

Surface resorption 表面吸收 127f
Suture kits/material 缝合针线 / 材料 12
Symmetry, head, face 对称性，头部，面部，颈 48, 48f
Syringes 喷枪 9f

## T

Tape muzzle 由胶带制成的口罩 159f
Teeth 牙齿
examination 检查 54b
fractures 齿折 / 骨折 143f–145f, 152
mobility 松动 57t, 58–59
multi-rooted see Multi-rooted teeth 多根的参见多根牙
sectioning 切割 171, 172f–173f
single-rooted see Single-rooted teeth 单根齿参见单根牙
supernumerary 多生 77, 77f, 166
traumatic injuries 创伤性损伤 19, 201
trimming 修整 201
see also Dentition 同齿列
Thermal bone injury 骨组织热损伤 182
Tongue, examination 舌，检查 55b
Tooth–borne appliances 牙支抗式固定装置 154, 156, 158
Toothbrushing 刷牙 115–116
frequency 频率 116
technique 技术 116, 116f
toothbrushes 牙刷 115–116
toothpaste 牙膏 115
Topical chlorhexidine 局部氯己定 34
Topical fluoride application 局部使用氟化物 80
Tracheotomy, elective 气管切开术，选择性 27
Transposition flap 转移黏膜瓣 135f
Trauma 创伤
maxillofacial 颌面部 18
soft tissue 软组织 134f, 134
tooth injuries 牙损伤 134f, 140, 166
Treatment–induced bacteremia
口腔治疗引起的菌血症 30
Triadan system, modified, Triadan 系统 / 方法，改进的 58, 61t
Triclosan, mechanical plaque control 三氯生，机械去除牙菌斑 32，34
'Tub–tank' 洗浴台 2
Tumours, oral 肿瘤，口腔 92f–93f, 93–94

## U

Ulceration, mucous membrane 溃疡，黏膜 96f
Ultrasonic scalers 超声波洁牙器 5–6, 102
'Undershot' "地包天" 44
Upper airway obstruction 上呼吸道阻塞 18
brachycephalic patients 短头患病动物 17–18
cats 猫 43

## V

Vasoconstrictors 血管收缩剂 20
Veau–Wardill technique Veau–Wardill 术 137, 136f
Vertical bone loss 垂直骨丢失 91f, 97f
Vestibular flap 前庭黏膜瓣 136t，136, 139
Veterinary Medical Teaching Hospital, University of California 加利福尼亚大学兽医教学医院 31
Veterinary Oral Health Council （VOHC®）兽医口腔健康委员会（vohc®）117
Viral infections 病毒性感染 90t
Vitamin C 维生素 C 188
Vitamin D 维生素 D 129

## W

Wear, excessive 过度磨损
hard tissue 硬组织 81, 88f
Wiring, orthopedic 矫形钢丝 156, 161
Wry bite 扭转咬合 45, 45f

## X

X–ray film X 线胶片 64b, 65
exposure settings 曝光设置 67t, 67
interpretation 解读 19, 190
orientation 定位 66
placement 放置 72, 70f
processing 处理 67f
X–ray unit X 光机 65, 65f
see also Digital radiography 同数字 X 线片术